LA CRÉATION

ET

LA PROVIDENCE

DEVANT LA SCIENCE MODERNE

PAR

EUGÈNE MAILLET
Docteur ès lettres
Ancien professeur de philosophie au lycée Louis-le-Grand

(Mémoire couronné par l'Académie des sciences morales et politiques.)

PARIS
LIBRAIRIE HACHETTE ET Cie
79, BOULEVARD SAINT-GERMAIN, 79

1897

LA CRÉATION

ET

LA PROVIDENCE

DEVANT LA SCIENCE MODERNE

COULOMMIERS
Imprimerie Paul Brodard.

LA CRÉATION

ET

LA PROVIDENCE

DEVANT LA SCIENCE MODERNE

PAR

EUGÈNE MAILLET

Docteur ès lettres

Ancien professeur de philosophie au lycée Louis-le-Grand

(*Mémoire couronné par l'Académie des sciences morales et politiques.*)

PARIS

LIBRAIRIE HACHETTE ET Cie

79, BOULEVARD SAINT-GERMAIN, 79

1897

PRÉFACE

Dans la séance du 11 avril 1891, l'Académie des sciences morales et politiques entendait et approuvait un rapport de M. Francisque Bouillier sur les mémoires envoyés lors du concours pour le prix Crouzet. La question proposée était relative à la théodicée et demandait, après un coup d'œil rétrospectif sur les systèmes philosophiques, les conclusions qui sortaient de cette comparaison entre les théories présentes et les théories passées.

Le Mémoire jugé le plus digne du prix était celui que M. Eugène Maillet, professeur de philosophie au lycée Louis-le Grand, avait adressé à l'Académie.

M. Bouillier en signalait les mérites dans un rapport des plus élogieux. « L'auteur, disait-il, en qui l'esprit philosophique s'allie avec le sentiment religieux, est un éclectique, mais un éclectique dans le meilleur sens du mot. Il a travaillé, non sans originalité et sans profondeur, à une œuvre d'apaisement et de conciliation entre la science et la foi. La partie historique elle-même, par laquelle il nous prépare à sa propre doctrine, n'est pas d'un moindre intérêt que la partie théorique. » M. Bouillier, après avoir analysé longuement le Mémoire en toutes ses divisions et en avoir fait valoir l'importance en ce qui touche les démonstrations de l'existence de Dieu, la création, l'action de la Providence et suivi l'auteur dans la critique de tous les systèmes anciens et modernes auxquels a donné naissance ce mystérieux problème, déterminait les conclusions que M. Maillet avait cru devoir formuler. C'était la partie neuve et vraiment profonde du Mémoire, et nous ne pouvons que reproduire ici la claire et substantielle analyse de l'éminent rapporteur qui précisait on ne peut plus nettement le caractère de l'œuvre philosophique d'Eugène Maillet.

« La conscience, considérée comme premier et dernier principe des choses et des rapports de Dieu avec le monde, voilà la vérité fondamentale qu'il a cru voir se dégager de l'histoire des religions et des grands systèmes de philosophie. Mais il y a deux manières d'entendre la conscience; les uns l'attribuent à un principe transcendant qui est Dieu, les autres à un principe immanent qui est la nature. Pour les premiers, le principe de l'univers sera un être parfait, contemplant en lui-même tous les degrés de l'être, tous les mondes possibles; pour les seconds, le monde ne tirera pas son existence de cette richesse, de cette fécondité d'une conscience pleinement épanouie. Il sera fils de la pauvreté et du labeur, πόνος, πενία; ce sera d'abord le chaos, mais le chaos contenant en germe la vie et la conscience, ou du moins l'aspiration à la vie et à la conscience.

« Le problème est suivant lui de trouver le lien entre cette conscience qui se possède et cette conscience qui se cherche à travers la nature. Il s'agit de s'élever à la conception d'une loi supérieure exprimant le fond même de l'absence divine et enveloppant dans la conscience que Dieu a de lui-même, « cette conscience éparpillée qui se développe dans la nature ».

« C'est seulement par l'analyse de notre propre conscience qu'il est permis d'espérer de se mettre avec quelque vraisemblance en face du principe des choses.

« Que faut-il donc entendre par la conscience? Question fort controversée dans la psychologie contemporaine. L'auteur se déclare de l'avis de ceux qui donnent à la conscience une réalité, un moi substantiel, et qui y placent le tout de la vie psychique. Que d'efforts vains ne font pas les associationnistes, anglais et français, pour échapper à la plus simple et à la plus naturelle des hypothèses, à savoir que le mot est une réalité, une énergie, laquelle d'ailleurs est postulée par toutes les explications qu'on en donne et qui préexiste à tous les états de conscience!

« Un double mouvement s'opère dans la conscience. D'abord l'être prenant conscience projette en dehors de lui, pour ensuite y ramener, ses virtualités, sa propre nature.

« Ce double mouvement est le principe des deux formes essentielles de la vie psychique, la représentation des choses et l'action sur les choses. La conscience ne consiste pas en effet seulement dans l'aperception intérieure, mais dans un processus psychique propre, c'est-à-dire dans une loi qui la fait d'abord sortir d'elle-même pour la ramener ensuite à son principe. Quand l'être prend conscience de lui-même, tout, d'abord, se montre à lui comme la matière idéale sur laquelle il devra s'exercer; puis, sa conscience se développant, il ramène à lui ces virtualités comme des composants de son moi. La conception d'une conscience passive ne permet pas de s'élever jusqu'à Dieu et de nous faire une idée de son action sur la nature et sur l'homme. On peut, au contraire, de la conscience entendue comme active, tirer quelque lumière pour comprendre l'éternelle conscience que Dieu a de lui-même, ainsi que son action sur le monde. . . . .

« L'auteur du Mémoire combat les systèmes qui ont confondu l'absolu, soit avec la matière, soit avec la nature, tels que les matérialistes et les panthéistes. La matière, suivant la conception d'Aristote, n'étant que pure indétermination, que le lieu de tous les possibles, ne saurait être qu'un absolu négatif. La nature, la nature naturante, peut bien aussi faire cette illusion de l'absolu en raison de cette force du progrès qui la pénètre et qui la rattache à l'absolu divin dont elle est le signe, signe qui répond à l'acte de la providence, comme la matière à l'acte de la création. Mais l'absolu véritable ne peut être dans la nature, nécessairement imparfaite, pas plus que dans la matière. Le réel n'est qu'un pâle reflet de l'idéal.

« Suit une dissertation approfondie sur la nature du temps et de l'espace, dont la conclusion est que l'espace est créé le premier avec la dissémination de la pure matière, puis le temps avec le premier branle donné à la nature vers le bien. Quant à Dieu, il subsiste en dehors et au delà du temps et de l'espace, de telle sorte que la substance dispersée des choses ne saurait se mêler en rien à son absolue unité.

« Nous allons maintenant trouver, sinon plus de profondeur, au moins plus de clarté dans les beaux chapitres sur la Providence qui terminent le mémoire et auxquels tout ce qui précède sert d'introduction. Comment la providence doit-elle être conçue dans la nature et dans l'histoire?

« L'auteur n'admet pas, comme il l'a déjà dit, que la nature soit un tout où chaque fait est lié, enchaîné par les causes efficientes. A ce déterminisme absolu il oppose, entre autres arguments, les vues de Claude Bernard sur la vie et sur les idées directrices. Au-dessus des causes efficientes il y a des causes finales, idées créatrices, forces vivantes; enfin il y a une finalité suprême qui préside au rapprochement de toutes les parties. La loi qui enchaine tous les phénomènes est une loi que la nature s'est faite à elle-même sous l'influence de cette idée ou finalité suprême qui la domine et qui est sa vie. Le déterminisme n'exprime que la surface des choses; au fond est la spontanéité.

« L'activité de la nature ainsi conçue, il cherche à montrer la possibilité de concilier la théologie nationnelle et certaines hypothèses scientifiques, comme la génération spontanée, l'origine de la vie, la variabilité des espèces, qui pourraient sembler en désaccord avec elle. Il se montre parfaitement au courant de ces grandes questions agitées par la science contemporaine.

« C'est d'une manière analogue qu'il conçoit l'action de la

providence dans l'histoire. La croyance générale n'est plus à ces coups d'éclat par lesquels les théologiens et un certain nombre d'historiens la faisaient intervenir dans la succession des empires, dans les grands événements de l'histoire, dans la marche de l'humanité. La tendance actuelle des âmes même les plus pieuses est de croire qu'au lieu de se manifester par de semblables éclats, elle s'insinue secrètement, pour les diriger, dans les esprits et dans les cœurs. Dieu et l'homme, voilà dans l'histoire les deux grands facteurs; éliminez l'un des deux et l'histoire perd son sens et son intérêt. Il loue Hartmann d'avoir mis ce concours en grande lumière dans son ouvrage de l'Inconscient. Que faut-il pour le rendre irréprochable? Il suffit de changer les termes, et de mettre providence où il a mis inconscient. Le progrès ne se réalise que par la conspiration de l'homme et de Dieu. Le juste terme où se concilie l'action de Dieu et de la liberté, c'est la *persuasion*, la sollicitation s'exerçant sur toute âme humaine.

« La providence dans la religion est l'objet d'un dernier chapitre; sans prétendre résoudre le problème, il examine si dans ce qu'il a précédemment établi il n'y aurait pas quelque lumière à recueillir pour une question qui touche à ce qu'il y a de plus élevé et de plus délicat dans la pensée moderne.

« Le problème peut être posé sous cette forme : la religion étant donnée comme un ordre de faits dont l'humanité ne s'est jamais passée et probablement ne se passera jamais, faut-il voir en elle une pure institution divine ou une pure création humaine? De ces deux théories extrêmes, la première, celle de la révélation pure, a pour principaux représentants les théologiens qui ont exagéré le dogme de la grâce au point de dénier à l'homme tout pouvoir de concourir de ses propres forces au bien et au salut. La seconde, celle de la création humaine, domine parmi les représentants actuels, les plus savants et les plus autorisés, de l'histoire des religions. Suivant eux, l'homme, tourmenté par la soif de l'idéal, qu'il appelle Dieu, mais incapable de le saisir immédiatement dans sa pureté, l'enferme tour à tour dans des représentations de moins en moins imparfaites. De là les diverses religions que l'homme a successivement édifiées, puis abandonnées, jusqu'à l'avènement du christianisme. Le christianisme, dit l'auteur du mémoire, est la forme religieuse la plus parfaite à laquelle l'homme se soit élevé; en elle semble s'être élevée sa faculté créatrice religieuse. Toutefois, à côté de l'immobilité des dogmes subsiste la liberté des interprétations.

« Quelque contraires que soient ces deux théories, elles ont chacune quelque chose de vrai. Loin qu'elles s'opposent, elles sont complémentaires l'une de l'autre. Si la religion était l'œuvre de Dieu seul, encore faudrait-il bien que l'homme eût la faculté de la comprendre et d'y concourir par son libre assentiment. Est-elle œuvre purement humaine, encore faut-il bien, pour s'en rendre compte, remonter jusqu'à Dieu, qui a mis en nous ces aspirations religieuses.

« Dans l'intérêt même d'une conciliation, il croit bon de signaler quelques points faibles de ces deux théories exclusives. Celle de la révélation pure est en opposition avec ce principe de l'évolution qui tend aujourd'hui à dominer dans toutes les sciences; elle ne s'accorde pas mieux avec le principe de la fraternité, étant supposée avoir été faite aux uns à l'exclusion des autres.

« L'autre théorie a aussi ses défauts. La relation qu'elle établit entre l'homme et Dieu n'a rien de réel; elle est purement idéale. L'homme n'y est pas en rapport avec la *vis divina*, mais seulement avec l'idée de Dieu. Dieu lui-même n'y est pas présent. Or, la religion ne peut subsister qu'à la condition d'un Dieu présent, quoique caché, avec lequel elle nous met en rapport par ses dogmes et ses rites. Du moment qu'il n'y a plus rien de réel et de vivant pour nous derrière ses symboles, un jour doit venir où le voile sera déchiré et où la philosophie remplacera la religion. La religion ne serait donc plus un fait humain, un fait nécessaire, comme l'ont constaté par leurs études tant d'observateurs profonds de la nature humaine et de savants historiens de ses manifestations en tous les temps et tous les lieux.

« Quant à l'auteur du Mémoire, il croit à la possibilité d'une conciliation entre une religion absolue et le devenir des formes et des aspirations religieuses de l'humanité. Pour la trouver, il suffit d'étendre à la vie religieuse du genre humain cette même conception qu'il a appliquée déjà au progrès du monde physique et du monde moral, et qui domine tout son mémoire, c'est-à-dire il suffit d'admettre, d'une part, en Dieu, une sorte de descente volontaire vers l'humanité. Pourquoi l'humanité n'irait-elle pas au-devant de Dieu et Dieu au-devant de l'humanité? Le dernier mot ne serait-il pas la fusion de la nature divine et de la nature humaine dans une forme religieuse supérieure et absolue? La prière dominicale : « Notre père qui êtes aux cieux », dont il croit retrouver la trace dans les plus anciennes religions et jusque dans les Védas, lui semble comme le meilleur résumé de tout le passé religieux de l'humanité et aussi comme la formule de l'avenir.

« Nous avons exposé sa doctrine; car il en a une, qui lui est propre et que jamais il ne perd de vue. Nous l'avons exposée aussi fidèlement que possible, sans prétendre le discuter de tout point et en faisant des réserves sur certaines de ses conceptions métaphysiques et religieuses, mais nous n'avons point à en faire sur la science et le talent dont il nous a donné amplement la preuve. Non seulement c'est un bon mémoire, remarquable. Il est écrit d'un bon style, sans nulle faute contre le goût, sans nulle déclamation ni lieu commun; il a même, surtout dans la dernière partie, des pages chaudes et éloquentes sous l'inspiration de sa double foi métaphysique et religieuse. D'un bout à l'autre, malgré quelques obscurités, on le lit avec un intérêt qui va toujours croissant. C'est l'œuvre élevée, personnelle, originale, d'un esprit méditatif et d'un vrai métaphysicien. »

Malgré les éloges accordés à son travail, Eugène Maillet ne le considérait point comme terminé. Il en avait commencé l'impression, mais dans son désir de perfectionner les derniers chapitres, il tardait toujours d'achever sa tâche. Le soin de sa classe, son assiduité constante, qui ne s'est pas démentie un seul jour durant trente-six ans, ne lui permirent point de mettre la dernière main à son œuvre. La mort vint surprendre comme tant d'autres ce zélé professeur qui croyait ses forces égales à son courage; elle l'empêcha de faire profiter son livre des notes qu'il accumulait sans cesse et que lui seul eût pu employer. Sa famille n'a pas voulu néanmoins qu'un tel labeur demeurât perdu pour la science et s'est fait un devoir d'achever la publication commencée en laissant le Mémoire tel qu'il avait été présenté à l'Académie des sciences morales. Les philosophes trouveront certainement dans cette étude très personnelle une savante et originale contribution à l'examen des hautes questions qui ne cesseront d'intéresser les penseurs. Ce sera en outre un témoignage de plus des forces vives que possède en ses professeurs l'Université; des œuvres saines, élevées que font naître les concours de l'Institut, et aussi un souvenir durable laissé par Eugène Maillet à ses enfants, à ses collègues et à ses amis.

LA CRÉATION

ET

LA PROVIDENCE

DEVANT LA SCIENCE MODERNE

PREMIÈRE PARTIE

ÉTAT PRÉSENT DES QUESTIONS DE THÉODICÉE

CHAPITRE I

SITUATION ACTUELLE DE LA THÉODICÉE DEVANT LA THÉOLOGIE ET DEVANT LA SCIENCE

Conflits de la religion et de la science. — La théodicée, occupant une zone mitoyenne entre la théologie et la science, a des conflits avec l'une et avec l'autre. Nécessité d'apaiser d'abord ces dissentiments moins profonds.

I

La théodicée et la théologie.

1. Source commune de la théodicée et de la théologie. — L'instinct métaphysique et religieux de l'humanité. — La religion est une métaphysique qui s'adresse à la sensibilité. — C'est, par suite, une métaphysique populaire.

2. Degrés de développement d'une religion : mythologie et théogonie; théorie de Max Müller sur la mythologie; théologie. — Degrés de développement d'une métaphysique religieuse. Elle devient une

théodicée quand l'idée de la justice s'y introduit et y prend peu à peu le premier rang.

3. Issues d'un même besoin, la théodicée et la théologie devraient s'accorder entre elles. — Formule de cet accord. *Fides quærens intellectum*, ou : *Intellectus quærens fidem*. — Causes de malentendu et de dissentiment. — Les théologiens exigent un acte de foi trop explicite, une soumission trop absolue de la raison. — Les philosophes, de leur côté, accordent à la raison isolée, à la raison abstraite, une confiance excessive. — Ils oublient trop que la portée et la valeur objectives de la raison ont été quelquefois contestées même par des écoles de philosophie. — Théorie de Schopenhauer sur les intuitions et les concepts. La certitude ne réside que dans les intuitions seules. — Polémique des théologiens contre la raison. — Une théorie de Victor Cousin exploitée par le P. Ventura contre l'autorité de la raison. — Le rationalisme considéré comme une hérésie.

4. Peut-il y avoir une religion naturelle? — Une religion fondée sur la raison seule se réduit, d'après Max Müller, à un squelette de religion. — Une métaphysique religieuse doit, d'après les théologiens, prendre pour *matière* de ses méditations le système des faits religieux positifs.

II

La théodicée et la science.

1. Théorie opposée de certains savants, d'après lesquels la métaphysique religieuse doit prendre uniquement pour base les faits naturels constatés par l'expérience. — Le conflit de la science contre la religion proprement dite tend à s'apaiser ou, du moins, à changer de caractère. — Les dissentiments de la science avec la théologie rationnelle tendent, au contraire, à s'accroître. — Reproche adressé à la métaphysique religieuse de faillir à son principe en acceptant le miracle sous les formes de la Création et de la Providence.

2. Tentative de Stuart Mill pour établir la théodicée sur la seule base d'une interprétation philosophique de l'expérience. — Application que Stuart Mill fait de sa méthode à quelques points essentiels.

3. Principales questions sur lesquelles se concentre le conflit de la science et de la théodicée.

On parle souvent des conflits de la religion et de la science; on remarque moins ceux qui existent, d'une part entre la science et la théodicée, de l'autre entre la théodicée et la religion. C'est que, placée dans une sorte de zone mitoyenne, la théodicée amortit le choc de la pensée religieuse et de la pensée scientifique en détournant sur elle une partie des coups. Il n'en est que plus intéressant d'étudier de près ces dissentiments, d'une nature moins profonde et moins grave que ceux qui existent entre la religion et la science; car, si on réussit à les apaiser graduellement, la voie sera ouverte pour rapprocher l'une de l'autre les deux grandes puissances morales qui se partagent le monde.

C'est à cette œuvre d'apaisement et de conciliation, désirée par tous les esprits larges, que nous espérons travailler pour notre part en examinant l'état présent des questions de théodicée. Mais, dans cet examen, nous serions arrêté à chaque pas, si nous ne commencions par rapporter à leurs principes généraux les divergences d'opinion et de sentiment qui, longtemps encore, sépareront, sur mille points de détail, les philosophes, les théologiens et les savants.

I

La théodicée et la théologie.

1. Pour bien comprendre d'abord la situation respective de la théodicée, ou science philosophique de Dieu, et de la théologie, ou science de Dieu fondée sur la foi et sur la révélation, il faut les voir sortir l'une et l'autre, chacune avec son objet propre et ses développements spéciaux, de leur racine commune, qui est l'instinct métaphysique et religieux de l'humanité.

L'homme a été souvent défini *un animal métaphysique*. Cela signifie qu'il a le souci, l'inguérissable préoccupation de ce qui se dérobe à lui sous la mobile apparence des phénomènes. Au delà de ce qui frappe ses sens il soupçonne, il affirme quelque chose que ses sens ne peuvent atteindre et que, cependant, il conçoit comme plus nécessaire, comme plus réel que le sensible; au delà de ce qui passe il se flatte de saisir ce qui demeure; au delà de ce qui est soumis à des conditions, ce qui existe en soi et inconditionnellement. Il veut toucher la base même sur laquelle repose le système entier des choses; il ne se résigne à s'arrêter que devant l'*absolu*.

Et alors, pour comprendre ce qu'est cet absolu, pour en fixer l'essence, pour déterminer les relations qui l'unissent à la nature humaine et au monde tout entier, il construit ces édifices idéaux qu'on nomme les systèmes de philosophie; vastes synthèses d'idées où les choses, rapportées à l'action d'un principe unique, toujours et partout identique à lui-même, apparaissent en même temps comme liées les unes aux autres, suivant l'énergique expression platonicienne, par des raisons de fer et de diamant, σιδηρίοις καὶ ἀδαμαντίνοις λόγοις.

Mais on pénètre plus profondément encore dans la nature de l'homme quand on le définit *un animal religieux*. Par là, en effet, il faut entendre qu'il ne cherche pas et qu'il ne crée pas simplement l'absolu par son intelligence; il le cherche et il le crée aussi par son cœur. Dans le domaine de la sensibilité aussi bien que dans le domaine de l'entendement, rien de contingent et de fini ne peut suffire à l'homme. Les objets naturels qui sollicitent ses regards et se disputent son attention ont beau être tellement nombreux que sa vie entière n'est pas assez longue pour lui permettre de les étudier tous, il ne peut s'empêcher de poursuivre, au delà même de leur totalité, quelque chose encore qui la dépasse; il ne lui suffit point de pouvoir penser *à l'infini*; il détache, il abstrait en quelque sorte cet « à l'infini », et il en fait une réalité suprême, immanente ou transcendante, qui devient l'objet ultime de sa méditation. Mais, de même, les objets capables d'affecter en bien ou en mal sa nature sensible ont beau être, de leur côté, tellement nombreux que sa vie est déjà toute assaillie de plaisirs et de peines, d'espérances et de craintes, il ne peut se défendre de chercher encore au delà de l'univers un objet supérieur, auquel il réserve les aspirations les plus hautes, les mouvements les plus ardents de sa sensibilité; ainsi, il ne lui suffit pas non plus de pouvoir se passionner *à l'infini*; il prend son concept même de l'infini pour objet d'une passion nouvelle, plus large que toutes les autres, d'un amour qui, sous les formes de l'adoration et de l'élan mystique, surpasse tous les amours humains, enfin d'une série d'espérances et de craintes qui se projettent plus loin que les limites de ce monde et que le terme de cette vie.

M. de Hartmann, surtout dans son livre de *la Religion de l'avenir*, a noté avec beaucoup de finesse ce rapport qui unit la religion, prise dans le plus large sens du mot, à la métaphysique. Pour lui, la religion est une métaphysique qui s'adresse à la sensibilité, qui entre en nous par le cœur. « L'homme, dit-il, qui porte en lui des conceptions métaphysiques telles que sa sensibilité en est affectée d'une manière positive *a de la religion*. Peu importe qu'il en soit affecté à un degré plus fort ou plus faible, qu'il subisse ces impressions d'une manière accidentelle et fortuite ou bien qu'il les recherche expressément et s'y abandonne d'une manière durable : tout cela dépend de sa disposition religieuse naturelle et de l'éducation qu'il a reçue ; mais il est bien rare qu'un homme n'ait pas au moins le germe de cette disposition religieuse, encore que, chez certaines personnes, les sentiments éveillés par telles conceptions métaphysiques puissent rester à l'état purement instinctif et inconscient, tandis que, chez d'autres individus, ces mêmes conceptions exercent sur la sensibilité une action vigoureuse. »

En conformité avec cette nature du sentiment religieux individuel, la religion elle-même est définie par Hartmann *une métaphysique populaire*, dont il pense que tout homme a besoin, aussi longtemps du moins qu'il n'est pas en mesure de s'élever jusqu'à une métaphysique scientifique. Ce n'est pas qu'à côté de cet élément la religion n'en contienne d'autres encore. Il faut, évidemment, qu'elle ait un culte ; il faut qu'elle ait une morale. Mais ces autres éléments, bien que, vus du dehors, ils apparaissent en général comme les plus essentiels, sont, en réalité, sous la dépendance de la conception métaphysique spontanée qui fait que tout homme, même sauvage, saisit par le cœur un mystérieux absolu, auquel il rapporte inconsciemment toutes ses pensées et tous ses actes.

Jusqu'ici, on le voit, en signalant l'objet commun de la métaphysique et de la religion, nous avons dit « l'absolu » ; nous n'avons pas dit « Dieu ». C'est que toute métaphysique et même (bien que cela semble, au premier abord, paradoxal) toute religion ne contient pas nécessairement l'idée de Dieu. Il y a des métaphysiques qui font tout reposer sur la nature, sur la matière même ; il y a des religions sans Dieu. Le bouddhisme, par exemple, malgré la hauteur de ses conceptions, malgré la sainteté de sa morale, serait, au fond, d'après M. Barthélemy Saint-Hilaire, une *religion athée*. En tout cas, il est bien difficile de trouver Dieu soit dans le fétichisme ou le totétisme, soit dans ces religions à la fois voluptueuses et sanglantes de l'Asie qui, au milieu des sacrifices humains et des prostitutions sacrées, ne proposaient à l'adoration de l'homme que les forces aveugles de la nature.

2. C'est à travers plusieurs degrés que la métaphysique, d'une part, la religion, de l'autre, s'élèvent peu à peu jusqu'à l'idée nette et jusqu'au pur sentiment de Dieu. La *mythologie* et la *théogonie* semblent être, en ce qui concerne la religion, les plus importants de ces degrés. A travers les mythes, les légendes et les symboles, la pensée religieuse s'élabore, s'organise, prend graduellement possession d'elle-même et de son divin idéal. Impuissante à bien saisir d'abord l'unité substantielle de Dieu, elle s'habitue à cette idée, comme les yeux s'habituent peu à peu à la pleine lumière, en commençant par admettre l'unité collective de divinités et de demi-divinités dont chacune a son rôle utile et entre lesquelles se partage l'action créatrice et providentielle. On peut même dire que l'insuffisance de cette conception n'est pas sans présenter d'abord quelques avantages; car, en attribuant à des formes inférieures ou même à de simples incarnations de la divinité, comme les demi-dieux ou les héros, la production de telle partie du monde physique ou du monde moral dans laquelle l'imperfection éclate trop visiblement, on épargne à la pensée humaine, qui n'a point encore assez de force pour les comprendre, assez de confiance en elle-même pour n'en être point scandalisée, les difficultés qui se tirent de l'existence du mal et qui risqueraient de la rejeter dans un grossier panthéisme.

A la vérité, une théorie célèbre de la mythologie, proposée par un homme dont nous aurons, d'ailleurs, à signaler plus d'une fois les idées profondément religieuses, le savant linguiste Max Müller, tendrait à faire considérer la mythologie comme un fait qui se rattache plutôt à l'évolution du langage qu'à celle de la religion. On sait, en effet, comment Max Müller explique l'origine des mythes. D'après lui, les langues humaines auraient traversé une période, qu'on peut appeler *mythique* ou *mythologique*, dans laquelle chaque mot exprimait poétiquement un des attributs caractéristiques de l'objet nommé. Ainsi, le mot « père » signifia originairement « protecteur », et, en l'employant, chacun pensait alors au rôle du père dans la famille; mais, aujourd'hui, nous avons perdu de vue le sens poétique de ce mot et nous ne sentons plus, quand nous nous adressons à un père, que nous l'appelons protecteur. De même, nous avons oublié, par exemple, le sens profond qui s'attachait primitivement au mot « nature », et nous ne songeons plus, quand nous employons ce mot, que la nature est « la mère toujours prête à engendrer ». C'est de cette façon que s'explique la naissance des mythes religieux. Ils n'auraient été, à l'origine, que de simples phrases allégoriques par lesquelles les hommes exprimaient poétiquement les phénomènes de la nature, en tant que ces phénomènes parlaient à leur imagination ou à leur cœur. Ainsi, quand les Grecs formèrent le mythe sauvage de Vulcain fendant de sa hache la tête de Jupiter, ils ne voulaient exprimer que des idées toutes physiques. Jupiter représentait, pour eux, le ciel brillant; son front, c'était l'Orient; Vulcain n'était autre chose que le soleil avant l'aube, avant son lever, et Minerve, c'était l'aurore, la fille du ciel, jaillissant, en quelque sorte, des sources de la lumière. Le mythe de Vulcain, comme tous les autres mythes du même genre, est né à l'époque où les Grecs commencèrent à perdre de vue le sens métaphorique des mots qu'ils employaient et à séparer le concret de l'abstrait, le physique du spirituel. Ils prirent alors pour une histoire, pour un récit, ce qui n'avait été à l'origine qu'une métaphore, et ils en firent une légende. De même pour le mythe de Niobé. Ce mythe est né le jour où les Grecs oublièrent que « Niobé », dans une période antérieure de leur langue, était un mot désignant la neige de l'hiver et que, par conséquent, le vieux poète avait voulu simplement décrire le phénomène naturel qui se produit lorsque, chaque année, sur les sommets des montagnes, « les divinités du printemps frappent de leurs dards les enfants de la neige, beaux et radieux, mais dont la mort est décidée ».

Ainsi, la mythologie, avec toutes les idées religieuses qui s'y rattachent, naîtrait, d'après Max Müller, d'une crise, « d'une maladie d'enfance » du langage. Il en serait de même, au fond, de la théogonie. Les généalogies des dieux, telles qu'Hésiode nous les raconte, n'exprimeraient que la genèse des faits naturels, sortant les uns des autres en vertu de lois que les premiers hommes n'étaient pas capables de saisir sous une forme scientifique. Quand le poète de la *Théogonie* nous dit, par exemple, que *Nyx* (la nuit) est la mère de *Moros* (le sort), ou que la sombre *Ker* (la destruction) est la mère de *Thanatos* (la mort), d'*Hypnos* (le sommeil) et de la tribu des *Oneiroi* (les rêves); ou bien, quand il dit encore que la nuit est la mère de *Mômos* (le blâme), du terrible *Oizys* (le malheur) et des *Hespérides*, qui gardent les pommes d'or, ou enfin, qu'elle a donné naissance à *Némésis* (la vengeance), à *Apaté* (la fraude), à *Philotès* (l'amour), à la pernicieuse *Géras* (la vieillesse), à l'implacable *Éris* (le combat), etc., il est bien évident que, dans les traditions où il puise, ces descendances n'ont exprimé d'abord que des relations toutes physiques. Traduisons ces diverses expressions dans notre langage moderne et nous aurons des phrases comme celles-ci : « On voit les étoiles (ce sont les pommes d'or du jardin des Hespérides) quand la nuit approche », « nous dormons, nous rêvons, nous mourons, nous courons des dangers pendant la nuit », « les réjouissances nocturnes conduisent à des luttes, à des discussions animées et à des malheurs; » « beaucoup de nuits amènent la vieillesse et enfin la mort », « une mauvaise action, commise dans l'obscurité de la nuit, sera enfin révélée au jour »;

« la nuit même se vengera du criminel »; etc. Ces métaphores poétiques et proverbiales sont devenues une mythologie le jour où les hommes ont cessé d'entendre tous ces mots dans leur acception morale et abstraite et n'y ont plus trouvé de sens qu'en les interprétant d'une manière étroite et littérale.

Il faudrait résumer tout l'Essai de Max Müller sur la mythologie comparée pour bien faire saisir la grande part de vérité que cette théorie renferme. Mais ce n'est qu'une « part ». La vérité complète est plus large et (de l'aveu même qu'en fait quelquefois Max Müller) elle est aussi plus profonde. Quelques-uns de ces mythes purement physiques dont Max Müller dévoile si ingénieusement la signification ont contribué, dans une certaine mesure, à l'éveil d'idées morales; par eux, l'homme a divinisé tous les sentiments qu'excitait en lui la vue des choses; il a répandu sympathiquement sur la nature entière ses joies et ses douleurs; il a conçu Dieu sous la forme d'une âme universelle au sein de laquelle il retrouvait toutes ses affections, toutes ses aspirations élargies, idéalisées; il a ainsi préparé peu à peu les divers éléments d'une conception synthétique de l'infini divin. Mais, en outre, il est extrêmement vraisemblable que beaucoup de mythes ont eu de suite un sens moral et religieux; beaucoup ont exprimé symboliquement les premières idées des hommes sur la nature ou sur la destinée de l'âme; d'autres, par exemple celui des Prières boiteuses suivant pas à pas la Violence malfaisante, ou celui des Dieux voyageant sur la terre pour éprouver l'hospitalité des hommes, ont été l'immédiate manifestation de l'instinct qui fait pressentir aux hommes, avant qu'ils puissent s'en rendre philosophiquement compte, l'universelle action de la Providence.

Toutefois, il faut bien reconnaître que la mythologie d'un peuple (et c'est là ce qu'exprime la savante théorie de Max Müller) reste toujours presque indissolublement liée aux conditions particulières dans lesquelles se sont développés le génie propre de ce peuple, sa langue, sa poésie, etc. Voilà pourquoi une mythologie, œuvre d'instinct plutôt que de réflexion, ne saurait être le dernier terme de l'évolution religieuse chez une grande et forte race. Aussi voyons-nous les religions supérieures aboutir toutes, en dernier lieu, à une *théologie*, c'est-à-dire à une conception de Dieu appuyée, sans doute, sur leurs traditions, sur leurs livres saints, sur la révélation ou l'inspiration initiale dont elles sont issues, mais en même temps assez large, assez libre d'allures pour tirer de son sein une solution des principaux problèmes qui inquiètent la conscience humaine et pour essayer, par voie de prosélytisme, de répandre cette solution dans l'humanité tout entière. C'est ainsi que le mazdéisme, par exemple, n'a pas seulement une mythologie; il a aussi une théologie véritable. Tout un ensemble de conceptions sur Dieu et sur l'avenir moral du monde s'y dégage clairement de la mythologie d'Ormuzd et d'Ahriman, des Amschaspands et des Darvands, des puissances de la lumière et des puissances des ténèbres : conceptions austères et profondes, dont nous continuons, aujourd'hui encore, à ressentir indirectement la bienfaisante influence. Quelque chose de notre conscience religieuse et de notre conscience morale, de notre sentiment du divin et de notre sentiment du devoir, est fait de ce qu'ont pensé, il y a tant de siècles, sur les hauts plateaux de l'Iran, les auteurs du *Zend-Avesta*. Troublés par le problème du mal, ils ont conçu, les premiers, une sorte de scission, de dédoublement de l'essence divine; ils ont vu le principe du mal se détacher du sein de Dieu par la révolte et par la chute, y rentrer par le repentir et le pardon; ils se sont représenté l'histoire morale du monde comme le développement d'un drame céleste, auquel l'homme est mêlé par le choix de sa volonté, par le mérite de son effort. Tout cela constitue une théologie, c'est-à-dire une science de Dieu, non abstraite et fondée sur la seule raison, mais mystique et créée par le concours de toutes les facultés et de toutes les puissances de l'âme, travaillant à former une conscience nationale qui est entrée elle-même, comme élément intégrant, dans la conscience collective de l'humanité.

— Ce que nous venons d'expliquer au sujet de la religion, nous pouvons le répéter au sujet de la métaphysique : c'est aussi en traversant plusieurs intermédiaires que cette science aboutit finalement à la forme supérieure de la *théodicée*. En effet, la vraie théodicée n'est pas une théologie rationnelle quelconque ; c'est, d'après la stricte étymologie du mot, une théologie rationnelle fondée sur le concept de la justice absolue, et qui se donne pour mission de faire apparaître cette justice là même où elle semble le plus complètement absente ou voilée. Ainsi définie, cette science ne pouvait se constituer d'un seul coup et de toutes pièces. Ce n'est pas que quelques-unes des vérités essentielles dont elle se compose n'aient été découvertes dès l'antiquité. A cet égard, Platon, par exemple, est un précurseur. En combattant les idées religieuses de son temps, il a établi que la divinité n'est pas, comme tout le monde le croyait alors, envieuse et jalouse. Dieu, au contraire, est juste et bon ; il a créé le monde par bonté ; il réserve au juste, outragé et méconnu dans cette vie, un triomphe final. Mais ce ne sont là encore que des vérités partielles, qui ne touchent point aux grandes questions de la philosophie de la nature et de la philosophie de l'histoire. Pour que la théodicée puisse s'établir largement sur son vrai terrain, il faut que plusieurs conditions soient remplies. La première, c'est que les hommes se soient habitués à méditer sur la justice, à en débrouiller le rôle confus dans les événements de la vie privée et la vie sociale, à croire que le dernier mot lui appartient toujours dans les choses de ce monde, même lorsqu'elle n'agit que d'une manière imparfaite, sous la forme de certaines fatalités héréditaires qui n'atteignent que les races en épargnant les individus. Il faut aussi, croyons-nous, que le panthéisme, c'est-à-dire la doctrine du Dieu impersonnel et immanent, ait achevé son évolution et que l'insuffisance de toutes les hypothèses qu'il peut proposer sur les rapports de Dieu et du monde ait pleinement éclaté. Peut-être en sommes-nous là aujourd'hui. Fondé sur la croyance à l'identité substantielle du monde et de Dieu, le panthéisme ne peut concevoir tout au plus (et c'est à cela qu'il aboutit dans la doctrine hégélienne) que l'idée d'une « justice immanente », qui se fait, qui se dégage par degrés, qui prend lentement conscience d'elle-même au terme de l'évolution cosmique. Or, l'instinct religieux de l'humanité réclame quelque chose de plus : il veut une justice absolue et transcendante, qui soit par elle-même et qui règne ; il la veut présente aux conseils de Dieu, comme il est dit de la Sagesse au livre des *Proverbes*, alors qu'il préparait le monde et « jouant à ses pieds » dès l'origine des choses. C'est cette idée qui fait le fond de la théodicée moderne depuis Leibniz. Les représentants les plus autorisés de cette science poursuivent tous un but commun : prouver, malgré les apparents démentis de l'expérience, malgré la souffrance dans le monde de la vie, malgré le péché dans le monde moral, malgré les désordres et les misères de toutes sortes dans la société, que l'univers, pris dans son ensemble, est la manifestation d'un être essentiellement juste, qui veut partout le bien, mais qui le veut en harmonie avec le système entier des choses, avec les lois qui président à l'évolution de la nature, et qui veut surtout que ce bien soit réalisé avec le concours des êtres créés, aussitôt que commence à apparaître en eux un germe de spontanéité et de conscience.

3. Aujourd'hui, ce double développement de la religion et de la métaphysique peut être considéré comme à peu près achevé. Nous avons en face de nous, d'un côté la théologie chrétienne, dans laquelle on peut dire que presque toute la substance de la vie religieuse de l'humanité est en quelque sorte concentrée, de l'autre une théodicée spiritualiste dont les doctrines résument ce qu'il y a de plus essentiel dans la pensée de Platon et dans celle de Descartes. Demandons-nous quelle devrait être théoriquement et quelle est dans la réalité des faits leur situation vis-à-vis l'une de l'autre.

Théoriquement, il devrait régner entre elles un très grand accord. De part et d'autre, en effet, on avoue que, si la vérité est une, elle peut pénétrer en nous par plusieurs voies. Elle peut avoir été mise en dépôt dans l'humanité ; soit que les hommes, aux différentes époques de leur histoire, aient senti de diverses manières la présence de Dieu et aient enveloppé leur sentiment plus ou moins fugitif dans des symboles, des rites et des dogmes dont l'ensemble a formé une tradition religieuse spontanée; soit qu'il ait plu à Dieu, dont la puissance est infinie, de se communiquer lui-même aux hommes et de fonder parmi eux une tradition vivante de sa parole. Sous l'une ou l'autre de ces formes, la vérité, traditionnellement transmise, est *objet de foi*. Mais cette même vérité peut, en outre, être reconstituée par chacun de nous dans l'intimité de sa conscience personnelle; chaque homme, en s'interrogeant, en se scrutant lui-même, peut retrouver Dieu au fond de son âme et, de plus, corroborer d'une autre manière encore l'intuition rationnelle qu'il en a par l'observation extérieure des choses naturelles et des choses humaines, qui, elles aussi, portent l'empreinte profonde de la divinité. La vérité religieuse est alors *objet de réflexion* et, dans un certain sens du mot, *objet de science*.

Or, il semble que tous les philosophes et tous les théologiens de bonne foi et d'esprit large pourraient s'entendre sur cette idée d'une collaboration de la foi et de la réflexion personnelle; car le moyen âge lui-même l'admettait déjà. Il exprimait cette collaboration par sa célèbre formule : « *Fides quærens intellectum*, la foi cherchant à se comprendre, à se justifier elle-même ». Il ne faisait, d'ailleurs, que se conformer ainsi à l'enseignement du christianisme, qui veut « que Dieu soit adoré en esprit et en vérité »; à l'autorité de saint Paul, qui veut « que la foi soit un libre assentiment de la raison : *liberum, rationabile sit obsequium vestrum* ». Mais cette formule n'est pas restée purement théorique : les plus grands docteurs de la scolastique s'y sont conformés. Saint Thomas admet expressément que la raison humaine a le droit de contrôler et de reprendre pour son propre compte les vérités de la foi, à l'exception du très petit nombre de celles que la religion s'est entièrement réservées sous le nom de mystères; partout, dans la *Somme de théologie*, il proclame que « la raison, comme la foi, vient de Dieu »; bien plus, qu'il n'est pas permis, en commentant les mystères eux-mêmes, d'en tirer des conséquences que la raison désavouerait.

On est donc en droit de s'étonner qu'un accord que le moyen âge croyait désirable et possible soit, autour de nous, trop souvent rompu; et peut-être n'est-il pas facile de bien faire, à cet égard, le partage des responsabilités.

— Il semble, cependant, qu'un premier tort vienne des théologiens. Quelques-uns, en effet, interprètent le « *Fides quærens intellectum* » d'une manière trop rigoureuse et qui ne saurait se concilier avec la légitime indépendance de la pensée philosophique.

Ils s'expriment comme s'ils entendaient par là que la foi proprement dite, la foi pleine et entière, doit être le point de départ de toute recherche philosophique sur Dieu. En d'autres termes, le philosophe devrait commencer par un abandon préalable de son esprit à la révélation, sous cette seule réserve que la révélation, une fois acceptée d'un cœur soumis, se légitimerait elle-même en produisant ses titres. Mais n'est-ce pas là « traiter indignement, comme dit Pascal, la raison humaine », en la réduisant, contre tout droit, à une simple faculté de vérification déductive? N'est-ce pas méconnaître que la pensée de l'homme doit aller à Dieu par un libre élan d'induction spontanée et rationnelle?

La philosophie ne peut accepter une telle condition, dont le résultat serait précisément d'enlever toute valeur à son assentiment, toute dignité à son concours. Il ne faut pas que la réflexion métaphysique, quand elle aboutit à confirmer la foi, puisse être frappée de la moindre suspicion. Or, comment éviterait-on cela, si le point de départ n'était pas librement choisi? La formule du philosophe qui cherche la vérité religieuse dans toute la sincérité de son cœur et avec toutes les forces de sa raison devrait donc être plutôt: « *Intellectus quærens fidem*, l'intelligence cherchant à se compléter par la foi ».

— Mais, si les représentants de la théologie ont leur part de responsabilité dans ce conflit, les représentants de la théodicée ont bien aussi la leur, et qui, peut-être, n'est pas moindre.

On peut leur reprocher une excessive confiance dans le pouvoir de la raison, et surtout de la raison isolée, séparée, abstraite de tout le reste de notre nature. « C'est avec l'âme tout entière, a-t-on dit bien justement, qu'il faut aller à la conquête de la vérité. » La théodicée a la prétention de n'y aller qu'avec la raison seule; de prouver Dieu uniquement par l'esprit, quand il peut être prouvé aussi par la volonté et par le cœur; de ne prendre enfin aucun point d'appui dans cette foi spontanée de l'humanité qui doit, cependant, contenir déjà, sous des formes virtuelles, quelque concept suffisamment clair de Dieu, puisque ce concept a suffi non seulement à fonder des religions, mais même à les corriger, à les épurer de mille manières.

Or, est-on bien sûr, quand on attribue ainsi à la raison une autorité souveraine et sans contrôle pour résoudre les plus hautes questions dont l'humanité se soit jamais préoccupée, de savoir quelle est la vraie valeur et le juste rôle de cette faculté dans l'ensemble de notre organisme intellectuel?

Les défiances des théologiens trouvent ici un secours inattendu dans les études qui ont été faites, au sein de la philosophie elle-même, sur la nature et la portée de la raison.

On sait, en effet, que, d'après une grande école de philosophie moderne, la raison n'a pas de *contenu* qui lui soit propre. Elle n'est, d'après Kant, d'après Schopenhauer, qu'une faculté régulative; en tout ordre de connaissances, elle s'applique à une *matière* qui lui est fournie par l'expérience et elle se borne à diriger l'action mentale par laquelle nous nous emparons de cette matière en coordonnant, de façon à en tirer la connaissance raisonnée et scientifique, les intuitions qu'elle nous envoie.

L'esprit, dans sa recherche de la vérité, a pour unique point de départ des *intuitions*, qui nous mettent en rapport avec les différents ordres de choses réelles. Ainsi, le monde matériel nous envoie, par l'intermédiaire des sens, des impressions, dites *intuitions sensibles* ou *sensorielles*, qui, seules, sont l'objet réel de la connaissance, mais qui ne constituent pas la connaissance elle-même tant qu'elles ne sont pas rassemblées, synthétisées, coordonnées par les *concepts* de la raison. Or, nous aurions tort d'en conclure que les concepts représentent la réalité; ils ne représentent que l'ensemble des conditions par lesquelles la réalité nous devient accessible. Quand nous voulons toucher le sol ferme de la connaissance, il faut que nous en revenions aux intuitions, qui, seules, d'après Schopenhauer, représentent pour nous « quelque chose de lucide, d'assuré, de certain », où il n'y ait plus aucune place pour le doute et pour l'erreur.

Peut-être même, malgré l'avis personnel de Kant, qui n'applique point à la raison pratique le système dont il a fait usage pour la raison spéculative, n'en est-il pas autrement dans l'ordre de la connaissance morale. L'idée du bien, que nous considérons comme la base de l'éthique, n'est pas véritablement et pour elle-même un objet de connaissance; car il n'y a pas d'actions qui soient, à proprement parler, bonnes en soi et d'une façon absolue, abstraction faite des conditions où elles se produisent et des fins auxquelles elles se rapportent. On peut donc dire que l'idée du bien est surtout le principe régulatif qui nous permet de dégager dans nos propres actions et dans les actions des hommes l'ensemble des caractères qui les rendent utiles à la vie sociale, d'opérer une sélection graduelle de ces actions, d'en tirer enfin l'idéal de la vie humaine, la règle pratique de notre conduite journalière et de notre coopération au progrès général.

Mais si, pour les philosophes mêmes, pour beaucoup d'entre eux au moins, la raison n'a de valeur qu'en tant qu'elle s'applique à un objet étranger, à une matière qui lui est fournie par l'expérience, si elle est considérée par eux comme travaillant à vide quand elle veut tirer tout d'elle-même et n'utiliser que sa propre substance, pourquoi voudrait-on obliger les théologiens à penser autrement en ce qui les concerne? Ils croient à l'existence de tout un ordre considérable de faits, d'événements, qui sont les faits, les événements religieux; ils croient, en outre, que ces faits, dont l'histoire de l'humanité est remplie, forment une manifestation continue par laquelle la nature divine s'est révélée à la nature humaine. — Ici, à la vérité, ils se séparent, et les directions dans lesquelles ils s'engagent sont même très divergentes.

Les uns croient que Dieu s'est révélé uniquement à une race d'hommes, afin que de là, comme d'un foyer éclatant, la vérité religieuse se répandît vers tous les points de l'horizon et gagnât peu à peu l'humanité tout entière; une seule religion, d'après eux, a été fondée par Dieu même, et celle-là s'impose aux hommes de bonne foi par des signes certains; toutes les autres religions sont fausses; elles ont leur origine dans l'orgueil humain, dans l'esprit d'erreur et d'imposture, dans les suggestions d'une puissance mauvaise qui suit Dieu pas à pas et qui s'efforce de détruire son œuvre. Les autres estiment (et nous verrons que cette manière de penser s'est quelquefois produite au sein même de l'orthodoxie) qu'il y a au fond de toutes les religions, à peu près sans exception, une part, une *âme* de vérité, suivant l'heureuse expression de M. Spencer, parce que toutes, ou presque toutes, proviennent d'un instinct profond que Dieu a déposé dans l'homme et qui l'invite à chercher son créateur, à se rapprocher de lui par la méditation et par l'action. — Mais peu importe ici cette divergence. La pensée commune à tous, c'est que la raison n'a pas à tirer d'elle-même ce qui lui est donné par l'expérience, ce qui s'épanouit, ce qui *s'étale* dans la vaste série des faits religieux spontanés, des actes de foi, d'adoration et d'amour par lesquels l'humanité a exprimé de tout temps non pas une idée abstraite et froide, mais un sentiment concret et vivant de la présence et de l'action de Dieu en elle. Ainsi, il en est des faits religieux comme des faits physiques ou des faits moraux; ils constituent une matière, un *datum*, sur lequel la raison peut et doit s'exercer, mais qu'elle n'a point à remplacer ou à fournir elle-même. Partant de là, les théologiens, surtout les théologiens orthodoxes militants, combattent, ou (suivant les nuances de tempérament) condamnent, flétrissent, sous le nom de *rationalisme*, la doctrine qui prétend tirer de la raison seule l'idée et la connaissance de Dieu, ainsi que la théorie de l'action de Dieu sur le monde ou du devoir de l'homme envers Dieu. Mais, il n'est que juste de le rappeler, cette condamnation de la raison et des prétentions de la raison n'est pas leur œuvre propre, exclusive; elle est prononcée par eux dans le même sens et presque dans les mêmes termes que par Kant.

— Lorsque le P. Ventura, par exemple, avec les intempérances habituelles de son langage, dénonce « la pensée *aussi stupide que coupable* de la raison philosophique de nos jours, laquelle prétend découvrir par ses seuls moyens toute vérité, même d'ordre moral, et se créer la religion », nous pouvons trouver qu'il se met gratuitement dans son tort en injuriant ses adversaires; mais, dans le fond, il ne fait que constater, sous une forme un peu acerbe, ce que Kant avait déjà constaté bien avant lui. Kant avait expliqué que la raison spéculative est impuissante à démontrer le caractère objectif de l'idée de Dieu et que, par conséquent, les conceptions purement métaphysiques de Dieu et de la Providence sont de vaines constructions, établies sur un sable mouvant et qui ne résistent pas à la critique. L'auteur de *la Raison philosophique et la Raison catholique* ne dit pas autre chose et ne va pas plus loin. De même, Cousin avait enseigné que la pensée métaphysique tourne nécessairement dans un cercle et qu'elle est condamnée, par la loi même de l'esprit humain, à refaire d'âge en âge la route qu'elle a déjà plusieurs fois parcourue. Le P. Ventura ne dit rien de plus, et il n'a besoin que de passer la parole à son adversaire pour exprimer, à quelques détails près, sa propre pensée.

« D'abord, dit-il, la philosophie s'est séparée du principe religieux et de tout enseignement traditionnel.

« En second lieu, elle a tout examiné, tout discuté, tout essayé pour s'assurer de la vérité et décider les principales questions, sans avoir pu y réussir.

« En troisième lieu, désespérant d'arriver à la vérité par la voie du raisonnement et de la discussion, elle y a renoncé, et elle est tombée dans le scepticisme et dans l'athéisme.

« Mais, comme l'athéisme et le scepticisme sont des points où la philosophie ne peut pas s'arrêter sans se perdre, et la société avec elle, pour sauver quelque chose de cet épouvantable naufrage, et encore plus pour faire illusion au monde et se faire illusion à elle-même, elle s'est jetée dans le mysticisme et dans le panthéisme. »

Voilà le cycle nécessaire. Il se retrouve sous la forme la plus saisissante dans l'histoire des quatre derniers siècles, depuis que la pensée philosophique s'est détachée non pas seulement du catholicisme, mais de la vie religieuse de l'humanité, et a voulu « créer la religion » avec les seules forces de la raison et de la réflexion individuelles. « Séparation d'avec la religion, discussion, négation, déception », telles sont, d'après le P. Ventura, les quatre phases, les quatre *stades* de l'illusion rationaliste, correspondant aux quatre siècles que nous venons de traverser.

4. Nous touchons ici au point essentiel du débat. Ce que la théologie positive ne pardonne pas à la théologie rationnelle, c'est, en effet, de prétendre créer, en dehors de la tradition et de la foi, une religion qui puisse suffire aux besoins métaphysiques et moraux de l'humanité; religion purement *rationnelle*, puisqu'elle serait édifiée uniquement sur des concepts de la raison, et purement *naturelle*, puisqu'elle s'appuierait exclusivement sur des instincts et des besoins qu'on suppose être communs à toute l'humanité, abstraction faite des dogmes, des rites, des symboles de chaque religion particulière.

Or, cette religion naturelle, cette religion fondée sur la raison pure, est-elle possible?

Oui, sans doute, d'une manière transitoire et dans un petit nombre de circonstances bien déterminées. Il y a eu certainement, au siècle dernier, lorsque le catholicisme et le clergé catholique pris dans son ensemble étaient tombés dans un profond discrédit, des âmes vraiment pieuses, au large sens du mot, que la religion du vicaire savoyard, relevée par le style magique de Jean-Jacques, a sincèrement touchées; pendant la Révolution, lorsque le culte national était aboli ou suspendu, elle a compté quelques adeptes fervents; elle a pu avoir un moment ses pompes et ses fêtes. Mais, d'une manière générale, et abstraction faite de quelques cas particuliers, on peut dire que la religion naturelle n'a pas de place dans l'histoire; elle est une création récente et factice des philosophes; elle n'a jamais pénétré et ne pénétrera jamais profondément dans l'âme du peuple. Il est facile d'en donner la raison. C'est que, créée par la pensée abstraite, formée par une simple élimination de tout ce qui, dans les croyances religieuses, dépasse la sphère de la pure raison, elle s'arrête forcément au déisme. Or, le cœur de l'humanité n'a jamais battu et ne battra jamais pour le Dieu abstrait du déisme. La religion d'un peuple est en même temps une poésie; il y faut une part de *mystère*. Un Dieu qui serait entièrement saisissable à l'esprit et dont la conception tiendrait dans des formules absolument arrêtées et précises n'exercerait sur les hommes, tels qu'ils sont actuellement constitués, aucune action appréciable. Pour que nous puissions tendre vers Dieu, aspirer vers lui, le désirer, comme le cerf, suivant la belle métaphore des Livres saints, désire l'eau des fontaines, *quemadmodum cervus ad fontes aquarum*, il faut qu'il nous soit en partie caché. C'est là, d'ailleurs, la loi de tout amour profond. Pour que nous aimions véritablement une âme, il faut que nous ayons conscience d'avoir beaucoup à découvrir en elle; il faut qu'elle nous offre des profondeurs mystérieuses, dans lesquelles nous ayons l'espoir de pénétrer peu à peu par l'affection, par la confiance, par le dévouement. Du jour où Dieu ne serait pour nous qu'une idée claire de la raison, comme l'idée du cercle ou celle du triangle, il nous deviendrait indifférent; il cesserait de parler à notre imagination et à notre cœur. Or, tel est le Dieu du déisme. La religion naturelle, qui s'en contente, tarit donc toutes les sources de la poésie; elle ne prend pas l'humanité par les entrailles.

— A la vérité, cette forme sous laquelle on nous a habitués à considérer la religion naturelle n'est peut-être pas la seule possible; peut-être y aurait-il moyen de reconstituer sur une autre base la théologie rationnelle, qui y mène directement. Il est clair que, dans ce cas, l'antagonisme aigu qui sépare la théodicée abstraite de la théologie proprement dite aurait quelque chance de s'apaiser graduellement. Mais où convient-il de chercher cette autre base?

Rappelons-nous bien, avant de répondre à cette question, qu'il y a deux formes distinctes sous lesquelles la raison peut être considérée, et aussi deux rôles, deux fonctions qu'on peut lui attribuer. Pour les uns, la raison est une faculté *intuitive*, qui nous met en rapport direct avec un objet; et cet objet, c'est Dieu, représenté par le concept spécial de l'infini, ou de l'absolu, ou de l'être nécessaire. Dieu donc nous est connu par la raison, mais par la raison seule, ou, tout au plus, comme on le verra mieux dans le chapitre suivant, par des sentiments dont la réflexion rationnelle est le seul principe. Dès lors, tout ce que nous pouvons savoir de Dieu avec une suffisante certitude, c'est ce qui se déduit logiquement, rigoureusement, des concepts de la raison. On n'aboutit par là qu'à un *minimum de croyances religieuses*, qu'à un simple résidu abstrait de tout ce que l'humanité a senti et pensé sur Dieu; et c'est bien le caractère que nous avons reconnu tout à l'heure à la religion naturelle, si énergiquement définie par Max Müller, un « *squelette de religion* ».

Mais la raison, nous l'avons vu, peut être conçue aussi d'une autre manière : on peut voir en elle (et c'est l'opinion de Kant) une faculté essentiellement *régulative*, qui n'a point, à vrai dire, de contenu propre, mais qui nous sert à dégager ce qu'il y a de vrai dans les intuitions dont le principe est le sentiment, à interpréter les impulsions spontanées par lesquelles l'homme pressent la vérité en s'abandonnant sans réserve à l'élan collectif de toutes les facultés de son esprit, de toutes les puissances de sa nature. Or, parmi ces intuitions et ces impulsions, les plus essentielles se rapportent à la vérité religieuse. Celles-là, les religions seules nous les donnent. Chacune des grandes croyances qui ont succédé aux cultes grossiers des temps primitifs a jeté la sonde dans le mystère de l'âme et en a retiré quelque chose; ce quelque chose, elle l'a fait entrer dans la conscience du genre humain. C'est une portion d'héritage sacré auquel nous participons tous sans savoir au juste d'où il nous vient. On pourrait donc dire que le vrai rôle de la théodicée, c'est d'élaborer cette *matière* qui lui est fournie par toute la suite des faits religieux dans l'humanité; c'est d'interpréter ces croyances issues non de la réflexion abstraite des philosophes, mais de la réflexion concrète et vivante de l'humanité tout entière, et de démêler parmi elles, à l'aide de cette fonction régulative qui constitue son essence même, ce qu'il y a de vrai et de faux. Peut-être est-ce dans ce sens qu'il faudrait surtout admettre la célèbre formule : « *la religion dans les limites de la raison* »; c'est-à-dire non pas la religion appauvrie, étriquée, réduite, vidée en quelque sorte de tout son contenu par la raison, mais plutôt la religion contenue, endiguée par elle, de telle sorte que ses intuitions spontanées, une fois passées au creuset de la réflexion, en sortent avec toute la pureté et toute la fermeté de leur métal. La théodicée, ainsi comprise, ne serait pas la *servante* de la théologie, surtout de la seule théologie chrétienne, de la seule théologie catholique; mais elle serait l'*interprète* de la théologie prise dans son ensemble, c'est-à-dire de toutes les créations métaphysiques et morales par lesquelles s'est manifesté, dans son évolution entière, le génie religieux de l'humanité, soit marchant de lui-même dans le demi-jour de ses pressentiments instinctifs, soit éclairé, à un moment solennel de l'histoire, par une révélation supérieure.

II

La théodicée et la science.

1. Quant à la situation actuelle de la théodicée vis-à-vis de la science, bien qu'elle semble, au premier aspect, moins tendue, peut-être n'est-elle pas, au fond, moins hostile. Mais, pour la déterminer avec quelque précision, il convient de rappeler d'abord en peu de mots ce que sont devenus aujourd'hui les rapports de la religion avec la science et les savants.

Ces rapports ont incontestablement perdu, à certains égards, l'âpreté qu'ils avaient autrefois. Le temps est passé où les philosophes et les savants, enflés par les premières découvertes expérimentales, ne voulaient voir dans la religion que niaiserie et imposture. Aujourd'hui leur attitude est, en général, respectueuse et sympathique. « De notre temps, dit Stuart Mill, le débat entre les partisans et les adversaires de la religion a changé de caractère. Comparé à ce qu'il était au XVIIIe siècle et au commencement du XIXe, il présente, au moins dans les régions élevées de la controverse, un aspect tout nouveau. Il y a surtout dans ce changement un trait si saillant que personne ne saurait le méconnaître : c'est l'adoucissement du ton avec lequel les adversaires de la religion soutiennent la dispute. La violence de la réaction provoquée par l'intolérance de leurs adversaires s'est en grande partie épuisée, et l'expérience a rabattu les ardentes espérances qu'on a pu entretenir un moment de régénérer l'espèce humaine par une doctrine purement négative, à savoir par la destruction de la superstition. » De plus, on s'est aperçu que les religions, même en les supposant dépourvues de toute valeur dogmatique en ce qui concerne l'objet propre de leurs spéculations, ont néanmoins été indirectement une première tentative d'explication scientifique des choses. En cherchant le principe premier de la nature, elles ont trouvé sur la nature elle-même ce qui suffisait aux besoins des premiers âges. Une conception de la Trinité dans telle religion antique, dans le brahmanisme par exemple, est en même temps une vue relativement profonde sur la division des phénomènes de la nature ramenés à trois formes, c'est-à-dire, au fond, à trois causes essentielles, mouvement, vie et pensée, qu'on rattache ensuite elles-mêmes à l'action créatrice, conservatrice, et rénovatrice du feu. Comment donc ceux qui suivent à travers les âges les progrès de cette spéculation spontanée d'où est sortie la spéculation scientifique moderne pourraient-ils concevoir contre les religions, contre leurs formes passées, et même contre leurs transformations les plus nouvelles, le moindre sentiment de dédain ou de haine. « J'ai lu, dit M. Émile Burnouf, presque tous les écrits des hommes qui se livrent à l'étude historique des religions et qui s'en sont partagé le domaine, et je n'y ai vu aucune attaque contre la religion. On se trompe en les croyant animés de l'esprit du XVIIIe siècle : le temps a marché ; il a fait taire les attaques frivoles, les injures et les haines. L'esprit sarcastique et railleur du siècle passé n'a rien de commun avec la science. Les vrais savants n'ont plus aujourd'hui aucune raison de s'attaquer ni aux fondateurs des religions, ni à leurs dogmes, ni à leurs cultes, ni même à leurs ministres. » De son côté, M. Renan ne néglige aucune occasion de rappeler que même les savants qui sont conduits par l'objet spécial de leurs études à expliquer les origines et le développement des religions, à en contester le caractère surnaturel, à expliquer dans un sens purement humain la révélation dont elles sont issues, ne songent nullement pour cela à détruire, à ébranler, ni surtout à railler la foi des âmes simples, à contester le sens profond des symboles dont l'humanité s'est longtemps contentée, où elle a puisé la force de faire le bien, où elle a trouvé tant de joies et de consolations. Enfin les positivistes mêmes, dont le premier dogme est que tout ce qui dépasse le domaine des faits est scientifiquement inconnaissable, ne méconnaissent ni l'utilité ni la grandeur de la foi, ni même la possibilité qu'elle représente à sa manière et dans une large mesure la vérité. Quelques-uns se font un plaisir de trouver et de noter certaines sympathies entre la science et la religion. Herbert Spencer, par exemple, déclare qu'elles se rencontrent sur un terrain commun et qu'elles s'accordent profondément entre elles quand elles affirment l'une et l'autre « que toutes les choses que nous pouvons connaître sont des manifestations d'un pouvoir qui dépasse infiniment notre connaissance ».

Ne nous y trompons pas cependant. Malgré cette transformation profonde de l'esprit de sa polémique, la science reste, au fond, l'adversaire de la religion par cela seul qu'elle se propose de prendre sa place et son rôle, de mener à bonne fin l'œuvre que la religion pouvait simplement ébaucher, de remplacer enfin les symboles par des formules. Elle en reste surtout l'adversaire à cause de la nécessité en quelque sorte professionnelle qui lui est imposée d'éliminer partout le miracle, comme inconciliable avec le déterminisme universel qu'elle a précisément pour mission d'établir. Mais, qu'on le remarque bien, ces mêmes raisons en font nécessairement aussi l'adversaire de la théodicée, dans laquelle il lui est difficile de voir autre chose que la religion sous une forme réduite ou abstraite. Elle lui reproche d'avoir remplacé simplement par le symbolisme métaphysique des causes et des fins transcendantes le symbolisme théologique des volontés surnaturelles; et elle lui reproche aussi d'avoir, tout en supprimant comme contraires à la raison les miracles historiques, conservé les deux miracles par excellence, auprès desquels tous les autres ne sont rien, le miracle de la Providence et le miracle de la Création.

On peut même dire, à ce point de vue, que le conflit entre la science et la théodicée est déjà, dès à présent, et surtout qu'il est destiné à devenir, un jour ou l'autre, plus aigu que le conflit entre la science et la religion. En effet, comme la religion ne se rapporte pas au même ordre de choses que la science et ne fait pas, le plus ordinairement au moins, appel aux mêmes facultés, il est toujours possible que la paix, sinon l'accord, s'établisse entre elles par une distinction entre l'ordre de la connaissance et celui de la croyance, entre la sphère de l'expérience et celle de la foi. Rien, par conséquent, n'empêche le savant de reconnaître qu'au-dessus des vérités démontrables et vérifiables, sur lesquelles porte son étude, il peut y avoir un ordre de vérités mystiques, que l'esprit ne démontre pas, puisque d'abord il ne les comprend pas, mais que le cœur et la volonté sentent être nécessaires comme correspondant à une finalité humaine supérieure. La paix une fois conclue sur cette base, on peut dire qu'elle ne sera jamais troublée que sur un seul point, celui-là même que nous avons vu tout à l'heure être le point délicat et douloureux, la question des miracles. La religion continuera à soutenir qu'il y a entre le règne de la nature et le règne de la grâce des *points d'intersection* où l'accomplissement des desseins supérieurs de Dieu pour le bien ou le salut des âmes exige que les lois de la nature soient momentanément modifiées et suspendues; la science continuera, de son côté, à refuser cette concession; mais on pourra, sur tout le reste, vivre côte à côte sans dissentiment grave. Au contraire, comme la philosophie porte, au fond, sur le même ordre de choses que la science, s'adresse aux mêmes facultés, emploie les mêmes méthodes, il faut nécessairement que la synthèse supérieure qui constitue la théodicée s'accorde, au moins dans ses traits essentiels, avec les données de la science; celle-ci, par conséquent, peut se faire continuellement juge de la théodicée, lui reprocher ses moindres désaccords avec les faits, rejeter, sur avis parfaitement motivé, ses conclusions, et finalement, si elle désespère de voir la raison interpréter sagement l'expérience, elle peut s'aviser de construire elle-même une théodicée uniquement basée sur les données expérimentales.

2. Telle est, en effet, la tentative que Stuart Mill a faite dans son *Essai sur le Théisme*. Rien de plus curieux que ce livre singulier, mais d'une rare bonne foi, dans lequel l'auteur, sans trop se préoccuper de savoir si les diverses conclusions auxquelles il devra aboutir formeront ou non un système cohérent et bien lié, ou encore si telle de ces conclusions ne risquera pas de faire scandale, se borne (comme un savant qui institue des expériences et qui, ces expériences une fois faites, en relève froidement les résultats) à dresser la liste des inductions qui lui paraissent résulter avec certitude de son observation désintéressée des choses. Nous allons résumer brièvement, à titre de spécimens, quelques-unes des conséquences auxquelles il arrive ainsi par son essai de méthode ou, pour parler plus exactement, de *notation* théologique expérimentale.

Tout d'abord, il faut savoir si Dieu, en supposant qu'il existe, est une nature une ou multiple, et s'il se manifeste par des actes variables ou par une activité concordante avec elle-même et soumise à des lois fixes.

D'après Stuart Mill, l'expérience, consultée sur ces deux points préliminaires, commence par décider en faveur du monothéisme contre le polythéisme. La science est arrivée à démontrer, par des preuves chaque jour plus nombreuses, d'une part que tout événement de la nature est lié comme effet à un antécédent qu'on appelle sa cause, d'autre part qu'il y a un mélange et une pénétration mutuelle des divers groupes d'événements causés et d'antécédents causateurs, de telle sorte « que chaque effet est plutôt, en réalité, le résultat de l'agrégat formé par toutes les causes existantes que le résultat d'une cause unique »; elle en conclut que, pour expliquer l'ordre général de l'univers, il faut admettre « un être qui tienne dans ses mains les rênes de la nature entière, et non celles d'une seule région ». Même au sein du polythéisme, les philosophes étaient obligés de reconnaître que les Dieux agissent du moins avec une unité et un concert parfaits; et ainsi la différence qui séparait leur théorie de celle de l'unité absolue de la divinité finissait par devenir insaisissable. Voilà donc un premier verdict de la science; et elle le complète immédiatement par un autre, en déclarant que « la seule conception compatible avec l'expérience est celle d'un Dieu qui gouverne le monde *par des lois invariables* ».

Si l'on veut bien comprendre, dès ce premier exemple, à quel point la méthode tout expérimentale que propose ici Stuart Mill peut pénétrer jusqu'au détail des questions, il suffit de penser au problème cartésien de la *création continuée*. Dieu crée-t-il de nouveau le monde à chaque moment de la durée, comme le pensait Descartes; ou bien la création est-elle ramassée tout entière dans le premier moment, comme le croyait Leibniz? Sur cette question comme sur les autres, Stuart Mill consulte l'expérience, l'expérience seule, et voici ce que l'expérience lui répond : « Nous ne sommes pas obligés d'admettre que la volonté divine se soit exercée une fois pour toutes et, après avoir mis dans le système de son œuvre une puissance qui la fait aller toute seule, l'ait depuis abandonnée pour toujours à elle-même. La science ne contient rien qui répugne à l'hypothèse que tout événement résulte d'une volition spécifique de la souveraine puissance, *pourvu que cette puissance adhère dans ses volitions particulières aux lois générales qu'elles a posées elle-même.* »

— Cette méthode ainsi essayée, voyons comment Stuart Mill

va maintenant l'appliquer au problème capital des attributs de Dieu et de leur rapport avec le monde.

L'humanité, dans l'élan de son adoration, ne demande qu'à accumuler sur Dieu le plus grand nombre possible d'attributs, tous portés à l'infini. C'est ainsi que, en particulier, elle proclame Dieu *omnipotent* et *omniscient*. La science, plus froide et plus calme, confirme-t-elle ces affirmations?

Non, d'après Stuart Mill. Elle nous montre bien que « la puissance de Dieu, sinon son intelligence, doit être tellement supérieure à celle de l'homme qu'elle défie tout calcul. Mais de là à l'omnipotence et à l'omniscience il y a loin. »

Toute indication de plan dans le cosmos est une preuve contre l'omnipotence de l'être qui a conçu le plan. En effet, si Dieu était omnipotent, pourquoi recourrait-il à des moyens, puisqu'il n'aurait qu'à parler pour atteindre immédiatement son but? Si Dieu était omnipotent, aucune difficulté n'existerait pour lui, et, par conséquent, il n'aurait pas besoin de recourir à l'invention et à la sagesse pour triompher de ces difficultés. Ainsi, lui prêter cet attribut, c'est supposer bizarrement que Dieu, qui aurait pu réaliser de suite son plan, s'est fait un plaisir de se créer à lui-même des obstacles et même de se les créer insurmontables.

« Il ne faut donc pas, conclut Stuart Mill, compter l'omnipotence parmi les attributs du Créateur.... A la vérité, il ne faut pas exclure au même titre l'omniscience. Dès que nous supposons la puissance de Dieu limitée, rien ne contredit plus la supposition d'une connaissance parfaite ni d'une sagesse absolue. Seulement, rien ne prouve non plus qu'elles existent. » Nous voyons bien que, pour combiner et pour exécuter les arrangements du cosmos, Dieu a dû avoir une connaissance des pouvoirs et des choses dépassant d'une manière merveilleuse celle que l'homme acquiert par son industrie; nous voyons bien que Dieu a dû déployer, dans la confection de son œuvre, une habileté, une adresse, une subtilité d'invention extraordinaires. Mais, si la science nous mène jusque-là, elle ne nous permet pas d'aller plus loin dans nos affirmations; et rien de ce que nous apprend l'expérience « ne nous autorise à supposer que la science et l'adresse du Créateur soient infinies ».

— L'humanité attribue aussi à Dieu une infinie bonté. Sans examiner, pour le moment, si ce nouvel attribut serait conciliable avec l'omnipotence, étant données les imperfections et les misères du monde où nous vivons, qu'il suffise de recueillir et d'enregistrer l'avis de la science sur le prétendu caractère infini de cette bonté.

D'après Stuart Mill, l'expérience, bien consultée, nous conduit simplement à ce résultat : « La majorité des témoignages est en faveur de l'idée que le Créateur a voulu le plaisir de ses créatures ». En effet, le simple jeu naturel de nos facultés physiques et mentales est déjà pour nous une source de plaisir, et même une source de plaisir continu; d'autre part, les choses, elles aussi, nous procurent une continuelle satisfaction, ne fût-ce que par l'aliment qu'elles donnent à notre curiosité. Quand on considère avec soin la disposition générale du monde, il semble que l'on découvre entre la peine et le plaisir une différence qui est tout à l'avantage de ce dernier sentiment : c'est que le plaisir résulte du jeu normal du mécanisme, tandis que la peine provient plutôt de quelque intervention extérieure et, par conséquent, accidentelle, qui interrompt ou qui altère plus ou moins gravement le jeu de ce mécanisme. « Même dans les cas où la peine semble être, comme le plaisir, le résultat du mécanisme lui-même, les apparences n'indiquent pas que le Créateur ait employé son industrie pour produire intentionnellement de la douleur; elles indiquent plutôt une *maladresse* dans les arrangements employés en vue de quelque autre fin. » De toutes ces observations il résulte évidemment que l'auteur de l'univers est plutôt bon que mauvais. Encore une fois, « il y a beaucoup de raisons de croire que le plaisir de ses créatures lui est agréable et il y en a très peu de penser qu'il se plaise à leur douleur ». Mais la science n'autorise point « à partir de là pour sauter à cette autre conclusion que son unique ou même sa principale fin est celle que veut sa bonté, et que le seul but où tende la création est le bonheur des créatures ».

3. On pourrait passer en revue d'autres questions : l'existence de Dieu, ou l'optimisme, ou l'immortalité, auxquelles Stuart Mill applique encore sa méthode d'induction purement expérimentale, semblable à celle dont on se sert dans la physique. Mais ces questions se retrouveront ailleurs. Ce que nous avons cité suffit pour faire comprendre quelle sera de plus en plus l'attitude de la science expérimentale devant cette partie de la philosophie qui affiche la prétention de résoudre par ses seules forces le problème de Dieu et des rapports de Dieu avec le monde. Ce sera une attitude assez généralement bienveillante, mais quelquefois aussi sceptique et hautaine. De plus en plus la science demandera compte à la théodicée de sa méthode tout abstraite, toute rationnelle, par laquelle les philosophes se flattent d'imposer aux choses le joug de leurs concepts et de découvrir d'une manière transcendantale la liaison et la raison des faits quand ils ne font que remuer des idées dans leur cerveau. De plus en plus elle imitera, sur ce point, la théologie. Comme celle-ci ne cesse de rappeler la théodicée sur le terrain des faits religieux, en lui déclarant que là seulement elle trouvera une base solide pour ses inductions, la science, de son côté, la rappellera sur le terrain des faits naturels et des faits sociaux ; elle lui imposera de mettre ses théories en accord avec ces faits ; elle détruira impitoyablement toutes celles de ses spéculations qui ne cadreront point avec la réalité observable et qui ne seront pas susceptibles de quelque vérification au moins indirecte. « L'état présent des questions de théodicée » est déterminé précisément par les premiers résultats de cette lutte que la science a engagée depuis quelque temps moins contre la religion proprement dite que contre la philosophie religieuse considérée comme doctrine purement rationnelle. En étudiant tour à tour, dans les chapitres qui vont suivre, les principales théories de la théodicée contemporaine, nous pourrons nous convaincre que, dès à présent, chacune d'elles est assez forte-

ment battue en brèche par des sciences ou par des groupes de sciences récemment constituées ou renouvelées.

— Ainsi, la théodicée prend son point de départ dans l'affirmation d'une certaine forme rationnelle du sentiment religieux, qu'elle croit retrouver à la base de toutes les religions. Déjà, sur ce point, elle trouve en face d'elle l'*anthropologie* et la *science positive des religions*, qui contestent soit la réalité, soit au moins l'universalité du sentiment religieux, compris et interprété de cette manière.

La théodicée affirme ensuite, en s'appuyant presque exclusivement sur des concepts rationnels, l'existence de Dieu; d'après ces mêmes concepts, elle déduit les attributs divins et trouve dans ces attributs la première raison d'être de la création et de la providence. Mais la *critique*, s'emparant de ces concepts, les attaque de diverses manières, soit qu'elle découvre en eux des contradictions inattendues, soit qu'elle croie devoir en contester la valeur et la portée objectives.

Enfin la théodicée se flatte de démontrer, par des théories générales sur les lois de la nature ou sur les lois de l'histoire, la réalité de l'action providentielle de Dieu sur le monde et sur l'homme, en complétant sa théorie soit par des conceptions optimistes, soit par une démonstration de l'immortalité et de la vie future. Les *sciences physiques* et les *sciences historiques* lui opposent des doctrines nouvelles qui tendent à expliquer, sans recourir à l'hypothèse d'une Providence, l'ordre et le progrès de l'univers.

Nous allons examiner tour à tour ces différentes controverses, en commençant par celle qui porte sur le sentiment religieux.

CHAPITRE II

ÉTAT PRÉSENT DE LA THÉODICÉE SUR LA QUESTION DU SENTIMENT RELIGIEUX

1. L'anthropologie et la science moderne des religions sont d'abord en conflit avec la théodicée rationaliste sur la nature du sentiment religieux. — La théodicée, s'appuyant sur la seule base de la raison, doit logiquement réduire le sentiment religieux aux émotions, d'ailleurs très vives, qu'excitent dans certaines âmes les idées de l'infini et du parfait. — Analyse du sentiment religieux par Émile Saisset.

2. Objections de la science. — Le sentiment religieux primitif n'a aucune relation avec l'idée du parfait. — Théorie de sir John Lubbock. Les dieux des sauvages ne sont pas bons, mais méchants. Ils ne commandent pas à l'homme, c'est l'homme qui essaie de leur commander. — L'antique conception de Lucrèce reprise par les anthropologistes modernes. — C'est la peur qui est à la base des religions. — D'abord, une peur irrationnelle. Conception de l'*ombre* ou du *double*. Spiritisme, animisme, fétichisme. — Ensuite, une peur intelligente, raisonnée. Physique et sociologie religieuses. — C'est sous l'influence de la philosophie que le sentiment de l'infini et l'aspiration vers le parfait ont pénétré dans la religion.

3. Conclusion naturelle de ce principe. La religion emprunte à la philosophie ce qu'elle a en elle-même de bon et d'utile. Elle doit donc s'effacer graduellement devant la philosophie. — Développement de cette idée par Stuart Mill. — La religion considérée au point de vue de son action sur les intérêts sociaux. Les bienfaits qu'on lui attribue viennent, en réalité, de l'éducation, de l'autorité, de l'opinion publique. — La religion considérée au point de vue de son utilité pour le développement moral de l'individu. Cette utilité est plus appa-

rente que réelle. Si les hommes ont été originairement conduits à la moralité par la religion, il ne s'ensuit pas qu'ils renonceraient aujourd'hui à la moralité, si l'appui de la religion venait à lui faire défaut. — La moralité peut avoir un point d'appui suffisant dans l'idée d'une approbation idéale des hommes que nous admirons ou vénérons. — Culte des grands hommes. — Religion de l'Humanité.

4. Développement de cette même idée par M. Vacherot. — La religion ne répond à aucune faculté, à aucun sentiment, à aucun besoin permanent de notre nature. — Essai de justification de cette thèse par la psychologie des différents âges de la vie humaine. — Psychologie et logique de l'enfance, en rapport avec la puérilité des religions primitives. — Psychologie du jeune homme, en rapport avec le symbolisme des religions plus parfaites. — Réserves à faire sur cette psychologie de la jeunesse et de l'adolescence. — Psychologie de l'homme fait; âge scientifique et philosophique. — L'homme, en perdant la religion, ne perd rien d'essentiel; au contraire, en passant du symbole à l'idée, il achève son évolution mentale et morale; il retrouve, sous une autre forme, ce qu'il y avait de fortifiant dans les émotions religieuses.

5. Pour échapper à ces conclusions, il faut rétablir le sentiment religieux dans toute sa complexité et toute sa profondeur. — On s'aperçoit alors qu'il est, au fond, le même à toutes les époques de l'humanité. — Ce qui le constitue essentiellement, c'est l'idée d'une union intime, présente ou future, entre la divinité et l'homme. — La *societas cum diis*. — La science moderne des religions nous montre l'identité de ce sentiment à travers les formes religieuses, grossières ou raffinées.

6. La science étroite ou sectaire ne se contenterait pas du sacrifice de la religion; il lui faudrait ensuite celui de la philosophie. — La loi des *trois états* conteste la légitimité de la métaphysique autant que celle de la religion. — Le positivisme s'accommode même mieux de la religion, à laquelle il concède la sphère de la foi, que de la métaphysique. — Le véritable caractère du sentiment religieux, méconnu par M. Vacherot dans le livre de *la Religion*, pleinement rétabli dans *le Nouveau Spiritualisme*.

1. La théorie du sentiment religieux dans la théodicée rationaliste est liée par un étroit rapport au principe général sur lequel cette science repose tout entière : à savoir que nous sommes en relation avec Dieu par une idée qui nous le représente. Cette idée, qui est, d'ailleurs, de nature complexe et qui nous montre l'essence divine sous différents aspects, c'est l'idée de l'infini, c'est la notion de l'être nécessaire, c'est le concept du parfait. En conformité avec un tel principe, la théodicée ne

peut guère donner du sentiment religieux qu'une définition un peu vague, du genre de celle-ci : Le sentiment religieux est l'émotion ou le groupe d'émotions que déterminent en nous l'idée de l'infini et celle du parfait en tant que notre esprit leur attribue pour objet un être éternel, en qui nous voyons le principe de notre existence et l'auteur d'une loi morale à laquelle nous sommes soumis.

En effet, les métaphysiciens qui ont écrit sur la philosophie religieuse et sur la religion naturelle montrent souvent par leur exemple personnel, par la description très attachante de ce qui se passe dans leur âme, que, quand on fixe longtemps sa réflexion sur les idées de l'infini et du parfait, on finit par être, en quelque sorte, hypnotisé par elles; après l'esprit, le cœur est envahi à son tour; ces idées, qui semblaient d'abord abstraites et froides, prennent vie, répandent une sorte de chaleur, finissent par émouvoir la sensibilité, par exalter une à une toutes les puissances de notre être.

« Au fond de ma raison, écrit Émile Saisset, dans le silence des passions et des sens, que m'a dit le maître intérieur? Il m'a dit qu'avant l'être fini, changeant et imparfait, il y a l'être parfait, l'éternel, l'infini, Dieu; il m'a dit que Dieu est l'être accompli, non point un être abstrait, indéterminé, germe obscur de l'existence, mais l'être le plus réel, l'être en qui toutes les puissances de la vie sont éternellement épanouies et déployées; il m'a dit que l'être parfait, vivant en soi de la vie parfaite, se suffit pleinement, et que, s'il a fait le monde, ce n'est point par une nécessité inhérente à son essence, mais par un acte libre de sa toute-puissance, par un conseil de sa sagesse, par une effusion de sa bonté. Et dès lors ce monde, œuvre de liberté, d'intelligence et d'amour, est l'expression vivante de son principe. Partout, dans l'immensité des espaces et des temps, domine une loi de convenance et d'harmonie, loi divine, loi souveraine, qui règle les rapports de tous les êtres, triomphe de toute résistance, efface tout désaccord accidentel, conduit chaque être, à travers des transformations appropriées, à toute la beauté, à toute la perfection, à toute la félicité que comportent sa nature particulière et l'ordre universel. »

Et, après ce résumé de ce qu'il croit être autant d'intuitions immédiates de la conscience religieuse, Émile Saisset ajoute :

« Comment parcourir et embrasser ce solide enchaînement de pensées sublimes sans que l'âme vienne à s'émouvoir et le cœur à tressaillir? Puis-je penser à l'être parfait sans l'adorer? Moi qui cherche avidement dans les choses qui m'entourent le plus faible rayon d'intelligence et de beauté, moi qui demande à toute scène de la nature et à toute œuvre de l'art sa pensée invisible et sa poésie, moi qu'enchantent les proportions, la mesure, l'harmonie des couleurs et des sons, et mieux que tout cela ces harmonies saintes qu'on appelle la sagesse, la justice, la vérité, quand je me dis que toutes ces perfections qui me transportent, ces accords qui me ravissent, ces vérités dont la douce lumière réjouit mon esprit et mon cœur, ne sont encore que des reflets de la vérité et de la beauté divines, harmonie éternelle de toutes les puissances de l'être, comment ne tomberais-je pas à genoux? »

Mais ce n'est là encore que la forme émotionnelle et passive du sentiment religieux, tel qu'il est éveillé en nous par l'idée de l'infini; en voici maintenant la forme active et féconde :

« Et à mesure que je goûte mieux la douceur de cette adoration, je sens toutes les forces de mon être s'accroître et circuler en moi un courant nouveau de jeunesse, de sève et d'énergie. J'éprouve un besoin irrésistible de m'unir de plus en plus à Dieu.... Si faible que je sois, je veux imiter Dieu; je veux aimer la vérité, la beauté, l'ordre et l'harmonie; je veux tendre à la plus haute félicité. Je me sens porté à aimer toutes les créatures de Dieu et à les aimer d'autant plus qu'elles expriment davantage ses perfections. Quoi de plus doux que d'aimer et qu'il est facile à l'homme d'aimer les hommes! Je les aimerai donc comme mes frères, comme les compagnons d'épreuve que Dieu m'a donnés dans mon voyage terrestre; je les respecterai comme des êtres privilégiés en qui Dieu a déposé le signe sacré de la personnalité, etc. »

2. Voilà, certes, un tableau très vivant et très complet de toute une gamme d'émotions religieuses capables de satisfaire une âme d'élite. Cependant, une objection se présente d'elle-même. Combien sont-elles, ces âmes privilégiées à qui il est donné de rentrer en elles-mêmes avec une puissance de concentration suffisante pour que le concept purement rationnel de l'infini arrive, par sa propre force en tant que concept, à déterminer une émotion intense et à faire palpiter le cœur! Le sentiment religieux ne peut évidemment pas être le monopole de quelques individus, métaphysiciens, psychologues ou mathématiciens.

S'il a vraiment ses racines dans la nature humaine et s'il en constitue un élément essentiel, on ne peut admettre qu'il soit simplement la lente conquête d'une réflexion réservée à un très petit nombre de personnes. Il doit être immédiat, spontané, naturel, jaillissant; il doit consister dans un fait ou dans un ordre de faits qui se retrouvent chez tous les hommes et qui soient à la fois assez nombreux et assez importants pour expliquer la trace profonde que la religion a laissée dans l'histoire de l'humanité. Or, l'humanité ne se laisse pas conduire par des concepts, quand ils restent purement abstraits. Sur ce point, la théodicée est, à juste titre, l'objet de ce qu'on pourrait appeler une attaque combinée de la théologie et de la science; car, si la théologie lui reproche de n'avoir pas du sentiment religieux une idée assez complexe et assez concrète, la science, de son côté, n'a pas de peine à faire voir que le sentiment religieux, tel qu'il s'est développé spontanément à travers les siècles, présente de tout autres caractères que le même sentiment, tel que le conçoivent les philosophes, et n'a que des rapports très indirects soit avec l'idée rationnelle de l'infini, soit même avec celle de la perfection.

Consultons, à ce sujet, un des représentants les plus autorisés de la science positive des origines de l'homme, sir John Lubbock; voici ce qu'il va nous dire de la religion des sauvages, c'est-à-dire de celle que nous sommes en droit, semble-t-il, de considérer, au moins jusqu'à preuve du contraire, comme la forme primitive de la religion, en tant que création humaine.

« Non seulement la religion des sauvages est différente de la nôtre, mais souvent elle est toute contraire. Ainsi, leurs dieux ne sont pas bons, ils sont méchants; on peut les forcer à accomplir les désirs de l'homme; ils aiment le sang et par-dessus tout les sacrifices humains; ils n'échappent même pas à la souffrance ou à la mort; ils font partie de la nature, ils n'en sont pas les créateurs; le moyen de les supplier est la danse, non la prière; et ils approuvent plus souvent les vices que ce que nous estimons sous le nom de vertus.

« En un mot, il y a à peu près la même relation entre la soi-disant religion des sauvages et la religion sous ses formes les plus élevées qu'entre l'astrologie et l'astronomie, ou entre l'alchimie et la chimie. L'astronomie dérive de l'astrologie; cependant leur esprit est en opposition directe. Or, nous trouvons la même différence entre la religion des races sauvages et celle des peuples civilisés. Pour nous, Dieu est bon; pour eux, il est mauvais. Nous nous soumettons à sa volonté; ils essaient de lui imposer la leur. Nous sentons la nécessité de le remercier des biens qui nous entourent; ils pensent que le bien vient d'eux-mêmes et ils attribuent tout le mal à l'intervention d'êtres méchants. »

— On voit qu'il n'y a dans ces premières idées religieuses aucun pressentiment, même lointain, de l'infini, de la perfection, de l'idéal. Loin de là : nous sommes ramenés par elles à la conception du vieux poète latin : *Primus in orbe deos fecit timor*. C'est la crainte qui est à l'origine des religions; c'est la peur qui a créé les dieux. Il convient seulement d'ajouter que cette peur a revêtu tour à tour diverses formes, dont la succession explique les formes, elles-mêmes très variées et très inégales, que la religion a présentées dans les premiers âges.

A l'origine, il semble bien que ç'ait pu être une peur irrationnelle, une *peur folle*, analogue à celle qui crée pour l'enfant les fantômes de la nuit, les spectres terrifiants ou bizarres qui le poursuivent. En effet, la plupart des savants qui se sont occupés de ces formes primitives de la religion s'accordent à reconnaître le rôle qu'a dû jouer dans leur formation le phénomène du rêve. L'homme s'endort, et aussitôt que ses paupières sont closes, l'image de ceux qui ont été en rapport avec lui se représente à sa pensée; il revoit ses parents, ses serviteurs, tous ceux qu'il a précédemment connus, amis ou ennemis. Il les retrouve en partie tels qu'il les a connus, avec leurs habitudes et leurs mœurs; en partie aussi (tant les rêves sont désordonnés et confus) autres qu'ils n'étaient autrefois, avec des mœurs nouvelles, ou dans des situations qui ne leur étaient pas familières, comme si, dans leur seconde existence, il y avait quelque chose en eux de plus large, de moins défini, de moins facile à comprendre et à prévoir que dans leur existence terrestre. De là se déduit la conception qu'expriment ces mots : l'*ombre*, ou le *double*. Celui qui n'est plus revit sous une forme impalpable, sans épaisseur, analogue à celle de l'ombre qui le suivait pendant sa vie et dont les contours gardaient l'image de ses mouvements et de ses actes. Ce qui reste de lui, c'est donc *son ombre*. Mais cette ombre n'est pas une simple transformation du corps vivant, puisque nous revoyons aussi en rêve des personnes qui vivent encore. C'est, d'une manière moins concrète peut-être, quelque chose que le corps contient et qui, dans certaines circonstances, dont la mort n'est que la principale, s'en détache pour voyager au dehors. On dira plus exactement que c'est *son double*. Il résulte de là que les morts sont *des esprits*; ils subsistent, dans la sphère invisible, avec les passions qui les animaient autrefois, gardant le souvenir des offenses reçues, disposant d'une plus grande force pour la colère et la vengeance. Ainsi le fond de la religion primitive, c'est le *spiritisme*. Mais le spiritisme se complète par une autre croyance plus générale, qui a aussi ses mystères et ses terreurs, et qu'on peut appeler l'*animisme*. Nous ne revoyons pas seulement en rêve les personnes; nous revoyons aussi les objets. Eux aussi, ils ont leurs *doubles*, qui s'en détachent et qui y rentrent; qui peuvent, qui doivent même leur survivre; bien plus, qui ont la puissance de les reconstituer d'une certaine manière, quand ils ont été détruits. Ce sont leurs *images*, leurs *fantômes*; ce sont leurs *âmes*. L'histoire des premières religions nous offre, à ce sujet, tout un ensemble d'imaginations bizarres, dans lesquelles on retrouve comme une grossière ébauche de la conception platonicienne des Idées. Nous voyons, par exemple, dans Lubbock que des Indiens d'Amérique brûlaient, pendant les funérailles, des couvertures qui avaient appartenu au mort, avec la conviction qu'ils les envoyaient dans l'autre monde pour servir encore à leur possesseur. Ils imaginaient donc une sorte d'*âme plastique* qui était cachée dans ces couvertures et qui devait, en vertu d'une loi mystérieuse, les reconstituer ailleurs; et c'est ce que pensaient aussi ces bonzes chinois qui, d'après le même savant, brûlaient, dans la dernière cérémonie, des statues représentant des hommes, des femmes, des chevaux, des selles et autres objets, et avec eux encore une grande abondance de papier-monnaie, croyant que toutes ces effigies devaient se transformer en réalités dans l'autre monde et servir au décédé. Ces âmes de toutes choses, flottant dans le vide de l'espace, ont part aussi à nos rêves; comme les esprits, elles se manifestent à nous pendant notre sommeil, s'insinuant, comme dira plus tard Lucrèce, à travers les interstices de notre corps. Mais le spiritisme et l'animisme n'épuisent pas encore toutes les formes possibles de cette religion des premiers âges; le *fétichisme* s'y rattache par un lien des plus étroits. L'homme, d'après la conception fétichiste, a le pouvoir de fixer, d'enchaîner ces esprits insaisissables; par les pratiques de la magie et de la sorcellerie primitives, il les fait entrer dans un corps, inerte ou vivant, dans une montagne ou dans une pierre, aussi bien que dans un animal ou dans un arbre; et après les avoir ainsi immobilisés, il les tient sous sa puissance, il leur commande et il s'en sert, il les supplie et les apaise. Si grossières qu'elles nous paraissent, toutes ces croyances n'en ont pas moins un caractère vraiment religieux; elles donnent à l'homme primitif le sentiment de l'universelle présence du divin; elles contiennent en elles le *mystère*, qui est, à tout prendre, quelque chose d'indéfini, mais elles ne contiennent pas l'infini véritable, et surtout le parfait.

— Si maintenant nous suivons sous d'autres formes, déjà plus raffinées, la religion primitive, ce sera toujours en vain que nous y chercherons le sentiment religieux sous la forme d'une intuition directe de l'infini et du parfait, se révélant au cœur de l'homme. D'après quelques savants, la peur qui donne naissance à la religion ne reste pas toujours cette peur passionnelle dont nous venons de parler. Elle devient plus tard une *peur intelligente*, raisonnée, pratique, qui cherche à se rendre compte du *dessous* des phénomènes, à se familiariser avec les puissances cachées de la nature. La religion apparaît alors comme une sorte de *physique*, par laquelle le sauvage s'efforce de distinguer, de démêler les forces qu'il sent autour de lui et d'en dresser, à sa manière, un premier catalogue. Spontanément, il les partage en bonnes et en mauvaises, suivant qu'il en reçoit du plaisir ou de la douleur. Alors, le monde s'anime; ces forces deviennent des *volontés*, plus ou moins semblables à la volonté humaine, et sur lesquelles l'homme, incapable de pressentir dès ce premier moment l'inflexible déterminisme de la nature, se flatte d'agir par des moyens moraux, par des prières, des incantations, des offrandes, des sacrifices, quelquefois même par des menaces et des violences. Ainsi conçue, la physique religieuse primitive se transforme tout naturellement en une *sociologie*. L'homme se croit en société naturelle non pas seulement avec les autres hommes qui vivent actuellement autour de lui, qui font partie de son clan ou des clans étrangers, mais avec toute une hiérarchie confuse de puissances mystérieuses, parmi lesquelles il lui semble reconnaître d'abord les esprits de ceux qui ont vécu avec lui, dans sa maison, dans son voisinage, celui d'un père, d'un frère, d'un aïeul, d'un petit enfant mort au berceau; mais, au delà de ces esprits familiers, il en devine beaucoup d'autres, esprits des vents ou des eaux, génies de la montagne ou de la forêt, auxquels il rapporte la cause de tous les phénomènes qui l'étonnent ou qui l'effraient.

Dès lors, la grande question pour lui, c'est de savoir comment il se comportera vis-à-vis de toutes ces puissances dont il se sent enveloppé, comment il évitera d'irriter les unes, comment il se conciliera la faveur des autres; de là les premières cérémonies, les premiers rites, les premières formules de propitiation ou d'expiation; la sociologie instinctive qui forme la base des premières religions se complète donc par une *diplomatie*, c'est-à-dire par un art d'entrer en communication avec les êtres supérieurs à l'homme, de deviner leurs sentiments, leurs dispositions, leurs projets, de les apaiser, de les désarmer, de les faire entrer dans son parti, quelquefois même de les tromper, de jouer au plus fin avec eux; et les diplomates des premiers âges, diplomates qui n'ont affaire aux pouvoirs de la terre que parce qu'ils ont affaire d'abord aux pouvoirs du ciel, ce sont les sorciers et les devins. — Ce simple coup d'œil jeté sur l'origine et, par conséquent, sur la vraie nature des religions, en tant qu'il n'y aurait en elles qu'une œuvre purement humaine, suffit pour montrer que le sentiment religieux tel que le décrivent les philosophes n'a aucune analogie avec l'ensemble des émotions et des passions dont se compose le sentiment religieux réel, celui dont on peut suivre l'évolution à travers les phases primitives de l'humanité. Dès lors, une conclusion toute naturelle semble s'imposer : c'est que ce sentiment de l'infini, de l'idéal et du parfait, dans lequel les philosophes croient voir l'essence du sentiment religieux, ce sont eux-mêmes, eux seuls, qui l'ont fait pénétrer dans la religion à la place des éléments égoïstes ou grossiers dont elle se composait d'abord; et, par conséquent, tout ce qu'il y a de bon, de noble, de grand, d'utile dans la religion lui venant de la philosophie seule, nous devons considérer la religion comme un symbolisme dont il était nécessaire que les idées philosophiques et morales s'enveloppassent dans les premiers temps pour frapper l'imagination des hommes et pour aller plus sûrement jusqu'à leur cœur, mais qui, ayant achevé son œuvre utile, doit désormais disparaître devant la pleine lumière de la vérité philosophique et de la raison.

3. Telle est, en effet, l'idée que quelques philosophes contemporains ont soutenue en se plaçant tour à tour à des points de vue assez différents.

Ainsi, Stuart Mill, dans son second *Essai sur la religion*, écrit vers 1858, l'a développée en considérant d'une manière toute spéciale l'utilité pratique des idées religieuses.

Sa thèse peut se résumer ainsi : la religion, soit que l'on considère son action sur les intérêts sociaux ou son utilité pour l'amélioration et l'ennoblissement de la nature humaine dans l'individu, n'a, au fond, que des avantages détournés et provisoires.

En ce qui concerne les intérêts généraux de la société, il est bien vrai que la religion semble, au premier abord, nous assurer de sérieux profits; car elle est essentiellement conservatrice et elle met au service de l'État les moyens d'action dont elle dispose en commandant à tous l'obéissance aux lois. Mais, quand on considère les choses de plus près, on voit que beaucoup de personnes ont l'habitude de porter au crédit de la religion, *en tant que religion*, des avantages qui ont, en réalité, une autre source. « Il est certain que l'humanité serait dans un état déplorable si aucun principe, aucun précepte de justice, de véracité, de bienfaisance, n'y était enseigné aux particuliers et au public; si ces vertus n'étaient pas encouragées; si les vices qui en sont la contre-partie n'étaient pas réprimés par des peines et par la réprobation, par les sentiments de colère ou de défaveur des hommes. » Or, il ne manque pas de systèmes de morale qui ont fixé ces principes et développé ces préceptes; et comme les enseignements des moralistes sont de bonne heure inculqués aux enfants par l'éducation, comme ils se présentent à eux soutenus par l'autorité, imposés par l'opinion, on peut croire que l'avenir moral de l'humanité est, pour toutes ces causes, suffisamment garanti. Mais, pour presque tout le monde, l'honneur en revient à la religion, et à la religion seule. En effet, « comme tout ce qui se produit en ce genre se fait au nom de la religion, comme presque tous ceux qui enseignent une morale quelconque l'ont enseignée *en qualité* de religion, et l'ont recommandée toute leur vie principalement à ce titre, l'effet que l'enseignement produit, en tant qu'enseignement, on croit qu'il le produit en tant qu'enseignement religieux, et on fait honneur à la religion de toute l'influence qu'exercent dans les affaires humaines les codes de morale généralement acceptés pour la direction ou le gouvernement de la vie. » Ainsi, les vraies causes du bien moral et, par suite, du progrès social dans l'humanité sont l'éducation, l'autorité, la pression continue de l'opinion publique, et la religion ne paraît si puissante « que parce que ces immenses pouvoirs se sont trouvés à son service ».

— Si maintenant nous considérons l'autre point de vue, celui de l'amélioration individuelle, il semble que la religion y contribue aussi pour une très large part. Mais, d'après Stuart Mill, ce n'est peut-être là encore qu'une apparence. Sans doute, au point de vue historique, on ne saurait méconnaître le rôle moral des idées religieuses. Quand les premiers hommes croyaient que les préceptes moraux par lesquels les législateurs cherchent à diriger et à discipliner notre conduite représentaient la volonté de puissances supérieures, dont les décrets étaient sanctionnés par les peines ou les récompenses non pas seulement d'une vie future hypothétique, mais de la vie présente, il résultait de là pour eux, « même sans calcul intéressé », une disposition plus grande « à conformer leur conduite aux préférences présumées de ces êtres puissants ». Mais, observe Stuart Mill, « de ce que les hommes, quand ils étaient encore sauvages, n'auraient accepté aucune vérité, tant morale que scientifique, s'ils ne l'avaient pas crue révélée surnaturellement, s'ensuit-il qu'ils abandonneraient plutôt les vérités morales que les vérités scientifiques, parce qu'ils cesseraient de leur attribuer une origine plus haute que des cœurs d'hommes sages et nobles »? Non, sans doute; car ces vérités leur sont désormais recommandées par leur raison et empruntent à cet assentiment de la faculté la plus élevée de leur intelligence une autorité qu'elles ne pouvaient avoir à l'origine. Si donc nous considérons que la raison humaine est assez développée aujourd'hui pour s'imposer à elle-même sa loi et pour remplir le devoir uniquement par respect pour le devoir lui-même, nous sommes autorisés à croire que l'utilité de la religion, telle qu'elle nous est ordinairement présentée (c'est-à-dire comme nous attirant au bien et nous détournant du mal par l'idée d'un Dieu qui nous réserve dans l'avenir des récompenses et des châtiments), est peut-être une utilité déviée et corrompue, obtenue par une véritable altération du sens moral, puisque, pour y arriver, il faut attribuer à Dieu, « à l'être qui a créé l'enfer », une cruauté sans égale et faire ainsi « une effroyable idéalisation de la méchanceté ».

— La conséquence de cette double critique n'est cependant pas celle qu'on aurait pu attendre. Stuart Mill ne conclut pas à la suppression de la religion, mais simplement à sa transformation. En effet, dit-il, « la valeur des idées religieuses pour l'individu, comme source de satisfaction personnelle et de sentiments élevés, n'est pas contestable. Mais il reste à considérer si, pour obtenir ce bien, il est nécessaire de *faire un voyage au delà des limites du monde que nous habitons*, ou si, en idéalisant notre vie terrestre, en entretenant une conception élevée de ce que l'on pourrait appeler *la vie d'ici-bas*, on n'arriverait point à créer une poésie et, dans le meilleur sens du mot, une religion également propre à exalter les sentiments et (toujours avec le secours de l'éducation) mieux faite pour ennoblir la conduite que toute croyance touchant des puissances invisibles. » En d'autres termes, Stuart Mill, suivant les traces d'Auguste Comte et du positivisme français sous sa première forme, se prononce en faveur d'une religion de l'Humanité, religion dans laquelle le dogme essentiel serait l'idée « d'une sympathie naturelle de l'homme pour le bien général, d'une communion de l'homme avec l'Humanité tout entière ». En conformité avec cette croyance fondamentale, le principe moteur de la moralité serait l'approbation des personnes que nous respectons et aussi l'*approbation idéale* de tous ceux, morts ou vivants, que nous admirons ou que nous vénérons. « L'idée que Socrate, ou Howard, ou Washington, ou Marc-Aurèle, ou Jésus auraient sympathisé avec nous et que nous travaillons à notre tâche du même zèle qu'ils ont accompli la leur, cette idée agirait sur les âmes vraiment supérieures comme un puissant encouragement à se comporter d'après les sentiments et les convictions les plus nobles de leurs modèles.... Et, comme l'essence de la religion consiste à imprimer une direction forte et sérieuse des émotions et des désirs vers un objet idéal reconnu comme la plus haute perfection, cette condition se trouverait remplie par la religion de l'Humanité à un degré aussi éminent que par les religions surnaturelles, même dans leurs plus nobles manifestations, et à un degré beaucoup plus élevé que dans aucune des autres. »

4. M. Vacherot a repris dans son avant-dernier ouvrage, *la Religion*, publié en 1869, la thèse que Stuart Mill avait soutenue une dizaine d'années auparavant; mais, plus logique que son prédécesseur, il l'a poussée à ses dernières limites; il ne s'est point attardé à la distinction d'une religion surnaturelle et d'une religion naturelle, d'une religion de Dieu et d'une religion de l'Humanité. D'après lui, c'est la religion elle-même, la religion prise dans la totalité de ses formes possibles, qui doit être considérée comme un fait essentiellement transitoire.

Seulement, pour affirmer ce caractère de la religion, il ne s'adresse plus, comme Stuart Mill, à la sociologie, mais à la psychologie. Il lui demande de mettre en lumière la loi supérieure en vertu de laquelle la religion est destinée à disparaître un jour ou l'autre, attendu qu'elle n'est pas une science, comme la philosophie, mais simplement une suite de symboles, tous plus ou moins imparfaits, plus ou moins inadéquats, par lesquels l'esprit des peuples prend graduellement possession de la vérité métaphysique; d'où il résulte qu'elle n'aura plus aucune raison d'être le jour où cette vérité métaphysique se sera manifestée pleinement et sans voiles à la conscience humaine.

— La psychologie, en effet, a un moyen très sûr de reconnaître si une forme de l'activité humaine est simplement transitoire ou si elle est destinée à durer autant que l'humanité elle-même. C'est de voir si cette forme d'activité correspond à une faculté spéciale, à un groupe de sentiments et de besoins qui ne puissent être satisfaits que par elle seule.

Appliqué, par exemple, à l'art, ce critérium est absolument infaillible. Il en démontre tout ensemble la légitimité et l'indestructibilité. Pour comprendre que l'art est éternel, il suffit de remarquer qu'il correspond à une faculté parfaitement distincte, la faculté esthétique, qui, en supposant que l'art n'existât plus, ne pourrait être satisfaite par aucune autre forme, même supérieure, de l'activité humaine. En outre, l'art répond à tout un ensemble de besoins et de sentiments qui ne sont pas simplement l'ébauche de sentiments ou de besoins d'un ordre plus élevé, mais qui se suffisent pleinement à eux-mêmes. Ainsi, bien qu'une œuvre d'art puisse ou même doive quelquefois nous plaire davantage si elle exprime une idée morale, il n'en résulte nullement qu'on ait le droit de mettre cette idée morale, clairement exprimée, à la place de cette œuvre d'art, et de croire qu'elle donnera une satisfaction plus haute et plus complète à notre instinct du beau.

Au contraire, quand on l'applique à la philosophie et à la religion, ce même critérium, d'après M. Vacherot, ne donne plus que des résultats essentiellement négatifs ; il démontre que la religion doit s'évanouir peu à peu et finalement disparaître devant la philosophie. En effet, elle « ne répond à aucune faculté, à aucun sentiment, à aucun besoin permanent de l'humanité ». En d'autres termes, si on considère tous les besoins, tous les sentiments qui peuvent, à un moment donné et dans telles circonstances particulières, recevoir de la religion quelque satisfaction plus ou moins haute, on trouve que ces mêmes facultés, ces mêmes sentiments et ces mêmes besoins seraient satisfaits bien plus pleinement encore par la philosophie seule, par la philosophie pure, dont les symboles religieux ne sont qu'un pressentiment et une ébauche.

Par suite, l'homme, en perdant la religion, c'est-à-dire en passant de l'état religieux à l'état philosophique, ne perd rien d'essentiel, même au point de vue de la moralité : ni un sentiment, ni une vertu; il n'est pas jusqu'à la charité qui ne se retrouve pour lui sous une autre forme, sans en être ni moins désintéressée, ni moins ardente. « Telle institution de charité peut disparaître avec telle religion; mais la charité elle-même est immortelle, comme le principe de la nature humaine qui l'engendre. » D'ailleurs, remarquons-le bien, si l'homme, dans son nouvel état, n'a rien perdu comme être moral, il faut ajouter qu'il a beaucoup gagné comme être intelligent; en passant de la lettre à l'esprit, du symbole à l'idée, il a achevé son évolution mentale, il est entré en pleine possession de lui-même, en même temps qu'il est devenu maître de la nature par la méthode et par la science.

« Chose curieuse, dit en concluant M. Vacherot, le fait religieux, si clair, si éclatant dans l'histoire, devient obscur pour l'analyse psychologique, qui ne parvient pas à trouver à la religion son objet à part, sa fonction propre dans le développement total de la nature humaine. Dans l'histoire, la religion embrasse et domine tout; elle est tout, par cela même qu'elle donne à tout son caractère et son nom. Dans la conscience, elle semble insaisissable; du moment qu'on y cherche la faculté de l'esprit ou de l'âme qui lui correspond, on ne trouve plus rien, que des mots vagues dont la critique ne saurait se contenter. »

— Maintenant, on peut pousser plus loin encore l'effort pour démontrer par la psychologie le caractère transitoire des idées religieuses.

Les psychologues, en effet, ne se contentent plus aujourd'hui comme autrefois d'étudier l'homme à l'état adulte, dans la pleine possession et le plein épanouissement de ses facultés. A la psychologie proprement dite s'est ajoutée, entre autres développements, la *psychologie de l'enfance*, ou même, à un point de vue plus large, la *psychologie des divers âges de la vie humaine*, science dont on peut résumer à peu près ainsi le principe général :

En passant de l'enfance à l'adolescence, puis à la jeunesse et à la maturité, l'homme subit une véritable évolution; c'est-à-dire que ses facultés ne reçoivent pas un simple accroissement parallèle, simultané. Il se fait, au contraire, en lui un changement ou plutôt une série de changements dont quelques-uns sont très profonds et peuvent être considérés comme de véritables crises, comme des *mues*, analogues à celle qui se produit vers la quatorzième année dans le timbre de sa voix. Des besoins, des sentiments qui ont eu leur raison d'être à un moment donné de l'évolution, s'effacent, disparaissent graduellement, se trouvent même quelquefois remplacés par des sentiments, par des besoins tout opposés. En même temps, une transformation analogue se fait dans son intelligence : des facultés, des aptitudes, des goûts que la nature tenait en réserve parce qu'elle n'en avait pas immédiatement besoin, prennent, à un certain moment, un rapide essor; ils passent au premier plan et relèguent dans l'ombre d'autres facultés, d'autres goûts, d'autres aptitudes dont la période de plein épanouissement est passée. L'homme, comme tout être vivant, doit s'adapter sans cesse à son milieu; or, le milieu de l'âge mûr n'est plus le même que celui de l'adolescence ou de l'enfance; pour s'y accommoder, il faut changer sans cesse; il faut acquérir et il faut perdre; l'homme, en se développant, laisse continuellement quelque chose de lui-même sur la route de la vie.

Mais ce n'est pas tout. La psychologie des âges de la vie humaine ne se contente pas de poser le principe d'une évolution psychique; elle cherche encore à déterminer la loi de cette évolution, et pour cela elle recourt à une hypothèse qui a déjà joué un rôle considérable dans quelques sciences naturelles. L'embryologie, en effet, repose sur cette idée que le développement organotrophique des animaux supérieurs et de l'homme lui-même reproduit en abrégé les phases principales du développement morphologique de l'animalité tout entière. Transportant cette idée dans le domaine qui lui est propre, la psychologie des âges de la vie suppose que le développement mental et moral de l'individu depuis l'enfance jusqu'à la maturité reproduit sous une forme condensée le développement psychique des races humaines à travers les différentes étapes de la civilisation. Ainsi, chacun de nous refait en quelques années la route que l'humanité a suivie laborieusement pendant de longues séries de siècles. L'enfant, d'après Herbert Spencer, est d'abord un « petit sauvage ». On retrouve dans sa faiblesse intellectuelle et dans son inconscience morale presque tous les traits essentiels des races humaines primitives.

— Bien que cette branche nouvelle de la psychologie comparée ne fût guère qu'à l'état d'ébauche à l'époque où M. Vacherot écrivait son livre de *la Religion*, il vit immédiatement quel parti on en pouvait tirer pour soutenir la thèse d'après laquelle les idées religieuses n'auraient, dans l'évolution collective de l'humanité, qu'un rôle essentiellement provisoire. Partant donc de cette idée que « les religions sont des phénomènes de l'esprit humain qui ont leur manifestation et leur épanouissement dans l'histoire, mais dont la racine est ailleurs, c'est-à-dire dans la conscience humaine », il s'efforça de suivre, en parallèle l'un avec l'autre, d'une part, dans l'humanité, le développement *historique* de la religion, d'autre part, dans l'individu, le développement *psychologique* des facultés qui tour à tour enfantent, transforment et, finalement, détruisent le besoin religieux.

D'après cette théorie, l'histoire de la religion se réduirait à trois phases dont le développement est bien simple. D'abord, dans l'état sauvage, quand la raison n'est pas encore éveillée, quand la sensation et l'imagination sensorielle dominent seules, la religion n'a pas et ne peut pas avoir encore son véritable objet, l'infini; tout au plus lui est-il possible de l'entrevoir à travers le mystère des choses invisibles et redoutables. Nous ne rencontrons donc chez les races inférieures de l'humanité que la religion des esprits, la crainte superstitieuse des revenants. Plus tard, quand la raison commence à se développer, mais qu'elle n'est pas encore assez ferme pour dégager nettement et pour contempler face à face son idéal métaphysique, la religion devient un symbolisme de plus en plus profond, qui s'efforce de rendre sensibles à l'imagination et au cœur, en leur prêtant des formes chaque jour plus épurées, les vérités éternelles, les principes absolus pressentis par l'intelligence; c'est le caractère commun de toutes les grandes religions, naturalistes et idéalistes, dont l'histoire nous déroule le tableau. Enfin, quand l'humanité est devenue assez forte pour supporter la vérité elle-même, dépouillée du symbole, qui ne l'exprime qu'en la voilant, alors elle n'a plus besoin de la religion; elle est mûre pour la vie philosophique, qui place le bonheur et la principale dignité de l'homme dans la contemplation directe, dans le culte désintéressé des idées.

Si donc il y a vraiment, comme le pense M. Vacherot, une *théorie psychologique* de la religion, elle doit consister à découvrir dans les trois phases essentielles du développement de l'individu, enfance, adolescence et jeunesse, âge mûr, des caractères analogues à ceux qui distinguent les trois phases correspondantes dans l'évolution religieuse de l'humanité.

— C'est, en effet, à cette étude que M. Vacherot consacre un des chapitres les plus intéressants et les plus solides de son ouvrage, et l'on peut dire que, réserve faite de quelques nuances et de quelques détails, il y réussit d'une manière assez démonstrative, en ce qui concerne l'enfance.

« Bien que l'homme, dit-il, ne soit un animal à aucun moment de sa vie », la pensée de l'enfant n'en est pas moins, comme celle de l'animal, tout extérieure et toute concrète. Il n'est pas capable de réfléchir, de *méditer*. La caractéristique de son intelligence, c'est l'imagination. « Il ne conçoit, il ne comprend rien que sous la forme d'une image; il se représente tout ce qu'il pense. Rien de clair pour lui, de compréhensible, de réel, que ce qui s'offre à son esprit sous une forme sensible que son imagination puisse saisir. Tout le reste, pour lui, n'a pas de sens et ne pénètre pas dans son entendement. » L'idée de Dieu lui est donc naturellement étrangère; elle n'a pas de prise sur sa pensée, elle glisse sur elle sans y laisser aucune impression. « On peut enseigner à l'enfant l'immatériel, l'invisible; on le fait même de très bonne heure par son éducation religieuse;

mais c'est peine perdue. On peut bien forcer sa mémoire à réciter des formules; on ne fera jamais entrer les choses elles-mêmes dans les formes de son intelligence. »

A côté de cette disposition à se représenter tout par une image, l'enfant en a une autre encore, qui n'est pas moins caractéristique : c'est la disposition à tout concevoir par une simple extériorisation des phénomènes de sa propre conscience. Il voit dans les faits naturels des intentions, des volontés, analogues à celles qu'il trouve en lui-même; par suite, il partage les objets qui l'entourent en amis et en ennemis; « il frappe ou veut qu'on frappe la pierre qui l'a blessé, il caresse le joujou qui l'amuse ». La conception de Dieu qu'on fait pénétrer dans son esprit par l'éducation ne peut donc que dévier nécessairement dans un sens anthropomorphique. Ce qui y domine, c'est la peur; car « le premier sentiment de l'enfant est la crainte, et son premier mouvement est de se prosterner devant ce qui a frappé et étonné son imagination ».

La logique de l'enfance confirme les résultats de la psychologie du même âge. Elle montre que, dans tout ce qu'il pense, l'enfant se laisse conduire par l'imagination et par le sentiment; il n'a, en effet, et ne peut avoir aucune idée des conditions de la certitude, non plus que des véritables caractères qui séparent le possible de l'impossible. M. Vacherot remarque bien ingénieusement, à ce propos, que, « pour rendre croyable à l'enfant une chose romanesque ou fabuleuse, il faut bien se garder d'adoucir les tons ou de masquer les transitions »; plus, au contraire, un récit sera incroyable, plus il frappera l'imagination de l'enfant et plus il s'imposera à lui. L'enfant a l'amour inné de l'extraordinaire, du grandiose et du merveilleux; loin de l'étonner, le miracle l'attire; il le cherche, il le veut partout; de là le plaisir qu'il trouve à lire les *Contes* de Perrault, ainsi que tous les récits fantastiques de voyages ou d'aventures.

— Assurément, ces divers traits, pris dans l'ensemble, sont exacts, et, si l'on s'en tenait là, les inductions de M. Vacherot pourraient paraître suffisamment justifiées. Oui, l'esprit de l'homme primitif, comme celui de l'enfant, est essentiellement crédule, imaginatif et passionné. Oui, le sauvage, dominé par la crainte, soumis en tout à la passion du moment, croit sans contrôle aux sortilèges et aux prédictions de ses sorciers; les dieux devant lesquels il se prosterne sont, avant tout, des puissances dont il a peur, mais ce sont aussi des êtres semblables à lui-même par leurs passions changeantes, capricieuses, dont il est impossible de sonder, sans quelque mystérieuse communication, l'imprévu redoutable. Tout cela est enfantin, et par conséquent on est fondé à dire que la psychologie nous en montre l'image fidèle et en quelque sorte la *préformation* dans les traits essentiels de l'âme enfantine.

— Mais la même corrélation se retrouve-t-elle quand M. Vacherot essaie de nous montrer en germe dans l'âme de l'adolescent ou du jeune homme la phase symbolique de la religion? Nous ne le pensons plus.

Ici, nous sommes en présence d'un *a priori* arbitraire et inacceptable. Pour réserver, comme l'exige son système, à la maturité de l'individu et à celle de l'humanité le privilège d'avoir seules le sens métaphysique et scientifique des choses, M. Vacherot est obligé de trop rapprocher le jeune homme de l'enfant. « Le jeune homme, dit-il, conserve de l'enfant l'instinct de crédulité et d'imitation, tout en l'appliquant à un ordre d'idées et de faits supérieurs. Il ne pense pas encore par lui-même et se complaît bien plus à apprendre qu'à réfléchir. » Cela est vrai, sans doute, dans une certaine mesure, et en ce simple sens que la discipline nécessaire de l'éducation impose partout à l'adolescent ou au jeune homme l'obligation de rester *élève*, de s'incliner quelque temps encore devant la parole du maître; mais qui ne sent que cette discipline *contient* le jeune homme, l'adolescent même, plutôt qu'elle ne correspond véritablement à sa nature, et qu'il y résiste souvent par des rébellions ouvertes ou de sourdes révoltes? M. Vacherot ajoute que la forme propre de la pensée pendant la jeunesse, aussi bien dans l'individu que dans l'humanité tout entière, c'est la forme symbolique. Affirmation au moins contestable en ce qui concerne l'individu. Car, d'abord, à partir du moment où l'homme prend possession de son libre arbitre, il n'y a plus rien d'absolument fixé dans l'ordre d'évolution de ses caractères intellectuels et de ses caractères moraux. La pression des circonstances extérieures, quelquefois même beaucoup moins que cela, le caprice ou la mode, suffit pour intervertir tout ordre qu'on voudrait nous présenter comme naturel. « La jeunesse, dit-on par exemple, est l'âge romanesque par excellence »; or, qui ne sait combien cette vérité générale admet d'exceptions à certaines époques où la jeunesse se fait, au contraire, gloire d'être devenue utilitaire et positive? Mais ensuite, l'observation attentive de cette période moyenne de la vie montre que le jeune homme est plutôt tourmenté d'un besoin d'affirmation ou de négation à outrance que d'un scrupule de rester, pour ainsi dire, en deçà de sa pensée et de la voiler sous des formes détournées et provisoires. La timidité n'est plus, si tant est qu'elle l'ait jamais été, la caractéristique de cet âge où l'on entre impatiemment dans la vie active avec toute la conscience de sa force, avec tout l'orgueil naïf de sa sève épanouie et débordante. C'est plutôt, aujourd'hui, l'homme mûr qui sera quelquefois tenté d'amortir l'ardeur de ses affirmations premières et de les cacher sous le voile du symbolisme, quand l'expérience lui aura révélé combien le *oui* et le *non* se mêlent dans les choses de la pensée et à quel point tout dogmatisme est prématuré et téméraire.

La vraie loi de cet âge de transition qui est l'adolescence, la première jeunesse, nous paraît, au fond, très différente de ce qu'imagine M. Vacherot. Loin d'y voir une sorte de *continuité* qui transforme graduellement les caractères de l'enfance en caractères de l'âge mûr, nous inclinerions plutôt à nous la représenter comme une *crise*, déterminée par le passage de la pensée et de l'activité spontanées à la pensée et à l'activité réfléchies. L'homme traverse alors une « heure trouble », où domine un besoin momentané de doute, de négation, de révolte contre les impulsions premières de la nature. C'est plutôt alors qu'on est disposé à faire en soi le sacrifice, le *retranchement* de quelque chose qui avait joué jusque-là un grand rôle et dont on perd momentanément de vue la raison d'être profonde. Et ce quelque chose pourrait bien justement être le sentiment religieux. Oui, c'est à cet âge, dans l'individu comme dans l'humanité, que Dieu disparaît un moment, voilé par une bouffée d'orgueil de la pensée scientifique; mais nous croyons qu'il se retrouve bientôt après, quand l'humanité se met à faire le bilan complet de ses idées et à préparer la synthèse de tout ce qu'elle a senti, pensé et voulu aux différentes époques de son évolution.

— L'étroite corrélation que M. Vacherot voudrait établir entre les premières périodes de la vie individuelle et les premiers âges de la vie de l'humanité ne semble donc pas sérieusement démontrée. Mais sa théorie devient beaucoup plus contestable encore lorsque, après avoir dépouillé le sentiment religieux de presque tous les éléments qu'on a coutume de reconnaître en lui, il prétend néanmoins le retrouver tout entier, c'est-à-dire avec tout ce qu'il contient de vraiment essentiel, dans la phase purement philosophique et rationaliste du développement de la pensée humaine.

Ainsi, par exemple, il rejette la croyance à l'immortalité, à la vie future, ou, du moins, il avoue que la philosophie est à peu près impuissante à justifier cette croyance; mais, malgré cela, il persiste à déclarer que, même sur ce point, en passant de l'état religieux à l'état philosophique, l'âme humaine ne perd rien de véritablement essentiel. Car, dit-il, ce qui lui échappe, ce ne sont que des enchantements poétiques, des visions théologiques; mais elle garde les satisfactions les plus intimes et les plus idéales du sentiment : « L'âme vraiment chrétienne, en effet, n'est pas celle qui s'émeut des affreux tableaux de l'enfer ou des magnifiques peintures du paradis vulgaire; c'est l'âme qui, avec Fénelon, avec sainte Thérèse surtout, voit son enfer ou son paradis dans la privation ou la possession de l'objet idéal de son amour. Pour toute âme mystique (et toute âme chrétienne l'est plus ou moins), le chapitre des espérances religieuses se résume tout entier dans ce seul mot : voir et aimer Dieu. »

De même, M. Vacherot prétend que les émotions religieuses d'ordre positif que fait éprouver, par exemple, le récit de la Passion ne sont en rien diminuées et se retrouvent simplement sous une autre forme, quand on cesse de croire à la divinité de Jésus-Christ. Ces émotions s'adressaient à un symbole. L'Homme-Dieu, le Verbe fait chair était le symbole de l'idéal réalisé, de la bonté divine s'abaissant jusqu'à l'homme au point de prendre sa chair et son sang afin de le sauver. Mais, quand le symbole se dissipe, les mêmes émotions se retrouvent tout aussi intenses, s'adressant maintenant à Jésus lui-même. « Le Dieu qui occupait la scène a disparu; mais l'homme est resté, et quel homme! Quel spectacle, quel exemple! Combien le drame est différent, et plus émouvant pour le philosophe que pour le croyant! Celui-ci admire, aime son Dieu, soupire et sanglote avec lui, sans trop réfléchir que le Dieu prête à l'homme une force infinie, qui doit se jouer des obstacles et des épreuves.... Pour le philosophe, l'homme est seul, seul avec sa tendre et sublime nature, exaltée sans doute par sa foi, mais n'étant pas plus au-dessus et en dehors des conditions humaines que les sages, les héros, les martyrs de toute l'histoire. Et alors les Évangiles n'ont-ils pas quelque chose de plus touchant, de plus vivant encore pour l'âme libre qui assiste à une pareille épreuve de notre commune humanité? »

Incontestablement, ces passages sont beaux, pleins d'une conviction sincère; mais, en vérité, n'est-ce pas un étrange paradoxe que de vouloir réduire à la pure intuition philosophique que nous pouvons avoir de Dieu dans la vie présente l'espoir religieux d'une union réelle avec Dieu, ou encore de prétendre donner pour équivalent au véritable sentiment religieux, si profond et si complexe, de simples émotions esthétiques, déterminées en nous par telle ou telle interprétation des personnages ou des faits de l'histoire d'une religion!

5. On le voit : l'erreur de M. Vacherot est absolument la

même que nous avons déjà rencontrée plus haut; elle consiste à soutenir que le sentiment religieux se réduit au groupe d'émotions qu'excite dans l'âme humaine la simple intuition, plus ou moins claire, de l'infini et du parfait. Ce principe une fois admis, il serait, en effet, naturel et logique de déclarer que l'homme, mené par la religion à la philosophie, n'a plus besoin des symboles de la religion quand la philosophie l'a mis en présence des idées elles-mêmes.

Mais le sentiment religieux, considéré à la lumière de l'histoire et de la véritable anthropologie, est tout autre chose que cela. Jamais, s'il se réduisait aux éléments trop simples de cette analyse si incomplète, il n'aurait pu tenir dans l'histoire de l'humanité le rôle considérable qu'il y a effectivement rempli.

Ce qui constitue le fonds même du sentiment religieux, ce sont les sentiments déterminés en nous non pas précisément par l'idée explicite et philosophique de l'infini, mais plutôt par la conscience que cet infini, même quand nous n'avons encore de lui que la notion la plus inadéquate, la plus grossière, si l'on veut, est *en rapport direct avec nous*, véritablement présent en nous ou tout auprès de nous.

Le sentiment de la présence, ou tout au moins de la proximité de Dieu, voilà ce qui constitue l'essence des religions, même et surtout peut-être des plus imparfaites. L'homme ne sait pas encore ce qu'est son Dieu que déjà il le sent auprès de lui, autour de lui, dans le mystère des eaux ou des vents, dans le silence et l'obscurité des forêts. *Quis deus, incertum est, habitat deus.*

Les religions naturalistes de l'antiquité présentent au plus haut point ce caractère, et M. Jules Girard l'a très expressément marqué dans son livre du *Sentiment religieux en Grèce* : « Pour Homère, dit-il, et pour les hommes simples dont il partageait la simplicité, condition de son génie, le monde, plus véritablement que pour les philosophes Thalès ou Héraclite, est rempli de dieux. La nature est encore divine, comme dans les croyances orientales; elle n'est presque qu'un composé de divinités. Sur le vaste sein de la terre, cette puissance primordiale qui, avec le ciel, préside aux lois immuables et aux serments, dans l'air limpide ou brumeux qui est suspendu au-dessus d'elle, comme dans les eaux qui traversent ses vallées ou baignent ses rivages, vit une multitude d'êtres divins. Lorsque Jupiter convoque sur l'Olympe une assemblée solennelle, on voit s'y presser à côté des fleuves, les nymphes des bois, et celles des fontaines, et celles des prairies humides. Tout ce qui entoure l'homme, tous les phénomènes qui frappent ses yeux ou ses oreilles, toutes les impressions de ses sens si vifs et si déliés, ce sont des révélations de la divinité, ce sont des dieux. La nature divine l'enveloppe de toute part; partout autour de lui il la sent, il la reconnaît, et, sous la variété infinie de ses aspects, par moments il croit distinguer les formes des êtres supérieurs qui la composent. Assis sur un rocher qui domine la mer, il en contemple l'immensité; les vagues, sous ses yeux, se troublent et frémissent, et le frémissement se prolonge jusqu'aux lointains de l'horizon où le ciel et la mer se confondent dans une vapeur lumineuse : c'est Neptune qui, rapide comme la pensée, passe sur son char d'or au milieu des hommages de son empire. »

Dans d'autres phases du développement des religions, cette idée se précise; des éléments moraux s'y mêlent et la complètent. Elle devient l'idée de la société avec Dieu ou avec les dieux, *societas cum diis*. Les Juifs conçoivent cette société sous la forme d'un contrat entre Jahvé et son peuple. Chez les Grecs, la divinité poliade est l'âme de la cité; son image en est le palladium; un Socrate même, tout en concevant l'idée d'un Dieu universel, présent au monde entier, mêlé à toutes choses, veut néanmoins qu'on l'honore d'après la loi de la cité, νόμῳ πόλεως. Pour les Romains éclairés, au temps de Cicéron, les dieux et les hommes sont les habitants d'une cité commune, qui est le monde; nous leur sommes unis par la conception rationnelle de la justice et du droit. Dans le christianisme, cette idée est portée à un tel point qu'il faut toute la fermeté de la foi orthodoxe pour ne pas être tenté de voir un simple symbole dans une identification si profonde. Dieu s'est fait homme. La nature humaine est unie en Jésus à la nature divine. Dans le sacrement eucharistique, le Dieu-homme est présent, présent à tous, présent à chacun; le ciel et la terre sont confondus. Quand l'art exprime cette suprême vérité, comme dans le chef-d'œuvre de Van Eycke, toutes les puissances du ciel sont assistantes, les hommes accourent, les nations se pressent; tous sont rangés autour de l'agneau mystique, autour du pain de l'autel.

— Quand on conçoit ainsi la nature du sentiment religieux, on cesse d'être embarrassé par les découvertes journalières de la science des religions; car ces découvertes ne sont plus en opposition radicale avec le principe dont on part. Nous avons vu tout à l'heure que les religions fétichistes n'ont rien à voir avec le concept philosophique du parfait ou de l'absolu; mais elles rentrent très facilement dans la formule qui fait du sentiment religieux la conscience d'un mystérieux infini, en rapport réel, en relation dynamique avec nous, qui agit sur nous et sur qui, à notre tour, nous pouvons agir. Le sauvage de l'Afrique devine vaguement autour de lui cet insaisissable infini; il le sent résider dans les diverses puissances de la nature. Que sont pour lui ces puissances? Favorables ou hostiles? Il ne le sait; mais il cherche, du moins, à le savoir. Il les interroge par ses devins; il se met en rapport avec elles par un certain culte rudimentaire. Comme il sent son âme présente dans son corps, de même il suppose la divinité cachée sous tous les objets de la nature, dans les arbres, dans les rochers. Mais, parmi ces divinités diffuses, à laquelle s'adressera-t-il pour qu'elle le protège? Son embarras serait grand, si, dans son naïf animisme, il n'était guidé par une idée essentiellement religieuse, celle de la *dévotion*. En choisissant un de ces objets qui l'entourent et dans lesquels il sent palpiter l'âme de la divinité, en faisant de lui l'objet spécial de son culte, il est convaincu qu'il ne saurait manquer d'être payé de retour. De là le fétichisme en général; de là aussi les variations dans le choix des fétiches, les colères, les naïves représailles contre le dieu qui s'est trouvé impuissant à procurer un bien, à satisfaire un désir. Tout cela, quoi que puisse dire un fier rationalisme, c'est déjà de la religion; et si tout cela se retrouve dans les pratiques secondaires de quelques-unes des plus grandes religions, par exemple dans la foi du catholique aux médailles bénites, aux scapulaires, etc., c'est que tout ce qui a fait partie du cours naturel de l'évolution religieuse a quelque droit de persister jusqu'au bout et de garder son humble place dans une synthèse dernière, résumant l'ensemble de ce que la religion a été et de ce qu'elle a fait.

Dans une telle conception de notre rapport avec la divinité on retrouve aussi, chacun à sa juste place, tous les faits religieux essentiels, la prière, le sacrifice, le culte, le temple, l'autel, les mystères, les cérémonies et les rites, tous les actes de propitiation et d'expiation qui aident l'homme à se rapprocher de Dieu par le perfectionnement, par la complète purification de son être moral. Or, si l'on songe que toute cette tradition religieuse de l'humanité reparaît, sous des formes choisies et merveilleusement idéalisées, dans les croyances des races supérieures, est-il vraiment si certain qu'en se détachant de la religion l'homme ne perde aucune partie précieuse, aucun élément essentiel de son âme? On peut en douter. Il y perd, tout au moins, l'idée que Dieu est avec lui, que Dieu est en lui. Le Dieu du théisme est loin; nous ne vivons pas en lui, il ne vit pas en nous. Il est « relégué sur le trône désert de son éternité silencieuse et vide ». Nous perdons aussi, en perdant la religion, le sentiment que nous sommes les *collaborateurs de Dieu* dans une grande œuvre sociale et morale. Le progrès, détaché de son substratum divin, risque de devenir simplement une apparente amélioration des conditions matérielles de la vie, ne rendant pas véritablement cette vie plus heureuse, parce qu'il la laisse aussi inquiète du lendemain, aussi mécontente de ce qui lui manque encore, trop souvent desséchée et désenchantée. Nous y perdons surtout (et l'on vient de voir que M. Vacherot est le premier à le reconnaître) les espérances de la vie future; car elles restent bien faibles et elles gardent bien peu de prise sur nos volontés et sur nos cœurs, quand elles ne reposent plus que sur les arguments incomplets et boiteux d'une théologie faite avec la seule raison abstraite.

6. Il y a, d'ailleurs, dans la conception générale d'un avenir de la pensée humaine sur laquelle M. Vacherot fonde toute sa polémique, une illusion non moins grande, peut-être, que celle dont Stuart Mill est dupe quand il se flatte de voir remplacer un jour la religion du divin par la religion de l'Humanité. On sait ce qu'a duré ce rêve d'Auguste Comte et de l'école positiviste, rêve qui, vraisemblablement, ne se refera pas de sitôt. L'espérance que conçoit M. Vacherot est, évidemment, plus vivace; elle mettra plus de temps à disparaître; mais nous craignons bien qu'elle ne soit, à son tour, emportée, si on lui enlève son support naturel et nécessaire. Il croit à la possibilité, pour tous les hommes dont l'âme est libre et le cœur ferme, de vivre un jour d'une vie intellectuelle et morale supérieure uniquement fondée sur les concepts de la raison; sur l'idée du vrai, sans que cette idée nous mette en rapport substantiel avec le principe de la vérité absolue, avec un être en qui nous puissions trouver réellement « la voie, la vérité et la vie »; sur l'idée du bien, sans que cette idée nous rattache à un être qui soit la volonté du bien, la substance même du bien. Nous croyons que le positivisme reprend ici tous ses avantages. Sa fameuse *loi des trois états* est impitoyable pour l'illusion d'après laquelle la vie métaphysique pourrait subsister longtemps sans le support de la vie religieuse; si l'une doit être ruinée, l'autre le sera aussi, et la science réclamera le droit de régner seule et sans partage sur les esprits. C'est là, croyons-nous, un fait d'expérience humaine. La *présence* de Dieu peut être sentie à la fois par la raison et par le cœur; nous doutons qu'elle puisse l'être longtemps par la raison isolée du cœur. Nous en doutons avec M. Vacherot lui-même. Nul n'a mieux exprimé que lui (mais dans un autre ouvrage) cette grande idée qu'il n'y a de vrai sentiment religieux, capable de soutenir les âmes, que celui qui va au delà de l'intuition de Dieu par l'homme et ne s'arrête qu'à l'union de l'homme avec Dieu : « A

la religion seule du Dieu fait homme appartient la vertu de consoler les faibles et les affligés en leur montrant le Calvaire. Qui console mieux la mère pleurant aux pieds du crucifié l'enfant arraché de ses bras par la marâtre nature? Est-ce la vision mystique de cet enfant emporté au ciel sur les ailes des anges, si douce qu'elle puisse être au cœur d'une mère? N'est-ce pas le dialogue muet et intime entre le Dieu qui a porté sa croix et la pauvre âme qui, elle aussi, a souffert sa passion? « Seigneur, je succombe à ma douleur. — J'ai versé telles gouttes de sang pour toi. » C'est Pascal qui parle. Sainte Thérèse et Pascal le sentaient bien : « le seul Dieu consolateur est celui qu'on peut aimer ».

CHAPITRE III

ÉTAT PRÉSENT DE LA THÉODICÉE SUR LA QUESTION DE LA NATURE ET DE L'EXISTENCE DE DIEU

La *critique*, considérée comme science de l'esprit. — En quoi hostile à la théodicée. — La critique de Kant. — La critique de l'école associationniste. — Différence entre ces deux critiques. L'une met simplement en doute la valeur objective des idées et des principes de la raison; l'autre nie positivement cette valeur, en expliquant leur *genèse* et en les considérant comme des *habitudes* de l'esprit. — Application à l'idée de Dieu. Avant de savoir si cette idée a un objet, en d'autres termes, si Dieu *existe*, il faut examiner si cette idée n'est pas contradictoire, en d'autres termes, si Dieu est *possible*.

I

Nature de Dieu.

1. Théorie d'Hamilton : l'absolu est inconnaissable. — En quel sens Hamilton l'applique à Dieu. — Comment Hamilton, au lieu de combattre l'un par l'autre Schelling et Cousin, aurait pu parvenir à les concilier. — Vrai sens du *Deus absconditus*.

2. Les principales contradictions de l'absolu. — Contradictions intrinsèques. — Contradiction entre l'infinité et la personnalité. Strauss. — Contradiction entre l'infini et le parfait. Impossibilité de les rapporter à un objet commun. M. Vacherot. — Contradiction extrinsèque. Impossibilité de maintenir ensemble, devant les imperfections et les lacunes de la création, la bonté et l'omnipotence de l'absolu.

3. Ces contradictions développées systématiquement par M. Mansel.

— Dangers d'une séparation trop radicale entre la sphère de la connaissance et la sphère de la croyance, signalés par M. de Rémusat, par M. Ollé-Laprune. — Les contradictions de l'idée de Dieu susceptibles d'être conciliées par l'idée d'une *vie divine*, sous la forme et avec le caractère de l'éternité.

II

Existence de Dieu.

1. La théologie rationnelle renverse l'ordre d'importance des diverses catégories de preuves de l'existence de Dieu. — Preuves morales; preuves physiques; preuves métaphysiques. — L'humanité croit surtout à Dieu par les preuves morales, qui constituent le sentiment religieux. Elle croit aussi à Dieu par les preuves physiques. — Dans ces deux formes de la foi spontanée sont, d'une certaine manière, enveloppées les preuves métaphysiques; mais elles y sont *senties* plutôt que *conçues*. — En quoi consiste, d'après Max Müller, le sentiment spontané de l'infini dans la conscience humaine. — La théologie rationnelle fait de ce sentiment de l'infini un concept spécial, d'où elle se propose de tirer par analyse la démonstration de l'existence de Dieu.

2. Critique des arguments intuitionnistes par Stuart Mill. — Objection commune qu'il leur adresse. — Comment il enveloppe dans cette objection la preuve morale de Kant.

3. Critique spéciale de la preuve par l'idée de l'infini. — Objection de M. Evellin contre cette preuve. — L'idée de l'infini n'a pas d'objet. Dans le physique, le fini seul est concevable; dans le mathématique, l'infini n'est que l'indéfini. — Réserves à faire en faveur de l'infini métaphysique. — Comment il doit être conçu. — Comment, d'autre part, doit être conçu le caractère fini du monde. — Est-il admissible que le monde soit, à la lettre, un nombre? — La relation du fini à l'infini est sentie par nous comme nécessaire et comme réelle, bien qu'elle ne puisse être représentée par un concept.

Quand elle aborde la question capitale de l'existence et de la nature de Dieu, la théologie rationnelle se trouve en présence d'un nouvel adversaire, qui n'est plus précisément la science proprement dite, c'est-à-dire la science extérieure, distincte de la philosophie et plus ou moins suspecte de lui être hostile par jalousie de métier. Non; la science qui lui conteste alors le résultat de ses réflexions est d'une nature toute spéciale; elle fait partie intégrante de la philosophie elle-même; elle repose, comme la philosophie, sur la réflexion et le libre examen : c'est la critique de l'esprit humain, de la raison humaine; en un seul mot, c'est la *critique*, telle qu'elle a été constituée par Kant à la fin du siècle dernier.

Il faut cependant reconnaître que, depuis Kant, son fondateur, la critique a subi une transformation graduelle qui l'a peu à peu rapprochée de la science proprement dite, de la science expérimentale, au point qu'elle semble aujourd'hui n'en être, pour ainsi dire, plus qu'un rameau détaché.

Pour Kant, en effet, la critique, avec le caractère qu'il lui avait donné et qu'exprimait très bien le mot « transcendantale », n'était et ne pouvait être qu'une forme supérieure, ultime, du scepticisme. Kant se contentait de dire que les principes et les concepts de la raison n'ont peut-être qu'une valeur purement subjective; ce sont des formes de la pensée humaine, ne répondant peut-être en rien aux formes de la réalité. *Vérités pour nous*, elles peuvent ne pas être nécessairement *vérités en soi*. Rien ne nous assure que la raison humaine soit destinée à toucher le fond même des choses; peut-être sa fonction est-elle purement régulative et consiste-t-elle simplement à élever notre expérience au plus haut point possible de cohésion et d'unité en groupant toutes nos intuitions autour d'un petit nombre de concepts dominateurs.

Mais, en présentant ainsi la raison elle-même et la fonction de la raison, Kant ne donnait aucune preuve en faveur de sa théorie; car la raison restait toujours pour lui la faculté de l'*a priori*; bien plus, elle nous était elle-même donnée *a priori*; elle n'avait aucune ressemblance, aucun contact avec les choses réelles et, destinée à dominer, à régulariser l'expérience, elle n'en tirait pas son origine.

Aujourd'hui, après l'importante théorie du philosophe écossais Hamilton, théorie sur laquelle nous reviendrons plus loin, et surtout après les découvertes de l'école anglaise sur le développement de l'esprit, sur la *genèse* de la pensée, le point de vue de la critique est complètement modifié. Sans doute, il reste toujours vrai pour ceux qui en admettent le principe, que la raison ne peut nous fournir aucune certitude, aucune connaissance même, sur ce qui dépasse la sphère des choses expérimentales. Mais l'explication qu'on en donne n'est plus la même. Ce n'est plus parce que les concepts de la raison, venant d'une tout autre source que l'expérience, échappent par cela seul à toute vérification, à tout contrôle de notre part; c'est, au contraire, parce que la raison elle-même, étant l'œuvre de l'expérience, ne contient rien, ni dans ses principes, ni dans ses concepts, qui soit supérieur à l'expérience et qui, par conséquent, lui permette de la contrôler.

Il suit de là qu'un principe de la raison, celui de causalité, par exemple, ou celui de finalité, ne doit pas être considéré par nous comme une loi supérieure au monde de l'expérience et qui nous représente une réalité transcendante. Comment pourrait-il en être ainsi, puisque, créé par la somme de nos expériences antérieures et, par suite, ne représentant rien de plus que le contenu de ces expériences, ce principe changerait aussitôt que le résultat de nos recherches viendrait lui-même à se modifier? Stuart Mill a montré qu'un seul cas nouveau, contraire à l'une ou à l'autre de ces lois, prouverait que leur formule ne correspond plus à la réalité des choses, qu'elle doit être élargie, qu'elle représente simplement une forme particulière dans une loi plus générale, encore mystérieuse ou tout à fait inconnue.

On pressent, d'après ce qui précède, que la critique, sous la forme nouvelle qui lui vient de la philosophie associationniste, sera peut-être plus redoutable encore que ne l'était la critique de Kant aux preuves ordinaires de l'existence de Dieu. En effet, Kant mettait simplement ces preuves en suspicion lorsqu'il considérait les principes sur lesquels elles reposent comme des formes purement subjectives de la raison humaine; mais on peut craindre que la critique nouvelle ne les ébranle tout à fait, puisqu'elle montre en détail comment les principes rationnels qu'on leur donne pour base se sont peu à peu formés, transmis, développés, c'est-à-dire, en d'autres termes, qu'elle les démonte pièce à pièce comme un mécanisme d'horlogerie.

— Mais il est une autre conséquence, encore plus redoutable peut-être, à laquelle aboutit cette critique expérimentale, qui se substitue peu à peu, dans nos habitudes d'esprit, à la critique kantienne.

C'est que cette dernière critique laissait, au moins, subsister pleinement l'*idée de Dieu*; elle ne commençait à s'exercer que quand on passait de l'idéal divin (conception tout à fait légitime de notre esprit, puisqu'elle joue un rôle capital dans l'organisation de nos connaissances) à la question de savoir si cet idéal pouvait être en même temps une réalité. Au contraire, la critique fondée sur les théories d'Hamilton, de Mill et de Spencer, va beaucoup plus loin; car elle s'attaque d'abord à la légitimité même de l'idée de Dieu. Pouvons-nous connaître Dieu? En d'autres termes, peut-il y avoir dans notre esprit une idée, une représentation de l'absolu? Voilà, aujourd'hui, la première question à laquelle on est obligé de répondre quand on aborde la théodicée. Or, cette question elle-même est fort complexe. Il se pourrait, en effet, qu'il y eût dans le concept de l'absolu divers degrés de profondeur, un degré *exotérique* et un degré *ésotérique*; en d'autres termes, que l'idée de Dieu, qui paraît si simple à la conscience vulgaire, présentât, quand on l'étudie à la lumière de l'analyse, des éléments inconciliables, non seulement hétérogènes, mais contradictoires. C'est donc très attentivement, et en nous plaçant tour à tour à divers points de vue, que nous devons, avant même de nous demander si Dieu existe, résoudre d'abord cette question préliminaire.

— Cela revient à dire que la théodicée, telle qu'elle est généralement enseignée aujourd'hui, repose sur un plan arbitraire et défectueux. On commence, en effet, dans presque tous les ouvrages qui en traitent, par poser l'existence de Dieu et par en donner, un peu prématurément, semble-t-il, la démonstration. Car, si, par hypothèse, Dieu n'était pas possible; en d'autres termes, si l'essence de Dieu présentait quelque contradiction intrinsèque et insoluble, à quoi serviraient toutes les preuves qu'on se serait imaginé pouvoir fournir de sa réalité? Elles seraient réduites, par cela seul, à de vaines apparences, et tout ce qu'on aurait gagné à les accumuler, ce serait de se démontrer par avance, et sans le vouloir, l'inanité de la raison en tant que faculté objective. Or, cette hypothèse, que Dieu ne soit pas possible, n'est point de celles qu'un esprit vraiment philosophique puisse se croire le droit d'écarter *a priori*, sans s'être donné la peine de l'examiner. Elle est expressément prévue par Leibniz, dans le développement personnel qu'il a donné de la preuve de saint Anselme. « *Si Deus est possibilis* : à la condition que Dieu soit possible » ; telle est la réserve bien connue qu'il formule au sujet de ce célèbre argument, par lequel on prétendait tirer l'existence de Dieu de la simple analyse de son idée. La méthode qui consiste à poser d'abord l'existence de Dieu et à donner seulement ensuite la théorie de ses attributs est donc illogique au premier chef; car la preuve la plus valable peut-être de l'existence de Dieu, ce serait précisément l'absence de toute contradiction entre les éléments que l'essor naturel de notre pensée nous pousse à faire entrer dans la détermination de sa nature; c'est-à-dire, en d'autres termes, la convergence naturelle et, par suite, la légitimité de toutes les opérations mentales et de toutes les aspirations morales dont se compose la dialectique spontanée de la théologie. Nous croyons donc qu'il faut renverser, sur ce point, l'ordre habituellement suivi, et, pour notre part, nous ne nous expliquerons sur l'existence de Dieu qu'après avoir examiné d'abord ce qu'il convient de penser sur sa nature.

I

La nature de Dieu.

1. La nature de Dieu! N'est-ce pas folie de la part de l'homme que de vouloir s'aventurer dans l'étude d'un tel problème ; bien plus, que d'avoir simplement l'audace de le poser? La théologie

chrétienne répond à cette question en nous rappelant que le mystère est l'essence même de toute religion et que ce que nous pouvons dire de plus certain sur Dieu, c'est qu'il est un être caché : *Deus absconditus*. La philosophie critique et la philosophie positiviste, reprenant à leur tour, et sous la forme spéciale qui convient à chacune d'elles, le même problème, nous répondent, de leur côté, que la nature divine (en supposant qu'il y ait réellement quelque chose en dehors du système de faits dont se compose l'univers) est pleine de contradictions. L'esprit humain ne peut s'y appliquer sans se trouver en présence de conceptions opposées, qui se tiennent mutuellement en échec. A peine avons-nous affirmé quelque chose de Dieu que la raison et l'expérience nous forcent d'affirmer tout de suite après quelque chose de contraire. Dieu, disaient les gnostiques, est un *abîme*. La raison s'y perd. La réflexion, qui éclaire toujours dans une certaine mesure les autres problèmes, ne fût-ce que pour nous permettre finalement de découvrir les raisons qui les rendent insolubles, ne peut se pencher sur celui-là sans se sentir prise de vertige, de telle sorte qu'elle n'a rien à dire ni dans un sens ni dans l'autre.

— *L'absolu est inconnaissable*, telle est la commune formule à laquelle aboutissent, par des voies légèrement différentes, Kant, Hamilton, Auguste Comte. Mais c'est Hamilton surtout qui l'a développée dans sa célèbre polémique contre Victor Cousin. Nous nous flattons d'atteindre l'absolu, ou l'inconditionnel, sous deux formes différentes : l'*inconditionnellement limité*, c'est-à-dire l'*absolu* proprement dit, dont nous croyons trouver le type dans notre liberté, qui serait un *commencement absolu d'action*; et l'*inconditionnellement illimité*, c'est-à-dire l'*infini* : infini du temps ou infini de l'espace, au delà desquels il nous semble encore saisir l'infini de l'être, c'est-à-dire Dieu, considéré comme le principe de toutes les déterminations et de toutes les formes dont l'ensemble constitue l'univers, mais échappant lui-même à la nécessité d'être enfermé dans les étroites limites d'une forme et d'une détermination particulières.

Or, d'après Hamilton, « l'*inconditionné*, sous l'une ou l'autre de ces formes, ne peut être ni connu ni conçu, la notion qu'on en a étant une simple négation du conditionné, qui seul peut être positivement connu et conçu ». Le limité inconditionnel et l'illimité inconditionnel, l'absolu et l'infini ne peuvent être conçus autrement que par omission ou abstraction des conditions mêmes sous lesquelles la pensée se réalise. En d'autres termes, la notion de l'inconditionné est purement négative, négative du concevable même. « Ainsi, par exemple, d'un côté, nous ne pouvons concevoir positivement ni un tout absolu, c'est-à-dire un tout si grand que nous ne puissions encore le concevoir comme une partie d'un tout plus grand, ni une partie absolue, c'est-à-dire une partie si petite que nous ne puissions la concevoir comme un tout relatif, divisible en parties plus petites. D'un autre côté, nous ne pouvons pas nous représenter positivement un tout infini, car cette conception ne serait qu'une infinie superposition dans la pensée de touts finis, opération qui exigerait elle-même un temps infini; et par la même raison nous ne pouvons pas non plus poursuivre dans la pensée une division infinie de parties. La même impossibilité se retrouve pour la limitation en temps, en espace, en degré. La négation et l'affirmation inconditionnelles de la limitation, en d'autres termes l'*infini* et l'*absolu*, sont donc également inconcevables pour nous. »

On voit qu'Hamilton, en développant sa thèse fondamentale de la relativité de la connaissance, évite de faire porter spécialement le débat sur l'idée de Dieu. Mais sa pensée, telle, d'ailleurs, que nous allons la retrouver dans un moment chez ses disciples, n'est pas douteuse : c'est que Dieu peut bien être objet de foi, mais ne peut pas être objet de connaissance. L'humanité aspire vers Dieu; elle sent qu'il existe, elle le veut; mais elle ne peut ni concevoir ni se représenter son existence; elle ne peut l'enfermer ni dans une image ni dans une idée. C'est ce que les commentateurs d'Hamilton ont bien expliqué en rapprochant la théorie de leur maître des résultats auxquels parvient, de son côté, la science des religions. M. Peisse, par exemple, fait remarquer à quel point les variations de la conscience humaine sur la plus haute question ontologique prouvent que l'être divin, le *Deus absconditus* de l'Écriture, est inaccessible, insaisissable à la pensée humaine : « Il ne se montre point face à face à la faible intelligence de l'homme; il n'y apparaît que sous des déterminations partielles, qui, seules, peuvent le représenter à l'imagination des peuples et le rendre compréhensible à la raison des philosophes. La science de Dieu est progressive, elle s'étend avec les siècles; mais elle ne cesse jamais d'être humaine. »

— Pour être en mesure d'apprécier dans son ensemble cette conception d'Hamilton, avant de la retrouver dans quelques-unes des applications particulières qu'en ont tirées les continuateurs de ce philosophe, il faut, croyons-nous, la replacer un moment dans les circonstances au milieu desquelles elle s'est développée. Victor Cousin et Schelling venaient de publier l'un et l'autre des théories qui attribuaient à l'esprit humain, à la pensée philosophique, le pouvoir d'atteindre directement l'inconditionnel; mais ils différaient profondément par la façon dont ils comprenaient cette connaissance. Cousin croyait qu'il se fait en nous, par le jeu naturel de nos facultés, telles que l'observation psychologique les atteint, une perception directe et naturelle des trois éléments du problème métaphysique, « l'infini, le fini et leur rapport ». Schelling, plus enclin de sa nature aux conceptions mystiques, pensait, au contraire, que l'absolu de Cousin, saisi par l'action naturelle de la raison, se trouvait réduit par là à n'être, au fond, qu'un relatif; il rapportait donc la connaissance du véritable absolu à une faculté supérieure, indépendante des conditions ordinaires de la conscience, et qu'il appelait l'*intuition intellectuelle*. Ainsi les deux philosophes se tenaient l'un l'autre en échec et, d'après Hamilton, ils se trompaient l'un et l'autre, tout en s'imaginant, chacun de son côté, triompher dans la discussion; « car le résultat de cette neutralisation mutuelle était que l'absolu ne peut être connu ».

Mais peut-être serait-il plus juste de dire qu'ils voyaient l'un et l'autre une part de la vérité et qu'Hamilton aurait mieux mérité de la philosophie en essayant de les concilier dans une synthèse supérieure qu'en faisant de leur désaccord, très secondaire en réalité, un instrument de scepticisme. Il est certain, en effet, que le philosophe écossais a raison contre une interprétation stricte de la formule dans laquelle se complaisait Victor Cousin : « le fini, l'infini et leur rapport », en tant que cette formule laisserait supposer que le fini, l'infini et leur rapport sont connus de la même manière, c'est-à-dire représentés tous les trois dans la conscience. Mais on arrive assez facilement à démontrer qu'il n'a plus raison, si l'on examine à fond le problème et si l'on explique de quelle façon chacun de ces trois termes est connu. Pour le fini, la difficulté n'est pas grande : il nous est connu par la perception d'abord, et ensuite par l'imagination, c'est-à-dire par les deux formes essentielles du fait psychique de la *représentation*, dont l'une est la représentation directe, qu'il serait peut-être plus exact d'appeler simplement la *présentation*, et dont l'autre est la représentation proprement dite ou représentation imaginative. Quant à l'infini, il est évident qu'il ne peut pas nous être connu de la même manière : il serait contradictoire qu'il fût pour nous l'objet d'une représentation, c'est-à-dire qu'il nous apparût comme enveloppé dans une forme. Mais il n'est pas pour cela hors de notre pensée, et la preuve en est facile à donner : c'est que nous éliminons immédiatement toute définition fausse, ou simplement inadéquate, qu'on nous en propose, comme, par exemple, quand on essaie de nous le faire confondre avec l'indéfini. Or, si nous le distinguons ainsi, et d'une manière très sûre, de tout ce qu'on cherche à nous faire prendre pour lui, il faut bien qu'il y ait quelque chose à quoi nous le rapportons. Reste seulement à savoir si ce quelque chose est une idée, ou si ce ne pourrait pas être plutôt un sentiment. C'est ici qu'intervient la conception de Schelling. Si nous ne connaissons pas l'infini en le rapportant à un concept, à un type, à une idée, comme est, par exemple, le type homme, au regard duquel nous jugeons immédiatement qu'un singe n'est pas un homme, ou bien l'idée de justice, au regard de laquelle nous décidons qu'il n'est pas juste de frauder, comment pouvons-nous le connaître? Schelling est tout prêt à répondre que le domaine de la pensée s'étend beaucoup plus loin que nous n'avons l'habitude de le croire; que nous connaissons l'infini par une intuition *sui generis*, intuition analogue à l'extase des Alexandrins et dans laquelle le sujet qui connaît est uni à l'objet de sa connaissance. En d'autres termes, pour remplacer de suite l'idée de l'infini par celle de Dieu, nous pouvons dire que, si nous connaissons Dieu, c'est parce que nous lui sommes unis et qu'il est présent dans notre conscience, bien que ce ne soit pas sous la forme d'un certain concept déterminé et distinct, qui aurait sa forme propre, ses contours à lui, sa place nettement circonscrite au milieu des autres concepts. Nous connaissons l'infini, nous connaissons Dieu, parce que, en un certain sens, nous ne faisons qu'un avec lui, nous sentons à la fois en lui le fonds substantiel de notre être, la base sur laquelle repose et la fin vers laquelle tend notre activité. Cela suffit pour que, sans le saisir sous la forme d'un concept, sans en avoir une intuition proprement dite, nous soyons en mesure de rejeter toute représentation inexacte qu'on nous en offre, d'apprécier la valeur relative, l'approximation plus ou moins grande des diverses formules par lesquelles on s'efforce de l'exprimer, d'*étager* enfin les diverses conceptions, les divers symboles proposés à son sujet par les philosophies et par les religions qui se sont partagé le monde. Ici, encore une fois, Schelling a raison contre Cousin, non en le contredisant, mais en allant plus loin que lui, en pénétrant plus profondément dans la question. Et maintenant, pour ce qui concerne le rapport du fini et de l'infini, du relatif et de l'absolu, il reste toujours bien vrai, comme le pense Cousin, qu'il est présent dans la conscience; mais avec cette réserve, qu'il n'y est pas présent sous la forme d'une comparaison établie entre deux concepts, qui seraient rapportés l'un à l'autre, comme s'ils étaient contenus l'un et l'autre dans un même concept supérieur, dans un même genre logique; en d'autres termes, qui seraient *conditionnés*. Ainsi, l'inconditionné, absolu ou infini, est senti et voulu plutôt qu'il n'est pensé, au propre sens du mot; mais senti ou voulu, aussi bien que s'il était pensé, il est présent, d'une certaine manière, dans la conscience; il y est en relation avec le fini et le relatif. Seulement, cette relation n'est pas purement intellectuelle, purement logique; si on veut s'en faire une idée aussi juste que possible, il faut essayer de la concevoir plutôt comme une relation religieuse. C'est dans le sentiment religieux, tel que nous l'avons précédemment décrit, que doit être cherchée la représentation la moins incomplète et la moins inexacte qu'il nous soit possible d'en avoir.

— Or, c'est là peut-être le vrai sens théologique du *Deus absconditus*. La religion, soit sous sa forme générale, soit sous la forme particulière, la plus haute de toutes, qu'elle a reçue du christianisme, éclaire ici la philosophie en l'invitant à chercher dans les dernières profondeurs de l'âme le rapport de l'absolu et du relatif, de l'infini et du fini, de Dieu et du monde. Cette relation, encore une fois, n'est pas, comme le voudrait Hamilton, une *relation logique*; c'est une *relation métaphysique*, parce que c'est d'abord et surtout une relation psychologique et que, comme l'a dit un des plus profonds penseurs de notre époque, « la vraie métaphysique, c'est la psychologie ».

2. Mais la fameuse théorie d'Hamilton d'après laquelle l'absolu est inconnaissable se retrouve sous des formes plus particulières, bien que tout aussi saisissantes, quand on examine les nombreuses conceptions des philosophes qui, soit dans l'école même d'Hamilton, soit dans d'autres écoles, se sont contentés de dire que l'idée de Dieu est *contradictoire*, c'est-à-dire que nous ne pouvons penser Dieu sans mettre en lui des attributs inconciliables et que, par conséquent, nous sommes dupes d'une illusion métaphysique quand nous croyons avoir cette idée, surtout quand nous avons la prétention de lui attribuer une réalité objective.

Commençons par rassembler les plus importantes de ces contradictions; on verra ensuite ce qu'il faut penser d'une doctrine qui, les considérant toutes comme réelles, du moins au point de vue de notre connaissance imparfaite, de notre nature bornée, en tire néanmoins cette conclusion assez inattendue que le sentiment religieux doit être plutôt exalté que découragé par elles. — La première contradiction enveloppée dans l'idée de Dieu, c'est celle que divers philosophes, appartenant aux écoles les plus contraires, ont cru découvrir entre l'*infinité* et la *personnalité*.

Strauss surtout l'a mise en lumière et l'on sait qu'il s'est appuyé sur elle pour en tirer une conclusion panthéistique.

D'après Strauss, si Dieu est infini, il est impossible qu'il ait, en même temps, conscience de lui-même; car la conscience est une détermination, et toute détermination, suivant la formule bien connue de Spinoza, est une limitation, par conséquent une négation : *Omnis determinatio negatio est*. La personnalité exclut donc l'infinité. Du moment qu'un être se reconnaît comme une *personne*, s'affirme comme un *moi*, il faut qu'il affirme aussi, au delà des bornes de ce *moi*, un *non-moi* étranger, qui l'enveloppe, qui le circonscrit, donc qui le limite. La conscience qu'il a de lui-même contient ainsi deux éléments : d'une part, la connaissance positive de certains modes d'existence, de certaines qualités qu'il s'attribue et par lesquelles il se distingue de tout ce qui n'est pas lui; d'autre part, la connaissance négative, d'ailleurs plus ou moins claire ou confuse, d'autres modes d'existence, d'autres caractères qu'il se refuse et qu'il rejette au dehors de son être. Par cela seul, il se sent, il se déclare *fini*; et ce sentiment est inséparable de sa conscience elle-même; il est posé en elle et par elle. Dieu, ne pouvant pas se limiter lui-même, parce que ce serait se détruire dans son essence, ne peut avoir la forme de la conscience et de la personnalité. Au lieu donc de le concevoir *comme une personne*, nous devons, d'après Strauss, nous le représenter plutôt *comme se personnifiant à l'infini*, c'est-à-dire comme étant l'inépuisable source d'où jaillissent, dans tous les sens et sous toutes les formes, une multitude d'êtres finis, auxquels convient, sous certaines conditions déterminées, le caractère de la personnalité consciente.

— Une seconde contradiction, qui (à supposer qu'elle pût être bien démontrée) ne serait pas moins grave que la première, c'est celle que M. Vacherot, dans son livre *de la Métaphysique et de la Science*, a cru reconnaître entre l'*infinité* et la *perfection*. D'après lui, ces deux attributs ne peuvent se trouver réunis dans le même être; car ils sont absolument inconciliables; ils sont exclusifs l'un de l'autre. Qu'est-ce, en effet, que l'infinité? c'est la somme de toutes les formes et de tous les degrés possibles de l'être. L'infini contient tout; rien ne peut être logiquement exclu de son sein. Si nous lui attribuons, par exemple, la bonté, il faut qu'en même temps nous mettions aussi en lui la méchanceté; et non seulement la méchanceté et la bonté, mais encore toutes les formes et tous les degrés de l'une et de l'autre. De même, nous devons lui attribuer inséparablement toutes les formes de la beauté et de la laideur, tous les degrés de la force et de la faiblesse. Ainsi pour tout. On ne peut pas dire qu'il soit *ceci* plutôt que *cela*; sa vraie définition, c'est l'*indifférence des contraires*. Mais de là il résulte que nous ne saurions le regarder comme étant aussi la perfection. Car, au contraire de l'infinité, la perfection ne peut être, en chaque ordre de choses, que le *degré supérieur*. Elle n'admet en elle que la *forme positive*, dans toute sa plénitude, dans tout son achèvement, à l'exclusion de tout ce qui est non seulement négatif, mais même limitatif. L'être parfait ne saurait être que bon et souverainement bon, que sage et souverainement sage, que juste et souverainement juste. De même pour toutes les autres qualités positives, que nous appelons quelquefois des perfections; l'être parfait ne peut les avoir qu'à l'exclusion de leurs contraires, et au suprême degré. M. Vacherot en conclut, inversement, que la perfection ne peut être en même temps l'infinité. Il faut donc choisir. Si Dieu est l'infini, nous n'avons pas le droit de l'appeler en même temps le parfait. Nous sommes obligés de le confondre alors (et c'est ce que fait le panthéisme) avec cette substance sans bornes, avec ce fonds inépuisable de l'être, qu'on nomme *la nature*. Si, au contraire, Dieu est le parfait (et, en lui attribuant la perfection, nous devons lui attribuer aussi l'immutabilité et l'immobilité absolues, car le parfait ne peut ni changer, ni croître, ni diminuer, ni tendre vers quelque chose, ni se mouvoir vers quelque but), il est impossible qu'il soit en même temps l'essence infinie au sein de laquelle se mêlent incessamment les contraires. Non seulement il ne se confond pas avec la nature, mais il ne peut avoir place en elle, même au sommet; sa sphère est l'idéal. M. Vacherot résume donc toute sa théorie en séparant profondément l'un de l'autre l'objet de notre idée de l'infini et l'objet de notre idée du parfait. Ce que nous devons appeler l'infini, c'est seulement la nature, être des êtres, principe et substance de toutes les réalités; ce que nous devons appeler le parfait, c'est seulement Dieu. Mais Dieu n'est et ne peut être qu'un pur idéal. « Sa perfection lui coûte la réalité. » Il est la fin idéale vers laquelle tend, bien que sans pouvoir l'atteindre jamais, l'évolution réelle de la nature. « Dieu est l'idéalité du monde; le monde est la réalité de Dieu. »

— Les contradictions qui viennent d'être signalées sont des contradictions *intrinsèques*, qui résident dans l'essence de Dieu, considérée absolument et en elle-même. Mais, maintenant, on peut en concevoir d'autres encore, quand on se met en présence de la création. On s'aperçoit alors que certains attributs de Dieu sont en contradiction les uns avec les autres, non plus d'une manière absolue, mais à ce point de vue qu'ils ne peuvent coexister en face de la réalité des faits; le spectacle de la création, tel que nous l'avons sous les yeux, exclut nécessairement les uns ou les autres. Là encore, il faut choisir; mais *a posteriori*, non plus *a priori*. Rien ne nous empêcherait *a priori*, et tant que nous restons dans la pure région des idées, d'attribuer simultanément à Dieu la *toute-puissance*, par exemple, et la *toute bonté*; ces deux attributs n'ont rien d'inconciliable en soi et idéalement; au contraire, nous les concevrions volontiers comme s'appelant et comme se complétant l'un l'autre. Mais, en fait, quand nous considérons l'œuvre de Dieu, l'expérience nous force à conclure, comme nous l'avons déjà vu à propos de la conception de Stuart Mill, que, si Dieu possède entièrement l'un de ces attributs, il est impossible qu'il possède entièrement l'autre. Voulons-nous admettre, en effet, qu'il soit tout-puissant et qu'il n'ait pas eu à lutter, dans la création, contre les résistances d'un principe matériel? Alors, tout le mal que nous voyons, en si effrayante quantité, dans le monde moral comme dans le monde physique nous prouve irréfutablement qu'il n'est pas, qu'il ne peut pas être bon. Voulons-nous, au contraire, admettre comme indiscutable son infinie bonté? Il faut alors que nous retranchions quelque chose à sa puissance et que, la limitant par une fatalité extérieure, nous considérions comme une circonstance atténuante, comme une sorte d'excuse pour Dieu, que, « s'il n'a pas mieux fait, c'est *qu'il ne pouvait pas* mieux faire ».

3. Un des philosophes les plus éminents de l'Angleterre contemporaine, M. Mansel, disciple d'Hamilton, a repris d'une manière synthétique, dans son ouvrage intitulé : *Limites de la pensée religieuse*, toute cette théorie des contradictions de l'idée de Dieu, et il en a tiré un système d'agnosticisme religieux sur lequel M. Spencer s'est appuyé, à son tour, pour constituer, dans un des principaux chapitres de ses *Premiers Principes*, celui qui a pour titre : l'*Inconnaissable*, une sorte d'agnosticisme positiviste.

Un rapide examen de la pensée de M. Mansel va, peut-être, nous permettre de retrouver, au sujet de la nature divine, comme nous la retrouverons tout à l'heure encore au sujet de l'existence de Dieu, notre conclusion générale : la théologie rationnelle reste impuissante, toutes les fois qu'elle a la prétention de tirer purement et simplement des principes ou des notions de la raison pure les vérités qu'elle enseigne; elle retrouve toute sa légitimité et toute sa valeur, lorsqu'elle se résigne à être, au nom de la raison, l'interprète de la pensée religieuse concrète qui s'est développée à travers toute l'histoire de l'humanité.

Mais, pour bien comprendre cette pensée de M. Mansel, il ne sera pas inutile de signaler brièvement un rapport qui existe entre elle et l'importante théorie cartésienne de la cause psychologique de l'erreur.

M. Mansel, en effet, conçoit, comme Descartes, une inégalité naturelle entre les facultés par lesquelles nous tendons vers la vérité. Pour l'un et l'autre de ces philosophes, une de nos facultés (c'est l'entendement ou la raison) s'arrête, soit par nécessité, soit par sagesse, à un certain point qu'elle ne veut pas ou qu'elle ne peut pas franchir; une autre (c'est le cœur, la *volonté* pour Descartes, la *foi morale* pour M. Mansel) prend les devants, pousse au delà, affirme à sa manière et, en quelque sorte, sous sa propre responsabilité quelque chose qui échappe à la première.

Seulement (et voici la différence capitale), d'après Descartes, la volonté, en prenant les devants sur la raison, ne fait que s'égarer et que l'égarer avec elle, si elle s'en fait suivre; elle n'est qu'une cause de précipitation, de prévention et d'erreur; d'après M. Mansel, au contraire, la foi morale, en franchissant le pas où la raison a dû s'arrêter, nous introduit au cœur même de la vérité, du moins en matière religieuse. Ce n'est pas qu'elle puisse nous donner de cette vérité une connaissance intuitive, une conception spéculative. Si elle le faisait ou essayait de le faire, elle sortirait, à son tour, de ses limites. Son rôle est ici purement régulatif. En nous donnant le sentiment de notre obligation morale et, par suite, celui de notre dépendance vis-à-vis d'un être supérieur, elle nous fait dépasser par une *croyance* nécessaire les limites imposées à notre *connaissance*. Sans nous permettre de *comprendre*, par exemple (ce qui échappe entièrement à notre intuition), comment l'infini peut être une personne, ou bien comment l'absolu peut être une cause, elle nous fait néanmoins *affirmer* à la fois l'absolu et la causalité, l'infini et la conscience; elle dirige la synthèse mentale irraisonnée par laquelle nous unissons nécessairement dans un *acte de foi* des choses dont il nous est impossible de concevoir directement le rapport dans un *acte d'intuition*.

— Sous cette réserve d'une distinction fondamentale entre la sphère de la connaissance et celle de la croyance, M. Mansel, rappelant et poussant jusqu'à ses dernières conséquences le principe d'Hamilton : « l'absolu est inconnaissable », reprend pour son propre compte et développe avec une sorte de rigueur logique décidée à ne s'arrêter devant rien toutes les contradictions qu'on avait cru déjà découvrir au sein de l'essence divine. Ainsi, la raison nous présente Dieu sous les trois formes essentielles de l'infini, de l'absolu, de la cause première; malheureusement ces trois idées, mises en présence les unes des autres, apparaissent comme absolument inconciliables. Tout en pensant à la fois l'absolu et la causalité première, la raison ne peut arriver à concevoir que l'absolu soit une cause, c'est-à-dire qu'une nature qui, par définition même, est en dehors et au-dessus de toute relation, puisse en même temps être avec une autre nature dans le rapport qui unit une cause à un effet. Mais, en dehors même de la question de la création, qui est impliquée dans cette première difficulté, la raison ne peut approfondir son idée de Dieu, son concept de l'absolu, sans se trouver en face de toute une série d'antinomies, analogues à celles de Kant; sur chaque question, elle se sent enfermée dans un dilemme, réduite ou à ne rien dire ou à dire en même temps deux choses contradictoires. C'est ainsi qu'il lui est impossible de concevoir l'absolu comme inconscient et impersonnel, mais qu'il lui est tout aussi impossible de le concevoir comme personnel et conscient. « La conscience n'est concevable que comme relation. Il faut qu'il y ait un sujet conscient et un objet dont le sujet soit conscient. Le sujet est un sujet pour l'objet; l'objet est un objet pour le sujet; et ni l'un ni l'autre ne peut être par soi-même, c'est-à-dire l'absolu. On peut, il est vrai, écarter pour un instant cette difficulté en distinguant deux choses : l'absolu en tant que relatif à un autre et l'absolu en tant que relatif à lui-même; et on peut dire alors qu'il n'est pas impossible que l'absolu soit conscient, pourvu qu'il ne le soit que de lui seul; mais cette nouvelle supposition n'est pas, en dernière analyse, moins ruineuse que l'autre. En effet, l'objet de la conscience, que ce soit ou non une manière d'être du sujet, doit être conçu ou bien comme créé dans la conscience et par son acte même, ou bien comme ayant une existence indépendante de la conscience. Dans le premier cas, l'objet dépend du sujet, et le sujet seul est le véritable absolu; dans le dernier, c'est le sujet qui dépend de l'objet, et l'objet seul est l'absolu véritable. Ou bien, si nous essayons d'une troisième hypothèse et si nous admettons qu'ils existent tous deux dans une mutuelle indépendance, nous n'avons plus du tout d'absolu. Il ne nous reste qu'un couple de relatifs; car la coexistence, qu'elle soit ou non dans la conscience, est elle-même une relation. » Voilà donc une redoutable antinomie; mais d'autres ne le sont pas moins. En passant des conceptions fondamentales de la théologie rationnelle à ses applications spéciales, l'antagonisme reste toujours aussi aigu. Ainsi, il nous est impossible de concevoir que, d'une part, la puissance infinie puisse toute chose et que, d'autre part, la bonté infinie soit incapable de faire le mal. Impossible aussi de comprendre « que la justice infinie inflige les derniers châtiments à tout péché, tandis que la miséricorde infinie pardonne au coupable; que la sagesse infinie connaisse tout l'avenir, tandis que la liberté infinie peut tout faire et tout éviter ». Mais, quand nous avons encore écarté provisoirement toutes ces difficultés, nous n'évitons pas de nous retrouver, à la fin, en présence de l'insoluble problème du mal. Comment, en effet, l'existence du mal se concilierait-elle avec la réalité d'un être infiniment parfait? « Si Dieu veut le mal, il n'est pas infiniment bon; mais, s'il ne le veut pas, sa volonté est donc contrecarrée et sa sphère d'action limitée! »

— On voit, d'après ces citations, quelle va être l'originalité de M. Mansel, par quel trait de caractère absolument distinctif et personnel il va se séparer de tous les autres philosophes. C'est que tous les autres, après avoir formulé des objections aussi graves que celles qui précèdent, prennent un des deux partis suivants : ou bien ils nient Dieu, dont la seule idée, d'après eux, encombre la philosophie de tant de difficultés insurmontables; ou bien, comme M. Spencer, après avoir déclaré que l'idée de Dieu nous est absolument inaccessible, ils s'en désintéressent, et alors, sans se jeter pour cela dans l'athéisme ou encourager l'impiété, ils se réfugient, en ce qui les concerne personnellement, dans le positivisme. M. Mansel évite ce double écueil. Membre de l'église anglicane, il a obéi, en écrivant son livre ou, plus exactement, en faisant dans une chaire de l'université d'Oxford les *lectures* qui sont devenues son livre, à une pensée d'orthodoxie et de sérieuse piété; il a espéré sincèrement servir la religion, en la montrant plus indépendante qu'on ne le croit généralement de certaines conceptions métaphysiques qui y sont liées, sans doute, mais qui ne représentent pas ce qu'elle a de plus essentiel; il a voulu « assurer plutôt son empire en le limitant », en ramenant la pensée théologique sur son véritable terrain et, suivant une fine remarque de M. de Rémusat, « en sanctifiant la morale, au lieu de viser, comme d'autres, à séculariser la religion ». Pour cela, il a cru qu'il fallait d'abord faire la critique des formules trop étroites dans lesquelles une théologie purement rationnelle se flatte d'enfermer la nature divine, et que Dieu se retrouverait plus sûrement par le cœur, quand on aurait rappelé combien son essence est mystérieuse et insondable à la raison.

Malheureusement, c'est prendre là un parti bien chanceux et manier une arme perfide, qui se retourne facilement contre qui s'en sert. L'opposition entre la connaissance et la croyance ne donne pas tout ce qu'on espère en tirer ; car la croyance ne peut être bien ferme quand, au lieu d'apparaître comme un simple complément de la connaissance, toujours arrêtée en chemin par la faiblesse de notre pensée et toujours « courte par quelque endroit », elle est mise directement, pour ainsi dire brutalement, en opposition absolue avec elle. « C'est, en définitive, objecte bien justement M. Ollé-Laprune, nous proposer comme objet de foi l'inconcevable et le contradictoire. C'est bouleverser toutes les notions ou plutôt détruire l'intelligence, et ainsi ôter à la croyance même tout fondement. Car enfin, si nous n'avons aucune idée de l'absolu et de l'infini, comment savons-nous ce que nous disons quand nous déclarons Dieu absolu et infini? Et qu'est-ce que croire à la réalité d'un être dont on dit des choses auxquelles on n'attribue aucun sens?... Que la notion ne soit pas adéquate à l'objet, c'est ce qui est clair, et personne ne le conteste; qu'elle soit imparfaite, défectueuse, mêlée d'obscurité, c'est ce qu'il faut avouer : mais ou l'on ne sait ce qu'on dit, et alors comment croire? ou l'on croit sérieusement, et alors on sait au moins un peu ce qu'on dit, par conséquent l'objet de la foi n'est pas le pur *inconnaissable.* »

— D'ailleurs, les contradictions dont on fait si grand bruit sont-elles aussi insolubles qu'on veut bien le dire? Nous ne le pensons pas. En examinant plus loin, dans une autre partie de cette étude, quelques-unes des plus graves, par exemple celle de l'infinité et de la personnalité, nous verrons que, pour en triompher sans trop de peine, il suffirait, peut-être, de faire sa juste place à une idée dont la théologie rationnelle ne tient absolument aucun compte, mais qui est représentée dans presque toutes les grandes conceptions religieuses. C'est que l'essence divine n'est pas d'une simplicité tellement absolue qu'elle exclue toute possibilité d'un développement intérieur et, par suite, d'une certaine division, au moins idéale. La méconnaissance de cette idée est, croyons-nous, le point particulièrement faible de notre théodicée, qui a, d'ailleurs, tant d'affinités avec la théologie un peu froide, un peu rigide, des confessions protestantes; elle met tout en Dieu sur le même plan; elle lui confère tous ses attributs de la même manière et au même titre, en prenant uniquement pour point de départ les concepts absolus de la raison, dont elle se contente de reconnaître en Dieu l'objet commun. Au contraire, si nous faisions entrer dans la théodicée l'idée profonde et d'ailleurs nécessaire d'une *vie divine*, nous pourrions comprendre que tous les attributs divins ne nous représentent pas nécessairement Dieu sous le même aspect et que, si, finalement, ils se fondent dans une merveilleuse et vivante harmonie, ce n'est pas une raison pour qu'on établisse entre eux une sorte d'identité ou qu'on se les représente simplement comme des traductions, comme des transpositions les uns des autres. C'est par la sécheresse de ses conceptions trop simplifiées et trop abstraites que la théologie exclusivement fondée sur la raison crée elle-même des difficultés qu'ensuite elle se déclare impuissante à résoudre. Privée d'une des sources les plus fécondes de l'inspiration métaphysique, elle a beaucoup de mal à préciser l'idée qu'elle se fait de la nature divine, et elle en a plus encore à justifier les preuves sur lesquelles elle s'appuie, avec une préférence marquée, pour démontrer la réalité de cette nature.

II

L'existence de Dieu.

1. Les philosophes, en effet, ne croient pas à Dieu tout à fait de la même manière et pour les mêmes raisons que l'humanité prise dans son ensemble. La théologie naturelle ou rationnelle, en s'emparant des raisons que l'homme a toujours eues de croire en Dieu, les a interverties. Elle a cru devoir porter au premier plan et étaler en pleine lumière celles que l'humanité gardait dans l'intimité, dans le clair-obscur de sa conscience, comme des raisons *senties* et *devinées* plutôt que pleinement et totalement *comprises*. Il n'est pas inutile de le rappeler, afin que la foi en Dieu ne soit pas compromise, ébranlée dans le cœur des hommes par l'échec possible ou, tout au moins, par l'insuffisance bien démontrée de tel ou tel argument purement philosophique. — La vraie, la décisive raison que l'humanité a de croire en Dieu, c'est qu'elle *le sent* et qu'elle *se sent unie à lui*. Bien

expliquer, bien analyser le sentiment religieux, bien établir la vanité des assimilations par lesquelles on a essayé de le faire rentrer dans autre chose restera longtemps encore, quoi qu'on fasse, le meilleur moyen de prouver aux hommes que Dieu existe et qu'ils ont raison de croire qu'il existe. L'humanité, considérée en bloc, n'est pas mystique; mais les raisons qui la font croire en Dieu n'en sont pas moins, sous une forme atténuée, les mêmes qui déterminent les élans, les ardeurs des mystiques; car le mysticisme n'est, au fond, que l'hyperesthésie religieuse, l'exaltation, extraordinaire chez quelques personnes, d'un sentiment ou plutôt d'un groupe de sentiments qui existent en germe chez tous les hommes, et qui ne sauraient être créés tout d'un coup et de toutes pièces. Nous nous sentons *fondés en Dieu*; nous avons conscience d'avoir en lui, suivant la célèbre expression de saint Paul, « l'être, le mouvement et la vie »; mais nous sentons surtout que cette vie, par laquelle nous tenons si étroitement à Dieu, n'est pas la vie sensible, purement physiologique, la vie tirée du sol; c'est la vie morale, celle qui doit s'épanouir, « comme une fleur du ciel », dans la plénitude de la vérité et de la justice. Toutes les preuves morales de l'existence de Dieu (et ce sont les preuves particulièrement chères au cœur de l'humanité) ne sont que les développements divers de ce sentiment intime, essentiellement actif et fécond. La *preuve par le consentement universel* montre que ce sentiment et la croyance qui en résulte ne sont pas factices; car ils se rencontrent, bien que parfois sous des formes étrangement déviées, chez toutes les races humaines. La *preuve fondée sur le besoin spontané de la prière*, sur l'*espoir en Dieu*, sur le *recours à Dieu*, n'est que l'expression analytique de ce qu'il y a de plus profond, de plus fondamental dans le sentiment religieux lui-même; car c'est dans les circonstances douloureuses, dans les moments d'épreuve et de lutte, que l'homme se sent le plus près de son créateur. Enfin, la preuve morale par excellence, l'*argument de la sanction*, explique à qui a des sens ouverts pour comprendre cet ordre de choses que nos actes subsistent en Dieu avec leur valeur propre, avec leur mérite ou leur démérite, dont le caractère est absolu et dépasse la sphère de la vie présente.

Ce n'est pas à dire que l'humanité ne croie à Dieu que par le cœur; elle y croit aussi par l'esprit. Mais, dans cette croyance venue par l'esprit, c'est l'expérience, et, pourrait-on ajouter, l'expérience interprétée surtout par le sentiment, qui tient la première place. Les diverses preuves que les théoriciens développent sous le nom de preuves physiques frappent vivement toutes les intelligences, même peu cultivées. *Preuve cosmologique*, *preuve du premier moteur*, *preuve téléologique* ou *argument des causes finales*, elles signifient, prises dans leur ensemble, qu'un bien qui se réalise d'une manière morcelée, à travers l'espace et le temps, suppose un bien supérieur où il a son principe et qui doit être quelque chose d'immuable, d'éternel et de nécessaire; ou bien encore qu'un ordre qui se fait par degrés, dans des êtres imparfaits, dénués de conscience, de sagesse, de prévoyance, suppose une intelligence qui a tout conçu, tout prévu; qui a disposé les moyens en vue des fins et, parmi ces moyens, choisi les meilleurs; qui enfin, pour relier ainsi toutes les parties et tous les moments de l'univers, doit résider dans un être éternel et absolument un. Ces *preuves physiques*, aussi bien que les *preuves morales*, ont occupé de tout temps une large place dans la conscience spontanée des hommes.

— Faut-il conclure de là que les preuves métaphysiques n'existent pas pour cette conscience primitive de l'humanité et ne sont qu'une création factice des philosophes? Nous n'avons garde de le prétendre. Ce qui montre bien qu'elles existent pour tout le monde et qu'elles ont une haute valeur, c'est que quelques-unes des idées rationnelles qui leur servent de base sont déjà impliquées dans les preuves physiques ou morales et en constituent même toute la force. Les preuves morales reposent sur l'idée du parfait; la preuve cosmologique, sur l'idée de l'absolu. Seulement, il faut bien comprendre ce que sont ces idées pour la conscience spontanée. Ce ne sont pas des *concepts purement logiques*, des concepts isolés et abstraits; ce sont des *intuitions concrètes*, inséparables du sentiment même, de l'élan d'esprit et de cœur qui nous porte vers leur objet et qui nous le fait saisir d'une certaine manière. L'homme qui n'étudie pas systématiquement ces idées en pur logicien, les considère plutôt comme constituant le fond caché des preuves véritables que comme susceptibles de former à elles seules un ordre distinct d'arguments. En effet, sentir, par exemple, que le monde physique et le monde moral sont comme enveloppés dans l'action de la bonté et la sagesse divines, c'est sentir en même temps que Dieu est infini, puisque, principe et fin de toutes choses, « alpha et oméga », il dépasse nécessairement pour notre esprit toute grandeur, toute forme, toute perfection donnée; c'est donc croire, d'une certaine manière, à Dieu en s'appuyant sur l'intuition de l'infini; mais il ne résulte pas de là qu'on regarde l'infini comme l'objet d'un concept distinct, séparé, logé, en quelque sorte, à part dans tel coin de notre cerveau, susceptible d'être manié, tourné et retourné en tous sens à la façon des concepts mathématiques, et dont on pourrait tirer enfin, en le pressurant, cette conclusion : « Donc, Dieu existe ».

Ce qu'est le concept de l'infini pour la conscience spontanée, Max Müller va nous l'apprendre : « La perception de l'infini, dit-il, a été en tout temps présente dans toute perception finie, aussi présente que pouvait l'être pour les Iraniens et les Hindous des premiers âges la perception du *bleu*, quoique leur vocabulaire n'ait pas de mot pour l'exprimer. Le ciel était bleu au temps des poètes védiques, au temps de Zoroastre, au temps des prophètes hébreux, au temps des chantres homériques. On le voyait, mais on ne le connaissait pas; on n'avait pas de nom pour la teinte particulière propre au ciel, pour le bleu-ciel. Nous le connaissons; car nous avons un nom pour lui.... Ainsi de l'infini. Il était là dès le premier jour; seulement, il n'était pas encore défini et nommé. Si l'infini n'avait été présent dès le début dans nos perceptions sensibles, ce mot même n'offrirait aucun sens; ce serait un son et rien de plus. C'est pour cela que je me suis cru obligé de montrer comment le pressentiment de l'infini repose sur la sensation du fini et a ses racines réelles dans la présence réelle, quoique imparfaitement saisie, de l'infini au sein de nos perceptions sensibles du fini. Ce pressentiment, ce commencement de perception de l'infini passe par des phases sans fin et revêt des formes sans nombre. Je le reconnais dans l'émerveillement du marin polynésien voguant sur l'immensité sans bornes de la mer, dans l'éclat de joie dont le pasteur aryen salue l'éblouissante apparition de l'aurore, ou dans le silence de mort du voyageur solitaire dans le désert, à l'heure où le dernier rayon du soleil s'éloigne, fascinant ses yeux las et entraînant en rêve sa pensée vers un autre monde. A travers tous ces sentiments et tous ces pressentiments, c'est la même corde qui vibre toujours, tendue en mille façons, et pour peu que nous prêtions l'oreille, nous pouvons encore en reconnaître le vieux, le familier accent dans les profonds accords d'un Wordsworth, dans « ces questions obstinées — des sens et des choses du dehors, — chutes de notre être hors de lui-même, évanouissements, — vagues appréhensions d'une créature qui erre dans les mondes irréalisés ».

Or, ce sentiment de l'infini, ce sentiment du parfait, la pensée philosophique, la théologie rationnelle, tend à lui faire prendre à peu près exclusivement la forme d'un concept pur, d'un *concept logique*, c'est-à-dire d'une notion précise, arrêtée, définie, de telle sorte que, cette notion étant une fois bien démêlée dans l'esprit, nous n'ayons plus qu'à y prendre notre point de départ pour en pouvoir tirer la solution raisonnée de tous les problèmes essentiels dont se compose la métaphysique religieuse. Et, de même, les principes rationnels tendent à devenir des *principes logiques*, que l'on considère comme capables d'établir la vérité religieuse, l'existence de Dieu par exemple, ou la Providence, ou la Création, par la seule puissance intrinsèque de leur forme. Mais, c'est ici que commencent les doutes de la critique. Les concepts et les principes de la raison dans lesquels il nous semble que Dieu nous est plus ou moins clairement représenté prouvent-ils Dieu par leur force purement logique, et abstraction faite du mouvement de l'âme, de l'élan moral qui a Dieu tout à la fois pour cause et pour fin? Avant d'examiner d'un peu plus près cette question, il n'est pas inutile, en tout cas, de faire remarquer que cette tendance de la philosophie religieuse a pour résultat de transformer en science de pure déduction la théodicée, qui devrait rester, au contraire, une science essentiellement inductive. Les preuves de l'existence de Dieu risquent alors de prendre une forme sèche, étroite, syllogistique, purement scolastique. Or, quelle apparence y a-t-il, si Dieu a voulu réellement être aimé et connu de l'homme, qu'il ait lié nos convictions ou nos espérances religieuses au sort de quatre ou cinq arguments, à forme étriquée et chétive, qu'on débat dans les écoles! Mais ce n'est pas tout. Lorsqu'il s'agit des rapports de Dieu et du monde, la théodicée uniquement fondée sur les concepts rationnels purs risque encore de tomber dans de nombreuses erreurs, justement parce qu'elle se borne à développer, d'après les seules lois de la déduction, le contenu de ces concepts. Ainsi, de ce que Dieu est l'être infini, tel métaphysicien, d'ailleurs très sincère et très profond, Émile Saisset par exemple, croira pouvoir déduire, en s'inspirant d'une idée qui est déjà dans Leibniz, qu'il serait indigne de Dieu d'avoir donné des limites à sa création; car, si le monde n'est pas de prime abord déclaré infini en étendue et en durée, quelque effort que nous fassions pour « enfler, comme dit Pascal, nos conceptions », l'œuvre de Dieu restera toujours enfermée « dans une petite boule » et, par conséquent, ne portera pas l'empreinte de son auteur. Ou bien, de ce que Dieu est immédiatement défini l'être parfait et de ce que la perfection, étudiée analytiquement, enveloppe en elle toute une série de déterminations, telles que bonté, justice, sagesse, on se contentera de déduire purement et simplement que le monde doit être l'image, le reflet de ces attributs (au même titre que l'œuvre d'un artiste est l'image, le reflet de son génie), quitte à s'apercevoir, la déduction une fois achevée, que le monde est absurde et mauvais, ou, tout au moins, qu'il contient une large part de mal et d'absurdité; et alors il faudra construire tout un système pour essayer de raccorder tant bien que mal les déductions purement logiques qu'on aura faites avec quelque interprétation hâtive et factice du système de l'univers.

2. Mais ce ne sont là que quelques raisons générales de défiance. Voyons maintenant d'une manière plus précise l'état présent de la théodicée sur cette question spéciale : quelle est la valeur et quelle est la portée des arguments métaphysiques en faveur de l'existence de Dieu?

Nul besoin, pour cela, de reprendre un à un et en détail ces arguments si connus, qu'on peut envelopper tous, ainsi que le fait Stuart Mill, sous la dénomination d'*arguments intuitionnistes.* Le fait qui domine et qui résume leur histoire la plus récente, c'est que, tous ensemble et pour ainsi dire en bloc, ils ont été fortement ébranlés le jour où Kant s'est avisé de dire que l'intuition qui leur sert de base commune pourrait bien n'avoir qu'un caractère tout intérieur, tout subjectif, et ne correspondre qu'aux formes nécessaires de la pensée humaine.

C'est un doute très simple en lui-même, mais qui, jusque-là, avait à peine effleuré l'esprit des théologiens. Ainsi, quand Bossuet, par exemple, développe le célèbre argument des vérités nécessaires de la raison, il ne lui coûte pas de supposer que l'intelligence humaine *pourrait bien ne pas exister*, ni, avec elle, aucune intelligence finie; c'est même de cela précisément qu'il tire toute sa preuve que Dieu existe (puisqu'il faut bien que ces vérités, *pour être des vérités*, soient entendues quelque part, et que, du moment qu'elles sont éternelles et nécessaires, il faut qu'elles le soient dans une intelligence elle-même nécessaire et éternelle); mais il ne lui vient pas à l'esprit de supposer que notre entendement, en les pensant, *pourrait bien*, au fond, *ne penser que lui-même*, c'est-à-dire la propre forme, la propre loi de sa constitution; et ainsi elles ne seraient nécessaires qu'en ce sens qu'il y aurait pour nous impossibilité de penser en dehors d'elles; en d'autres termes, elles ne seraient nécessaires que *pour nous* et d'une manière subjective, non objectivement et *en soi.* Cependant Bossuet, à son insu, cède, dans son argument même, à cette loi de la pensée humaine; il ne s'aperçoit pas qu'il en subit toujours l'influence quand, après avoir admis comme possible la suppression de notre entendement, dans lequel seul sont représentées les vérités éternelles et nécessaires, il n'en affirme pas moins *qu'il faut* que ces vérités soient pensées quelque part, comme si une *nécessité* pouvait exister pour nous autrement que posée par notre entendement et sous la garantie de cet entendement même!

La critique kantienne a opéré une œuvre infiniment utile de transformation et de rajeunissement de la pensée religieuse en dissipant, quoique d'une manière un peu brutale, l'illusion des métaphysiciens à l'endroit de leurs preuves favorites, *ces preuves pour eux seuls*, dont l'humanité s'est en général désintéressée, préférant aller à Dieu par une autre voie, qui lui semble plus courte et meilleure. Mais, bien que victorieux sur ce point, Kant, à notre avis, s'est trompé à son tour en croyant qu'il fallait purement et simplement détruire ces vieux arguments et les remplacer par une preuve d'un tout autre ordre, tandis qu'il suffisait peut-être de les remanier et de rendre à chacun d'eux, en le considérant comme une loi régulative du sentiment religieux plutôt que de la raison pure, son véritable caractère et sa réelle valeur.

Stuart Mill, en effet, lui adresse une objection très ingénieuse et très profonde, qui, interprétée non pas, à vrai dire, comme le fait son auteur, mais comme il conviendrait de le faire, aurait, croyons-nous, pour résultat de rendre à telle de ces preuves, à l'*argument ontologique* par exemple, la seule valeur qu'il puisse avoir, c'est-à-dire sa valeur comme expression *sui generis* de l'aspiration par laquelle l'âme humaine affirme de toutes façons la priorité et l'absolue nécessité du parfait. On sait que Kant, après avoir rejeté toutes les preuves métaphysiques, c'est-à-dire, en somme, toutes les preuves fondées sur l'intuition de la conscience proprement dite, finit par accepter la seule *preuve morale* ou *preuve fondée sur l'idée du devoir*, c'est-à-dire, en somme, la preuve qui répond à l'intuition particulière de la conscience morale : en quoi on peut d'abord lui reprocher de scinder arbitrairement la conscience, qui est une. Mais Stuart Mill lui adresse une autre critique, qui nous semble vraiment l'atteindre au défaut de la cuirasse : il lui reproche de « croire qu'il soit légitime de supposer *que*, dans l'ordre de l'univers, *tout ce qui est désirable soit vrai* ». Or, cette objection est, sans doute (et nous reviendrons tout à l'heure sur ce point), mauvaise en elle-même et au point de vue dogmatique; car, pour nous, l'unique preuve vraiment fondamentale de l'existence de Dieu, c'est que Dieu est *postulé* de toutes manières par l'âme humaine comme le suprême désirable; mais elle est excellente à cet autre point de vue qu'elle nous permet de relever dans la polémique de Kant une contradiction flagrante, qu'on peut résumer à peu près ainsi : Kant admet Dieu sur la foi de la loi morale et du devoir uniquement parce qu'il lui paraît, en effet, désirable, au point de vue pratique, que la loi morale ne soit pas un vain mot, que le devoir ne soit pas une illusion, enfin que la perfection absolue existe. Mais alors pourquoi refuse-t-il d'admettre la preuve ontologique, qui, elle aussi, est fondée sur l'idée du parfait? Pourquoi ne veut-il pas l'accepter comme expression de l'irrésistible élan par lequel la pensée humaine, tout aussi bien et avec tout autant de droits que la volonté humaine, *postule* la perfection divine? En d'autres termes, Dieu, pour Kant, est « une hypothèse nécessaire »; mais pourquoi veut-il qu'elle ne le soit que d'une nécessité pratique et non pas, en outre, d'une nécessité métaphysique?

— L'objection de Stuart Mill, avons-nous dit, est, malgré sa valeur critique, mauvaise en elle-même; car, s'il était certain que Kant, dans le développement de la preuve morale, eût réellement pris pour base cette idée : « le désirable est vrai; le souverainement désirable est souverainement vrai », il n'y aurait qu'à l'approuver sans réserve et à regretter seulement qu'il n'ait pas appliqué le même principe à l'examen des autres preuves de l'existence de Dieu. C'est, en effet, le *mouvement* de la pensée humaine vers l'idéal et vers Dieu qui prouve, par-dessus tout, que Dieu existe, que l'idéal, en un sens supérieur, est réel. *Le mouvement*, disons-nous, non pas *l'intuition présente*; car Stuart Mill a très bien vu le défaut des preuves intuitionnistes, qui est de supposer dans l'esprit une sorte de passivité; et toute son erreur, c'est d'en avoir pris occasion, lui aussi, de rejeter ces preuves en bloc, quand il fallait simplement les amender. Ainsi, par exemple, il est certain que Descartes se trompe en partie quand de la clarté avec laquelle l'idée de Dieu se présente à nous il prétend conclure à la réalité actuelle de l'objet de cette idée : « L'idée de Dieu, parfait par la puissance, la sagesse et la bonté, est une idée claire et distincte; donc, d'après le principe de Descartes, elle doit correspondre à un objet réel ». Ici, Stuart Mill oppose très justement à Descartes une critique de la plus haute portée : « C'est, dit-il, que cet argument refuse à l'homme un des privilèges les plus précieux de sa nature, celui d'*idéaliser*, comme on dit, et de construire à l'aide des matériaux fournis par l'expérience une conception plus parfaite que l'expérience même ne pourrait la donner ». Rien de plus juste : les cartésiens, en méconnaissant que l'esprit humain conquiert l'idée de Dieu par l'ardeur de son aspiration, l'*enlève* en quelque sorte par la violence de son désir (*violenti rapiunt illud*), se trouvent réduits à concevoir cette idée souveraine sous la forme toute passive d'une *empreinte* déposée par Dieu sur notre esprit « comme le sceau de l'ouvrier sur son ouvrage ». Stuart Mill a cent fois raison de soutenir que cette idée est, au contraire, une *création*, une conquête du génie idéalisateur de l'homme; mais, en même temps, il a tort d'en conclure l'inanité de la preuve cartésienne et de déclarer, bien à la légère, que « cet argument ne satisfait plus personne aujourd'hui ». C'est cela, au contraire, qui achève de lui donner toute sa force, toute sa valeur. Dieu est prouvé pour l'homme par cela même que l'homme va vers Dieu, s'élance vers Dieu par l'impulsion convergente de toutes ses facultés. Les arguments de Descartes et, d'une manière plus générale, les preuves intuitionnistes n'ont donc rien perdu de leur valeur auprès des esprits philosophiques; seulement, quelques personnes pensent aujourd'hui et pensent de plus en plus que cette valeur n'est pas uniquement d'ordre logique. Notre sentiment, notre besoin, notre « tourment » de l'infini nous porte vers Dieu et nous prouve par là même, en s'adressant à notre être tout entier, que Dieu existe; mais, si l'on prétend construire d'après cela un raisonnement fondé sur le simple concept de l'infini et par lequel on prouverait que ce concept enveloppe, non pas seulement d'une manière logique et subjective, mais d'une manière objective et réelle, l'existence de son objet, on s'expose à ce que cet argument scolastique, que le génie de saint Anselme et celui de Descartes nous rendent, sans doute, très respectable, mais qui n'en a pas moins été fort *entamé* par la critique de Kant, soit, de nouveau, pris à partie par les philosophes et déclaré, peut-être, contradictoire et faux.

3. C'est, en effet, à cette double conclusion que M. Evellin, à la suite d'une longue et délicate critique de quelques concepts rationnels, est arrivé dans son livre qui porte pour titre : *Infini et quantité*.

D'après M. Evellin, l'idée de l'*infini*, sous ses deux formes d'*infiniment petit* et d'*infiniment grand*, n'est qu'une *idole* de la pensée. Toutes les formes sous lesquelles nous croyons penser l'infiniment petit, c'est-à-dire la divisibilité à l'infini, dans la matière, dans le mouvement, dans la durée, sont purement illusoires. Les sophismes d'un Zénon d'Elée s'expliquent par ce fait qu'il croit voir à tort une continuité absolue dans des choses qui se réduisent à des éléments constitutifs et qui, par conséquent, forment un nombre. La science moderne détruit, de toutes manières, l'idée de cette continuité. Ainsi, pour ne citer qu'un exemple, la loi chimique des proportions définies ne s'expliquerait pas si la matière était continue, si ses éléments ne se réduisaient pas à un nombre déterminé. De même pour l'infiniment grand. En croyant le penser, nous sommes dupes d'une illusion. Le monde ne peut vraiment être conçu que comme fini; car il est formé d'éléments séparés les uns des autres et qui se ramènent à un nombre ; or, il est impossible, contradictoire et absurde qu'un nombre soit infini. Il est vrai, pourrait-on dire, que notre imagination ne cesse d'enfanter des espaces et de les remplir ensuite avec une possibilité indéfinie de matière. Mais cette loi de notre imagination est purement subjective; elle n'impose aucune nécessité aux choses. Elle ne se confond pas, d'ailleurs, avec la loi de la pensée pure et de la raison, qui, elles, au contraire, conçoivent très bien la nécessité d'une limitation de l'espace. « La raison peut nous transporter aux confins de l'univers. Parvenue au terme — et pour y parvenir un instant lui suffit, — elle reconnait que le besoin de l' « au delà », ressort si utile avant que la limite soit atteinte, n'a plus d'objet lorsque tout « au delà » cesse. Elle affirme donc que les bornes du monde doivent être aussi les bornes de l'espace réel ; et, pour en décider ainsi, elle n'a nul besoin d'impressions d'un ordre nouveau; il lui suffit de demeurer fermement dans l'hypothèse où elle se place ; alors elle voit sans peine que, « là où les réalités expirent, les impressions, à leur tour, doivent disparaître, et avec elles les rapports idéaux qu'elles déterminent ».

De toute son étude, dans les détails de laquelle nous ne saurions le suivre, M. Evellin conclut que l'idée de l'infini, soit qu'on en cherche l'objet dans la sphère des choses réelles et physiques ou dans la sphère des choses abstraites et mathématiques, est une *pseudo-idée*. Quand nous essayons de la presser, elle nous échappe. Dans le physique, l'infini de grandeur et l'infini de petitesse sont également contradictoires; le fini seul est concevable. Dans le mathématique, l'infini n'est que l'indéfini.

— Mais l'objet de la notion de l'infini ne peut-il pas, ne doit-il pas se retrouver en philosophie? Quoi que nous fassions, nous ne pouvons nous empêcher de trouver dans notre esprit le double concept de l'*infini extensif*, qui est l'infini proprement dit, c'est-à-dire l'être continué au delà de toute limite, de tout obstacle qui tendrait à l'arrêter, et de l'*infini intensif*, qui est le parfait. A ces deux concepts nous attribuons Dieu pour objet commun et nous croyons trouver dans leur analyse tout un système de preuves de la réalité de Dieu. Est-ce là encore une illusion?

Oui, d'après M. Evellin. Non pas que l'existence de Dieu soit compromise par cette impossibilité où nous sommes de justifier ce double concept illusoire; car elle est suffisamment prouvée « par le double témoignage de l'univers physique et du monde moral, du ciel étoilé au-dessus de nos têtes et de la loi morale au dedans de nos cœurs »; mais la tentative de faire sortir la réalité de Dieu d'un prétendu concept rationnel, qui n'a pas le droit de se maintenir dans l'esprit puisqu'il renferme une contradiction manifeste, est un simple égarement de la pensée.

Sous toutes les formes que lui ont données Descartes, Newton et Clarke, l'argument est illusoire; en effet, « *dans le domaine de la quantité*, l'être n'est vraiment positif que lorsqu'il est circonscrit; exclure toute borne, en pareil cas, c'est précisément exclure tout être, car un être *qui implique contradiction dans son essence* n'est et ne sera jamais, fût-il décoré du nom pompeux d'infini, qu'un pur néant ».

— Les preuves cartésiennes ainsi rejetées, M. Evellin croit qu'il faut éliminer également celles qu'on voudrait tirer de ces principes éternels, de ces notions absolues, « marquées au coin de l'infinité », que certaines écoles ont pris plaisir à multiplier dans l'esprit humain pour en faire autant de pensées de Dieu lui-même. C'est la *preuve par les vérités éternelles de la raison* qui est ici particulièrement visée. M. Evellin y voit une simple projection de la loi fondamentale en dehors de laquelle notre pensée ne saurait s'exercer. Tout ce qu'elle prouve, « c'est que, certains sujets une fois posés, il est impossible à une intelligence modelée sur la nôtre, à quelque moment de la durée qu'elle se transporte, de nier certains attributs qui font partie intégrante de leur essence. Le temps peut-il influer sur la solution d'un problème où il n'entre pas comme donnée? Traduisons donc : dans l'indéfini du temps, une raison quelconque, pourvu qu'elle soit assujettie à la loi de ne pas se contredire, ne pourra affirmer telle chose qu'à la condition d'affirmer en même temps telle autre chose. Nous ne voyons pas, pour notre part, quel argument sérieux et convaincant on peut tirer de cette nécessité toute subjective en faveur de l'existence de Dieu. Qu'y a-t-il, que peut-il y avoir de commun entre le temps qui s'écoule et l'entendement divin? Nous sommes dupes d'une illusion; nous confondons avec la pensée parfaite notre fragile raison, que nous projetons d'époque en époque, de siècle en siècle, dans l'indéfini du devenir. »

Enfin, la *preuve fondée sur l'idée du parfait* est considérée encore par M. Evellin comme aussi fragile que les autres, en tant du moins qu'on veut lui attribuer une valeur logique. Il ne conteste pas, en effet, à Bossuet que, dans l'ordre de l'être, l'absolu soit avant le relatif, la réalité pleine et achevée avant la limite ; et s'il ne conteste pas cela, c'est donc que nous le savons ou que nous le sentons de quelque manière. Mais il doute que l'idée du parfait, comme concept logique, soit plus présente à l'esprit que l'idée même de l'infini, dont on a vu précédemment la critique.

— Tout en admettant, d'une manière générale, les conclusions de M. Evellin, nous ne croyons pas qu'il convienne d'éliminer aussi absolument qu'il le fait les preuves métaphysiques ou intuitionnistes en allant jusqu'à supprimer les concepts sur lesquels elles reposent, et il nous semble que plusieurs objections peuvent être faites à sa critique de l'idée de l'infini.

D'abord, rien ne prouve absolument que, en opposition avec l'idée précise et concrète du fini, tel qu'il se montre à nous dans les choses réelles, on ne puisse plus avoir que l'idée abstraite de l'indéfini mathématique. Il nous semble, au contraire, qu'en dehors de cet indéfini, c'est-à-dire de cet indéterminé tout négatif, nous concevons fort bien un indéterminé positif, c'est-à-dire un être qui n'est ni *ceci* ni *cela*, parce qu'il contient *tout* dans la plénitude de son essence. Il n'est pas telle ou telle quantité déterminée, parce qu'il est, en quelque sorte, l'*envers de la quantité*, c'est-à-dire l'autre face, l'autre pôle de ce qui nous apparaît, dans nos expériences, comme nécessairement limité et circonscrit. En d'autres termes, nous concevons l'*être* en face de ce qui est *mélange d'être et de non-être*. Il resterait seulement à préciser la forme sous laquelle nous le concevons, et à examiner si c'est vraiment par une idée, par une représentation, par un concept susceptible d'entrer dans les *manipulations* de notre pensée logique, ou si ce n'est pas plutôt parce que, participants à l'être, fondés sur lui et en lui, nous le découvrons par une intuition d'ordre supérieur, où toute notre nature est impliquée, c'est-à-dire, en d'autres termes, qui est sentiment et volonté non moins que représentation.

D'autre part, si nous ne pouvons admettre, excepté au simple point de vue logique, la négation de l'idée de l'infini, telle qu'elle est formulée par M. Evellin, nous ne pouvons accepter davantage son idée du fini, réduite à celle d'un nombre, d'une *sommation* d'éléments indécomposables et, en quelque sorte, atomiques. Si l'on voulait pousser cette conception à ses dernières limites, il en résulterait rigoureusement ceci : comme rien, dans l'univers, ne se perd ni ne se crée, le monde, tel qu'il existe, au moment précis où nous sommes, est un certain *nombre déterminé*, immense, incommensurable, sans doute, mais fini, et que Dieu doit connaître ; parlons simplement, familièrement, si l'on veut : puisque ce nombre est *réel* et *actuel*, il faut entendre, à la lettre, qu'il se termine par une certaine unité déterminée, par un 4, supposerons-nous, ou par un 7. Peut-on imaginer une conception plus étrange et qui nous fasse mieux soupçonner, par son étrangeté même, que le mystère de l'être, et des formes de l'être, et des rapports du fini avec l'infini, du créé avec l'incréé, est plus complexe et plus profond que ne semble le supposer M. Evellin?

Il reconnaît lui-même, à propos de l'infiniment petit, que les savants de notre époque sont loin d'être d'accord sur la réduction des unités de la matière en éléments tout à fait ultimes : « Certains chimistes philosophes, dit-il, M. Dumas et M. Wurtz entre autres, tout en proclamant l'absolue nécessité de résoudre les corps, quels qu'ils soient, en unités d'un certain ordre, hésitent à croire que ces unités se résolvent elles-mêmes en un nombre défini d'éléments ultimes. Les équivalents n'ont donc à leurs yeux qu'une valeur relative. Ils représenteraient des groupes déterminés quant à leur nombre, indéterminés quant à leurs parties intégrantes. La molécule selon M. Dumas, l'atome selon M. Wurtz, seraient seuls soumis aux formules de la chimie; au delà commencerait l'inconnu. » Après avoir signalé cette réserve si importante, cette restriction à notre avis si sage, M. Evellin a beau ajouter qu'elle « ne donne pas à la pensée une pleine satisfaction », toujours est-il que, d'après des hommes très autorisés, l'expérience et l'interprétation scientifique de l'expérience ne nous permettent pas de nous prononcer sur le mystère de l'infiniment petit. Avons-nous davantage le droit de nous prononcer sur le mystère de l'infiniment grand? Pouvons-nous affirmer que le système de l'univers forme un nombre fini? De ce que nous ne voyons jamais se former autour de nous un atome de matière, pouvons-nous conclure avec certitude qu'aux derniers confins du monde il ne se fait pas un accroissement continu de l'être, et sentant, quoi que l'on puisse dire, qu'un infini véritable enveloppe le monde dans sa puissance, sommes-nous en mesure d'affirmer que le fini ne se fond pas dans l'infini par des intermédiaires qui nous échappent, mais qui se révéleraient peut-être à nous, si nous pouvions nous dégager des formes subjectives de notre constitution mentale pour saisir enfin la *chose en soi?* Rien n'est moins certain. Les critiques de Kant, ou de Stuart Mill, ou de M. Evellin prouvent que la prétention de faire sortir de l'analyse d'un concept de notre raison une démonstration rigoureuse et mathématique de l'existence de Dieu est probablement illusoire; elles ne prouvent pas que l'élan qui emporte vers l'infini et vers Dieu notre nature tout entière ne soit point lié à un mouvement par lequel l'infini se révèle à nous, à cause précisément qu'il s'achève d'une certaine manière, au point de vue de la pleine possession et de la pleine conscience de lui-même, par le progrès de la création dont nous faisons partie.

CHAPITRE IV

ÉTAT PRÉSENT DE LA THÉODICÉE SUR LE PROBLÈME DE LA CRÉATION

1. Objection générale de la science moderne contre l'idée de création. — L'idée de providence, réserve faite du miracle, qu'on y croit voir impliqué, est, à la rigueur, intelligible, parce que nous trouvons en nous un mode d'activité analogue; l'idée de création est, au contraire, absolument *impensable*. — La théologie naturelle n'a pas, comme la théologie positive, le droit de nous imposer un *mystère*. — La théologie naturelle échappe-t-elle à cette objection par l'*argument cosmologique*, qui prétend, non pas nous faire comprendre le mode de la création, mais, du moins, nous en faire saisir la nécessité? — Critique de l'argument cosmologique par Stuart Mill. Cet argument prouve non pas Dieu comme créateur du monde, mais simplement la matière ou la force comme substratum du monde. — Examen de cette critique. Stuart Mill dupe d'une illusion. — Raisons pour lesquelles la matière ne répond pas à notre idée d'une existence première et absolue. — L'argument cosmologique doit être éclairé par l'argument aristotélique du premier moteur. — Cet argument est plus complet. Il force de conclure que l'absolu, c'est-à-dire l'être qui se suffit à lui-même, ne peut être que la Perfection divine.

2. De sa critique de l'argument cosmologique, Stuart Mill ne conclut point que Dieu n'existe pas, mais seulement qu'il n'a pas eu à créer le monde. — Le fond des choses est matière et force; Dieu est simplement un être bon, mais non tout-puissant, qui tire le meilleur parti possible des forces, des propriétés et des habitudes de la matière. — Retour sur l'impossibilité de concilier en Dieu la bonté et la toute-puissance. — L'erreur de Stuart Mill est *suggestive*. Elle

nous invite à chercher si la création première n'aurait pas son principe non dans une impuissance qui serait imposée à Dieu du dehors, mais dans un élément de négation et d'impuissance relative qui serait posé en Dieu lui-même. — Si Dieu était tout-puissant, il ne pourrait être amnistié du mal qui est dans la nature; il est, au contraire, justifié dès qu'on ne met plus l'omnipotence au nombre de ses attributs. — La raison qui empêche la puisance de Dieu d'être absolue est, d'ailleurs, négative et non positive.

3. Les difficultés qui s'élèvent contre la foi à la création viennent de ce qu'on ne distingue pas l'idée de création de l'idée de providence. — Les mêmes attributs de Dieu ne sont pas nécessairement impliqués, du moins au même degré, dans l'acte créateur, qui est essentiellement la production de la substance des choses, et dans l'acte providentiel, qui est la production de leur forme. — Objection morale contre la création. Comment elle est exposée par M. Guyau; comment elle peut être réfutée. — Difficultés métaphysiques. Comment elles sont formulées par M. Mansel. — Faiblesse de quelques-unes. Dieu, en créant, ne prolonge pas l'infini par le fini. La création ne se produisant pas dans le temps, Dieu ne devient pas, en créant, autre qu'il n'avait été avant la création.

1. Nous passons du problème de l'existence et des attributs de Dieu à celui des rapports de Dieu avec le monde. Ici, c'est la *science proprement dite* qui reprend ses droits contre la théologie rationnelle. Or, nous savons déjà comment elle en use : elle reproche à la théodicée de se mettre, pour ainsi dire, à la remorque de la théologie positive en acceptant purement et simplement de ses mains des mystères et des miracles, le *mystère de la Création*, le *miracle de la Providence*, et en donnant une adhésion toute passive à des choses que l'esprit humain n'est pas destiné à comprendre ou qui, en tout cas, restent absolument en dehors des conditions de la pensée scientifique.

Et cette objection générale pèse bien plus lourdement encore sur l'idée de création que sur l'idée de providence; car encore peut-on dire que l'idée de providence, si elle ne nous représente qu'une perpétuelle intervention miraculeuse de Dieu dans les choses du monde, n'est du moins pas, en elle-même, absolument inintelligible. Loin de là : nous pouvons assez facilement concevoir la providence, parce que nous percevons d'abord en nous un mode d'activité qui lui ressemble. La *providence* divine, si elle existe, est l'analogue de la *prévision*, de la *prévoyance*, de la *prudence* humaine; le mot même qui l'exprime n'est qu'un simple doublet du mot « prudence ». Ce qu'on peut essayer, à la rigueur, de déclarer irrationnel ou absurde, c'est que la providence existe en fait, c'est-à-dire que Dieu, ayant une fois donné à la nature des lois, qui ne peuvent être qu'universelles et immuables, intervienne ensuite pour faire fléchir ces lois, tantôt ici et tantôt là, en faveur d'une nation ou en faveur d'un individu; mais l'idée même de la providence, comme chose possible en soi, est présente dans notre esprit, et elle y est même présente sous une forme très claire. Il nous arrive tous les jours de nous l'appliquer à nous-mêmes. Quand nous disons, par exemple, d'un homme qu'il est *la providence des siens, la providence des pauvres*, nous entendons très clairement que cet homme *prévoit de loin* ce qui peut être utile aux siens, ce qui peut être utile aux pauvres, qu'il agit en conséquence, qu'il adapte sa conduite à ses prévisions, enfin qu'il prend d'avance des mesures pour faire fléchir en faveur de ceux qu'il aime, dans telle circonstance particulière, les lois du déterminisme naturel ou du déterminisme social. Au contraire, l'idée de la création n'existe véritablement pas; quand nous croyons la concevoir, nous mettons à sa place un fantôme, une idole; c'est une pseudo-idée. Elle n'est pas *représentable* à notre esprit, parce que d'abord, elle ne nous est jamais *présentée* dans une perception réelle. Jamais nous n'avons rien créé, au propre sens du mot, et jamais nous n'avons vu personne créer autour de nous quoi que ce soit, c'est-à-dire tirer quelque chose du néant, ajouter au fonds permanent de la substance ou de l'énergie naturelle soit un atome de force, soit un atome de matière; ce que nous appelons abusivement « création », soit dans les œuvres, soit dans les inventions de l'homme, n'est jamais, en dernière analyse, qu'une forme nouvelle donnée à une matière préexistante, qu'une disposition nouvelle, un ordre meilleur ou plus apparent imprimé par notre activité à des éléments qui existaient déjà sans nous et avant nous.

Cependant, bien que l'idée de création n'ait pas de place dans notre pensée et n'en puisse pas avoir, parce que, d'abord, elle n'a pas de place dans notre expérience, la théologie rationnelle prétend nous imposer, au nom d'une preuve célèbre, connue sous le nom d'*argument cosmologique* ou d'*argument de la contingence*, l'idée d'un Dieu créateur, la croyance à une cause absolue, située en dehors et au delà de la série entière des causes naturelles. Mais cet argument pourrait bien n'être qu'une illusion. Kant l'a attaqué, en se plaçant au point de vue général de toute sa polémique, c'est-à-dire en considérant l'idée de la nécessité d'une cause première comme un principe régulatif dont notre pensée a besoin pour pousser aussi loin que possible la conception synthétique de l'univers. Stuart Mill a repris et profondément modifié cette critique, en se mettant au seul point de vue de la science expérimentale et en essayant de montrer que cette cause première, dont la poursuite ne cesse de s'imposer à notre pensée, n'est pas autre chose que le fond même, le fond substantiel de l'être, condition nécessaire de la transformation indéfinie des phénomènes.

— L'argument cosmologique, en effet, se présente ordinairement sous la forme suivante : Tout, dans le monde, est contingent; aucun des êtres, aucun des phénomènes dont il se compose n'a en lui-même la raison de son existence. Nous aussi, nous sommes contingents; nous n'existons qu'en tant que nous sommes liés aux conditions antécédentes de notre existence, à la terre qui nous fournit notre nourriture, au sol qui nous porte, à l'air que nous respirons; ces conditions antécédentes elles-mêmes sont liées à d'autres qui les précèdent, et celles-ci à d'autres encore. Mais nous ne pouvons porter jusqu'à l'infini le nombre de ces conditions, car un nombre infini serait une contradiction pure; il faut donc bien qu'elles forment un total, qu'elles constituent un système. Or, ce système, c'est le monde. Seulement, comme le monde n'est rien de plus que l'agrégat de tous les êtres et de tous les phénomènes que nous connaissons, il faut bien qu'il ait, à son tour, une cause de son existence; et puisque, enfin, cette cause de la série universelle ne fait pas elle-même partie de la série, il faut bien qu'elle soit *transcendante*.

Mais c'est là précisément, d'après Stuart Mill, que réside le sophisme. « D'abord, dit-il, l'expérience, correctement exprimée, ne nous apprend pas que *tout ce que nous connaissons* tire son existence d'une cause; elle nous dit seulement que *tout événement* ou *changement* provient d'une cause. Or, la nature contient un élément permanent et aussi un élément changeant. Sans doute, les changements sont toujours les effets de changements préalables; mais les existences permanentes, autant que nous sachions, ne sont pas des effets. » A la vérité, il y a certains cas dans lesquels des existences permanentes peuvent nous paraître des effets. Ainsi, par exemple, nous disons que l'eau a pour cause l'union de l'hydrogène et de l'oxygène. Mais nous oublions, en parlant ainsi, que l'eau n'est point, à proprement parler, une existence permanente. Les choses que nous appelons des *objets* ne sont, à vrai dire, que des *phénomènes continués*; comme leur commencement n'a pas été un objet, mais un événement, ils ne sont eux-mêmes que des événements, prolongés plus ou moins longtemps dans la durée. Ainsi en est-il de l'eau, et peut-être aussi de l'hydrogène et de l'oxygène, qui sont les composants de l'eau.

Cependant, si loin qu'il nous faille remonter pour atteindre une véritable existence permanente, toujours est-il que celle-ci existe; *mais elle existe dans la nature*. Nous ne pouvons douter qu'il y ait finalement au fond de toutes les causes un élément permanent, qui n'a point commencé d'être; « et cet élément, nous pouvons l'appeler avec justesse une cause première et universelle ». Lors même qu'une telle conclusion ne résulterait pas du mouvement nécessaire de notre pensée, elle nous serait imposée par les résultats les plus récents de la physique. Cette science nous enseigne, en effet, « par les résultats convergents de toutes ses branches » qu'au fond de tous les phénomènes de la nature « on trouve un certain *quantum* de force combiné avec des propriétés ». La force est donc partout dans la nature, et les expériences les plus concluantes démontrent qu'elle y est sous la forme d'une quantité fixe, qui ne s'accroît ni ne diminue jamais; en d'autres termes, le principe de la conservation de la force est aujourd'hui la vérité la plus certaine et la plus universellement admise de la physique. « Ainsi, il y a, dans les changements mêmes de la substance matérielle, un élément permanent, et c'est à cet élément seul qu'il faut assigner le caractère d'une cause première; car tous les effets y peuvent être rapportés, tandis que lui-même, au moins dans les limites de notre expérience, ne saurait être rapporté à rien qui le dépasse. »

— Telle est la critique essentielle que Stuart Mill a dirigée contre l'argument cosmologique. Pour la bien apprécier, à juste valeur, il faut se rappeler que cet argument contient deux éléments, deux affirmations nettement distinctes : 1° que le relatif et le contingent supposent un absolu; 2° que cet absolu ne peut être que Dieu. Or, Stuart Mill se flatte de dissocier ces deux éléments. Il concède la nécessité d'un absolu. Seulement, d'après lui, *cet absolu n'est pas nécessairement Dieu*; rien ne prouve qu'il soit *transcendant*. Alliée aux résultats de l'étude expérimentale de la nature, la spéculation métaphysique, d'après lui, nous aide à comprendre que le monde, dans lequel la pensée vulgaire voit à tort un simple *nombre*, un simple *total* de phénomènes, est, au contraire, la source éternelle, inépuisable, intarissable, infinie, dont les phénomènes ne cessent et ne cesseront jamais de jaillir. Que faut-il donc de plus pour constituer l'absolu, c'est-à-dire ce qui est en soi et par soi, ce qui se suffit à soi-même? Quand nous avons touché, à la fois par l'expérience et par la spéculation, le fond même des choses, que nous le nommions matière ou nature, que nous nous le représentions de préférence sous la forme d'une substance ou sous la forme d'une action, peu importe; nous n'avons plus besoin de chercher au delà.

L'absolu, c'est par définition ce qui se suffit à soi-même, ce qui ne suppose rien au delà de soi, ce qui n'a besoin que de soi pour être conçu, *τὸ ἱκανόν, τὸ αὐτάρκες, τὸ ἀνυπόθετον.* » Or, la matière, par exemple, peut très bien, d'après Stuart Mill, remplir ce rôle de l'absolu. En effet, pour la concevoir comme dépendante d'autre chose que d'elle-même, c'est-à-dire comme non absolue, nous serions obligés de faire à notre esprit une véritable violence. Il faudrait que, après avoir conçu l'existence actuelle de la matière, puis une série indéfinie de moments antérieurs où elle existait comme maintenant, en même étendue, en même quantité, tout à coup nous concevions un autre moment, antérieur encore, où elle n'existait pas; et qu'entre ce moment, où elle n'était pas, et le moment d'après, où elle existe, nous imaginions une chose qui se présente à nous comme l'inintelligible absolu et qui met véritablement notre esprit à la torture, une création *ex nihilo*. Au contraire, renonçons à cet effort d'esprit, à cet effort douloureux et contre nature; laissons cette matière, dont nous concevons si facilement qu'elle a existé sans interruption, sans aucune augmentation ni diminution de sa substance, depuis le moment où on suppose qu'elle a été créée, laissons-la, disons-nous, exister déjà le moment d'avant, puis encore le moment qui précède, et ainsi de suite jusqu'à l'infini; il ne nous en faut pas davantage pour avoir la représentation très claire et très nette de l'absolu, de l'immuable et impassible absolu, dont toute l'essence consiste à ne rien supposer, à ne rien réclamer au delà de lui-même.

— Voilà bien, en effet, une agréable tentation pour l'esprit. Ce que Stuart Mill lui demande par sa théorie de l'absolu cherché dans la perpétuité de la matière, dans la permanence de la force, c'est de s'abandonner paresseusement au courant de son habitude, c'est de suivre simplement sa pente naturelle. Mais, il faut résister à cette tentation. Car, d'abord, il est bien douteux que, même à ce prix, nous réussissions aussi facilement que le croit Stuart Mill à identifier pleinement la matière avec l'absolu. En effet, si nous n'avons besoin que d'une sorte d'abandon de l'esprit pour la concevoir comme absolue au point de vue de la durée, c'est-à-dire comme éternelle, incréée, il n'en est déjà plus de même quand nous voulons la concevoir comme absolue au point de vue de l'espace, c'est-à-dire comme infinie. Ici, nous n'avons plus seulement besoin, comme tout à l'heure, de *laisser être*; nous avons véritablement besoin de *créer*, d'*enfanter*, suivant le terme qu'emploie Pascal; pour remplir avec la matière l'infinité de l'étendue, il faut que nous fassions, et très réellement, l'effort mental de déployer notre représentation de la matière à travers des sphères indéfiniment élargies. Mais, à côté de cette raison, il y en a une autre, et plus directe, qui s'oppose à ce que nous concevions facilement la matière comme une existence absolue, c'est-à-dire pleinement indépendante de toute autre : c'est que *la matière n'est pas seule*; les expériences les plus décisives s'accordent avec les résultats de la spéculation pure pour nous apprendre que la matière ne se confond pas, comme le croyaient les cartésiens, avec l'étendue, avec l'espace qui la contient. L'étendue est continue; la matière ne l'est point : elle est poreuse, elle est compressible; ses éléments sont séparés les uns des autres par des intervalles, dont nous ne pouvons nous faire une idée exacte et qui sont peut-être relativement immenses. Il y a donc au moins deux éléments dans la constitution de l'univers, un élément positif et un élément négatif, le *plein* et le *vide*. Or, sans vouloir soutenir aucunement que le vide soit, à côté de la matière, comme une seconde substance, nous ne pouvons nous empêcher de dire que la nécessité du vide est une *relation* qui s'impose à la matière, qui la limite, la conditionne, lui interdit, par conséquent, d'être un véritable absolu.

— Mais, maintenant, élevons la question plus haut encore, et l'on verra que les expressions dont nous venons de faire usage, à savoir : « l'être qui se suffit à lui-même », « la cause première qui n'a plus elle-même de cause », « la condition initiale qui ne suppose plus au delà d'elle-même aucune autre condition », ne suffisent à définir l'absolu que si on entend, par ces formules, quelque chose de plus qu'une forme de l'être à laquelle notre esprit s'arrêterait par fatigue, par mollesse, ou même par impossibilité réelle de remonter au delà. Pour se contenter, en effet, d'une pareille interprétation, il faudrait se résigner à ne voir dans l'absolu qu'une chose toute négative. Or, il n'en est pas ainsi. L'absolu, au sens précis du mot, c'est l'être que notre esprit conçoit *directement*, *positivement*, comme ayant en lui-même la raison idéale de son existence. Ce n'est pas un simple résidu de l'expérience, un mystérieux *au delà* contre lequel nous nous heurtons finalement quand nous avons poussé aussi loin que possible l'effort de notre étude analytique du monde; c'est l'être que notre raison conçoit, par une idée souverainement claire, comme existant nécessairement et par lui-même, à cause qu'il contient en lui le principe et la fin de toutes choses, à cause qu'il est « l'alpha et l'oméga de toute créature ».

— Maintenant, toutes ces réserves une fois faites, nous devons bien l'avouer, l'argument cosmologique ne suffit point entièrement à nous conduire jusqu'à cet absolu, parce que l'idée de l'être nécessaire, à laquelle il aboutit, n'est pas assez explicite. Voilà pourquoi un positiviste comme Stuart Mill a pu, à la rigueur, manier assez habilement cette preuve célèbre pour la faire aboutir à la simple conclusion que l'absolu, c'est-à-dire la cause première, la substance des substances, le fond permanent des choses, n'est rien de plus que la matière. Mais la possibilité même d'une conclusion aussi défectueuse serait détruite, si l'on se rappelait davantage que l'argument cosmologique a pour complément nécessaire une autre preuve non moins célèbre, l'*argument du premier moteur*, et que cet argument, bien développé dans sa thèse finale, qui en est la partie essentielle, aboutit formellement à cette conclusion, qu'il ne peut y avoir d'autre absolu, et par conséquent d'autre cause première du monde, que la Perfection, et « la Perfection en acte ».

Il vaut la peine, en effet, de rappeler la distinction très nette des deux parties dont se compose l'argument imaginé par le génie d'Aristote. Car, s'il n'y avait dans cet argument que la première partie, on pourrait arriver encore, par quelque interprétation habile des résultats de l'expérience, à en tirer autre chose que la démonstration de Dieu. — Tout, dit-on, se meut dans l'univers; et cependant, la matière, qui est essentiellement inerte car, lorsque le mouvement lui a été, sous nos yeux, imprimé du dehors, nous voyons qu'il lui est absolument impossible de l'arrêter, ou de le suspendre, ou même de le modifier dans sa direction), ne peut avoir en elle le principe de ces mouvements si compliqués et si divers dont nous la voyons animée. Ce principe est donc en dehors d'elle et réside dans un moteur; mais si ce moteur est lui-même mobile, il lui faut à son tour un autre moteur et à celui-là un autre encore. Nous voici, comme dirait Montaigne, « à reculons jusqu'à l'infini ». Mais une progression de causes allant jusqu'à l'infini ne peut être acceptée par la raison. C'est Aristote qui nous le dit : « Ἀνάγκη στῆναι, *il faut nécessairement s'arrêter* ». Donc, au-dessus de la série des moteurs mobiles, quelque longue qu'elle puisse être, il faut forcément admettre un moteur qui ne tombe pas lui-même sous la loi du mouvement, un moteur immobile, κινοῦν ἀκίνητον. — Jusque-là, rien de plus que dans l'argument cosmologique. Si on pouvait découvrir, aux confins du monde, je ne sais quelle substance matérielle qui, analogue à un gigantesque aimant, attirerait vers elle, à travers l'immensité de l'espace, la poussière cosmique, les nébuleuses et les étoiles, Dieu ne serait pas prouvé. Mais Aristote veut qu'il soit prouvé; et il ajoute qu'un moteur immobile est nécessairement un être immuable, qui ne se porte vers rien, parce qu'il n'a besoin de rien; qui ne peut être agité d'aucun désir, d'aucune passion; qui ne peut rien acquérir, comme il ne peut rien perdre, parce qu'il a en lui, dès l'origine, la plénitude de l'essence; en un mot, ce ne peut être que la Perfection en acte, la Perfection absolue et divine.

Cet argument, on le voit, a sur l'autre l'inestimable avantage d'aller jusqu'au bout de la démonstration. Quand on s'en est bien pénétré, on comprend que ni la matière ni la nature (bien qu'il puisse et qu'il doive même y avoir en elles une certaine image, un certain reflet de l'absolu, en raison des mystérieux rapports qui les unissent à leur créateur) ne peuvent être mises à la place de l'absolu véritable. La matière n'est pas l'absolu; car, même en supposant que tout, à l'origine, repose dans son sein, qu'elle soit le germe infini d'où toutes choses doivent sortir, ce n'est pas par sa propre force qu'elle les engendre, mais par la puissance d'un *désir* qui la travaille ou d'une *loi* qui lui est imposée. Que si l'on veut unir à la matière elle-même ce désir ou cette loi, alors il ne faut plus l'appeler la *matière*; il faut l'appeler la *nature*; mais cela ne donne pas davantage le droit d'identifier le concept de la nature avec celui de l'absolu; car l'être qui ne se possède pas, mais qui se cherche, qui n'existe pas véritablement, mais qui est tout au plus en voie de se faire, reste sous la dépendance des conditions qui entravent, qui retardent son essor; il peut être en rapport avec l'absolu par la puissance de l'*idée* qui fermente en lui, mais c'est dans cette idée seule que réside l'absolu lui-même.

Stuart Mill est bien obligé de reconnaître implicitement cette vérité supérieure quand il s'oppose à lui-même cette objection « que l'esprit seul est la cause possible de la force; bien plus, que l'esprit seul est une force ». Mais il croit alors échapper à toute difficulté en passant arbitrairement du point de vue métaphysique au simple point de vue physique et en répondant que, dans la nature, la force est antérieure à la volonté et à l'esprit, puisque l'organisation de l'animal et de l'homme, prise dans son ensemble, et, en particulier, l'organisation cérébrale résultent de l'action continue des forces de la nature. Malheureusement, répondre ainsi, c'est montrer (et, d'ailleurs, toute la philosophie de Stuart Mill repose sur des confusions de ce genre) qu'on n'entend rien à la distinction fondamentale de l'ordre des causes efficientes et de l'ordre des causes finales, et qu'on n'a pas le moindre soupçon de ce que les métaphysiciens veulent dire quand ils parlent de la *priorité de l'Idée* ou de la *puissance de l'idéal*.

2. La critique scientifique de l'argument cosmologique ou argument de la cause première est donc impuissante à détruire l'idée, si profondément empreinte par la religion dans l'esprit

des hommes, qu'il y a au-dessus de nous, dans une sphère transcendante, un absolu, dont toutes choses proviennent et par lequel toutes choses subsistent, en d'autres termes, un Dieu créateur. Stuart Mill lui-même, comme on l'a vu plus haut par l'exposé général de sa doctrine, ne tient pas absolument à supprimer d'une manière complète l'idée d'une dépendance du monde vis-à-vis d'un être divin, puisque, tout en amoindrissant et en mutilant singulièrement le théisme, il se prononce, en somme, pour le maintien de cette doctrine. Mais, comme on a vu aussi que les contradictions métaphysiques ne le choquent pas, il se demande, ici encore, s'il ne serait pas possible de dissocier les deux éléments dont se compose cette idée complexe d'un Dieu créateur, et de conserver Dieu en supprimant la Création. Ainsi, il s'arrête à l'hypothèse d'une *matière éternelle*, sur laquelle s'exercerait l'action d'une intelligence et d'une puissance très supérieures à tout ce que nous pouvons concevoir, mais non pas infinies et absolument parfaites.

C'est incontestablement un retour au dualisme. Toutefois il y a, peut-être, deux raisons sérieuses de ne pas le reprocher trop rigoureusement à Stuart Mill. La première a été déjà expliquée : c'est que Stuart Mill use d'un droit incontestable, quand il essaie d'appliquer jusqu'au bout à cet ordre de questions une méthode strictement expérimentale et d'en tirer, sans parti pris, tout ce que cette méthode peut donner. La seconde, c'est qu'on ne peut jamais savoir si un philosophe qui prend pour point de départ une conception dualiste, parce que cette conception lui paraît impliquée dans les données fondamentales du problème dont il s'occupe, ne tient pas en réserve dans l'intimité de sa pensée, bien qu'il ne l'énonce pas expressément à ses lecteurs, quelque moyen de dépasser ce dualisme. L'exemple de M. Vacherot et celui de M. Renan suffisent à montrer qu'un certain nombre de penseurs contemporains, qui semblent, au premier abord, opposer Dieu au monde, ou l'idée de Dieu à la réalité du monde, arrivent finalement à faire sortir, en quelque sorte, l'idéal divin de la fermentation même de l'univers et à rétablir ainsi indirectement dans leur doctrine un certain genre d'unité. On sait, d'ailleurs, qu'une interprétation du même genre a été quelquefois donnée à l'apparent dualisme de la doctrine d'Aristote. Il ne serait donc pas impossible que Stuart Mill, sans s'expliquer sur ce point délicat, eût, au fond, pensé, lui aussi, quelque chose d'analogue.

Quoi qu'il en soit, cédant aux mêmes raisons, aux mêmes scrupules qui expliquent, dans le passé, toutes les grandes formes morales du dualisme, particulièrement le dualisme iranien et l'hérésie chrétienne du manichéisme, Stuart Mill, en présence des imperfections et des misères de toute sorte que renferme la création, ne croit pouvoir sauver la bonté de Dieu qu'au prix d'un sacrifice, au moins partiel, de sa puissance. Dieu donc, d'après lui, n'est pas tout-puissant. La déclaration qu'il fait, sur ce point, est nette et franche dans son radicalisme. Au point de vue de la philosophie et du libre examen, nous croyons qu'on aurait tort de lui en faire un crime. La condition première pour que les questions difficiles soient examinées sous toutes leurs faces et qu'elles puissent être, un jour ou l'autre, sérieusement résolues, c'est qu'elles aient été d'abord clairement, audacieusement posées, sans restrictions et sans ambages. Si grave qu'on la juge, l'erreur de Stuart Mill est, en ce sens, éminemment *suggestive*. Comme elle fait beaucoup réfléchir, elle peut aussi faire beaucoup trouver.

— En effet, la méthode que les théologiens ont généralement appliquée, jusqu'ici, à cette question est, sans aucun doute, très orthodoxe; mais on peut penser aussi qu'elle est trop simple. Elle consiste à puiser, pour ainsi dire, dans notre raison l'idée de toutes les formes sous lesquelles nous pouvons concevoir la perfection; à élever ces formes jusqu'à un degré infini; puis ensuite, sous prétexte qu'on ne doit rien refuser à Dieu et qu'on ne saurait trop enrichir la nature divine, à les transporter toutes ensemble en Dieu, comme une couronne d'attributs qu'on ne saurait faire trop brillante et trop riche. C'est là, assurément, une œuvre de piété; mais nous ne croyons pas que ce soit, au même degré, une œuvre de philosophie. En accumulant ainsi pêle-mêle dans l'essence divine l'infinité de la puissance, l'infinité de la sagesse, l'infinité de la bonté, on ne prend pas le temps de consulter l'expérience pour lui demander au moins s'il n'y a pas une certaine subordination dans la manifestation extérieure de ces attributs; si la nature nous les présente tous sur le même plan ou si, au contraire, elle ne nous montre pas, par exemple, que quelques-uns de ces attributs sont comme tenus en échec par les autres et retardés dans leur expansion. Ainsi, par exemple, en ce qui concerne la coexistence en Dieu de l'infinie puissance et de l'infinie bonté, n'est-il pas évident que Leibniz, dans sa théorie de l'optimisme, ne s'est jamais préoccupé de consulter l'expérience? Il pose *a priori* l'infinie bonté; il pose *a priori* l'infinie puissance; il est sincèrement convaincu, toujours *a priori*, que l'accord des deux attributs doit se manifester dans la création. Mais lorsque, se référant ensuite à l'expérience, il trouve entre elle et ses principes un désaccord inattendu, s'impose-t-il l'obligation de modifier en quoi que ce soit ces principes, de restreindre dans une certaine mesure soit la bonté, soit la puissance de Dieu, ou, tout au moins, de subordonner l'un de ces attributs à l'autre? Il n'y songe nullement; et, dans l'embarras où il est pour conformer au verdict des faits ses inductions théologiques, il se contente de supposer que le mal, dont la place est si démesurée dans notre temps ou sur notre planète, doit avoir été, en revanche, moins largement réparti par Dieu dans d'autres siècles ou dans d'autres mondes. Il le dit, mais sans le savoir, et, à vrai dire, sans se préoccuper beaucoup de le savoir. C'est ici que nous pouvons apprécier combien les hardiesses de Stuart Mill, quoiqu'elles risquent de nous scandaliser au premier abord, sont pleines de grandeur et de bonne foi. Quelles que soient, en effet (nous les retrouverons dans un instant), les défectuosités de sa dialectique ou les lacunes de sa conclusion finale, c'est à la suite d'une consultation sérieuse de l'expérience que Stuart Mill a été conduit à se poser cette question : « Peut-on admettre simultanément en Dieu la toute-puissance et la toute-bonté? et, si ces deux attributs ne peuvent coexister en lui sous leur forme absolue, quel est celui des deux qu'il faut subordonner à l'autre? » Il serait étrange, on l'avouera, que, dans cette perplexité, il eût pris le parti de sacrifier la bonté à la puissance. Il a parfaitement démêlé que, si on voulait mettre en Dieu la bonté au second plan, par cela seul elle périrait tout entière; car elle ne comporte pas de degrés. Admettre que Dieu, pouvant être pleinement bon, ne veuille l'être qu'en partie, c'est admettre, au fond, que Dieu est mauvais. Au contraire, si on se résigne (ne pouvant, d'ailleurs, faire autrement) à limiter, dans un certain sens, la puissance de Dieu, on s'aperçoit bientôt que, dans tous les autres sens, cette puissance se retrouve entière, véritablement intacte en ce qu'elle a d'essentiel.

— Comment admettre, en effet, si Dieu est tout-puissant, qu'il puisse en même temps être bon, quand on remarque combien sont peu nombreuses, parmi les adaptations que nous présente le mécanisme de l'univers, celles qui ont vraiment pour objet le bien des créatures; quand on songe à toutes les épreuves et à tous les maux par lesquels l'homme et les autres êtres vivants doivent acheter les rares satisfactions qu'ils obtiennent pendant la courte durée de leur existence. Examinons de près les combinaisons dans lesquelles les apologistes de la divinité croient découvrir la preuve d'une sollicitude éternelle et partout présente, et nous serons bien forcés de reconnaître que ces combinaisons ne sont, en réalité, que des expédients; par suite, que le but le plus élevé auquel ils tendent est simplement « de faire rester un organisme en vie et en travail pendant un certain temps : l'individu pendant un petit nombre d'années, la race ou l'espèce plus longtemps, sans doute, mais pendant une durée bien limitée encore ». De même, pour le monde inorganique. « Les adaptations qui se révèlent, par exemple, dans le système solaire consistent uniquement à le placer dans des conditions où l'action mutuelle de ses parties maintienne la stabilité du système au lieu de la détruire, et encore ne la maintienne que pour un temps bien limité, à notre jugement même, quoiqu'il puisse nous paraître immense lorsque nous le comparons au court moment de notre existence animée. » Quand nous pensons à la multitude de siècles pendant lesquels notre système solaire n'a été qu'une immense sphère de vapeur, et à cette autre multitude de siècles pendant lesquels il se réduira par degrés à l'état d'une seule masse de matière solide, glacée par un froid bien supérieur à celui des pôles, nous ne pouvons que constater, avec une sorte de stupeur, combien l'être que nous appelons « l'auteur du monde » a dû gaspiller de temps pour arriver à produire simplement, pendant un petit moment de la durée et dans un tout petit coin de l'univers, quelques vestiges de bien et de bonheur. Nous voyons donc, en résumé, que « la plus grande partie du plan dont la nature nous offre des indications, quelque merveilleux qu'en soit le caractère, ne témoigne point en faveur d'attributs moraux, parce que la fin à laquelle elle tend n'est pas une fin morale : ce n'est pas le bien d'une créature sensible ; ce n'est que la durée restreinte, pour un temps limité, de l'œuvre elle-même, avec ou sans la vie. La seule conclusion qu'on en puisse tirer, touchant le caractère du Créateur, c'est qu'il ne veut pas que ses œuvres périssent aussitôt que créées ; il veut qu'elles aient une certaine durée. Mais cela ne suffit pas pour tirer une conclusion juste touchant la manière dont il est disposé envers ses créatures vivantes et raisonnables. » Or, cette dure conclusion est confirmée encore si nous songeons que, dans la nature entière, il n'y a pas ombre de manifestation d'un autre attribut moral, que certains philosophes ont l'habitude de distinguer de la bonté et de reconnaître aussi à Dieu, l'attribut de la justice ; car nous ne voyons pas que la nature, en appelant les animaux à la vie, leur donne en même temps, du moins en quantité suffisante, les moyens de subsister, ni que les animaux eux-mêmes (l'homme seul excepté, à une certaine époque de son évolution) aient vis-à-vis les uns des autres le moindre sentiment du droit et du respect du droit.

Les choses, au contraire, changent complètement de face

aussitôt qu'on se décide à ne plus compter l'omnipotence au nombre des attributs de Dieu. On voit alors reparaître la bonté dans toute sa plénitude. Cette concession une fois faite, tout démontre que Dieu tire intentionnellement le meilleur parti possible des conditions défavorables au milieu desquelles son action s'exerce. Il se montre à nous comme un Démiurge, dont l'adresse et l'habileté atteignent l'extrême limite de la perfection compatible avec les matériaux qu'il emploie, avec les forces qu'il met en œuvre. Nous n'avons aucune raison expérimentale de croire qu'il ait la prévision complète de l'avenir; mais, s'il ne peut connaître d'une manière absolue les obstacles qui, à tel moment donné, entraveront le développement de son œuvre, du moins, aussitôt que ces obstacles se manifestent, il modifie de la meilleure manière possible l'opération du mécanisme qu'il a construit; bien plus, il met quelquefois à profit ces obstacles eux-mêmes et les fait tourner indirectement à la réalisation de ses desseins. Et ce n'est même pas tout : un examen plus attentif encore nous montre que le plaisir de ses créatures lui est agréable et qu'il fait tout ce qu'il peut pour le réaliser. L'exercice des facultés physiques ou mentales qu'il a mises en elles s'accompagne naturellement de plaisir, et ce plaisir est une excitation continuelle qui augmente l'énergie de l'activité même dont il est issu. Voilà de quoi justifier déjà de notre part une vive reconnaissance envers lui. Mais faisons un dernier pas, et sa bonté ingénieuse se manifestera finalement à notre esprit sous une autre forme, plus saisissante encore. Nous découvrirons que Dieu, ne pouvant réaliser immédiatement toutes les conditions de notre bonheur, y est arrivé d'une façon indirecte, en nous donnant le pouvoir « de nous améliorer nous-mêmes par nos propres forces et d'améliorer aussi les circonstances qui nous entourent; enfin, de faire pour nous-mêmes et pour les autres créatures infiniment plus qu'il n'avait d'abord fait par lui-même ». Ainsi, la bonté de Dieu est, en quelque sorte, une bonté *à deux degrés*. Elle se manifeste d'abord directement en créant l'homme sous une forme très imparfaite et très inférieure; elle n'en fait, à l'origine, qu'un

Boschiman ou un naturel des îles Andaman; mais ensuite, par un nouvel effort enté sur le premier, elle complète indirectement son œuvre en déposant dans l'homme la faculté de se promouvoir lui-même et de devenir, après une suite plus ou moins longue de siècles, un Fénelon ou un Newton.

Voilà pour la bonté. Mais la puissance elle-même se retrouve, grâce à cette conception, sinon sous une forme absolue, du moins à un degré aussi satisfaisant que possible. En effet, si nous réfléchissons sur la nature des obstacles qui s'opposent à l'action de la bonté divine, nous sommes autorisés à croire que ces obstacles ne proviennent pas de volontés intelligentes, de personnalités; car, s'il en était ainsi, ces personnalités contrecarreraient les projets de Dieu beaucoup plus gravement que l'expérience ne nous autorise à le conclure. « Il est, au contraire, infiniment probable que la limitation du pouvoir de Dieu résulte simplement des qualités négatives inhérentes aux matériaux sur lesquels ce pouvoir s'exerce. En d'autres termes, les substances et les forces dont l'univers se compose ne peuvent se plier à aucune des dispositions par lesquelles les fins voulues par Dieu pourraient être plus complètement atteintes. »

— On voit donc, en résumant tout ceci, comment Stuart Mill a été conduit à son dualisme et dans quelle mesure relativement sage il a su l'enfermer. La puissance de Dieu, bien qu'elle soit infiniment grande, au regard de toute autre puissance à laquelle nous pourrions la comparer, rencontre cependant une infranchissable limite. Mais cette limite ne provient pas de l'action antagoniste d'un autre créateur, qui opposerait un mal à toute création d'un bien et qui disposerait de l'ensemble des forces destructives pendant que Dieu aurait sous son pouvoir l'ensemble des forces préservatrices. Non; le dualisme que nous trouvons nécessairement au fond des choses n'a point un caractère aussi absolu. La science nous enseigne que les forces destructives ne sont pas foncièrement distinctes des forces préservatrices; loin de là : elles en forment, au contraire, des parties intégrantes et essentielles, comme on le voit dans les processus vitaux, qui sont toujours des compositions chimiques liées à des séries correspondantes de décompositions. La cause de la limite imposée à l'action de Dieu se trouve donc uniquement dans l'impuissance de la matière à recevoir pleinement l'impulsion qui lui vient de la pensée et de la volonté divines. Ainsi, cette cause est négative au regard de Dieu. Ce n'est pas, à proprement parler, Dieu lui-même qui est impuissant; c'est la matière seule qui ne fournit pas à l'adresse de Dieu, « si admirable qu'elle soit, » les moyens de réaliser pleinement ses desseins.

3. Nous venons de dire que le dualisme expérimental de Stuart Mill est une erreur *de bonne foi* et une erreur *suggestive*. L'idée d'une limite qui s'impose, quelque part et de quelque manière, à l'action de Dieu est, en effet, une idée avec laquelle les philosophes doivent compter et ont effectivement compté dans tous les temps. Ceux-là seuls y échappent, ou se figurent y échapper, qui, considérant purement et simplement l'univers comme un *établissement* de Dieu, croient que les maux eux-mêmes y ont été intentionnellement voulus ou, du moins, permis, et que Dieu les y a placés, de propos délibéré, en leur juste lieu pour faire ressortir, par le contraste, toute la splendeur du bien. Mais l'expérience inflige à ceux qui soutiennent cette thèse un éclatant démenti; elle leur montre, sur bien des points de l'univers, le mal sans utilité et la douleur stérile. Le véritable devoir du philosophe, c'est donc de se mettre courageusement en face de cette idée d'une *impuissance relative* de Dieu ou, en d'autres termes, d'une limitation imposée, sous une forme quelconque, à son désir du bien, afin de chercher dans quel sens on doit entendre et dans quelles limites on doit resserrer cette impuissance ou cette limitation.

Ce problème, nous le retrouverons nous-mêmes dans la dernière partie de notre étude; nous verrons à quelles métaphores divers philosophes ont dû avoir recours pour en exprimer la redoutable difficulté. Notons bien, en effet, que ce ne sont jamais que des métaphores. Nous doutons que Stuart Mill lui-même ait pris tout à fait à la lettre son idée d'une impuissance relative de

Dieu. En tout cas, quand nous rencontrerons d'autres philosophes qui parlent d'un *obscurcissement* de l'essence divine, d'un *nuage* qui passe, en quelque sorte, devant la face de Dieu, d'une *négation* de Dieu en Dieu même, entendons bien que ce sont des symboles, dont nous ne pouvons nous passer pour essayer de comprendre et pour traduire à peu près en langage humain ce qui dépasse l'ordinaire portée de notre conception. Cela revient à dire que les choses se passent comme s'il se produisait, comme s'il s'était produit, *quelque part et à quelque moment*, une sorte de défaillance de l'essence divine.

C'est ce « quelque part et à quelque moment » qu'il faudrait tâcher de bien déterminer; et c'est là, sans nul doute, que Stuart Mill se trompe. Il raisonne comme si, la création une fois faite ou plutôt n'ayant jamais eu besoin de se faire (puisqu'il place Dieu et la matière en face l'un de l'autre dans un irréductible dualisme), l'impuissance de Dieu était essentiellement une limitation imposée à son action providentielle, laquelle se heurterait à de tels obstacles que la bonté divine, arrêtée à l'état de simple intention bienveillante, ne pourrait se manifester clairement dans l'univers. Nous essaierons, au contraire, d'expliquer plus loin que cette impuissance relative est plutôt concentrée dans l'acte initial de la création; nous verrons que cet acte, qu'on a coutume d'identifier avec celui de la providence (puisqu'on veut qu'il se termine à une certaine forme délimitée du monde), en est, au contraire, tout à fait distinct et ne peut aboutir qu'à la production de cette essence indéterminée des choses, à cette pure *puissance*, à cette pure *virtualité*, lieu de conflit de tous les contraires, que les anciens désignaient sous le nom de *chaos*. Alors la puissance et la bonté de Dieu se retrouveront, avec leur forme vraiment infinie, dans la providence, qui est l'action par laquelle Dieu fait sortir, à travers les siècles des siècles, le bien et le progrès du germe obscur où ils étaient primitivement enfermés et comme enfouis.

— Cette distinction, si peu habituelle, mais, à notre avis, si importante, entre l'idée de création et l'idée de providence, fait disparaître la plus grave des objections qu'on puisse élever contre Dieu; car il est certain que non seulement sa puissance, mais même aussi (quoi que pense Stuart Mill) sa bonté, sont irrémédiablement compromises dès qu'on se représente la création première comme aboutissant déjà à une forme déterminée de l'univers. Il faut, en effet, et nécessairement, que Dieu ait alors la responsabilité directe de toutes les imperfections et de tous les maux qui se rencontrent dans cette forme initiale des choses, puisque lui seul l'a directement voulue, choisie et produite.

C'est là, pourrait-on dire, une objection *formidable*, et nous la trouvons très clairement exposée dans le livre de M. Guyau.

« On peut, dit ce philosophe, considérer comme prouvé, depuis Kant, que la création est une hypothèse indémontrable et même inconcevable; mais Kant ne s'est pas demandé si ce dogme biblique ne tendra pas à nous paraître de plus en plus *immoral*, ce qui, d'après la doctrine même de Kant, suffirait pour le faire rejeter dans l'avenir. Le doute qui avait tourmenté déjà quelques penseurs de l'antiquité se répand et augmente de nos jours : un créateur est un être en qui toutes choses ont leur raison et leur cause, conséquemment à qui vient aboutir toute responsabilité suprême et dernière. Il assume ainsi sur sa tête le poids de tout ce qu'il y a de mal dans l'univers. A mesure que l'idée d'une puissance infinie, d'une *liberté* suprême, devient inséparable de l'idée de Dieu, *Dieu perd toute excuse*; car l'absolu ne dépend de rien; il n'est solidaire de rien, et, au contraire, tout dépend de lui, a en lui sa raison. Toute culpabilité remonte ainsi jusqu'à lui : son œuvre, dans la série multiple de ses effets, n'apparaît plus à la pensée moderne que comme une seule action et cette action est susceptible, au même titre que toute autre, d'être appréciée au point de vue moral; elle permet de juger son auteur; *le monde devient pour nous le jugement de Dieu*. Or, comme le mal et l'immoralité, avec le progrès même du sens moral, deviennent de plus en plus choquants dans l'univers, il semble de plus en plus qu'admettre un « créateur » du monde, ce soit, pour ainsi dire, centraliser tout le mal dans un foyer unique, concentrer toute cette immoralité dans un seul être et justifier le paradoxe : « Dieu, c'est le mal ». En d'autres termes, admettre un créateur, c'est faire disparaître du monde tout le mal pour le faire rentrer en Dieu comme en sa source primordiale; c'est absoudre l'homme et l'univers pour accuser leur libre auteur. »

Ce réquisitoire est d'une rare énergie; mais sa grande force lui vient précisément, uniquement, de la confusion qu'on ne cesse d'établir entre la création et la providence, quand on veut déjà voir dans la création un arrangement providentiel du monde; en d'autres termes, quand on affirme *a priori* que l'acte par lequel Dieu a produit la substance des choses est en même temps l'acte par lequel il a mis en elles un premier arrangement, une première disposition providentielle, contenant en germe toutes celles qui devaient s'épanouir plus tard. C'est contre cette confusion que nous voulons essayer de réagir en rappelant que, d'après plusieurs grandes doctrines philosophiques et religieuses, il y a en Dieu, sans que Dieu tombe pour cela dans le temps, une sorte *de vie, de développement interne*; par suite, tous les attributs divins ne sont pas nécessairement sur le même plan; il n'est pas nécessaire que tous se rapportent également et de la même manière aux diverses manifestations de Dieu. Il se peut, en particulier, que la bonté, la puissance, à certains égards même la liberté de Dieu, qui se retrouvent pleinement dans la providence, soient comme momentanément voilées dans la création, par l'effet d'une loi intérieure de la nature et de la conscience divines sur laquelle il vaut mieux réserver pour plus tard quelques explications.

— Nous allons, du reste, arriver encore à la même conclusion en examinant, à côté de l'objection morale de M. Guyau, quelques difficultés métaphysiques qui, déjà présentées à diverses époques, ont été reprises avec plus de vigueur dialectique que jamais par M. Mansel.

On a vu plus haut quelles contradictions logiques l'éminent disciple d'Hamilton croit découvrir dans l'idée de Dieu, considérée en elle-même. D'après lui, d'autres difficultés, plus graves encore, surgissent lorsque l'absolu devient cause.

Nous avons déjà indiqué, en passant, une de ces difficultés, mais nous ne l'avons pas résolue. Il est, croyons-nous, assez facile de le faire. M. Mansel soutient que l'absolu ne peut en même temps être relatif; si l'absolu devenait cause, il serait par cela même en relation avec son effet; donc il perdrait sa nature d'absolu. « Une cause ne peut en tant que cause être absolue; l'absolu en tant qu'absolu ne peut être cause. La cause en tant que cause n'existe qu'en relation avec son effet; la cause est une cause de l'effet; l'effet est un effet de la cause. » Mais, ici, M. Mansel est dupe d'une évidente confusion. Son raisonnement ne serait valable que si toute relation était en même temps une subordination et une dépendance. Or, il n'en est pas ainsi. L'effet est sous la dépendance de la cause, mais il n'en résulte pas que la cause soit nécessairement sous la dépendance de l'effet.

Quand Dieu crée le monde, il ne subit pas la loi du monde; il ne devient pas passif à l'égard du monde; il n'est, par conséquent, soumis à aucune dépendance qui enlève quelque chose à l'intégralité de sa nature. L'erreur est ici la même que quand on croit voir une contradiction entre la création et le caractère infini de Dieu parce que, dit-on, Dieu, en créant, se limiterait lui-même. Mais l'être fini du monde n'est pas quelque chose qui s'ajoute à l'être infini de Dieu, par une sorte d'*extension*, de *prolongement* (ce qui serait, en effet, contradictoire et absurde); il faut, au contraire, se bien persuader que, d'une certaine manière et sans interprétation panthéistique, le monde est *contenu en Dieu*, *créé en Dieu*, et que, par conséquent, il n'a point à excéder les limites de l'infini. De même, le monde est enfermé, comme relatif, dans la dépendance de l'absolu divin; mais Dieu n'est pas, pour cela, enfermé dans la dépendance du monde; car la relation qui existe entre le monde et lui par le fait de la création est une relation voulue par lui, établie par lui, dont il a trouvé les raisons dans la plénitude et la perfection de son être, et qui, par conséquent, manifeste cette perfection et cette plénitude, loin de les limiter.

Une autre difficulté, sur laquelle insiste beaucoup aussi M. Mansel, provient de ce que, par une représentation à la vérité très ordinaire, mais qui n'en est pas moins absolument illusoire et fausse, il se représente, de la même manière que Clarke, le monde comme enveloppé dans le temps, créé à un moment déterminé du temps, par suite comme ayant été précédé par une durée infinie et vide. Leibniz avait déjà montré toutes les absurdités qui résultent de cette représentation grossière. On serait obligé, en l'acceptant, de croire que Dieu a choisi au hasard et par pur caprice telle partie de la durée plutôt que toute autre pour en faire le solennel moment de la création; et, de même, en ce qui concerne l'espace, qu'il a choisi arbitrairement aussi et sans aucune raison suffisante telle partie plutôt que toute autre dans le vaste canevas de l'étendue infinie pour y tracer le dessin de l'univers. Malgré cette réfutation et d'autres encore données à l'avance par Leibniz, M. Mansel revient à l'idée d'un monde créé par Dieu à un certain moment du temps, et il rencontre alors des contradictions nouvelles, mais qui sont toutes factices : « Comment imaginer que l'absolu existe *d'abord* par lui-même, et qu'*ensuite* il devienne une cause? Comment concevoir que l'infini *devienne ce qu'il n'était pas d'abord*? » Il est certain, en effet, qu'un changement d'état dans l'être absolu et parfait n'est pas possible, si on conçoit ce changement d'état comme se produisant dans le temps : « Si la condition d'activité accidentelle est un état supérieur à celui de repos, l'absolu, soit qu'il ait agi volontairement, soit qu'il ait agi involontairement, a passé d'une condition comparativement imparfaite à une condition comparativement parfaite; et par conséquent il n'était pas parfait dans l'origine. Si, au contraire, l'état d'activité est un état inférieur à celui de repos, l'absolu, en devenant cause, a perdu sa perfection originelle. » Mais, remarquons-le bien, aucune de ces difficultés ne subsiste si, au lieu de concevoir arbitrairement la création comme un changement d'état qui se serait produit, à un moment donné, dans l'absolu, on fait l'effort de spéculation métaphysique nécessaire pour comprendre que, tout en restant libre, mais non d'une pure liberté d'indifférence, elle est liée à une loi intérieure de la nature divine, laquelle, ainsi que nous l'avons vu dans le chapitre précédent, ne doit pas être conçue comme une froide, abstraite et inféconde unité; car, alors, il devient possible de concevoir le temps comme constitué par l'acte créateur, au même titre que les choses elles-mêmes, dont il n'est que la condition idéale de développement, et, par suite, comme enveloppé dans la création, au lieu de la contenir dans son sein et de la *prolonger*, pour ainsi dire, *par les deux bouts*, ainsi qu'on se le figure d'ordinaire.

Or, c'est là précisément le point de vue que presque tous les représentants de la théologie rationnelle refusent d'admettre et que M. Mansel, en particulier, rejette expressément. Ce que nous essaierons plus loin de concevoir, non d'après notre seul sentiment personnel, mais d'accord avec une longue tradition philosophique et religieuse, comme une évolution de Dieu sous l'aspect de l'éternité, comme une *vie divine*, échappe entièrement à M. Mansel, dont le christianisme, malgré l'ardeur presque mystique de ses sentiments, reste trop voisin de la sécheresse et de la rigidité du déisme. L'unité divine est, pour lui, une unité morne et stérile, figée, en quelque sorte, dans son indivisible simplicité, et qui ne vit pas; le théologien anglais ne conçoit pas qu'elle puisse s'épanouir dans la création, car il ne conçoit même pas qu'elle puisse d'abord s'épanouir en elle-même par l'expansion intérieure de sa conscience et de sa personnalité : « Non seulement l'absolu ne peut avoir de relation nécessaire avec quoi que ce soit; mais encore, en vertu de sa nature propre, il ne peut contenir en lui-même de relation, comme le ferait, par exemple, un tout composé de parties, ou une substance composée d'attributs, ou un sujet conscient opposé à un objet. Car, s'il y a dans l'absolu un principe d'unité distinct du pur agrégat des parties ou des attributs, ce principe seul est le véritable absolu; et, d'autre part, si ce principe n'existe pas dans l'absolu, il n'y a pas d'absolu; il y a simplement un groupe de relatifs. » Mais pourquoi donc, répondrons-nous, l'absolu ne pourrait-il pas contenir des relations avec lui-même? Pourquoi n'envelopperait-il pas dans l'unité de sa conscience « l'agrégat de ses attributs »; on pourrait dire, à la rigueur, « de ses parties », en concevant que chacun de ces attributs joue, en quelque sorte, son rôle dans la constitution de l'essence tout entière? S'il en était ainsi, la création nous deviendrait plus facilement intelligible; car, en la rattachant plus spécialement à certains attributs, disons, si l'on veut, à certains « moments » ou à certains « aspects » de l'essence divine, nous verrions mieux qu'il ne faut pas la confondre absolument avec la providence ni lui demander les mêmes choses.

CHAPITRE V

ÉTAT PRÉSENT DE LA THÉODICÉE SUR LE PROBLÈME DE LA PROVIDENCE

1. Retour sur la nécessité de séparer profondément l'idée de providence de celle de création. — Si on ne fait pas cette distinction nécessaire, ou bien la providence est absolument identifiée avec la création initiale, et ce sont deux mots pour une seule chose, ou bien elle n'en peut être distinguée que sous la forme d'interventions miraculeuses, qui viennent changer l'ordre antérieur du monde. — La providence presque toujours confondue par ses adversaires avec le miracle. — Draper, *Conflits de la science et de la religion*. Renan, *Lettre à Ad. Guéroult*. — Première indication du point de vue où il faut se placer pour échapper à cette confusion.

2. Controverse de Cuvier et de Geoffroy Saint-Hilaire devant l'Académie des sciences. — Conflit du système de la création et du système de l'évolution, lié au conflit de la méthode analytique et de la méthode synthétique. — Antécédents de cette controverse. Linné; Buffon, Lamarck. — Pourquoi la doctrine de Cuvier devait d'abord l'emporter sur celle de Geoffroy. — Son rapport avec l'ensemble des théories scientifiques acceptées à cette époque; son rapport avec l'ensemble des préoccupations de l'esprit public. — La doctrine des créations successives et le récit de Moïse.

3. Victor Cousin. — La doctrine des civilisations successives et des *moments de l'Idée*. — L'apologie de la victoire.

4. Réaction contre les idées de Cuvier. — Ch. Lyell et les *Principes de géologie*. — Théorie des causes actuelles; explication des apparentes solutions de continuité dans la nature; l'accumulation des effets et la puissance du temps. — Darwin et l'*Origine des espèces*. — La concur-

rence vitale; la sélection naturelle, la sélection sexuelle. — Comment l'ordre du monde peut être conçu en dehors de toute action de la Providence. — Explication purement mécanique des harmonies et des corrélations de la nature. — Quelques exemples. — Théorie des corrélations de croissance.

5. Points faibles de la théorie de Darwin. — Le hasard d'Épicure et le hasard de Darwin. — Critique de l'idée de hasard. Le hasard et le principe d'individuation. Le hasard et l'idée de finalité. — Réactions partielles contre le transformisme matérialiste, fondées sur une conception esthétique de la nature. — Agassiz et son livre de *l'Espèce*. — L'idée domine la matière. Les homologies spéciales; les types prophétiques. — Hartmann et son étude sur *le Darwinisme*. — La parenté idéale et la parenté généalogique. — Objections scientifiques et philosophiques contre la doctrine de Darwin : M. de Quatrefages. M. Paul Janet. — Parallède entre les idées d'Agassiz et les idées de Hartmann.

6. Évolution du concept théologique de la Providence. — La Providence et l'arrangement dans l'espace. — La Providence et la distribution dans le temps. — La Providence et la spontanéité des créatures; collaboration de la nature et de Dieu; le principe idéal et le principe plastique.

7. L'idée de la Providence et l'état présent des sciences historiques. — La lutte pour la vie dans l'humanité. — Théories nouvelles sur la nature de la civilisation et sur la marche du progrès : Buckle, Bagehot. — Ces théories ne sont pas inconciliables avec l'action directrice de la Providence.

1. On vient de voir que quelques-unes des difficultés relatives à la création, celles par exemple que nous pourrions appeler les *difficultés morales*, s'atténuent considérablement aussitôt qu'on se décide à établir entre les deux idées, trop généralement confondues, de création et de providence une distinction nécessaire. L'idée de création, réduite à elle-même, dépouillée de tout élément étranger, ne doit désigner pour nous rien de plus que la production même de la substance des choses; de la substance, disons-nous, mais non pas nécessairement d'une substance tout inerte et toute passive, simple amas de matériaux pour une construction tout extérieure, comme s'il n'y avait pas d'autre représentation possible de l'action de Dieu sur le monde que celle d'un architecte ou d'un maçon, qui met des pierres les unes sur les autres! Quand nous disons que la création produit simplement la *substance* et non la *forme* des choses, nous

réservons la question de savoir si cette substance n'est pas déjà une virtualité toute active, impatiente de franchir, en quelque sorte, les limites de l'indétermination où elle est d'abord confinée. Au contraire, l'idée de providence a pour objet spécial la production de la forme des choses, c'est-à-dire des divers degrés de détermination, d'ordre et de perfection dont elles sont susceptibles; et quand nous parlons de cette production de la forme dans les choses, nous réservons encore la question de savoir si cette production est, en quelque sorte, *unilatérale* ou *bilatérale*, c'est-à-dire si elle vient de Dieu seul, ou si les choses n'y contribuent pas d'une certaine manière par un élan spontané vers le bien, dont le désir, le sourd pressentiment aurait été déposé en elles par l'acte de la création et dont l'acte de la providence leur ouvrirait les voies. Or, la nécessité, la fécondité de cette distinction apparaît bien mieux encore quand on arrive à l'étude des questions directement relatives à la providence; car ces questions sont beaucoup plus nombreuses, beaucoup plus complexes, que celles qui concernent la création; et comme elles ont des points de contact avec un très grand nombre de sciences particulières, elles soulèvent par cela même beaucoup plus d'objections, soit d'ensemble, soit de détail.

Si on ne commence pas par distinguer nettement, radicalement, l'acte providentiel de l'acte créateur, on ne peut se représenter la Providence divine que sous l'une des deux formes suivantes, toutes les deux erronées ou, du moins, infiniment contestables. Ou bien on voit simplement en elle la disposition générale des choses, la distribution ordonnée (et faite une fois pour toutes) de l'ensemble des phénomènes et des êtres dans la double immensité de l'espace et du temps; mais alors, il n'est plus possible de saisir aucune différence, aucune nuance même entre cette conception et celle de la création initiale, ou, tout au moins, d'une création continuée, qui, à chaque moment du temps, mettrait les choses chacune à sa juste place; création et providence se confondent absolument, puisque la pensée créatrice initiale ne fait que se dérouler, toujours semblable, toujours fidèle à elle-même, à travers les âges du monde, conformément à cette belle parole de Leibniz : « *Semel jussit, semper paret* »; le développement providentiel des choses dans la nature et dans l'histoire n'est, à la lettre, que *la création étalée dans le temps*. Ou bien on conçoit la Providence comme une série d'interventions par lesquelles Dieu, après avoir établi un ordre primitif de l'univers, bouleverse, modifie ou remplace cet ordre de temps en temps; c'est la *doctrine des créations successives*, d'après laquelle Dieu, soit qu'il ressemble à un spectateur fatigué qui a besoin de voir des choses nouvelles, soit qu'il ait été impuissant à atteindre du premier coup la perfection, renouvellerait de temps à autre la surface du monde : *et renovabis faciem terræ*; mais c'est aussi la *doctrine du miracle*, car on suppose que, les lois de l'univers ayant été une fois établies, Dieu ne cesse de les modifier pour des intentions particulières, tantôt en faveur d'un individu, tantôt en faveur d'une nation, de manière à éviter tel mal accidentel qui serait résulté de la stricte exécution de ces lois, et ainsi on n'hésite pas à voir en lui un ouvrier à courtes vues, qui n'aurait pas su prévenir les défectuosités futures de son œuvre et lui assurer, dès le premier moment, les conditions de sa stabilité, de son progrès et de ses adaptations nécessaires.

— Aussi est-ce là, si l'on veut bien nous passer ce terme familier, le grand cheval de bataille des adversaires de la Providence. Ils ne cessent de raisonner contre ceux qui croient à une action divine, soit dans la nature, soit dans l'histoire, comme si cette action était nécessairement, dans la pensée de leurs contradicteurs, une intervention surnaturelle, une violation ou une suspension de la loi, en un mot, un pur miracle.

C'est ainsi que Draper, par exemple, dans ses *Conflits de la religion et de la science*, part sans cesse de ce principe que, dans toutes les sciences, soit physiques, soit morales, il faut choisir entre l'explication par le miracle et l'explication par la loi. « Qui préside au gouvernement du monde? Est-ce une intervention divine incessante? Est-ce une loi immuable et primordiale? » « Les prêtres, ajoute-t-il, inclineront toujours vers la première de ces explications, puisque leur fonction consiste à s'interposer entre l'homme qui prie et la Providence qui agit »; mais, à mesure que l'expérience s'étend, c'est, au contraire, la seconde qui prévaut de plus en plus, même dans les ordres de faits où semblent, au premier abord, régner le hasard et la liberté. Les sciences naturelles nous prouvent de plus en plus « que la progression organique du monde a suivi une invariable loi et qu'elle n'a point été l'œuvre d'une opération divine arbitraire, sans suite et sans continuité... Tout être organisé a sa place marquée dans la chaîne des événements; il n'est point un fait isolé, capricieux, mais un phénomène inévitable, ayant son rang dans l'ensemble vaste et réglé des choses qui sont nées successivement dans le passé, qui composent le présent et qui préparent l'avenir. » Si, dans l'animalité, les types à sang chaud ont pris graduellement la place des types à sang froid, ce n'est pas un caprice divin qui a produit cette substitution, mais une lente épuration de l'atmosphère, peu à peu dépouillée de l'acide carbonique dont elle était saturée dans les premiers âges du monde : « Les changements physiques se sont accomplis sous l'empire de la loi, et il en a été de même des transformations organiques; il ne faut pas voir en elles des actes instantanés et capricieux de la Providence, mais des conséquences immédiates, inévitables, de changements survenus dans un milieu, et, par suite, comme ces changements eux-mêmes, elles ont été l'effet nécessaire de la loi[1]. » Pour mettre en doute ce développement

1. On pourrait multiplier, en ce qui concerne soit les transformations, soit l'apparition première de la vie, les citations de ce genre. L'idée qu'un acte de création ou de providence ne peut absolument être conçu que sous la forme d'un miracle appartient en commun à tous les savants positivistes ou matérialistes. C'est, pour tous, un *a priori* d'une indiscutable évidence. « La question de l'origine des espèces, dit par exemple Hæckel, se présente de plus en plus sous la forme bien tranchée de cette alternative : ou les organismes se sont naturellement développés, et, dans ce cas, ils dérivent tous nécessairement de quelques formes ancestrales communes excessivement simples, ou bien, si ce n'est pas le cas, les diverses espèces des êtres organisés sont nées indépendamment les unes des autres, et elles ne peuvent avoir été créées que d'une manière surna-

régulier et ininterrompu des formes animales, il faudrait oublier que nous avons passé nous-mêmes par des transformations absolument semblables à celles que nous refuserions d'admettre dans la nature. Chacun de nous, pendant les neuf mois de la gestation, a traversé un type de vie aquatique et revêtu successivement toute une série de formes distinctes; puis, au moment de la naissance, il a passé au type de vie aérien; un peu plus tard, ses organes se sont adaptés à un nouveau genre de nourriture; il a acquis tour à tour ses divers sens, ses diverses facultés intellectuelles, qui, elles-mêmes, se sont modifiées à plusieurs reprises pour s'adapter à de nouveaux ordres de connaissances; enfin, sa nature a traversé plusieurs crises, dont quelques-unes, celle de l'adolescence par exemple, ont été très profondes. En conclura-t-on qu'il y a eu pour chacun de nous intervention de la Providence à chacun de ces passages d'un état à un autre? Mais les individus ne sont que les parties constituantes de sociétés, dont les plus importantes s'appellent des nations; or, ces sociétés, à leur tour, traversent des phases nombreuses; elles ont leur enfance, leur jeunesse, leur maturité. Invoquera-t-on encore, pour expliquer chacune de ces phases, le caprice d'une intervention surnaturelle, « au lieu d'y voir un enchaînement, dans lequel chaque événement a sa certitude écrite d'avance dans l'événement qui l'a précédé et garantit, à son tour, la certitude de l'événement à venir »? Cherchera-t-on, en un mot, à expliquer l'évolution historique et le gouvernement du monde moral par l'intervention continuelle de la Providence, ou par l'action immuable de la loi?

Mais c'est surtout dans les livres de M. Renan que la polémique contre la Providence se ramène presque tout entière à

turelle, *par un miracle*. Évolution naturelle ou création surnaturelle des espèces, il faut choisir entre ces deux possibilités, car *il n'en existe pas une troisième*. » Même note, naturellement, chez M. Jules Soury : « *Il n'existe point d'autre alternative* pour expliquer l'origine de la vie. Qui ne croit pas à la génération spontanée ou plutôt à l'évolution séculaire de la matière inorganique, *admet le miracle*.... C'est une *hypothèse nécessaire* et qu'on ne saurait ruiner ni par des arguments *a priori*, ni par des expériences de laboratoire. »

cette simple affirmation que l'action providentielle ne peut pas être, parce qu'elle se réduirait au miracle et que le miracle n'a jamais été constaté dans aucune expérience scientifique : « Je sais, dit-il dans sa *Lettre à Adolphe Guéroult*, qu'on est souvent porté à distinguer la simple intervention d'une volonté supérieure dans le cours des choses, en vue d'un but déterminé, du miracle proprement dit. Mais c'est là une distinction qui s'évanouit devant une rigoureuse analyse. Que signifie, en effet, une telle intervention? Elle signifie que les choses de ce monde peuvent prendre, par l'effet d'une force surnaturelle, agissant à un moment donné, un cours différent de celui qu'elles auraient pris sans cela. Mais le miracle n'est pas autre chose. La violation flagrante de l'ordre accoutumé, qui constitue le miracle aux yeux de l'homme superficiel, implique seulement un degré de difficulté de plus; or, les mots de *facile* et de *difficile* n'ont aucun sens quand il s'agit d'un être tout-puissant. Pour Dieu, il n'y a pas plus de miracle à ressusciter un mort, à faire qu'un fleuve remonte vers sa source, qu'à changer la direction du vent un jour de bataille, à arrêter une maladie qui devait être mortelle, à soutenir un empire qui devait tomber, à violenter la liberté des résolutions humaines. Dans un cas, la dérogation aux lois naturelles est éclatante; dans l'autre cas, elle est obscure. Pour Dieu, ce n'est pas là une différence. Des *miracles honteux*, cherchant à se dissimuler, n'en sont pas moins des miracles. La *providence*, entendue à la façon vulgaire, est donc synonyme de *thaumaturgie*. Toute la question est de savoir si Dieu émet des actes particuliers. Pour moi, je pense que la vraie providence n'est pas distincte de l'ordre constant, divin, hautement sage, juste et bon, des lois de l'univers. »

— C'est bien là, en effet, la conclusion à laquelle il faut s'arrêter si on considère la providence comme s'exerçant d'une manière toute mécanique sur une matière toute passive. Les changements dont se compose le progrès, soit dans le monde physique, soit dans le monde moral, ne peuvent alors être conçus que comme le simple développement naturel de la création initiale, ou, au contraire, comme une série de miracles intermittents, qui viennent modifier cette création et imposer à la marche des choses une allure et une direction nouvelles. Mais cette double nécessité disparaît si on place dans l'objet de la création la spontanéité et l'initiative; si on considère les choses comme répondant à l'action providentielle par une action qui leur est propre; si on se représente la providence non comme agissant sur elles par une simple *manipulation* extérieure, mais comme pénétrant jusqu'au fond de leur être pour y exciter et pour y diriger des puissances mystérieuses, des virtualités latentes, qui dans une certaine mesure acceptent son action et y répondent, dans une certaine mesure aussi la repoussent ou la font plus ou moins dévier.

M. Renan, dans la même lettre que nous venons de citer, nie la possibilité d'une action providentielle qui s'exercerait sur la nature autrement que par le miracle, parce que, dit-il, « on ne peut admettre aucune liberté dans la nature »; mais, en même temps, il admet une certaine part de liberté dans l'homme et il croit, en outre, que, par cette liberté, l'homme peut, dans une certaine mesure, modifier le déterminisme des faits et des événements naturels. « Pour un être omniscient, dit-il, tout serait calculable dans les mouvements du monde, *si l'homme n'avait le pouvoir par sa libre action d'insérer une force spontanée dans les rouages des choses et de changer ainsi les résultats.* Le temps qu'il fait aujourd'hui n'a pas été décrété de toute éternité, parce que l'état de l'atmosphère a été modifié dans une certaine mesure par le travail de l'homme; il n'a pas été décrété que telle forêt serait coupée, que tel marais serait desséché, etc. » Mais M. Renan ne devrait-il pas avouer que cette action libre de l'homme sur la nature est déjà un véritable miracle, si l'on n'admet pas dans la nature (ou tout au moins dans ceux des éléments de la nature qui sont en contact direct avec l'homme et sur lesquels son action peut immédiatement s'exercer, ne fût-ce que les nerfs et les muscles de son propre corps) une aptitude propre à recevoir cette action, c'est-à-dire, en d'autres termes, une spontanéité sur laquelle cette action s'exerce pour y introduire telle modification qui n'avait pas été immédiatement prévue? Or, cette aptitude, cette spontanéité, que M. Renan devrait considérer comme logiquement nécessaire pour que la libre action de l'homme pût s'exercer au dehors, c'est précisément ce que nous réclamons pour rendre l'action de la providence sur la nature aussi concevable, aussi intelligible que celle de l'homme. Car, si l'activité de la nature, au lieu d'être conçue par nous comme un mécanisme rigide, nous apparaît, au contraire, comme une spontanéité essentiellement souple, flexible, malléable, plastique, il n'y a plus aucune impossibilité, aucune difficulté sérieuse à concevoir que l'action providentielle puisse pénétrer, *s'insinuer*, pour ainsi dire, en elle, afin de la plier à ses fins et d'accommoder graduellement, insensiblement, par des traditions infinitésimales, le système des causes efficientes au système supérieur des causes finales. L'action de la providence ne se confond plus alors absolument, comme le voudrait M. Renan, avec l'ordre même, avec l'ordre initial de la nature; mais, d'autre part, elle n'est pas non plus une perturbation violente et arbitraire de cet ordre; elle apparaît comme une influence directrice qui s'exerce au fond même des choses, dans l'intimité des forces et des êtres, et dont le mystère n'est certainement pas plus grand que celui de cette libre action de l'homme sur la nature à laquelle nous venons de voir que M. Renan ne répugne pas. Mais, cette assimilation une fois admise, nous aurions évidemment le droit de l'étendre plus loin et d'admettre que la providence divine peut également s'exercer sans miracle sur la libre volonté de l'homme, en s'y insinuant aussi et en exerçant sur elle une influence intime, analogue à celle de la *persuasion*, qui laisse subsister tout entière la liberté de ceux à qui elle s'adresse.

Telle est la théorie vers laquelle nous allons essayer maintenant de nous acheminer par une étude préalable des controverses qui se sont produites dans notre siècle sur la marche et le progrès des choses, tant dans la nature que dans l'humanité.

2. Le point de départ de ces controverses peut être pris dans

la célèbre polémique qui eut lieu, en 1830, devant notre Académie des sciences, entre Cuvier et Geoffroy Saint-Hilaire et qui, malgré la menace des événements politiques, excita pendant quelque temps l'attention passionnée de l'Europe.

Ce qui faisait surtout l'importance et l'intérêt de ce débat, c'est que, par lui, le grand problème de la création et de l'évolution se posait pour la première fois [1], nettement et solennellement, devant le public. Nous allons voir, en effet, que la solution de ce problème est intimement liée, du moins en ce qui concerne l'histoire naturelle, à la prédominance de l'une ou l'autre des deux méthodes qui se partagent l'esprit des savants : nous voulons dire la *méthode analytique* et la *méthode synthétique*. La méthode analytique dispose surtout à voir dans les choses qu'on étudie les différences qui les séparent, les intervalles, les *hiatus* qui existent entre elles, à diviser particulièrement les êtres vivants en genres et en espèces, à considérer la classification comme le dernier mot de la science et, par suite, à se désintéresser plus ou moins de l'étude des transitions qui

1. Rappelons, en passant, que l'opposition des deux points de vue sous lesquels on peut considérer la nature est déjà marquée avec une assez grande netteté dans une phrase très célèbre du *Discours de la méthode*. « Toutefois, je ne voulais pas inférer de toutes ces choses que ce monde ait été créé de la façon que je proposais, car il est bien plus vraisemblable que, dès le commencement, Dieu l'a rendu tel qu'il devait être. Mais il est certain, et c'est une opinion communément reçue entre les théologiens, que l'action par laquelle maintenant il le conserve est toute la même que celle par laquelle il l'a créé; de façon qu'encore qu'il ne lui aurait point donné au commencement d'autre forme que celle du chaos, pourvu qu'ayant établi les lois de la nature il lui prêtât son concours pour agir ainsi qu'elle a de coutume, on peut croire, *sans faire tort au miracle de la création*, que par cela seul toutes les choses qui sont purement matérielles auraient pu *avec le temps* s'y rendre telles que nous les voyons à présent; et *leur nature est bien plus aisée à concevoir* lorsqu'on les voit naître peu à peu en cette sorte que lorsqu'on ne les considère que toutes faites. » Cette phrase contient même une sorte de conciliation anticipée des deux systèmes entre lesquels se partagent aujourd'hui les savants; mais cette conciliation est bien insuffisante, bien superficielle, puisque, d'abord, l'évolution y est strictement limitée au monde matériel et qu'ensuite Descartes, écartant toute idée soit d'une spontanéité, soit d'une finalité dans les choses, la réduit à un développement tout mécanique et, par conséquent, n'y voit toujours que l'acte même de la création, déployé dans le temps au lieu d'être ramassé dans un moment unique.

peuvent relier les groupes les uns aux autres; il résulte de là que le savant qui pratique de préférence cette méthode se résigne assez facilement, pour combler les intervalles que l'expérience lui fait constater dans la série des êtres, à l'hypothèse de créations multiples. Au contraire, la méthode synthétique dispose plutôt à se préoccuper des rapports, des ressemblances, des transitions, de la *continuité* qui peut ou qui doit exister entre toutes les parties de la nature, par conséquent à éliminer toute intervention créatrice ou même providentielle intercalée dans le tissu des êtres ou des événements et à n'expliquer le progrès des choses que par l'hypothèse d'une loi interne, d'une *loi d'évolution*, qui les fait toutes sortir d'un germe commun où elles étaient primitivement contenues.

Or, pendant le XVIIIe siècle et pendant les premières années du XIXe, ces deux méthodes avaient déjà été simultanément employées par de grands naturalistes. Ainsi, Linné avait surtout appliqué à l'étude de la nature la méthode analytique. Pour lui, le suprême intérêt de la science, c'était de bien distribuer les êtres, de les répartir en groupes distincts et de tracer ainsi un tableau synoptique de l'ensemble des manifestations de la vie. En employant cette méthode, il ne niait pas qu'il y eût entre ces groupes un lien de continuité; car il admettait la formule de Leibniz : « la nature ne fait pas de sauts brusques, *natura non facit saltus* »; mais, à son avis, cette continuité était purement idéale. En d'autres termes, il admettait que les êtres naturels sont substantiellement indépendants les uns des autres, c'est-à-dire qu'il peut bien et qu'il doit même exister entre eux un lien de développement systématique, ayant sa raison d'être dans la pensée du Créateur, mais non pas pour cela un lien de descendance. Au contraire, dans le camp opposé à celui de Linné, la méthode synthétique passa de plus en plus au premier plan. Déjà, elle s'était essayée timidement par les théories de Bonnet et de Robinet, fondées, elles aussi, sur le principe leibnizien de la continuité et, en outre, sur l'idée de la préexistence des germes. Elle devait arriver peu à peu à son véritable aboutissement, le *transformisme*, d'abord par les rêves de l'auteur du *Telliamed* ou par les pressentiments si ingénieux et si profonds de Diderot, ensuite par les théories de plus en plus solidement édifiées de Buffon, d'Erasme Darwin et de Lamarck.

Ainsi constituées et affermies par une première lutte, les deux méthodes se retrouvèrent en présence dans la grande discussion de 1830. Cuvier se fit le continuateur de Linné; comme lui, il se préoccupa surtout de distinguer nettement les uns des autres les différents groupes d'êtres vivants, fallût-il ensuite recourir, pour expliquer leur continuité, aux manifestations ou même, suivant la célèbre parole de Leibniz, aux *fulgurations* d'une puissance supérieure à la nature. Geoffroy Saint-Hilaire, de son côté, reprit au point où l'avait laissée Lamarck la conception transformiste; il la dégagea des formes imparfaites où elle s'était provisoirement arrêtée : d'abord, des hypothèses bizarres ou grossières; ensuite, de l'enveloppe psychologique que lui avait donnée Lamarck, lorsqu'il prétendait que la modification d'un organe ou d'une fonction ne peut se produire que sous l'influence d'un *besoin* ou d'un *désir*, c'est-à-dire à travers un intermédiaire de nature essentiellement psychique. Le premier donc, il affirma nettement la toute-puissance de l'action *directe* de la nature sur l'organisme. « Le monde ambiant, disait-il, est *tout-puissant* pour une altération des corps organisés. » Partant de ce principe, il développa la célèbre hypothèse de l'*unité de composition organique*, laquelle se complète, comme on sait, par la théorie des *connexions* et par celle des *analogues*, par la loi du *balancement des organes* et par des vues très neuves, très originales et très profondes sur la *tératologie*. Il admit que toutes les parties essentielles dont se compose l'organisme des animaux, particulièrement le squelette, sont, au fond, les mêmes, c'est-à-dire qu'elles gardent toujours entre elles les mêmes connexions, non seulement dans l'embranchement supérieur, celui des vertébrés, mais même dans l'animalité tout entière [1]. Ainsi, la vie

1. M. Perrier, dans sa *Philosophie zoologique avant Darwin*, résume la discussion qui servit de point de départ à la polémique des deux savants.

animale, à travers toute la série des formes qu'elle revêt, est, pour lui, comme une *substance plastique*, modelée de diverses façons par les circonstances extérieures, qui changent les proportions des organes, les font servir tour à tour à des fonctions très différentes, mais en laissent toujours intact le plan général, de telle sorte que l'action de ces causes n'aboutit jamais, en dernière analyse, qu'à établir dans la succession des différents types naturels une sorte de compensation et de balancement, la nature

* Deux jeunes naturalistes, MM. Laurencet et Meyraux, s'étaient efforcés de démontrer que l'organisation des mollusques céphalopodes (poulpes, seiches, calmars) pouvait être ramenée à celle des vertébrés.... Il leur fallait avoir recours pour cela à une ingénieuse fiction. Ils supposaient un vertébré ployé en deux, à la hauteur de l'ombilic, de manière que la face ventrale demeurât extérieure et que les deux moitiés du dos, arrivées au contact, se soudassent entre elles. Alors, faisaient-ils remarquer, les deux extrémités du tube digestif sont ramenées au voisinage l'une de l'autre; le bassin se trouve rapproché de la nuque; les membres sont rassemblés à l'une des extrémités du corps; l'animal, marchant sur ces membres, présente « absolument la position d'un de ces bateleurs qui renversent « leurs épaules et leur tête en arrière pour marcher sur leur tête et leurs « mains ». L'intestin recourbé en anse des céphalopodes, l'existence en arrière de leur cou de pièces cartilagineuses en rapport avec ce qu'on nomme chez eux l'entonnoir, la présence autour de la tête de huit ou dix bras sur lesquels se meut l'animal sont autant de caractères qui s'expliquent dès lors assez naturellement et rapprochent d'une façon inattendue les plus élevés des mollusques des vertébrés. » Cuvier, discutant le rapport de Geoffroy sur les travaux des deux jeunes observateurs, vit bien où était le point faible de la théorie si absolue que soutenait son confrère. Comment parler d'*unité de composition* pour des êtres qui ne sont pas composés des mêmes éléments, et d'*unité de plan* lorsque les éléments ne sont pas arrangés dans le même ordre, qu'il y a parmi eux des lacunes et qu'*on ne passe pas des uns aux autres de la même manière*? Mais Geoffroy montra à son tour que l'unité de plan se retrouve sous des perturbations en apparence très graves « quand on sait appliquer le principe des connexions non seulement à la comparaison des animaux adultes, mais encore à celle de leurs embryons aux divers degrés de développement »; car *cette unité consiste moins dans le résultat définitif de l'évolution des animaux que dans la façon dont s'accomplit cette évolution*. « Par là, conclut M. Perrier, Geoffroy échappe en partie à l'argumentation de Cuvier et recouvre le droit d'appliquer sa théorie tout à la fois à des êtres d'une organisation fort simple et à des êtres d'une organisation fort compliquée »; les premiers, en effet, dès qu'on se met au point de vue de l'embryogénie, sont des organismes dont le développement est demeuré incomplet dans une plus ou moins grande mesure, c'est-à-dire qui ont subi des arrêts de développement, des atrophies, au milieu desquelles le plan commun peut même sembler quelquefois complètement éludé.

économisant d'un côté ce qu'elle dépense de l'autre. Par suite, il n'y a pas place, dans le développement de la vie, pour les manifestations d'une puissance créatrice; car la nature a en elle-même, bien que par le fait d'une création initiale (ce que Geoffroy Saint-Hilaire ne songe nullement à contester), de quoi se déployer d'après ses propres conditions, d'après sa propre loi.

De ces deux doctrines qui se choquèrent avec tant d'éclat devant l'Académie des sciences, c'est celle de Cuvier qui, pour des raisons diverses, devait triompher pendant une assez longue période. Il suffirait, à la rigueur, de donner pour explication de ce fait la grande autorité de Cuvier, supérieure encore à celle de son rival, l'incontestable prestige qui lui venait des services rendus à la science lorsqu'il avait reconstitué les âges lointains de la nature, les périodes oubliées de la vie. Mais, à côté de cette raison, il y en a deux autres, qu'il convient de rappeler ici en quelques mots.

— La première, c'est qu'une conception synthétique de la vie était nécessairement un peu prématurée à une époque où ne s'était constituée encore aucune des grandes généralisations qui nous ont familiarisés depuis avec l'idée d'une théorie synthétique de la nature tout entière. Les découvertes des savants modernes ont mis pour nous en lumière des choses merveilleuses qui, alors, n'auraient pas même pu être soupçonnées. Ainsi, nous croyons aujourd'hui à la corrélation, à l'équivalence, à l'identité des forces de la nature; depuis que Joule et Meyer ont déterminé l'équivalent mécanique de la chaleur, nous savons que la lumière, le son, l'électricité, en un mot toutes les forces de la nature, ne sont que les modes divers d'une force unique ou, plus exactement encore, d'un unique phénomène, qui est *le mouvement*. Et ce n'est pas seulement au point de vue de la physique, c'est aussi au point de vue de la chimie que la nature est une. « Les savants, dit M. Edmond Perrier, ont démontré que les corps simples ne sont pas plus que les agents physiques des entités indépendantes les unes des autres.... Les apparences que revêt la matière tiennent, d'après d'éminents physiciens, aux mouvements qui l'agitent. La forme même des atomes dépend des vibrations dont ils sont animés; l'apparence géométrique des cristaux est due aux mouvements internes de leurs particules intégrantes. » Mais cette unité chimique n'est pas vraie seulement pour le monde que nous habitons. Dès à présent, nous sommes en mesure de l'étendre à l'univers tout entier. Les progrès de l'astronomie physique, déterminés par l'application de cette grande méthode qu'on appelle l'*analyse spectrale*, nous ont appris que les substances qui existent à la surface de notre globe sont les mêmes qui se retrouvent en suspension dans l'atmosphère ou dans la photosphère des astres. « Le spectroscope a retrouvé dans le soleil, dans les étoiles et jusque dans les comètes, les substances terrestres, et celles-là seules. » Ce n'est pas tout : le dualisme de la matière brute et de la vie n'est plus aujourd'hui pour nous ce qu'il était autrefois. Les progrès de la chimie organique ont montré qu'il n'existe point une substance spéciale de la vie, mais que la nature vivante emprunte ses éléments au monde inorganique et se contente de leur imposer des groupements plus complexes, d'après des lois purement mécaniques dont nos savants ont déjà retrouvé en grande partie le secret dans leurs laboratoires. Claude Bernard a fait quelque chose de plus encore : il a établi que, comme il n'y a pas une substance propre de la vie, de même il n'y a pas non plus de lois qui appartiennent en propre à la vie; les faits vitaux ont leur principe dans des faits physico-chimiques, dont ils ne sont qu'une suprême transformation, et de là il résulte que le déterminisme règne dans le monde de la vie aussi rigoureusement que dans la nature inorganique. Ainsi donc, pour borner là ces exemples, la conception synthétique de la vie est aujourd'hui un élément lié à tout un système, une pierre mise à sa juste place dans tout l'ensemble d'un vaste édifice; mais, il y a soixante ans, elle était isolée et sans base. Si déjà elle séduisait les âmes ardentes, les imaginations poétiques, les intelligences capables de larges vues et de hautes envolées, en revanche elle étonnait, elle déroutait le plus grand nombre des esprits, on pourrait dire, à certains égards, les plus sages, les plus pondérés. Le besoin de positivisme, qui est le lest nécessaire des esprits scientifiques, le plomb qui les empêche de s'égarer dans les rêveries nuageuses, était incontestablement représenté par Cuvier ou par les naturalistes de son école, et on ne pouvait les réfuter sérieusement quand ils rappelaient contre leurs adversaires, toujours disposés à des généralisations hâtives, que la science ne doit point dépasser les limites d'une prudente interprétation de l'expérience. Or, « que les différences qui distinguent les êtres vivants soient de nature à avoir pu être produites exclusivement par les circonstances du milieu physique », c'est là une proposition que Geoffroy Saint-Hilaire pouvait bien formuler par une tentative hardie de généralisation, mais que la science d'alors n'était pas en mesure de démontrer expérimentalement. On peut donc croire que Cuvier a rendu un véritable service à la science française quand il s'est efforcé de la maintenir aussi longtemps que possible en présence des seuls faits régulièrement constatés; car un triomphe trop rapide des idées de Geoffroy Saint-Hilaire eût peut-être amené alors en France le stérile développement d'une philosophie de la nature assez semblable à celle qui florissait en Allemagne, vers la même époque, sous l'influence de Schelling et d'Oken.

Quant à la seconde raison essentielle qui explique la victoire momentanée du système de Cuvier sur celui de Geoffroy, en d'autres termes, de la théorie de la création sur celle de l'évolution, elle pourra paraître à certaines personnes beaucoup moins légitime; mais elle a néanmoins son importance; elle a eu surtout ce qu'on pourrait appeler une raison d'être historique. C'est que le système proposé par Cuvier cadrait avec tout un ensemble d'idées qui dominait alors les esprits et dont il n'eût pas été bon, peut-être, que l'évolution fût trop vite arrêtée. On cherchait une sage conciliation des croyances et des traditions religieuses, bafouées au siècle précédent, avec les données bien constatées, universellement admises de la science nouvelle.

Cette tentative de conciliation portait tout particulièrement sur le texte des premiers chapitres de la *Genèse*, sur le récit mosaïque de la création et des premiers âges du monde. Entre l'interprétation, grossièrement ou naïvement littérale, qui resserre les jours de la création dans l'étroite durée de nos jours de vingt-quatre heures (idée puérile que contredit, d'ailleurs, le texte même du livre sacré, puisque la mesure du temps vient des astres et que, d'après le récit mosaïque, les astres n'ont été créés, entendons par là : n'ont percé de leurs rayons la lourde atmosphère terrestre, alors surchargée d'acide carbonique, que le quatrième jour de la création), entre cette interprétation littérale, disons-nous, et la négation pure et simple de toute intervention créatrice, la tendance générale de l'esprit public, à cette époque, était de s'arrêter à l'idée moyenne de *longues périodes*, dans chacune desquelles un ordre du monde, une phase de la création se serait épanouie pour être remplacée plus tard par une phase d'organisation plus complexe et plus achevée. Les travaux et les théories du géologue Élie de Beaumont sur l'âge relatif des divers systèmes de montagnes donnaient à cette conception une sorte d'actualité et de faveur. Or, le système de Cuvier s'y rapportait merveilleusement; il répondait donc au besoin de détente qui se produisait de toutes parts dans les controverses dogmatiques en fait de religion; il offrait aux esprits une sorte de temps d'arrêt nécessaire avant d'aborder des généralisations plus hardies, qui, bien qu'à tort peut-être, étaient considérées encore, à ce moment, comme susceptibles d'inquiéter la foi.

— Nous pouvons maintenant rappeler un peu plus en détail les idées essentielles de Cuvier et en signaler de suite les côtés brillants comme les points vulnérables.

Pris dans son ensemble, le système repose sur la plus grande et la plus féconde découverte de Cuvier, celle des *corrélations organiques*. Par ses études sur l'anatomie comparée et la paléontologie, Cuvier avait été conduit à formuler une loi en vertu de laquelle les divers organes dont se compose le corps d'un être vivant forment un système parfaitement lié; ils sont sous l'étroite dépendance les uns des autres, se complètent et se soutiennent mutuellement. En s'appuyant sur cette loi, il avait pu, à l'aide de quelques fragments, reconstituer un certain nombre d'espèces éteintes et tracer nettement les différences essentielles qui séparent ces espèces de celles qui vivent encore aujourd'hui. En même temps, l'observation lui avait appris que les différences sont d'autant plus grandes, d'autant plus profondément accusées, que les couches terrestres dans lesquelles se retrouvent les débris de ces espèces sont plus éloignées des couches superficielles. De là, il lui était permis de conclure que le Créateur avait, suivant une expression célèbre des Livres saints, « renouvelé » à plusieurs reprises « la face du monde »; que des faunes et des flores différentes, quoique liées les unes aux autres par de réelles ressemblances, avaient été successivement produites et mises par Dieu en rapport avec les conditions d'un milieu ambiant qui, lui-même, s'était profondément modifié d'une période à l'autre du développement de l'univers, de manière à manifester toute la grandeur de la sagesse et de la puissance divines.

A ce point de son système, il était impossible que Cuvier ne fût pas arrêté, un moment au moins, par l'hypothèse de ses adversaires, bien que cette hypothèse ne pût alors présenter le degré de précision et de rigueur scientifique qu'elle a revêtue depuis. « Pourquoi, s'objecte-t-il à lui-même, les espèces perdues ne seraient-elles pas des variétés des espèces vivantes? Pourquoi, en d'autres termes, les races actuelles ne seraient-elles pas des modifications de ces races anciennes que l'on retrouve parmi les fossiles, modifications qui auraient été produites par les circonstances locales et le changement de climat, et portées à cette extrême différence par la longue succession des années? » Mais cette hypothèse est immédiatement éliminée par lui comme ne pouvant avoir son principe que dans l'humeur aventureuse d'hommes à qui il ne répugne pas de jouer arbitrairement avec la durée des siècles et d'affirmer sans preuve tout ce qui exalte ou séduit leur imagination. « Une telle objection, dit-il, doit surtout plaire à ceux qui admettent la possibilité illimitée de l'altération des formes organiques et qui pensent qu'avec des siècles et avec des habitudes toutes les espèces pourraient se changer les unes dans les autres ou résulter d'une seule d'entre elles. » Or, il est bien vrai que quelques naturalistes comptent beaucoup sur les milliers de siècles « qu'ils accumulent d'un trait de plume »; mais Cuvier leur répond que, « dans de semblables matières, nous ne pouvons guère juger de ce qu'un long temps produirait qu'en multipliant par la pensée ce que produit un temps moindre ». Et il s'efforce de compléter cette réfutation en opposant à ses adversaires trois ordres principaux de faits, auxquels les lacunes de l'expérience de son temps lui font attribuer, à tort évidemment, une incontestable portée. C'est, d'une part, que les animaux de l'Égypte, malgré les cinquante ou soixante siècles écoulés, sont restés aujourd'hui exactement tels que nous les voyons représentés sur des monuments qui remontent à l'époque des Pharaons; ensuite, que, « si les espèces avaient changé par degrés, on devrait trouver dans les couches de la terre les traces de ces modifications graduelles; ce qui, jusqu'à présent, ajoute-t-il, n'est pas arrivé »; enfin, que l'action de l'homme sur les animaux, particulièrement sous le rapport des croisements qu'il cherche à opérer entre eux, n'aboutit qu'à des résultats excessivement médiocres; d'où il résulte encore, suivant Cuvier, qu' « il y a dans les animaux des caractères absolument immuables, qui résistent à toutes les influences, soit naturelles, soit humaines »; et la conclusion dernière est que « rien, à cet égard, n'annonce que le temps ait plus d'effet que le climat et la domesticité ».

Quant à la théorie même que le grand naturaliste oppose à l'hypothèse de Lamarck et de Geoffroy, c'est évidemment la *théorie des créations successives*; mais nous la voyons quelquefois présentée aujourd'hui par les nouveaux adversaires de Cuvier sous une forme un peu trop absolue.

Ainsi, Hæckel dépasse peut-être la mesure de l'exacte vérité, quand il en donne le résumé suivant : « Voyant, dit-il, que les fossiles caractéristiques de chaque époque géologique étaient nettement distincts des fossiles situés au-dessus et au-dessous, Cuvier dut croire qu'une même espèce organique ne pouvait se trouver dans deux couches superposées. De là il conclut (et cela fit loi pour la plupart des naturalistes contemporains) qu'il y avait eu une série de périodes successives de création absolument distinctes, et que chacune de ces périodes devait avoir son monde animal et végétal distinct, sa faune et sa flore spéciales. De plus, il considérait ces périodes comme séparées les unes des autres par des bouleversements de nature inconnue, par des révolutions et des catastrophes appelées cataclysmes. Chaque révolution, d'après lui, avait pour résultat immédiat l'extermination complète du monde végétal et animal existant »; puis, cette révolution une fois achevée, « un monde animal et végétal tout neuf, spécifiquement distinct de celui de la période géologique précédente, faisait son apparition dans la vie; il allait maintenant peupler et remplir le globe pendant des milliers d'années jusqu'au jour où une révolution nouvelle le replongerait dans le néant ».

Il importe cependant de faire ici une distinction. La théorie proprement dite des créations successives, très en honneur dans toute l'école de Cuvier, n'a pas été toujours très expressément affirmée par lui. M. Perrier remarque que, dans quelques passages de son *Discours*, il semble même s'en défendre : « Au reste, dit-il, lorsque je soutiens que les bancs pierreux contiennent les os de plusieurs genres, et les couches meubles ceux de quelques espèces qui n'existent plus, je ne prétends pas *qu'il ait fallu une création nouvelle* pour produire les espèces aujourd'hui existantes; je dis seulement qu'elles n'existaient pas *dans les lieux où l'on les voit à présent* et qu'elles ont dû *y venir d'ailleurs* ».

Mais la thèse absolument, incontestablement personnelle de Cuvier, c'est celle des révolutions soudaines, des cataclysmes universels et instantanés, amenant à leur suite, comme par le coup de baguette d'un magicien, un état nouveau de la création.

Ici, la théorie est absolue; pas d'indécision dans la pensée, pas de réticence dans l'expression. Nous aurons à rappeler bientôt que c'est le point faible de la doctrine, l'affirmation arbitraire et ruineuse que la science ne semble pas confirmer.

3. En même temps que la théorie des créations successives et des cataclysmes subits régnait à peu près exclusivement, grâce au prestige de Cuvier, dans le domaine des sciences de la nature, une théorie analogue, abritée aussi sous l'autorité d'un grand nom, celui de Victor Cousin, exerçait une influence tout aussi considérable dans le domaine des sciences historiques et de la philosophie de l'histoire. Sans doute, cette théorie n'était pas nouvelle. Bossuet, dans son *Discours sur l'histoire universelle*, avait soutenu très explicitement cette idée qu'il y a dans l'histoire des *époques*, c'est-à-dire des moments de plein épanouissement d'une forme particulière de civilisation qui est sortie, par la volonté et sous la conduite de Dieu, d'un bouleversement antérieur plus ou moins profond, d'une révolution plus ou moins radicale et qui est destinée à disparaître elle-même à son tour, c'est-à-dire à sombrer dans une révolution future. Mais Cousin avait repris cette conception bien connue, en la rajeunissant par un mélange d'idées hégéliennes. Ici, il ne s'agit plus, à proprement parler, de *créations successives*, mais plutôt d'interventions divines, de *coups de la Providence*, se préparant d'ailleurs, suivant Cousin, d'une manière latente d'après la loi métaphysique de la succession, de la gradation des *moments de l'Idée*. Hegel, comme nous le verrons mieux plus tard, admettait une série de phases de l'évolution divine qui se déroule dans l'histoire; et comme, d'après lui, la marche de l'Idée se fait à travers une succession de *thèses* et d'*antithèses*, c'est-à-dire d'actions et de réactions souvent excessives et violentes, les révolutions intestines des États, aussi bien que les guerres de peuple à peuple, doivent être considérées comme des *moyens providentiels* par lesquels le progrès de l'humanité se réalise dans l'histoire, de même que le progrès de la nature se réalise, dans l'ordre de la matière et dans celui de la vie, par des changements profonds, atteignant

jusqu'à l'essence des choses. Or, à l'époque même où dominaient le plus les idées de Cuvier sur les cataclysmes du globe, Victor Cousin avait importé et popularisé chez nous cette conception hégélienne, dont le point culminant est l'*apologie de la victoire*. Hegel et Cousin pensaient que le progrès historique s'accomplit par l'action des grands peuples et surtout par l'action des hommes extraordinaires en qui s'incarne, à un moment donné, le génie de ces peuples. Cousin surtout, croyant à l'innéité absolue des caractères nationaux et des caractères individuels, est bien près de les considérer comme des créations directes par lesquelles la Providence intervient dans les événements de l'histoire pour leur imposer la direction qu'elle juge convenable. Un peuple, d'après lui, représente une idée, et une idée divine, qui constitue son génie national et qui est le principe moteur des grands événements de son histoire comme des manifestations les plus hautes de sa civilisation. Ce génie national d'un peuple se résume dans une formule suprême, qui, bien comprise, donne le secret de sa religion, de son gouvernement, de sa philosophie, de ses arts, de son industrie, ainsi que de l'influence qu'il exerce autour de lui et des rapports qu'il entretient avec les autres peuples. Lors donc que deux nations sont en présence et près d'engager entre elles une de ces luttes sanglantes d'où dépend le sort du monde, le philosophe découvre, derrière cette rivalité qui les met aux prises sur un champ de bataille, l'antagonisme de deux idées ou, plus exactement, de deux moments de l'Idée. La guerre est l'instrument terrible de cette lutte métaphysique; et la victoire, dans laquelle on est trop souvent tenté de ne voir qu'un fait accidentel, est, au contraire, la manifestation nécessaire, providentielle, de celle des idées en présence qui doit s'épanouir, dans une nouvelle période de l'histoire, jusqu'à ce qu'elle soit, à son tour, renversée par le triomphe d'une idée supérieure. Ainsi la victoire est légitime, la victoire est juste, la victoire est sainte, parce qu'elle représente la force même de l'Idée, la volonté même de la Providence, et que, malgré son appareil sanglant, elle est toujours la devancière de la civilisation. *Les guerres sont donc exactement dans l'histoire ce que sont les cataclysmes dans la nature;* il faut voir en elles des convulsions nécessaires, qui nous paraissent, au premier abord, iniques et violentes, mais qui sont, en réalité, bienfaisantes et justes, parce qu'elles replongent dans le néant les civilisations inférieures et font éclore à leur place des formes sociales plus parfaites, où l'Idée prend une plus haute conscience d'elle-même.

4. Nous venons de voir la méthode synthétique momentanément reléguée à la seconde place pour des causes qui sont surtout des raisons de personnes ou des raisons de circonstance; elle ne devait pas longtemps attendre sa revanche. On peut dire, en effet, qu'elle a pour elle les promesses de l'avenir. La science ne saurait s'arrêter trop longtemps à ce que Geoffroy Saint-Hilaire, dans une allusion un peu chagrine contre Cuvier, appelait « des travaux purement descriptifs et oculaires ». Comment la nature pourrait-elle être connue à fond autrement que par la synthèse? Elle est, elle-même, unité synthétique et vivante: cohésion, organisation. « Si, pour l'accomplissement des actes de la vie, dit M. Caro commentant une pensée de Gœthe, elle semble s'être dissipée dans la profusion des détails, dans la multiplicité des organes et la variété des formes, pour le regard de l'observateur attentif au fond des choses, cette diversité de formes et d'organes recouvre une unité mystérieuse, sensible par ses effets, qui rattache les êtres les uns aux autres et qui les domine tous. » La doctrine de l'unité de composition organique, quelles que soient les exagérations et les erreurs qui s'y mêlent incontestablement dans les travaux de Geoffroy Saint-Hilaire, reste donc vraie dans son principe général. Échappée à la discipline de Cuvier, la science ne pouvait manquer d'y revenir assez promptement et de revenir aussi par elle au principe de la continuité naturelle sous la forme de l'évolution et même du transformisme. C'est, en effet, le caractère bien frappant de la science moderne; elle a par-dessus tout le souci de remonter jusqu'aux origines des êtres et d'en suivre pas à pas les développements. Les questions de genèse et de filiation sont devenues pour elle

les plus essentielles, les plus passionnantes. Elle s'est trouvée ramenée ainsi, par la force des choses, à l'idée antique d'un *premier principe*, premier élément ou premier germe, dont toutes choses ont dû sortir par voie de transformation. De là tout un ensemble de conceptions originales et hardies, qui se résument dans ce mot : *la théorie de l'évolution*, et qui constituent une réaction profonde, à certains égards excessive, contre les idées de Cuvier et de son école.

— Parmi ces conceptions, la plus importante peut-être, la plus féconde et la plus décisive, c'est celle que Charles Lyell développa en 1830 dans ses *Principes de géologie*, « ouvrage, dit Hæckel, qui bouleversait de fond en comble la géologie, c'est-à-dire l'histoire de l'évolution de la terre, et la réformait comme, trente ans plus tard, Darwin réforma la biologie ». On sait quelle est l'idée fondamentale de ce livre. Cuvier, tout en admettant des périodes de bouleversement du globe, ne méconnaissait pas l'action secondaire de forces naturelles, d'agents mécaniques, qui travaillent perpétuellement, quoique lentement, à remanier la surface de la terre, et que l'on peut appeler *causes actuelles*, parce que leur action continue à s'exercer, aujourd'hui encore, sous nos yeux. Telles sont : la pluie, qui dénude les montagnes, qui les désagrège et les démolit peu à peu; les eaux courantes, qui charrient la terre arrachée aux montagnes, déposent le limon dans le lit des fleuves, empiètent sur la mer par les alluvions et modifient ainsi le contour des côtes; la mer, qui ronge le pied des falaises et qui les fait reculer; les volcans, qui brisent l'écorce terrestre et qui en redressent les couches de mille façons, effrayantes ou bizarres. Mais, s'il admettait, dans une certaine mesure, cette action des causes actuelles, Cuvier la croyait en même temps très limitée et il affirmait nettement qu'elle n'avait pu suffire à accomplir les révolutions géologiques du passé. Il concluait donc qu'elles ne peuvent pas non plus rendre raison de la structure totale de l'écorce terrestre. Or, c'est sur ce point que Ch. Lyell engagea contre lui une polémique d'où il est sorti victorieux sur tous les points essentiels.

« Il prouva que les modifications de la surface terrestre qui se produisent encore aujourd'hui sous nos yeux suffisent parfaitement à rendre compte de tout ce que nous savons sur l'écorce du globe et qu'il est tout à fait oiseux et superflu d'invoquer des révolutions mystérieuses, causes inintelligibles de ces changements. Il montra que, pour expliquer l'origine et la structure de l'écorce terrestre de la façon la plus simple et la plus naturelle, en invoquant seulement les causes actuelles, il suffit de supposer des périodes géologiques extrêmement longues. » Quelque étonnement que nous cause le soulèvement des hautes chaînes de montagnes, comme les Alpes et les Cordillères, Lyell expliqua qu'il ne faut invoquer pour en rendre compte rien de mystérieux ou de surnaturel : « Ces montagnes n'ont pas jailli subitement par une énorme fissure de l'écorce terrestre, donnant passage à un flot de matières en fusion qui débordait au loin. Elles se sont formées par de lents et imperceptibles mouvements d'élévation et de dépression de l'écorce terrestre, mouvements que nous constatons encore aujourd'hui ». Le temps ajouté au temps, les siècles continués par les siècles suffisent à expliquer ce qui nous paraît d'abord ne pouvoir se produire que par une intervention miraculeuse : « L'accumulation des petites causes produit les grands effets; la goutte d'eau perce la pierre ».

D'ailleurs, ce n'est pas seulement en suggérant l'idée de l'incomparable puissance du temps que Lyell a fortement ébranlé les théories de Cuvier; c'est aussi en tirant de cette idée une explication naturelle des différences si profondes, si frappantes, qu'offrent, au point de vue des fossiles qu'elles contiennent, les diverses couches sédimentaires superposées. Il a montré, en effet (et Darwin, de son côté, est revenu à plusieurs reprises sur cette explication), combien sont nombreuses et variées les conditions qui permettent aux couches sédimentaires de se déposer au fond des eaux; combien le sont davantage encore celles qui doivent s'y ajouter pour que ces couches reçoivent ou conservent des débris fossiles, et, par conséquent, combien il est rare que tant de conditions différentes puissent se trouver réunies.

Il a fait voir qu'entre les époques où se sont déposées deux couches voisines il a dû bien souvent s'écouler une période de temps indéfinie, de telle sorte que, dans l'intervalle, des continents entiers ont quelquefois subi des mouvements alternatifs d'immersion et d'émersion; et de là nous devons conclure qu'entre deux espèces végétales ou animales dont les fossiles se suivent dans une coupe de l'écorce terrestre il a pu y avoir de nombreuses espèces intermédiaires vivant dans des régions différentes, ou même que certaines espèces sont peut-être revenues profondément modifiées dans ces mêmes régions où elles avaient précédemment laissé leurs débris. Ainsi, antérieurement à toute hypothèse sur la cause qui aurait pu produire une transformation graduelle des formes organiques, la théorie de Lyell pose comme possible cette transformation; car, encore une fois, le temps y intervient comme un agent universel capable de remplacer la force, absolument de la même manière que, dans le levier, la force est suppléée par l'espace.

— Toutefois, c'eût été peu de chose, pour ébranler la croyance aux interventions périodiques de Dieu et aux créations successives des êtres vivants que de se borner à établir la possibilité abstraite d'une transformation des espèces végétales ou animales par l'action de la durée. Des croyances scientifiques liées à des dogmes qui ont pour eux le double prestige de l'antiquité et de l'autorité ne peuvent être détruites que le jour où on les remplace par quelque explication ou, au moins, par quelque hypothèse simple, nette, saisissante, et qui apparaisse aux esprits comme une révélation. Il y avait longtemps déjà que la question du transformisme était posée et que l'on cherchait à rendre compte de la multiplicité des formes organiques en expliquant suivant quel mode elles avaient pu sortir toutes d'un prototype unique. Mais Lamarck lui-même, quelle que fût la profondeur de sa théorie, égale ou même, sous certains rapports, supérieure à celle de Darwin, n'avait réussi ni à rendre ses idées populaires, ni même à les faire accepter des savants. Car, tout en parlant, d'une manière générale, du *pouvoir de la nature*, ou, plus expressément, de l'action du besoin, de la force du désir, il ne suggérait aucune conception bien nette sur le mode même d'après lequel se serait opérée, sous l'influence de ce besoin ou de ce désir, la transformation graduelle des espèces. Comme M. de Quatrefages le fait remarquer, il se contentait, sur ce sujet, des formules les plus vagues : « *Je conçois*, dit-il par exemple, en parlant des mollusques gastéropodes, qu'un de ces animaux éprouve en se traînant le besoin de palper les corps qui sont devant lui; il fait des efforts pour toucher ces corps avec quelques-uns des points antérieurs de sa tête et y envoie à tout moment des masses de fluide nerveux, des sucs nourriciers. *Je conçois* qu'*il doit résulter* de ces affluences réitérées qu'elles étendront peu à peu les nerfs qui s'y rendent. *Il doit s'ensuivre*..., etc. » Darwin, au contraire, a fait entrer profondément la conception nouvelle dans l'esprit public par le prestige d'une de ces hypothèses grandioses, dont on sent immédiatement qu'elles vont renouveler de fond en comble l'ordre de sciences dans lequel on les introduit.

Le principe de cette hypothèse de Darwin, on le sait, c'est l'application aux sciences de la vie d'une importante loi que Malthus avait appliquée d'abord à la science sociale. D'après cette loi, il existe une disproportion effrayante entre le nombre des êtres que la nature appelle au banquet de la vie et le nombre de ceux qui réussissent à vivre. En effet, toute espèce tend à se multiplier d'après une progression géométrique dont la raison est exprimée par le nombre des enfants qu'une mère peut mettre au monde dans le cours de sa vie. Or, tandis que le nombre des êtres qui *veulent vivre* s'accroît ainsi d'après une proportion géométrique, celui des êtres qui *peuvent vivre* est infiniment moins considérable; car, même pour l'espèce humaine et dans les circonstances les plus favorables, la quantité des subsistances s'accroît tout au plus d'après une simple proportion arithmétique, et pour les espèces animales et végétales, à partir d'un certain moment, elle ne s'accroît plus du tout, attendu que les animaux et les végétaux ne peuvent pas, comme l'homme, créer des moyens nouveaux d'existence; une seule espèce finirait donc par envahir promptement le globe entier, si la nature n'avait pris soin d'opposer un insurmontable obstacle à sa multiplication.

Cet obstacle, c'est la *concurrence vitale* ou la *lutte pour la vie*. Non seulement les espèces se limitent les unes les autres dans leur expansion, mais encore, au sein d'une même espèce, les individus se tiennent mutuellement en échec par cela seul qu'ils se disputent l'insuffisante quantité de subsistances que la nature a mise à leur disposition. Il résulte de là que, parmi les individus (et la même loi s'applique aussi bien aux espèces), ceux qui ont reçu de la nature, fût-ce simplement par hasard, une particularité quelconque d'organisation, soit physique, soit mentale, qui leur assure un avantage dans la lutte pour la vie doivent nécessairement l'emporter sur leurs rivaux, les éliminer, les empêcher ou de vivre ou de se reproduire. Il s'opère ainsi, avec l'aide du temps, une *sélection naturelle*, qui est tout en leur faveur; mieux armés, soit pour la défensive, soit pour l'offensive, ils transmettent à leurs descendants les caractères nouveaux qui leur ont assuré la victoire; ces caractères se fixent, s'affermissent par l'hérédité; et voilà comment une variété heureuse devient avec le temps une race choisie, puis finalement une espèce prépondérante, devant laquelle s'effacent, sans qu'il soit même toujours besoin d'une lutte directe, les espèces moins favorisées. Les résultats obtenus par la sélection naturelle se complètent encore et se fortifient par la *sélection sexuelle*, qui tend surtout à maintenir dans les espèces victorieuses la pureté idéale de leur type. Ainsi le progrès se réalise dans le monde de la vie par le seul jeu de lois naturelles très simples; des flores ou des faunes nouvelles, de plus en plus parfaites, se répandent, se propagent sur toute la surface du globe, sans qu'il soit nécessaire d'imaginer des créations spéciales, ni même des intentions providentielles.

Le principe de cette explication purement naturelle de la variété et du progrès dans la nature n'est pas seulement très simple, il est encore très fécond; une fois trouvé, il s'étend comme de lui-même à une infinité de choses; mille détails de la nature, qui paraissaient d'abord ne pouvoir s'expliquer que par les arrangements d'une providence, ne sont plus, d'après lui, que les simples conséquences d'un seul fait initial, la lutte pour la vie, auquel se rapportent, comme ses conséquences nécessaires, la sélection naturelle et la sélection sexuelle.

— Il suffira d'en signaler rapidement quelques exemples.

Fénelon, Bernardin de Saint-Pierre, Chateaubriand ont chanté bien des hymnes à la Providence au sujet des harmonies de la nature et, en particulier, des corrélations qui existent entre certains êtres vivants et leur milieu. Mais, outre que ces corrélations et ces harmonies, considérées d'une manière générale, sont le résultat d'une lente adaptation, amenée elle-même par les nécessités de la vie, par les exigences de la lutte, quelques-unes d'entre elles semblent bien être, d'après Darwin, qui a renouvelé sur ce point l'antique conception d'Épicure, le simple résultat du hasard.

Ainsi, nous admirons chez certains insectes le vert plus ou moins tendre ou foncé de leur corps ou de leurs ailes, ou bien encore chez un grand nombre d'animaux les nuances délicates de leur robe, généralement jaune. Nous attribuons directement à Dieu, à un choix providentiel, à un dessein général d'harmonie, le choix de ces couleurs. Mais, d'après Darwin, elles s'expliquent bien plus simplement par une nécessité de la concurrence vitale. Si tant d'insectes ont une couleur verte, c'est que cette couleur, se confondant avec celle des feuilles, les empêche d'être aperçus; elle les protège donc contre leurs ennemis. Cela ne veut pas dire que Dieu leur a donné cette couleur *afin qu*'ils échappent à leurs ennemis, mais ceux qui ont eu *par hasard* cette couleur ont été beaucoup mieux protégés que les autres contre les rigueurs de la lutte pour l'existence, et, par conséquent, ils ont survécu en bien plus grand nombre; de même, si beaucoup d'animaux qui vivent ou dont les ancêtres ont vécu dans les déserts ont une robe jaune, c'est que cette couleur, se confondant avec celle du sable, a constitué pour eux un très grand avantage dans la lutte pour la vie, leur a permis de se propager en plus grande sécurité, par suite en plus grand nombre, et leur a ainsi assuré la victoire sur leurs rivaux.

Quant à la beauté des formes, à l'éclat des couleurs, au charme de la voix, particulièrement chez beaucoup d'oiseaux, il n'est pas nécessaire non plus d'expliquer ces nouveaux avantages, d'ordre tout esthétique, par une bonté de la Providence à leur égard. On en trouve l'explication toute naturelle dans ce simple fait que, chez les animaux en général, la lutte pour l'amour, la rivalité en vue de la reproduction a une importance considérable. Or, le plus souvent, cette rivalité se fait sous une forme violente; mais quelquefois aussi, particulièrement chez les oiseaux, elle est pacifique. Le mâle s'efforce alors de plaire à la femelle, de se *faire préférer*; pour cela il étale devant elle tous ses avantages; le paon fait la roue; les oiseaux chanteurs, le rossignol par exemple, lancent dans l'air leurs trilles les plus brillants. Il suffit de reconnaître chez les animaux un certain sens du beau, un certain instinct esthétique, pour être en mesure de comprendre à quel point l'action de ce sens doit favoriser chez eux le développement, le perfectionnement, le triomphe final des variétés les plus belles et les plus parfaites.

Enfin, les corrélations organiques, ce thème le plus habituel des dithyrambes en l'honneur de la Providence, peuvent s'expliquer aussi de la même manière. D'après Darwin, elles ne sont pas *une fin*, voulue et préparée par la nature; elles ne sont qu'*un résultat*. Quand on observe une espèce animale ou végétale en voie de variation, on voit se manifester en elle ce qu'il nomme des *corrélations de croissance*; c'est-à-dire que certaines modifications réalisées dans un appareil ou dans un organe entraînent des changements corrélatifs plus ou moins sensibles dans d'autres appareils, dans d'autres organes, qui semblent quelquefois, au premier abord, ne point avoir de relation avec les premiers. Cela prouve déjà qu'il y a une certaine harmonie naturelle entre les diverses parties d'un organisme vivant, qu'elles se sentent en sympathie les unes avec les autres; par conséquent, un animal chez qui un organe se modifierait ou se développerait sans qu'il se produisît dans les organes sympathiques une croissance ou une modification correspondante *sentirait une sorte de gêne intérieure*, d'embarras organique, qui constituerait pour lui un état d'infériorité dans la lutte pour l'existence. A plus forte raison en est-il ainsi pour les organes qui tendent visiblement à un même but; qui ont, par exemple, pour objet commun, la découverte ou la poursuite de la proie. Il est évident que les animaux chez lesquels, fût-ce même par hasard, la corrélation de croissance et, par suite, la bonne adaptation d'un organe à un autre se produiront de la manière la plus prompte et la plus sûre, auront par cela seul un avantage marqué sur leurs rivaux et l'emporteront sur eux dans la bataille de la vie. Cela nous suffit pour conclure que les corrélations organiques dans les espèces actuellement vivantes sont le résultat non d'un dessein providentiel, suivant lequel chacune de ces espèces aurait été créée à un moment donné, mais de corrélations de croissance qui se sont produites dans le cours de l'évolution organique antérieure.

5. Telle est, dans quelques-unes au moins de ses lignes principales, cette grande conception de Darwin, qui doit être considérée d'abord comme l'événement scientifique le plus considérable de notre époque (car toutes les sciences humaines sans exception ont été plus ou moins renouvelées par son influence, fécondées par ses principes), mais dans laquelle il faut voir aussi un événement philosophique de la plus haute importance, puisqu'elle semble avoir tranché définitivement en faveur de l'idée d'évolution contre l'idée de création le grand débat dont nous avons résumé plus haut quelques phases. Cependant, la victoire du darwinisme et de la forme particulière du transformisme qu'il représente avec tant d'éclat est-elle aussi décisive, est-elle surtout aussi complète que quelques personnes se le figurent? C'est un point important qu'il nous reste à examiner. — Au premier abord, le darwinisme constitue la plus formi-

dable objection qui se soit jamais élevée contre l'idée de la finalité et, par suite (vu l'étroite liaison qu'on a coutume d'établir entre ces deux choses), contre l'idée de la Providence. Il n'est pas difficile d'en voir la raison : c'est que l'idée de la sélection naturelle repose elle-même, en réalité, sur celle du hasard. La sélection ne fait triompher que ce que, d'abord, le hasard a produit. En d'autres termes, Darwin, comme nous l'avons déjà fait observer, continue Épicure.

Il le continue en apportant à sa doctrine une modification capitale. Les épicuriens, en effet, avaient bien introduit dans la physique l'hypothèse du hasard; mais ils n'avaient pas expliqué comment le hasard peut devenir *une force*, comment il peut y avoir en lui *une puissance créatrice*. Ils disaient bien que nos yeux ne nous ont pas été donnés pour voir, mais que, comme ils se trouvent, par hasard, aptes à la vision, nous nous en servons pour la vision; de même, que l'aile n'a pas été donnée à l'oiseau pour voler, mais que comme il se trouve, par hasard, qu'elle est apte au vol, l'oiseau s'en sert pour le vol; ainsi les pierres et les pointes de rochers qui se trouvent sur la pente d'une montagne n'ont pas été mises là pour permettre aux paysans de gravir cette montagne; seulement, comme elles se trouvent, par hasard, bonnes pour cet usage, les paysans s'en servent pour cet usage. Mais, en énonçant ces formules, les épicuriens n'expliquaient pas comment l'aile avait pu se former, comment l'œil avait pu s'organiser; ils se contentaient de proposer, à ce sujet, leur hypothèse d'une infinité de combinaisons possibles, ayant à leur disposition, pour se réaliser, l'infini de l'espace et du temps. Darwin, au contraire, donne au hasard, du moins dans la nature vivante, une puissance créatrice, puisqu'il fait de quelques-unes de ses combinaisons (les plus nombreuses, d'ailleurs, étant restées stériles) des auxiliaires, dont une sorte de *volonté de vivre* qui est au fond de la nature se sert soit pour parvenir, soit pour continuer à vivre. Le premier animal à qui la nature a donné, par hasard, un rudiment d'œil ou un rudiment d'aile a été mis par cela même (grâce à la supériorité que cela lui créait au point de vue de la lutte pour la vie) dans les conditions les plus favorables pour que le germe qui lui était confié pût s'accroître indéfiniment. L'adaptation au milieu, principe de la conservation ou du développement d'un être, ne suppose donc pas nécessairement une intention ou un calcul; elle n'est qu'un cas heureux parmi des milliers de cas dont il n'est rien sorti; elle n'est, en un mot, qu'une *réussite* [1].

1. L'opposition absolue du darwinisme à toute idée d'une Providence, d'un gouvernement divin de l'univers, se montre encore plus clairement peut-être dans la théorie darwinienne des instincts, que dans tout le reste du système. On sait que l'appropriation des instincts au genre de vie et aux conditions d'existence de chaque espèce animale a été considérée longtemps comme une des preuves les plus palpables d'une Providence partout présente, qui emploierait continuellement son industrie à établir entre les êtres vivants et le milieu où ils sont destinés à vivre les corrélations nécessaires à leur conservation et à leur développement. Sans doute, cette théorie, telle qu'elle est exposée, par exemple, à chaque page du *Traité de l'existence de Dieu* de Fénelon, ne saurait être considérée aujourd'hui comme ayant une valeur philosophique sérieuse; car elle a pour point de départ cette supposition étrange, inadmissible, que, dans la nature, les parties précéderaient en quelque sorte le tout; les organes, d'une part, les besoins, de l'autre, formeraient, à l'origine, deux séries indépendantes, que l'adresse du Créateur aurait eu ensuite à relier par des combinaisons toutes factices. Darwin, évidemment, ne pouvait s'arrêter à une conception aussi superficielle; mais il semble qu'il aurait pu, du moins, adopter et confirmer par ses propres observations celle qui ramène l'instinct à n'être qu'une sorte de coutume et qui explique tout particulièrement par des habitudes héréditairement transmises les instincts profonds et invétérés, ceux qui, chez tant d'insectes et d'oiseaux, se manifestent par les opérations les plus complexes ou par les constructions les plus merveilleuses. Cette hypothèse, à laquelle Lamarck s'était arrêté, n'est nullement inconciliable avec l'idée d'une Providence qui s'exercerait précisément par l'intermédiaire des *désirs* et des *besoins*, considérés comme autant de *pressentiments sourds* d'un plan divin, que devine en quelque sorte cette conscience diffuse qui s'élabore à travers la série animale. A cette conception, qui exigerait simplement quelque foi à la puissance de la finalité et de l'idée, Darwin aime mieux substituer l'action du *hasard*, se manifestant par la production de petites différences, de variations légères, mais avantageuses, que la sélection naturelle recueille peu à peu et qui finissent par produire de grands résultats. Déjà, l'instinct du coucou s'explique de cette manière : il provient de ce que, à l'origine, certaines espèces de coucous ont, par hasard, déposé leurs œufs dans des nids d'espèces étrangères et *s'en sont*, pour ainsi dire, *bien trouvées*. Si les jeunes oisillons abandonnés sont devenus plus vigoureux en profitant ainsi des méprises de l'instinct chez leur mère adoptive, il en est résulté pour eux un avantage dans la lutte pour la vie, et

— Il faut pourtant bien reconnaître que là est le point faible de l'hypothèse de Darwin et le principe de réactions qui commencent à se dessiner très nettement contre son système. Qu'est-ce, en effet, que ce hasard de Darwin? Pour poser la question aussi simplement que possible, nous la réduisons à cette alternative : Est-ce un *hasard absolu* ou n'est-ce qu'un *hasard relatif?* Si c'est un hasard absolu, il faut admettre que l'évolution générale de la nature vivante aurait pu se produire dans un tout autre sens que celui où elle s'est réellement produite. La moindre pierre d'achoppement eût suffi pour faire dévier de leur ligne naturelle les développements de la vie, pour imprimer telle ou telle direction, telle ou telle *torsion* imprévue à l'arbre généalogique des espèces. L'homme, placé au sommet de la hiérarchie des êtres vivants, est, dans sa forme réelle, le produit de millions de coups de hasard. Si un de ces coups eût été autre, l'aboutissement final de la série eût été changé avec la série elle-même; l'afflux vital se serait engagé

comme l'analogie nous porte à croire qu'ils ont dû hériter de leur propre mère la même disposition à abandonner leurs petits, l'établissement fortuit de cet instinct utile a dû amener l'élimination graduelle des espèces concurrentes. C'est ainsi que les coucous semblent tenir de la nature ce qui leur vient en réalité du hasard. Mais si de cet exemple simple on passe aux merveilles de l'instinct constructeur des abeilles, l'explication reste la même : cet instinct si admiré provient de petits perfectionnements graduels, qui ont leur source dans le hasard et qui ont amené peu à peu certaines espèces au mode de construction qui permet à leurs cellules de contenir la plus grande quantité possible de miel avec l'emploi de la moindre quantité possible de cire. « Naturellement, les abeilles ne savent pas plus qu'elles décrivent leurs sphères à une distance particulière les unes des autres qu'elles ne savent ce que c'est que les divers côtés d'un prisme hexagone ou les rhombes de sa base; mais, tout essaim particulier qui, d'après ce procédé de sélection naturelle, construisit des cellules de plus en plus parfaites et consomma le moins de miel pendant la sécrétion de la cire ayant dû mieux réussir que les autres et, en outre, ayant probablement transmis ces nouveaux instincts économiques à d'autres essaims, ceux-ci ont dû avoir les plus grandes chances de l'emporter sur leurs rivaux moins favorisés dans la concurrence vitale. » Enfin, nous ne pouvons que renvoyer à *l'Origine des espèces* pour voir comment Darwin, partant de cette idée que « le principe de sélection s'applique à la famille aussi bien qu'à l'individu », en arrive, par un miracle d'ingéniosité dans l'hypothèse, à expliquer par la seule action d'un hasard heureux la permanence de certains instincts utiles *chez les neutres eux-mêmes.*

dans d'autres directions, eût suivi d'autres canaux, eût abouti à d'autres formes. Ainsi, aucun plan, aucun système, aucune préformation n'existe dans la nature; les choses vont au jour le jour et tournent comme elles peuvent. Poussé à de si extrêmes conséquences, le premier terme de l'alternative ne paraît guère soutenable. Il s'agit donc simplement ici d'un hasard relatif. C'est-à-dire que la nature ne doit pas être comparée à un mécanisme d'horlogerie où tout se déroule avec une indéfectible précision. La nature (et nous entendons particulièrement ici la nature vivante) est une activité toute plastique, à laquelle il faut reconnaître une certaine part d'indétermination, de spontanéité et d'initiative. Semblable à un artiste, elle cherche sa voie, elle choisit ses moyens; pour exprimer l'idée qui vit en elle, qui palpite en quelque sorte dans son sein, elle tâtonne, elle essaie; il semble qu'elle ne sache pas bien dans quel sens se fera la future manifestation de son génie et qu'elle pousse des reconnaissances dans toutes les directions. Par suite, dans le germe de chaque individu, il y a quelque chose de particulier et de vraiment nouveau, un élément d'originalité, un *quid proprium*, qui n'est pas simplement le produit, la résultante des influences héréditaires, mais une création véritable. Si c'est là ce que Darwin veut dire, sa théorie devient, à deux points de vue distincts, parfaitement admissible. Car, d'abord, elle nous indique un certain sens dans lequel pourrait être résolu le problème si controversé et si obscur de l'individuation : ce qui fait que tout individu est *lui-même*, c'est une certaine déviation du type, qui commence à s'ébaucher en lui, une certaine anomalie, disons, si l'on veut, une certaine *monstruosité à l'état naissant*; il y a donc en lui le germe d'une espèce, et inversement une espèce, à son point de départ, est une individualité fortement accusée et qui se prolongera dans l'avenir. Mais, ensuite et surtout, nous ne pouvons savoir (Darwin lui-même ayant fait quelquefois ses réserves sur ce point) si ce hasard ne cache pas une finalité; si le caractère nouveau par lequel la nature tâte en quelque sorte le terrain et qui va jouer son rôle dans la bataille où se décident continuellement les destinées futures de la vie n'est pas la manifestation d'une idée, d'une *idée plastique*, qui fait partie d'un plan, qui contient, par conséquent, une finalité, et d'où sortira une forme spécifique supérieure, ou simplement nouvelle, tenue jusque-là en réserve dans les desseins de la nature.

Or, c'est dans ce sens que les naturalistes philosophes commencent aujourd'hui à s'engager et là se trouve le germe d'une conception supérieure qui, n'étant précisément ni celle de Cuvier, ni celle de Lamarck, de Geoffroy ou de Darwin, pourrait bien arriver un jour ou l'autre à les concilier. C'est une conception *essentiellement esthétique*, dont le point de départ, dont l'idée dominante est que la nature doit être considérée surtout comme un ordre, comme un *cosmos*; la raison d'être des parties qui la composent, des types spécifiques qui la remplissent, est une raison d'harmonie, de proportion et de convenance; les choses *sont* parce qu'elles *doivent être*, parce qu'elles font partie d'un *système* dont tous les éléments se supposent les uns les autres. En présence d'un tel principe, les idées de création et d'évolution n'ont plus qu'une importance subordonnée; car elles ne se rapportent plus qu'aux moyens de réalisation de l'ordre du monde, et ainsi on peut indifféremment se prononcer pour l'une ou pour l'autre. Cette conception est tellement large qu'on peut également la soutenir en se plaçant au point de vue de la création et au point de vue de l'évolution, au point de vue du théisme et au point de vue du panthéisme; et la preuve en est que nous la rencontrons sous des formes très peu différentes, d'une part, au point de vue du théisme et de la création, dans le livre d'Agassiz : *l'Espèce et la Classification en zoologie*, publié presque en même temps que *l'Origine des espèces*, de l'autre, au point de vue du panthéisme et de l'évolution, dans *la Philosophie de l'Inconscient* de Hartmann et dans son *Étude sur le darwinisme*.

— Le livre, le très beau livre d'Agassiz a été bien injustement traité par Hæckel, qui, obéissant toujours à son parti pris systématique, affecte, dans son *Histoire de la création des êtres organisés*, de n'y voir qu'une simple réédition de la doctrine de Cuvier. C'est méconnaître volontairement l'*idée esthétique* qui en constitue la très réelle et très profonde originalité. Cuvier, en effet, n'a donné qu'une place excessivement restreinte à la considération de l'ordre et du beau dans l'ensemble de la nature. Il semble que ce qui le préoccupait surtout, ce qui correspondait le plus à son idéal personnel, c'était l'idée et le sentiment de la *puissance*. L'état du monde a été changé; il l'a été plusieurs fois; il l'a été récemment; il l'a été par l'action de causes infiniment plus puissantes que celles qui agissent actuellement à la surface du globe; voilà les idées familières à Cuvier, celles qui remplissent la plus grande partie de son célèbre *Discours*. Mais y a-t-il une continuité harmonique entre les diverses créations? Se supposent-elles mutuellement? se font-elles suite les unes aux autres, comme les chapitres d'un livre, comme les chants d'un poème? Le génie de Cuvier s'arrête peu à ces questions. Au contraire, elles se rencontrent à chaque page dans le livre d'Agassiz. L'idée du *cosmos* prend chez lui des proportions inattendues. Pour lui, le monde est un ordre, non pas simplement dans le sens où l'entendait Humboldt, c'est-à-dire à cet unique point de vue qu'il y a une corrélation actuelle entre les diverses parties de la nature, entre les diverses formes de la vie, mais aussi et surtout en ce sens que la création zoologique forme dans le temps, plus encore peut-être que dans l'espace, un système naturel dont la cohésion est admirable, dont l'unité est absolument digne de la souveraine sagesse.

Une pensée principale circule à travers toute la philosophie zoologique d'Agassiz, c'est que *l'idée domine la matière*. Les arrangements organiques si variés, mais en même temps si harmoniques, que la nature nous présente, ne sont pas le résultat de combinaisons purement matérielles; car, s'il en était ainsi, ils porteraient les traces de leur dépendance vis-à-vis de la matière, de leur asservissement à des lois toutes mécaniques. Au contraire, c'est la matière qui s'est prêtée, comme une souple argile, à toutes les volontés, on pourrait dire à toutes les fantaisies de l'intelligence. Il semble que la pensée créatrice ait pris plaisir à manifester partout, sous les formes les plus claires, sa parfaite indépendance, son insouciance absolue des résistances possibles de la matière. Ainsi, les types les plus divers coexistent au milieu de circonstances identiques. C'est là une manifestation d'intelligence. Cela prouve chez le Créateur « la capacité d'adapter une grande variété de structures aux conditions les plus uniformes ». Mais, inversement, des types semblables se répètent dans les circonstances les plus diversifiées. Cela montre que la liaison qui existe entre ces types est d'une nature immatérielle. L'esprit créateur révèle, dans cette indifférence de l'être créé aux conditions de son milieu, « l'indépendance absolue où il se trouve à l'égard des influences du monde matériel ». Les exemples de cette vérité vont à l'infini. Si l'on considère, par exemple, ce que les naturalistes appellent les *homologies spéciales*, c'est-à-dire les correspondances entre les détails de la structure, correspondances qui s'étendent aux particularités les plus infimes chez des animaux qui n'ont, d'ailleurs, aucun lien entre eux, ces homologies prouvent que l'intelligence créatrice possède « la faculté d'exprimer une proposition générale par un nombre infini de formules, dont chacune est aussi complète que les autres, quoiqu'elle en diffère dans tous les détails ». Ainsi, le naturaliste qui interprète en philosophe les lois les plus variées de la structure dans les êtres vivants y retrouve, mais sous une forme éminente, à un degré infini, toutes les facultés spéciales, toutes les aptitudes merveilleuses qui constituent chez l'homme le génie. On en peut donner comme preuve particulièrement frappante les *types prophétiques*. Il faut bien qu'une pensée une relie et synthétise toutes les parties de la création, quelque dispersées qu'elles soient à travers le temps, pour que des animaux d'ordre inférieur nous offrent « la représentation anticipée des combinaisons structurales qui, plus tard, s'observeront dans deux ou plusieurs types distincts ».

Rien donc n'est plus arbitraire et rien n'est plus douteux que le principe posé par Geoffroy Saint-Hilaire sur la toute-puissance du monde ambiant pour modifier les formes organiques. Agassiz ne perd aucune occasion de montrer, au contraire, que le monde physique, soit au point de vue des substances dont il se compose, soit au point de vue des phénomènes dont il est le théâtre, n'a que très peu varié depuis les âges géologiques les plus anciens. Le phosphate de chaux n'a jamais changé dans sa substance pendant tout le cours des âges de la terre; et cependant avec cette même substance un poisson fait ses épines et chaque poisson fait les siennes; la tortue en construit sa carapace, l'oiseau ses ailes, le quadrupède ses membres, et l'homme, semblable en cela à tous les vertébrés, l'entière charpente de son corps. « Où donc, demande Agassiz, est l'analogie entre tous ces faits? » De même, les agents physiques sont restés aujourd'hui ce qu'ils étaient aux époques les plus lointaines : « Les empreintes de gouttes de pluie dans les roches triasiques ou carbonifères apportent jusqu'à nous le témoignage que l'évaporation avait lieu autrefois à la surface du globe comme elle a lieu aujourd'hui; aux époques antérieures comme de nos jours, elle a toujours produit dans l'atmosphère des nuages qui, après s'être accumulés, se condensaient pour retomber en pluie »; et cependant, malgré cette permanence, cette stabilité du milieu physique, des formes infiniment variées de la vie végétale et de la vie animale, des espèces très différentes les unes des autres non seulement par leurs particularités organiques, mais aussi par leurs habitudes et leurs mœurs, n'ont cessé de se succéder, de se remplacer sur la surface du globe, sans qu'on puisse découvrir d'autre raison d'être à cette inépuisable diversité de la nature que la nécessité d'un plan divin qui veut être rempli dans toutes ses parties, exécuté jusque dans les derniers détails de son harmonieuse et savante composition. En présence de pareils résultats, Agassiz n'hésite point à maintenir l'idée de création dans ce qu'elle a de plus strict et de plus absolu, et bien qu'il n'ait pas le droit de se prononcer, comme naturaliste, sur le mode d'après lequel se seraient produites, sur divers points de l'espace et du temps, les interventions du Créateur dans le développement de son œuvre, il considère ces interventions comme des faits réels, nécessaires, qu'on n'a pas le droit de nier au nom de la science expérimentale, puisqu'on ne peut absolument pas les remplacer par autre chose.

— Tout autre est, sur ce dernier point, la conclusion de Hartmann, qui, non content d'admettre sans aucune restriction le fait de la descendance, reproche même à Darwin de ne s'être point encore dégagé suffisamment de l'antique préjugé qui fait du monde une œuvre divine. Mais si, à ce point de vue, sa doctrine est absolument opposée à celle d'Agassiz, il se rapproche, au contraire, de lui par la netteté, par l'énergie avec laquelle il affirme, lui aussi, l'idée d'une *esthétique de la nature* et considère cette idée comme expliquant infiniment mieux les harmonies et les développements de la vie que ne peuvent le faire les causes purement mécaniques, seules invoquées par Darwin ou par Hæckel. L'erreur de Darwin et de son école provient, d'après lui, de ce qu'ils n'ont pas vu l'importante distinction qu'il faut établir, si l'on veut se faire une idée vraiment philosophique de la nature, entre la *parenté idéale* et la *parenté généalogique*. La parenté idéale est la vraie loi du monde; c'est elle seule qui explique la distribution des êtres vivants d'après leurs rapports de structure morphologique. La parenté généalogique, au contraire, n'est rien de plus « qu'un des modes auxquels la nature a recours pour la réalisation de types unis d'abord entre eux par une parenté idéale. Elle n'est que le *véhicule* par lequel la parenté idéale se réalise dans le règne végétal comme dans le règne animal; mais les causes mécaniques qui sont en jeu dans la génération seraient absolument impuissantes à faire sortir une espèce d'une autre, si ces deux espèces n'étaient unies par le lien de parenté idéale, qui est de beaucoup le plus essentiel. C'est ce que n'a pas vu Darwin, et ce que ne voient pas non plus tous ceux qui, en adoptant son système, placent la théorie de la sélection, dont la valeur est toute relative, sur le même rang que la théorie de la descendance, dont la vérité est, au contraire, absolue. Tous ont été dupes d'une confusion qui repose peut-être uniquement sur une mauvaise habitude de langage. Il nous arrive à tous de dire quelquefois que l'église gothique est née de l'église romane, que l'église romane est née de la basilique et que celle-ci, enfin, pourrait bien être née elle-même d'une espèce de marché romain; mais, en parlant ainsi, nous n'entendons pas signaler une parenté généalogique; ni, de même, si nous disons (en tenant compte de la possibilité théorique d'une transformation par degrés intermédiaires) que l'hyperbole est née de la parabole, celle-ci de l'ellipse, celle-ci, à son tour, du cercle ou même (avec un axe infiniment petit) de la ligne droite. La parenté généalogique n'est donc qu'un cas tout particulier. Elle n'existe pas dans le règne minéral, dont les types ne sont reliés entre eux que par une parenté purement idéale. Bien plus, dans le monde même de la vie la parenté généalogique reste subordonnée à l'autre. Ainsi, pour Hartmann comme pour Agassiz, c'est la parenté idéale qui explique (avec cette seule différence qu'il ne les rattache point aux conceptions d'une pensée divine, mais bien aux volontés de l'Inconscient) toutes les relations spécifiques autres que celles dont la descendance nous rend directement compte par le moyen de ces *homologies spéciales* dont il était question plus haut. Partant de là, il rejette le rôle vraiment excessif que Darwin accorde à la lutte pour l'existence et, par suite, à la sélection naturelle ainsi qu'à la sélection sexuelle. Ce ne sont pour lui que des principes auxiliaires d'explication. « Considérer la sélection qui résulte de la lutte pour l'existence comme étant, en essence, un principe d'explication suffisant de l'évolution du monde organique, ce serait prendre pour l'architecte de la cathédrale de Cologne le simple manœuvre qui travaille, avec tant d'autres, à mettre à leur place les pierres de cet édifice [1]. »

1. De la supériorité esthétique que nous venons de reconnaître à la conception d'Agassiz ou à celle de M. de Hartmann sur le système de Darwin, il ne faudrait pas conclure que l'auteur de *l'Origine des espèces* soit

— Ainsi, Agassiz et Hartmann en reviennent l'un et l'autre, bien que dans des sens très différents, à la conception d'*idées*, divines ou inconscientes (peu importe en ce moment), qui pré-

étranger à toute préoccupation de mettre sa théorie en accord avec le sentiment du beau ou avec celui du sublime. Non seulement ses idées sur la sélection sexuelle et sur l'expression des émotions soulèvent quelques questions assez délicates d'esthétique, mais encore on trouve, sur ce sujet, dans la conclusion même de *l'Origine des espèces*, quelques vues qui méritent d'être signalées en parallèle avec celles d'Agassiz.

« D'éminents auteurs, écrit Darwin, semblent pleinement satisfaits de l'hypothèse d'après laquelle chaque espèce a dû être créée séparément. Mais, ce que nous savons des lois imposées à la matière par le Créateur s'accorde mieux avec la formation et l'extinction des êtres présents et passés sous l'influence de causes secondes, semblables à celles qui déterminent la naissance et la mort des individus. Quand je regarde tous les êtres non plus comme des créations spéciales, mais comme la descendance en ligne directe d'êtres qui vécurent longtemps avant que les premières couches du système silurien fussent déposées, *ils me semblent tout à coup anoblis.* »

Voilà une considération esthétique très importante. Si la poésie des choses consiste surtout dans les perspectives qu'elles ouvrent devant notre imagination, dans le tourbillon d'idées et de sentiments qu'elles soulèvent en nous quand elles se représentent avec toute la série des connexions qui les unissent à mille et mille autres, subitement évoquées; si, pour résumer cela en deux mots, *la poésie des choses réside surtout dans leur passé*, que peut-il y avoir, en effet, de plus poétique que de relire en abrégé toute l'histoire du passé de la vie, *réellement présente*, *substantiellement enveloppée* dans un être vivant, dont chaque organe et chaque élément d'organe est pour nous le *témoin* d'un travail qui s'est accompli, d'un progrès qui s'est réalisé à travers les âges du monde, par la collaboration anonyme de myriades d'êtres qui se sont succédé pendant des périodes mille et mille fois séculaires?

« Dans cette hypothèse, dit encore Darwin, les expressions d'affinités, de parenté, de communauté de type, de morphologie, de caractères d'adaptation, d'organes rudimentaires ou avortés, etc., cessent d'être des métaphores et prennent un sens absolu. Quand nous ne regardons plus un être organisé comme un sauvage regarde un navire, c'est-à-dire comme quelque chose qui surpasse notre intelligence; quand nous considérons chaque production de la nature comme ayant eu son histoire; quand nous regardons chaque organe et chaque instinct comme la résultante d'un grand nombre de combinaisons partielles dont chacune a été utile à l'individu chez lequel elle s'est produite, à peu près comme nous voyons dans toute grande invention mécanique la résultante du travail, de l'expérience, de la raison et même des erreurs de nombreux ouvriers; je puis dire, d'après mes propres expériences, que d'un pareil point de vue l'étude de chaque être organisé et de la nature entière ne peut que sembler *bien autrement intéressante.* »

La diversité des hommes au point de vue de l'aptitude à saisir et à comprendre les aspects variés du beau est vraiment bien étrange! Là où les uns ont des sens merveilleusement ouverts, d'autres sont insensibles sident à l'évolution des choses, à la création des organismes. Leur attaque commune contre le transformisme purement matérialiste s'accorde, d'ailleurs, avec les objections et réserves principales qui ont été formulées aussi contre la doctrine de Darwin par les plus éminents de nos naturalistes et de nos philosophes français. Ces objections, en effet, se réduisent à deux tout à fait essentielles, dont il suffira de signaler brièvement la corrélation avec celles du naturaliste suisse et du métaphysicien allemand.

La première est que rien ne prouve, en l'état présent de la science, que la sélection naturelle soit vraiment un principe de progrès; c'est-à-dire que, d'abord, au sein même des espèces, elle travaille toujours dans le sens de l'amélioration, et qu'ensuite

et aveugles; inversement, les derniers saisiront quelquefois, avec une rare délicatesse d'intuition, tel autre ordre de choses qui échappera totalement aux premiers. Darwin est insensible à la beauté de ce *plan providentiel idéal* qui, d'après Agassiz, est éternellement conçu et patiemment réalisé par une intelligence absolument indépendante de la matière. Agassiz, en revanche, est insensible à la poésie de cette *vie universelle* que Darwin retrouve, toujours une, toujours identique à elle-même, circulant par l'étroit canal des lois de la descendance à travers la chaîne entière des êtres vivants, depuis le protiste jusqu'à l'homme; il ne lui répugne pas de voir l'arbre de la vie brisé en mille rameaux, indépendants les uns des autres, reliés seulement par l'unité d'une conception d'ensemble. Qui a le plus raison, esthétiquement parlant, de Darwin ou d'Agassiz?

Il y a, en tout cas, un point sur lequel Darwin a beau jeu contre ses adversaires : c'est quand il leur demande quelle représentation ils se font du *mode* suivant lequel se serait produite une création isolée. « Ces auteurs ne semblent pas plus s'étonner d'un acte miraculeux de création que d'une naissance ordinaire; mais croient-ils réellement que, à d'innombrables époques de l'histoire de la terre, certains atomes élémentaires ont reçu l'ordre de jaillir soudain en tissus vivants? Croient-ils que chacun de ces actes de création supposés ait produit un seul individu ou plusieurs? Les espèces animales ou végétales, en nombre infini, ont-elles été créées à l'état d'œuf ou de graine, ou à l'état de parfait développement? Les mammifères, entre autres, furent-ils créés avec la *marque mensongère* de leur suspension à la matrice de leur mère? Croit-on, enfin, que d'innombrables êtres, dans chaque grande classe, aient été créés avec les *marques apparentes, mais trompeuses*, de leur descendance d'un même ancêtre? » Il suffira de rappeler ici que cette *tromperie* du Créateur est considérée par Agassiz comme une chose toute naturelle et qui ne soulève à aucun degré la protestation de son sens esthétique, pas plus que de son sens scientifique.

elle opère vraiment la transmutation d'une espèce inférieure en une espèce supérieure. Sur le premier point, l'expérience bien interprétée montre, dit M. de Quatrefages, que la sélection a surtout pour but d'amener une corrélation plus parfaite entre l'espèce et tel ou tel milieu où elle est destinée à vivre; mais cette corrélation ne s'établit pas toujours et nécessairement par une complication croissante et par un perfectionnement progressif. Loin de là : elle se fait quelquefois par l'oblitération de certains organes ou par la suppression de certains instincts devenus inutiles. Alors, son résultat n'est pas un progrès, mais, au contraire, une rétrogradation. « Ainsi, conclut M. de Quatrefages, le darwinisme, à tout prendre, est bien moins la doctrine de ce que nous appelons le *progrès* que la doctrine de l'*adaptation.* » En ce qui concerne le second point, la conclusion de beaucoup de savants n'est pas moins formelle, et on ne saurait mieux la résumer que par ces paroles, qui sont également de M. de Quatrefages : « Sans doute l'espèce est *variable*; sans doute, en présence de faits qui s'accumulent chaque jour, on doit reconnaître que ses limites de variation s'étendent bien au delà de ce qu'avaient admis quelques-uns des plus grands maîtres de la science, Cuvier par exemple. Mais rien n'indique jusqu'ici qu'elle soit *transmutable.* Partout autour de nous des races naissent, se développent et disparaissent; mais nulle part on n'a montré une espèce, un type plus élevé sorti d'un type inférieur. »

Et voici maintenant la seconde objection capitale : c'est que, quand même nous concéderions que le principe de Darwin est fondé en ce qui concerne le fait de la descendance, il n'en résulterait pas que la sélection naturelle s'exerce exclusivement d'après les lois d'un pur mécanisme et qu'elle ne soit guidée par aucune intention ni par aucune finalité. Comme le fait très bien remarquer M. Paul Janet, Darwin lui-même n'a, en somme, aucun intérêt à soutenir que la sélection naturelle *n'est pas dirigée*, et, par suite, à remplacer toute cause finale par des causes accidentelles : « Qu'il admette que, dans l'élection naturelle, aussi bien que dans l'élection artificielle, il peut y avoir un choix et une direction, et son principe devient aussitôt bien autrement fécond. Son hypothèse, tout en conservant l'avantage de dispenser la science d'avoir recours pour chaque création d'espèces à l'intervention personnelle et miraculeuse de Dieu, n'a cependant plus le danger d'écarter de l'univers toute pensée prévoyante et de tout soumettre à une aveugle et brutale nécessité. »

Ces critiques sont, croyons-nous, absolument décisives. Elles prouvent, de diverses manières, contre Darwin qu'une direction et un choix président au développement de la vie, même si ce développement se fait par l'action plus ou moins exclusive de la sélection naturelle. Mais cette direction elle-même, d'où vient-elle? Ici, nous retrouvons la redoutable antinomie cachée sous le problème de la providence. Car, après comme avant les théories d'Agassiz et de Hartmann, ce sont toujours les deux mêmes solutions essentielles qui restent en présence l'une de l'autre. Ou cette direction vient de Dieu, ou elle vient de la nature. Ou la finalité, dont nous revendiquons, dont nous rétablissons les droits, est *transcendante*, ou elle est *immanente*. Dans ce dernier cas, c'est-à-dire dans l'hypothèse de Hartmann, on peut toujours, sans doute, conserver le mot de *providence*, puisque, considéré en lui-même, il signifie simplement *prévoyance*, et que, en somme, il n'est pas positivement absurde d'admettre un *esprit dans la nature*, une *prévoyance de la nature*; mais alors, il reste bien entendu que le problème de la providence ne consiste plus à déterminer le rapport qui existe entre Dieu et les choses, entre la sphère de la transcendance et celle de l'immanence. Dans le second cas, c'est-à-dire dans la conception d'Agassiz, l'idée de la providence subsiste tout entière; mais il faut ajouter qu'elle subsiste sous la même forme qu'autrefois et, par conséquent, avec les mêmes difficultés, dont la principale est toujours que la providence, si elle ne se réduit pas purement et simplement à n'être que l'ordre même, que la loi constante des choses, n'est et ne peut être que la violation intermittente de cet ordre, la suspension périodique de cette loi, c'est-à-dire, en un mot, le miracle.

6. Nous nous retrouvons donc à notre point de départ; nous nous heurtons toujours à la même difficulté initiale.

Voyons, par conséquent, s'il n'y a pas quelque moyen de poser autrement la question, et pour cela, arrêtons-nous un moment à l'analyse de l'idée même de providence.

Le mot « providence » peut d'abord être entendu dans deux sens voisins, mais distincts, suivant l'idée plus ou moins complexe et profonde qu'on se fait de l'ordre de l'univers, et ces deux sens répondent aux deux formes sous lesquelles on présente habituellement la preuve la plus populaire de l'existence de Dieu, l'*argument des causes finales* ou, suivant l'expression de Stuart Mill, l'*argument du plan*.

Le premier de ces deux sens voisins, c'est celui qui correspond à une idée de la providence dans laquelle le temps n'entre pas ou, du moins, peut être détaché par abstraction. C'est l'idée d'une activité *qui établit un ordre*. En effet, *providence* signifie d'abord *action de voir en avant*, c'est-à-dire de voir *devant soi* dans l'espace et à longue portée; par conséquent, d'embrasser les choses dans leur ensemble, de les relier en système, d'adapter chaque élément au tout et le tout à chaque élément. La Providence de Dieu est alors l'art divin de faire du monde un tout cohérent, un ordre, une harmonie, un *cosmos*, un organisme où l'idée des parties est déterminée par l'idée du tout et l'idée du tout par celle des parties. C'est ce sens qui est donné au mot « providence » dans les *Mémorables* de Xénophon, dans le *De Natura deorum* de Cicéron, dans cette 1re partie du *Traité de l'existence de Dieu* où Fénelon se contente de démontrer la Providence par des comparaisons avec l'*Iliade*, avec un tableau, avec une statue rencontrée dans une île déserte, etc.

Le second sens est déjà plus profond, et c'est en lui qu'apparaît vraiment l'idée des causes finales. D'après ce sens, la providence est une activité qui établit un ordre, non plus seulement dans l'espace, *mais surtout dans le temps*, embrassé d'un seul coup d'œil et pris dans sa totalité. Ainsi, une intuition prévoyante de Dieu découvre la fonction future de la *vision* et en même temps établit toute la chaîne, toute la série des moyens par lesquels l'*œil* se formera et se développera. La vision est ainsi, en tant que fin, la cause des moyens organiques qui lui permettront de se produire; elle est, comme on l'a si bien dit, la *cause de sa propre cause*. Voilà, vraiment, la prévoyance, πρόνοια, la vision en avant, non plus seulement dans l'étendue, mais, ce qui est à la fois bien plus essentiel et bien plus merveilleux, dans la durée. Sous cette forme donc, l'idée de providence est ou, du moins, paraît infiniment plus élevée et plus complexe. Le *Cœli enarrant gloriam Dei*, c'est-à-dire l'affirmation de l'ordre du monde considéré simplement comme ordre présent, comme distribution spéciale des choses, n'était qu'une expression secondaire encore des merveilles de la Providence; mais une subordination de moyens actuels à une fin qui ne sera que plus tard, une adaptation d'organes à des besoins qui ne se produiront qu'ultérieurement, à des fonctions qui ne s'accompliront (surtout s'il s'agit des espèces) que dans un temps fort éloigné, voilà où la Providence apparaît dans tout son éclat, dans tout son triomphe; voilà où réside vraiment la prévoyance, la prudence de Dieu.

— Et cependant, quand on a bien mis en parallèle ces deux degrés de l'idée de providence, deux remarques essentielles s'imposent encore à la réflexion.

La première, c'est que, tout bien considéré, ces deux degrés ne diffèrent pas autant l'un de l'autre qu'il peut sembler au premier abord. Ils diffèrent pour nous, pour notre intuition morcelée et incomplète, qui décompose, qui fragmente ce qui est un en soi; mais ils ne diffèrent pas pour Dieu, puisque, pour Dieu, le temps n'existe pas et se réduit à un indivisible, à un éternel présent. Par conséquent, ces deux formes de la providence qui, pour nous, sont des degrés d'une même chose, n'en sont pas pour Dieu. Considérée sous l'un ou l'autre aspect, la providence n'est toujours, en dernière analyse, que l'établissement de l'ordre universel, de l'universelle cohésion.

La seconde remarque est plus importante et nous mène au

cœur du sujet : c'est que, même prise à son second degré, cette idée de la providence reste encore très incomplète et ne répond pas à toutes les exigences du sentiment religieux.

Nous pensons à quelque chose de plus, à quelque chose de mieux, quand nous avons, dans l'intimité de notre conscience religieuse, la notion de la Providence divine. Nous concevons (en ce qui nous concerne d'abord particulièrement) une action de Dieu qui s'exerce sur nous, non pas pour nous déterminer purement et simplement dans notre action, dans notre nature et dans notre destinée; car, ainsi déterminés par un autre, nous ne serions plus véritablement nous-mêmes; mais pour collaborer, pour *conspirer* avec nous vers une fin commune, en nous laissant notre spontanéité, notre initiative, notre liberté. C'est toujours l'idée de « Dieu en nous », de « Dieu avec nous », de Dieu coopérant à nos œuvres, nous inspirant quelquefois des résolutions, mais sans les nécessiter, dirigeant quelquefois notre conduite, mais sans la violenter. Et alors, si nous transportons de nous-mêmes à la nature cette conception plus raffinée de la Providence, voici à peu près la représentation que nous devons essayer de nous en faire. C'est que la nature n'est pas simplement, entre les mains de Dieu, comme une étoffe toute passive dont l'ouvrier fait ce qu'il lui plaît, et qu'il taille à sa fantaisie. Il y a dans la nature, par suite du rapport initial qui l'unit à Dieu et dont nous essaierons plus loin de nous rendre quelque compte, une *activité plastique*, qui suppose elle-même une certaine part de spontanéité, d'indépendance, d'autonomie. Dès lors la Providence doit être considérée non plus simplement comme imposant à la nature les déterminations qu'elle nous présente, comme mettant en elle ses lois et ses formes, mais plutôt comme agissant sur elle pour tirer de son sein, et en quelque sorte avec son concours, ces formes et ces lois. Alors un élément d'indétermination entre dans notre idée de la Providence divine; elle ne nous apparaît plus comme accomplissant son œuvre directement et à elle seule, mais plutôt comme amenant par degrés à la réalisation de cette œuvre une nature plastique, à moitié obéissante, à moitié rebelle, qu'elle doit plier à ses desseins, dont elle doit vaincre les résistances par une sorte de *ruse*, dont elle doit dominer l'énergie tout instinctive par le prestige et par la puissance de l'*Idée*. La Providence fait ainsi, par sa *prévision*, servir à ses fins les sourds pressentiments de cette nature, dont Aristote nous dit qu'elle n'est pas *divine*, mais qu'elle est seulement *démoniaque*. C'est alors que l'action de Dieu apparaît vraiment, au plus large sens du mot, comme une *prévoyance*, comme une *prudence*, comme une sagesse bonne et juste, qui tire le meilleur parti possible des choses. Elle ne crée pas, par une simple disposition extérieure et mécanique, un monde *entièrement bon*, mais elle fait sortir le monde, *aussi bon que possible*, des limbes de la matière. Alors, l'idée des causes finales et, par suite, l'argument de la finalité se présentent à nous avec leur vrai sens et leur vraie valeur; car, s'il n'y a pas dans la création des choses deux activités en présence, l'ordre des causes finales ne se distingue véritablement pas de l'ordre des causes efficientes; il n'en diffère et n'en peut différer que parce qu'il ne représente pas le même point de vue dans l'intuition humaine. Si, au contraire, le monde vient d'une collaboration de Dieu et de la nature, du principe idéal et du principe plastique, les causes finales représentent l'action de Dieu, attirant le monde à lui par le progrès; les causes efficientes représentent l'action de la nature, façonnant les choses à la ressemblance des Idées. Alors, nous n'avons plus à examiner pourquoi Dieu, qui pouvait réaliser d'un seul coup l'ordre parfait de l'univers, s'est attardé à l'emploi des moyens; nous n'avons plus à nous demander surtout pourquoi ces moyens sont si imparfaits, ni à faire retomber sur Dieu les défectuosités et les lacunes de la création. La nature, dans son activité plastique, imite l'idéal divin, mais elle ne l'imite que de loin; car elle n'est pas la *parole*, elle n'est que le *bégaiement*.

7. La même conclusion s'impose à nous si, après avoir étudié, dans leurs rapports avec la question de la providence, les variations de l'esprit nouveau qui préside au développement des sciences de la nature, nous nous préoccupons maintenant d'un

mouvement analogue qui s'est produit dans les sciences historiques.

Sous l'influence des idées de Darwin, on s'est aperçu que la concurrence vitale n'est pas seulement une loi de la nature ; c'est aussi une loi de l'histoire. Les peuples luttent entre eux, comme les espèces ; ils se disputent avec acharnement une terre devenue trop étroite pour les nourrir tous, ou dont on peut dire, au moins, que les régions favorisées sont trop peu étendues pour pouvoir procurer à tous ses habitants la sécurité, l'abondance, la *joie de vivre*.

Une conséquence de cette parcimonie avec laquelle la nature nous a mesuré l'espace habitable, c'est que les moindres supériorités, physiques, intellectuelles, morales, qui viennent à se produire dans le cours des âges suffisent pour assurer à une race humaine la victoire et l'empire sur d'autres races moins privilégiées. Mais ces supériorités, comment les expliquerons-nous ? On ne s'embarrassait guère autrefois d'une telle question. Il suffisait d'admettre qu'il y a dans l'humanité des races *élues*. Dieu les préfère aux autres ; il leur répartit d'une main plus libérale ses dons et ses faveurs ; elles reçoivent de lui une *mission*, et c'est cette mission qui les fait fortes et grandes. Aujourd'hui, nous ne pouvons plus admettre, au moins sous une forme si directe, ce mode d'explication. Nous savons que le développement, le progrès, dans l'ordre de la pensée, du sentiment ou de la moralité, résulte, comme dans l'ordre physique, d'une accumulation de petites différences, reliées les unes aux autres par la loi de l'association, fixées et affermies par la loi de l'hérédité. Dès lors, une civilisation n'est plus pour nous une *chose simple*, résultat d'une inspiration d'en haut, qui crée dans une nation quelques grands hommes dont l'influence s'étend immédiatement, par l'autorité, par les lois, sur tous ceux qui les entourent et les élève, par une véritable grâce d'état, à un niveau supérieur, à une sorte d'idéal. Une civilisation nous apparaît désormais, suivant l'expression d'un philosophe contemporain, comme un *tissu connectif* ; elle résulte de l'apport varié de mille éléments infinitésimaux, dont chacun laisse sa trace dans le cerveau et contribue ainsi à la formation lente de connexions organiques, qui permettent à une race non seulement d'être plus industrieuse ou plus instruite qu'une autre, mais encore d'avoir (supériorité incalculable au point de vue de la bataille de la vie) une plus grande promptitude dans la conception, une plus grande fermeté ou une plus grande continuité dans l'action. Ce sont ces petites différences mentales, ou, si l'on veut, ces petites différences cérébrales lentement accumulées qui constituent, sans qu'on ait besoin de faire appel à aucune cause surnaturelle et mystique, le progrès de l'humanité, depuis l'état grossier des Hottentots ou des Papous jusqu'à la culture raffinée des races modernes les plus choisies.

En conformité avec ce principe général, l'histoire philosophique tend à prendre, de jour en jour, une forme plus expérimentale et plus positive. Ainsi, un historien philosophe ne se contentera plus aujourd'hui de dire que, si un peuple, ancien ou moderne, a été plus grand qu'un autre, a tracé dans l'histoire un sillon plus lumineux, c'est qu'il a eu « de plus grandes vertus », ou bien que ses gouvernants (par exemple le sénat de Rome d'après Bossuet) ont eu une plus grande continuité de vues. Ces causes générales ne sont que la synthèse d'un grand nombre de causes plus particulières; ces faits d'ensemble se résolvent en une infinité de petits faits, qui ont besoin d'être démêlés et débrouillés pour nous fournir enfin l'explication dernière et irréductible. Cette explication, nous ne la trouverons que par un patient travail d'analyse. C'est ainsi, par exemple, que Buckle, dans son *Histoire de la civilisation en Angleterre*, finira par résoudre tout progrès humain en un « progrès d'opportunité », c'est-à-dire en une faculté plus complète d'accommodation aux circonstances extérieures, d'adaptation au milieu. De là, il conclura que la supériorité morale, soit sous la forme de connaissances, soit sous la forme de qualités, n'exerce qu'une influence tout à fait secondaire sur le progrès général de l'humanité; car cette supériorité, à peu d'exceptions près, reste purement individuelle; elle ne se fixe pas par l'hérédité; elle ne creuse pas dans l'organisation cérébrale une empreinte indestructible. La supériorité intellectuelle, au contraire, et la culture qui en résulte sont quelque chose d'essentiellement progressif : « Les acquisitions faites par l'intellect sont, dans tout pays civilisé, précieusement préservées, constatées par certaines formules bien définies et protégées par l'emploi du langage technique ou scientifique; elles se transmettent facilement d'une génération à une autre et, prenant alors une forme accessible ou, pour ainsi dire, tangible, elles influent souvent sur la postérité la plus reculée et deviennent le patrimoine du genre humain, le legs immortel du génie auquel elles doivent le jour. Le bien qu'accomplissent nos facultés morales est, au contraire, moins susceptible de transmission; il est d'une nature plus privée, plus retirée; en outre, les motifs auxquels il doit son origine étant généralement le résultat du renoncement à soi-même, de l'empire sur soi-même, chacun doit surtout le pratiquer pour soi. Ainsi, privé de l'esprit de suite, ce bien retire peu de profit des maximes de l'expérience acquise. Il en résulte que, quoique la perfection morale ait plus de charmes et d'attraits que la perfection intellectuelle, il faut avouer cependant que, à considérer le terme final, elle est beaucoup moins active, beaucoup moins durable, beaucoup moins féconde en résultats directs. »

— Cette loi de Buckle reste, croyons-nous, très contestable à plusieurs points de vue; mais, quelle qu'en soit la valeur, nous la prenons comme exemple pour bien montrer dans quel esprit l'histoire philosophique, ou même, si l'on veut, la philosophie de l'histoire, au plus large sens du terme, tend à s'organiser aujourd'hui. On sait que le but actuellement poursuivi par ces sciences, c'est d'éliminer ou, tout au moins, de rejeter à l'arrière-plan l'idée d'un gouvernement providentiel du monde moral, d'une direction imprimée par Dieu aux événements, pour s'en tenir à la recherche, à la constatation méthodique, expérimentale, des « lois scientifiques du développement des nations ».

Est-ce à dire, cependant, que cette tendance nouvelle implique une renonciation définitive à toute idée religieuse ou philosophique d'une action transcendante se développant à travers l'histoire? Nous ne le pensons pas. La question se retrouve ici sous la même forme qu'elle présentait tout à l'heure au sujet des sciences de la nature. On a vu plus haut le darwinisme remettre en quelque sorte au hasard l'apparition et le développement des formes de la vie; mais, en même temps, on a vu aussi que la finalité, un moment écartée, peut reparaître, au nom même de la science, sous des formes nouvelles, comme serait par exemple celle d'un *instinct plastique* dont l'action s'exercerait, d'une manière toute latente, dans l'intimité du germe vivant. En histoire aussi, la finalité peut retrouver indirectement toute sa force, tout son empire, dans des circonstances où il semble, au premier abord, que le hasard seul soit en jeu.

Ainsi, Bagehot, dans le livre auquel il a précisément donné pour titre : *Lois scientifiques du développement des nations*, explique, par exemple, l'influence considérable qu'exerce sur la formation d'un caractère de peuple, et plus tard sur ses transformations, ce fait si simple : la *mode*; il montre que, bien souvent, un héros, un grand homme, n'a guère été, à vrai dire, qu'un homme *adopté par la mode*, et dont les manières d'être ou d'agir, les goûts, les mœurs, les habitudes, ont exercé une sorte de prestige, d'ascendant irrésistible. Chez les sauvages, chez les peuples primitifs, comme chez les enfants, l'instinct d'imitation est bien plus développé que chez les hommes parvenus à un haut degré de civilisation; ainsi, un chef respecté ou redouté ne tarde point, chez eux, à infuser pour ainsi dire son caractère à tout un clan, à toute une race; par là une nouveauté devient vite une *habitude*; une originalité, fortement tranchée, se transforme vite en un *type*, sur lequel tous se modèlent ou s'efforcent, au moins, de se modeler. On peut croire, au premier abord, que dans des faits de ce genre le hasard tient une large place. Mais, en réalité, ce n'est là qu'une apparence. Sous le *goût du nouveau* se cache l'*instinct du meilleur*; le prestige d'une mode, l'ascendant d'un caractère nettement tranché sont, en réalité, le prestige, l'ascendant d'une *idée*, qui veut et qui doit s'établir; parmi ces *modes*, qui s'imposent tour à tour à la curiosité inquiète, à l'humeur moutonnière des foules, il se fait un discernement inconscient de ce qui doit passer et de ce qui doit durer. C'est ainsi que, dans la création des organismes sociaux, comme dans celle des organismes proprement dits, l'action de la finalité, au lieu de se déployer par des coups soudains, par des *changements à vue*, s'exerce d'une manière latente, discrète, dans l'intimité des âmes, mais aboutit néanmoins à des créations véritables, reliées les unes aux autres par des raisons profondes, par une chaîne continue de nécessités idéales.

CHAPITRE VI

ÉTAT PRÉSENT DE LA THÉODICÉE SUR LA QUESTION DU BIEN OU DU MAL DE LA VIE

1. L'optimisme et le pessimisme. — C'est la seule question de la théodicée qui ait un caractère directement pratique. — On peut, du moins dans certains états d'esprit et dans certaines conditions sociales, être également vertueux et accomplir le devoir de la même manière, soit que l'on croie à l'existence de Dieu ou que l'on n'y croie pas, soit qu'on admette l'éternité du monde ou qu'on accepte la création. Mais la conduite entière de la vie est influencée par le choix qu'on fait entre l'optimisme et le pessimisme, ou même entre diverses formes de l'optimisme.

2. La théodicée contemporaine se prononce généralement en faveur de l'optimisme, mais d'un optimisme trop peu différent de celui de Leibniz. — Critique sommaire de l'optimisme de la *Théodicée*. — Il repose trop exclusivement sur la seule considération de la *quantité* du mal. — L'optimisme professé par les spiritualistes contemporains est plus large. — La *doctrine de l'épreuve*. — En quoi cette conception reste insuffisante. — Le mal n'atteint pas seulement l'homme; il règne, tout au moins, dans l'ensemble de la nature vivante. — Les rigueurs de la lutte pour la vie. — La racine du mal doit être cherchée encore à de plus grandes profondeurs. — Possibilité de mieux justifier la Providence, si l'on rapporte plutôt le mal à une activité propre et relativement autonome de la nature que si on le fait entrer comme élément dans une disposition des choses réalisée uniquement et directement par Dieu. — Explication de quelques exemples. — Comment on peut se faire une juste idée de cette autonomie relative de la nature, en ne concevant pas simplement

la création comme un arrangement mis par Dieu dans les choses, mais en y voyant une loi supérieure d'après laquelle la substance et l'activité de la nature ont été constituées hors de l'essence divine par une sorte de scission et de détachement.

4. Il nous reste à interroger la théodicée contemporaine sur une dernière catégorie de questions, celles qui ont pour objet l'appréciation de la vie humaine au point de vue de sa valeur, de sa dignité et de son but final. C'est la question de l'optimisme et du pessimisme. Elle enveloppe celle de la vie future; car le pessimisme, au propre sens du mot, c'est-à-dire la doctrine d'après laquelle le mal est au fond même des choses, à la racine même de la vie, ne peut logiquement exister qu'autant que l'on considère, ainsi que le fait Hartmann, la croyance à la vie future comme n'étant qu'un des « stades de l'illusion humaine ».

Là est le vrai problème pratique de la théodicée. On peut, en effet, soutenir, à la rigueur (et c'est la thèse bien connue de la morale indépendante), que la solution des problèmes purement théoriques de la théodicée, y compris celui de l'existence de Dieu, est indifférente à la morale. Que Dieu existe en tant qu'être réel ou qu'il ne soit que « la catégorie de l'idéal », pourvu que nous croyions énergiquement au devoir, la conduite de la vie n'en sera pas changée d'un iota. On peut dire que, en ce qui concerne l'objet des questions de théodicée proprement dite, *l'idée vaut la réalité*. En ce sens, peu importe à la vie morale que Dieu existe ou non; car ce n'est pas la réalité, c'est l'idéalité de Dieu qui exerce une influence sur nos actes; or, l'homme qui est constitué de telle sorte que la conception d'un idéal divin de la vie parfaite ajoute quelque chose à l'élan dont il se porte vers la vertu ne sera en rien ralenti dans cet élan par l'idée que peut-être cet idéal divin n'est pas en même temps une réalité. Bien plus : même dans la question de l'optimisme et du pessimisme, on peut en dire autant de ce qui ne touche qu'au problème de la vie future; car l'homme que soutiennent dans ses épreuves les perspectives d'une vie à venir ne faiblira pas tout à coup et ne se donnera pas à lui-même un démenti s'il vient à s'apercevoir que les raisons de croire à cette vie future n'ont pas un caractère d'évidence absolument démonstrative, analogue à celle d'un théorème de géométrie. Mais il n'en est plus de même quand on se trouve devant la question précise de savoir si le monde est bon ou s'il est mauvais, si la vie vaut ou non la peine d'être vécue. Car, en admettant même que, dans l'un et l'autre cas, et peut-être même plus encore dans l'hypothèse pessimiste que dans l'hypothèse optimiste, la conclusion dût être toujours la même : « Il faut accomplir le devoir », encore est-il que le devoir ne pourra porter absolument sur les mêmes choses ni présenter absolument les mêmes formes. Comment, par exemple, l'homme pourra-t-il comprendre tout à fait de la même manière le devoir que sa conscience lui impose d'aider ses semblables à conserver leur vie, bien plus, d'aller pour cela jusqu'au sacrifice de lui-même, s'il considère que cette vie est un bien ou s'il la regarde, au contraire, comme un triste fardeau, comme une nécessité pénible, qui ne fait que retarder pour eux l'entrée dans le « bienheureux repos du néant »? N'y eût-il qu'un seul désaccord théorique entre la morale de l'optimisme et celle du pessimisme, celui qui consiste à décider si l'homme doit répandre largement la vie ou s'il doit, au contraire, la restreindre, ce seul désaccord suffirait à montrer que la métaphysique religieuse touche nécessairement, qu'elle le veuille ou non, aux problèmes moraux et sociaux. En effet, qu'on le veuille aussi ou qu'on ne le veuille pas, la question de savoir si le monde est bon ou mauvais est étroitement, indissolublement liée à cette autre : Dieu est-il ou n'est-il pas? est-il une pensée consciente ou un vouloir aveugle et inconscient? a-t-il ou n'a-t-il pas la liberté de faire le bien?

2. Mise en présence de ce problème ainsi posé, la théodicée contemporaine est empêchée par son principe même de creuser assez profondément pour établir sur des bases solides la conception optimiste à laquelle elle donne ses préférences.

On peut dire, en effet, que, tout en l'amendant sur certains points, elle s'en tient, en somme, à la conception leibnizienne du « meilleur des mondes possibles ».

La différence, du moins, se concentre sur le seul point suivant.

Leibniz, pour expliquer ce qu'il entend par le « meilleur des mondes possibles », se place beaucoup trop exclusivement au point de vue de la seule *quantité*. D'après sa célèbre conception de la « pyramide des mondes », l'univers dont nous faisons partie serait exactement, rigoureusement, celui qui contiendrait la plus infime quantité de mal; et le choix de ce monde aurait été non pas imposé à Dieu par une nécessité extérieure et métaphysique, mais recommandé à Dieu, avec une véritable nécessité intérieure et morale, par la perfection même de son essence, par sa bonté, sa justice et sa sagesse.

Or, une conception si absolue est, en vérité, trop facilement réfutable.

Elle se réfute d'abord, au point de vue de l'expérience, par l'impossibilité où se trouve Leibniz, en présence des maux si nombreux et si variés qui pullulent dans notre pauvre monde, de soutenir sérieusement qu'il soit impossible d'en concevoir un dans lequel, tout bien pesé, la quantité de mal ou la relation du mal au bien serait moindre que dans le nôtre. Pour pouvoir formuler une telle proposition, il est contraint de s'engager dans les suppositions les plus arbitraires, de déclarer, par exemple, que le mal du temps présent est compensé par le bien de l'avenir, ou que le mal qui règne sur la planète Terre est compensé par le bien qui règne dans Jupiter ou dans Sirius. Mais, quand il affirme ou suppose de telles choses, nous n'avons, en réalité, qu'une réponse à lui faire, et nous la lui avons déjà faite, c'est qu'il n'en sait rien et n'en peut rien savoir.

Au point de vue du raisonnement, la thèse de Leibniz est, peut-être, plus défectueuse encore et on peut dire qu'elle pèche absolument par la base. En effet, bien que Leibniz énumère trois grandes formes du mal, qui sont le *mal métaphysique*, le *mal physique* et le *mal moral*, en réalité le nœud de la question est, pour lui, dans le mal métaphysique; car la grande cause qui fait que le mal est nécessaire réside pour lui dans ce fait que, le monde étant créé par Dieu, il est impossible que le monde soit parfait, puisqu'il serait alors égal à son créateur. Le monde contient donc nécessairement de l'imperfection. Or, cette imperfection, c'est précisément l'essence même, l'essence métaphysique du mal.

Mais, s'il en est ainsi (et puisque, d'autre part, le monde créé par Dieu doit être le meilleur des possibles), il suffirait, pour que le principe de la distinction nécessaire entre le créateur et la créature fût sauvegardé, que le monde contînt, quelque part, une quantité infinitésimale d'imperfection, en d'autres termes, un *minimum absolu*, un *atome* de mal.

— Évidemment, notre théodicée contemporaine pose autrement la question et la pose mieux. Elle reconnaît que la quantité du mal qui se trouve dans l'univers doit être indéterminée, précisément parce que le mérite de cet univers, ce qui en fait la valeur et la dignité, c'est de contenir des êtres libres, lesquels se font à eux-mêmes leur propre destinée et influent sur la destinée des êtres qui les entourent. Plus donc, en un certain sens, le monde contiendra une notable quantité de mal, susceptible d'être surmonté par l'effort libre et méritoire, plus aussi le monde sera bon. Par cet amendement au système de Leibniz, on arrive à la *doctrine de l'épreuve*, telle qu'elle a été particulièrement développée par M. Caro. Et c'est là, sans aucun doute, un progrès considérable; on peut même dire que les principales difficultés seraient tranchées par cette formule, si l'expérience ne nous apprenait que le problème de l'optimisme et du pessimisme n'est pas simplement un problème moral, mais que c'est aussi et par-dessus tout un problème cosmique et métaphysique, touchant à l'ensemble de l'univers et se rapportant au fond même des choses.

Si le mal n'était dans le monde qu'en vue de l'épreuve et de l'acquisition volontaire du mérite, puisque l'homme seul est soumis à la loi de l'épreuve, le mal ne devrait atteindre que l'homme. Il est trop facile de voir que les choses ne se passent pas ainsi. Le mal est partout dans l'univers, au moins dans les limites du règne animal. Ce fait, sans doute, a été connu de tout temps; mais la science moderne l'a mis davantage en relief; elle en a surtout rapporté plus expressément la responsabilité à la nature elle-même ou à l'auteur de la nature. Quelle qu'elle soit, c'est la cause première des choses qui a fait de la lutte et de la destruction impitoyable l'instrument même du progrès. Et qu'on ne vienne pas dire, avec Leibniz, qu'elle tolère simplement le mal; elle le veut directement; elle le fait entrer dans son plan, dans ses desseins. Si encore elle s'était contentée de mêler dans une certaine mesure la souffrance à la condition des animaux qui réussissent à vivre! Mais elle a voulu que le plus grand nombre ne réussît pas même à conserver l'existence. *Beaucoup d'appelés, peu d'élus*, voilà l'inexorable loi de la vie. Pour assurer l'exécution de cette loi, la nature a inventé, bien longtemps avant l'homme et avec une sorte d'ingéniosité de bourreau, tous les instruments de supplice et de torture. Elle a voulu que la lutte pour l'existence et la sélection naturelle qui en est la suite s'exerçassent presque toujours avec des raffinements de cruauté. Mais, là même où la concurrence vitale ne se fait pas, en apparence, avec des moyens violents, elle n'en reste pas moins, au fond, tout aussi terrible. M. de Quatrefages, dans son beau livre sur Darwin, a montré que, par le seul fait de la rareté des subsistances, la lutte est, en réalité, tout aussi impitoyable chez les animaux pacifiques et doux, comme les herbivores, que chez les espèces à qui la nature a donné le plus formidable appareil de griffes et de mâchoires : « La rareté, l'absence même de tout être destructeur par nature n'arrête pas la bataille de la vie. Pour que celle-ci existe, il n'est nullement nécessaire qu'il y ait des mangeurs et des mangés. Entre l'Orange et le Zambèze, des troupeaux composés de milliers d'antilopes errent dans les solitudes. Or, un voyageur français nous apprend ce qui se passe lors des migrations de ces animaux. Les bandes en sont si nombreuses que les têtes de colonne seules profitent de la végétation luxuriante du pays. Les forts, les agiles, gagnent la tête, repoussant en arrière les faibles, les alourdis. Le centre achève de brouter ce qui reste. Les derniers rangs ne trouvent plus qu'une terre nue et, sous les étreintes de la faim, jalonnent la route de cadavres. » Ainsi, la nature ne connaît ni la justice ni la pitié; et quand il eût été si simple, à notre jugement du moins, qu'elle évitât tant de maux en restreignant la fécondité des espèces, elle a voulu, au contraire, que les animaux ne subsistassent qu'aux dépens les uns des autres par une incessante immolation des faibles :

> L'espace est plein de cris par les faibles poussés,
> Comme à travers la nuit geignent les vents d'automne,
> Sans cesse monte au ciel la plainte monotone
> De ces vaincus amers, pleurants ou courroucés!

— A la vérité, si les doctrines optimistes ne tiennent pas toujours suffisamment compte de l'étendue de la souffrance, on doit, du moins, leur faire un mérite de comprendre, d'affirmer *a priori* qu'il y a certainement de profondes raisons pour que la souffrance existe dans l'univers, et que, si ces raisons pouvaient nous être pleinement connues, nous verrions aussitôt tomber tous nos doutes, se dissiper toutes nos préventions au sujet de la Providence. C'est là une supériorité qu'elles ont sur le pessimisme, dont les plaintes sur le « malheur de la vie » ne sont pas toujours exemptes d'une sorte de mollesse et de lâcheté. Mais on peut trouver aussi qu'elles échouent bien souvent dans les efforts qu'elles font pour découvrir ces raisons de l'existence de la douleur ou, du moins, pour les concilier avec le principe dont elles partent. Quand on dit, par exemple, au nom de l'optimisme, que la Providence a dû vouloir la douleur, parce qu'elle est pour les êtres vivants une condition nécessaire de la conservation de leur vie, un avertissement irrésistible et sans réplique, auquel nul autre ne pourrait être substitué d'une manière aussi efficace, il est évident qu'on s'engage sur un terrain peu sûr et qu'on se prononce assez à la légère sur la pauvreté des moyens dont disposerait la sagesse infinie. D'un autre côté, quand on ajoute que la douleur est un excitant de l'ingéniosité et de l'industrie et que, pour l'homme en particulier, elle est le vrai principe de la vertu et du mérite, il est certain qu'on a beaucoup plus raison sur le fond; mais, malgré tout, l'explication n'est encore que partielle, et elle ne justifie pas la Providence d'avoir *voulu* ou même, si l'on préfère cette nuance, d'avoir *permis* la souffrance extrême, atroce, intolérable, surtout lorsque (comme c'est presque toujours le cas) elle est évidemment inutile. Parlons net : il ne nous semble pas que la souffrance puisse être justifiée si on persiste à vouloir la faire entrer comme élément constitutif dans un arrangement providentiel des choses, dans une disposition voulue ou directement consentie par Dieu. Mais est-ce donc là l'hypothèse nécessaire? et n'y en a-t-il pas au moins une autre, dont, à la vérité, on ne s'avise guère, parce qu'elle repose sur une conception générale qui n'est plus dans nos habitudes d'esprit? Ce serait que la douleur ne vînt pas directement de Dieu et de la volonté créatrice, mais simplement *de la nature*, considérée, ainsi qu'elle l'a été souvent dans les temps anciens, comme une activité distincte, qui tient, soit d'une permission de Dieu, soit même d'une sorte de nécessité survenue en Dieu, une part d'indépendance et d'autonomie. Alors, il serait facile de concevoir que la nature, tourmentée d'un désir immodéré de produire la vie, la fît jaillir trop abondamment des sources qui sont en elle et fût ainsi, par le conflit des forces douées de conscience qui s'agitent dans son sein, la cause de l'immensité, de l'inutile diffusion de la douleur.

Appliquons d'abord ceci à la souffrance physique, dans les circonstances si nombreuses où elle s'exaspère jusqu'à la torture. On pourrait dire que nous n'avons pas en nous une vie unique; nous en avons plusieurs, nous en avons beaucoup; car, suivant la formule de Leibniz, « un vivant est plein de vivants ». Tous les éléments de notre organisme, toutes les cellules dont il est composé vivent et réclament la vie; tout en nous, jusqu'aux éléments infinitésimaux de notre constitution physiologique, proteste, se révolte, réagit avec la plus extrême violence contre les processus pathologiques qui nous attaquent dans les sources de notre énergie vitale. Ainsi notre douleur est faite de mille douleurs partielles et locales; et par là s'explique que la souffrance soit quelquefois plus vive dans un organisme jeune, où nul élément vital n'est encore oblitéré. Si la constitution d'un organisme n'était que le résultat direct d'une disposition établie par Dieu et tout à fait assimilable à l'œuvre d'un artisan, la Providence se fût arrangée de manière à éviter les douleurs extrêmes, disproportionnées; elle aurait bien trouvé pour cela quelque moyen. Mais si nous supposons que la vie vient directement d'une activité de la nature, simplement sollicitée et dirigée par l'influence de la finalité et de la Providence, il n'est plus impossible de comprendre que la douleur, en ce qu'elle a de disproportionné à ses fins, vienne de ce qu'il y a d'immodéré et d'aveugle dans l'activité plastique de la nature elle-même.

Alors aussi nous comprenons mieux les rigueurs de la concurrence vitale, si difficiles à concilier avec une action immédiate et directe de la Providence. La sagesse de Dieu, agissant directement, comme un ouvrier appliqué sans intermédiaire à son œuvre, eût bien trouvé quelque moyen de proportionner la fécondité de la vie à la quantité des subsistances. Mais *la vie veut vivre*, aveuglément et furieusement, sans raison et sans mesure. De là cette fécondité infinie, cette fécondité absurde des espèces, dont chacune, au moins dans les régions inférieures de l'animalité, remplirait la terre en quelques années, si elle ne rencontrait point d'obstacles. L'action de la Providence restreint peu à peu cette fécondité, qui, chez l'homme même, bien qu'elle y soit déjà infiniment diminuée, reste encore la grande cause des révolutions, des guerres et de tous les maux qui en résultent; et, en attendant qu'elle l'ait réduite à de plus justes limites, elle en fait, précisément par la loi de la concurrence vitale, l'instrument douloureux mais admirablement efficace du progrès.

Concluons : sur la question de l'optimisme comme sur beaucoup d'autres, la théodicée rationaliste est condamnée par son isolement, par le caractère trop étroit et trop abstrait de sa méthode, uniquement fondée sur l'intuition de quelques concepts absolus, à ne pas chercher assez loin les solutions qu'elle nous propose. Ici surtout, nous pouvons lui reprocher de s'en tenir à une conception décidément trop superficielle. La racine du mal est infiniment plus profonde que ne l'imaginent les doctrines optimistes, à cause qu'elles sont trop préoccupées de prendre pour unique point de départ l'idée rationnelle de la bonté de Dieu et de raisonner ensuite déductivement d'après cette idée. Par là elles méconnaissent à quel point la question est complexe, et il ne sera pas inutile à l'avenir de la théodicée que le pessimisme soit venu lui remettre un peu brutalement sous les yeux quelques-uns des éléments négligés du problème. Mais, qu'on se rassure : l'idée de la Providence sortira intacte de cette épreuve; car, plus il sera établi que (comme toutes les grandes religions l'ont plus ou moins pressenti) la cause première du mal doit être cherchée à de très grandes profondeurs, dans une sorte de déchirement, de scission, qui aurait projeté hors de la Plénitude divine un principe d'indétermination et de mal, plus apparaîtra sous une forme glorieuse l'action de la Providence qui a ramené les choses à l'ordre et au bien par l'action de la loi, par l'influence de la finalité. Et s'il est établi, en outre, que, dans cette action par laquelle les choses reviennent au bien, l'homme peut être un collaborateur de Dieu, les raisons suprêmes de l'optimisme, celles qui touchent à la question supérieure de notre destinée, ne cesseront de se révéler sous une forme de plus en plus éclatante.

DEUXIÈME PARTIE

COUP D'ŒIL RÉTROSPECTIF SUR LES PRINCIPAUX SYSTÈMES DE THÉODICÉE

CHAPITRE I

LES DEUX DIALECTIQUES

La dialectique n'est pas seulement un art de raisonner et de convaincre par le raisonnement, c'est aussi un principe supérieur de découverte de la vérité par l'interprétation du mouvement naturel de la pensée humaine, en tant qu'on la considère comme portant en elle une certaine image de la relation qui existe entre le monde et Dieu, entre la sphère du *devenir* et la sphère de l'*absolu*. — Bien que la dialectique ait pour but de nous faire saisir ensemble ces deux formes de l'être, elle nous mène plus directement, quelquefois même exclusivement à l'une ou à l'autre, suivant le point de départ que nous lui donnons. — Quand l'homme, en cherchant à comprendre d'après ce qu'il trouve en lui-même le principe des choses, prend uniquement pour point de départ ce qu'il y a dans son être d'*achevé* et de *stable*, particulièrement sa volonté et sa raison, il est conduit à se représenter uniquement ce principe des choses comme une raison absolue, d'où tout découle par le décret d'une volonté libre et absolument indépendante; il va droit à Dieu en négligeant la nature. C'est le genre de dialectique auquel s'attache surtout le nom de Platon. Quand, au contraire, il prend surtout pour point de départ ce qu'il y a en lui de *mobile* et de *vivant*, la partie de son être en voie d'évolution, il risque de placer uniquement le principe des choses dans la nature et, par suite, de ne pas voir Dieu ou de ne le voir qu'à travers le mouvement et le devenir de la nature. C'est la dialectique hégélienne. — Mais ces deux formes de la dialectique ne sont pratiquées avec réflexion par les philosophes que parce qu'elles ont été d'abord pratiquées spontanément par les principales races humaines, surtout dans le mouvement de leur pensée religieuse. L'une est la dialectique du théisme, plus conforme au génie des races sémitiques; l'autre est la dialectique du panthéisme, plus conforme au génie des races aryennes.

La pensée métaphysique, soit qu'elle se produise spontanément dans l'âme des peuples ou qu'elle s'exerce avec réflexion dans la conscience des philosophes, suit une méthode particulière qu'on nomme, au sens le plus élevé du mot, la *dialectique*. Nous disons « au sens le plus élevé »; car la dialectique est d'abord un procédé ou un ensemble de procédés logiques, un art de raisonner et de convaincre par le raisonnement, un *dialogue intérieur*, par lequel l'âme tire d'elle-même la vérité qu'elle contient implicitement dans son sein, et un *dialogue extérieur*, qui fait jaillir cette même vérité du choc des opinions contraires. Mais le raisonnement n'est pas une *forme vide* de la pensée. Nous ne pouvons, sans faire violence à notre nature, nous empêcher de croire que l'acte par lequel il relie aux vérités premières de la raison les connaissances fournies par l'expérience doit être considéré par nous comme ayant une valeur objective non moins que subjective, c'est-à-dire comme représentant l'acte par lequel, au dehors de nous, les choses, elles aussi, sont rapportées à des raisons et reliées les unes aux autres dans l'unité organique d'une fin commune.

La croyance à l'harmonie, à l'étroite corrélation de la pensée et de l'être est tellement naturelle à l'humanité que, quand un philosophe vient à rompre sur ce point la tradition, presque toujours cette tradition est renouée après lui, et par ses successeurs mêmes, mais sous une forme plus absolue qu'auparavant. C'est ce qui est arrivé dans la philosophie moderne. Les cartésiens avaient pensé que Dieu est le principe commun de l'être et de la pensée et qu'il a établi dès l'origine en parfaite corrélation les unes avec les autres, d'une part, les lois de la connaissance, de l'autre, les lois de l'existence. Kant a rejeté cette conception; il a voulu que notre pensée restât murée en elle-même, sans communication avec le dehors; que notre science, purement subjective, ne correspondît en rien à la réalité et ne fût autre chose que l'organisation tout intérieure de nos idées. Qu'est-il résulté de ce doute sans mesure? C'est que les successeurs de ce philosophe, Schelling et Hegel, ne voulant pas, sans doute, revenir à la conception cartésienne, mais, d'autre part, ne pouvant pas méconnaître plus longtemps combien est profonde la corrélation des choses aux idées, ont pris le parti d'envelopper l'évolution de la nature dans l'évolution de l'esprit et d'établir entre la pensée et l'être non plus seulement une correspondance, mais une identité absolue.

Le raisonnement, qui est l'acte de la pensée dans sa plus haute complexité, n'a donc pas seulement une valeur logique; il a aussi une véritable portée métaphysique. Cela veut dire non seulement que les principes sur lesquels il s'appuie correspondent aux principes premiers de la réalité, mais encore qu'il y a dans sa forme même, dans son mouvement, dans l'acte synthétique qui le constitue, une représentation abrégée du système des choses. Le mouvement de l'univers est, comme le raisonnement, une réduction de la pluralité à l'unité, du contingent au nécessaire, du relatif à l'absolu, du passager au permanent, de ce qui se meut à ce qui subsiste dans la possession de soi et dans le repos. Nous pouvons donc dire qu'il y a tout ensemble dans le raisonnement l'image d'une forme de l'être dont la loi est l'*évolution*, et l'image d'une autre forme de l'être dont la loi est la *stabilité*; il renferme à la fois la représentation du *devenir* et celle de l'*absolu*, et il nous aide ainsi, par une réflexion sur nous-mêmes, à en saisir d'une manière vivante la relation métaphysique. C'est par là que la dialectique, en même temps qu'elle est l'art du raisonnement dans ce qu'il a de plus élevé et de plus essentiel, est aussi un instrument de découverte de la vérité dans ce qu'elle a de plus large et de plus profond; c'est par là qu'elle nous fait passer de la sphère de la pensée à celle de l'être, de la sphère de la logique à celle de la métaphysique, conformément à la conception des plus grands penseurs, d'Hegel particulièrement, qui ont dit que la logique est, au fond, une métaphysique, comme la métaphysique, de son côté, est, au fond, une logique.

Il convient seulement d'ajouter que, si, théoriquement, la dialectique, fondée sur sa véritable base, qui est la faculté de raisonner (et nous noterons, à ce propos, qu'il y a un raisonnement pratique non moins qu'un raisonnement théorique, un syllogisme du désir et de la volonté non moins qu'un syllogisme de la pensée), devrait nous faire saisir à la fois, dans leur relation profonde, le *devenir* d'une part et, de l'autre, l'*absolu*, auquel le *devenir* se rapporte, en fait, la dialectique spontanée de l'humanité s'est presque toujours partagée en deux branches; soit sous sa forme philosophique, soit sous sa forme religieuse, elle s'est, en général, contentée de ramener les choses à un principe unique, soit au principe immanent du *devenir*, soit au principe transcendant de l'*être pur* ou de l'*absolu*.

— En d'autres termes, l'histoire de la philosophie et même celle de la religion nous présentent en face l'une de l'autre *deux dialectiques*.

La première est celle que l'homme suit naturellement quand il prend surtout pour point de départ l'intuition de ce qu'il y a d'*achevé* et de *stable* dans sa nature, particulièrement de sa raison et de sa volonté libre. Alors, faisant abstraction de tout ce qui, en lui, est tendance, mouvement, devenir, et retenant simplement ce qui a un caractère fixe et absolu, il conçoit d'abord au-dessus de toutes choses un être qu'on pourrait appeler l'*absolument absolu*; c'est-à-dire un être qui ne dépend de rien, qui n'a besoin de rien, qui ne tend vers rien, parce qu'il est toute perfection. Puis, au-dessous de cet être parfait, établi en quelque sorte dans la possession et dans la plénitude de lui-même, il conçoit, à propos de chaque degré intelligible de l'être, une forme *relativement absolue*, qui est, pour ce degré, l'achèvement et la plénitude de l'essence, c'est-à-dire une perfection relative, une perfection *secundum genus suum*. Cette dialectique peut s'appeler la dialectique de la raison pure; elle aboutit à Dieu, à l'idéal et à tous les degrés de l'idéal considérés comme contenus, comme enveloppés dans la nature et dans la pensée de Dieu. C'est la dialectique de Platon.

L'autre forme essentielle de la dialectique, c'est celle que nous pratiquons, soit d'une manière instinctive, soit d'une manière réfléchie, lorsque nous nous attachons surtout à ce qu'il y a en nous de *mobile* et de *vivant*, à ce qui est développement, devenir, changement, évolution, progrès, aspiration, synthèse, organisation, etc. Fondée sur cette partie de nous-mêmes qui n'est plus en acte, mais seulement en mouvement, en voie de se faire, *in fieri*, cette dialectique n'aboutit plus à Dieu et à l'ordre des choses idéales, mais simplement à *la nature*, c'est-à-dire à une activité universelle que nous sentons en voie d'élaboration et d'épanouissement, se cherchant elle-même et ne se possédant pas; non plus, comme l'autre, séparée des choses et reposant dans une sphère transcendante, mais, au contraire, mêlée aux choses, travaillant dans l'intimité de la matière, préparant laborieusement les conditions d'une existence plus compliquée et plus parfaite, en un mot, immanente. On pourrait l'appeler la dialectique de la spontanéité et de l'instinct. C'est la dialectique d'Hegel.

— Mais, ce n'est pas seulement en les rapportant à deux philosophes ou à deux groupes de philosophes qu'on peut caractériser et opposer l'une à l'autre ces deux dialectiques; c'est aussi en les rattachant aux formes particulières d'esprit des principales races humaines. La dialectique de la raison, nous menant directement à Dieu sans nous arrêter à la nature, aboutit au théisme pur, au monothéisme absolu. En ce sens, on peut dire que c'est, non plus précisément en matière de philosophie, mais plutôt en matière de religion, la dialectique propre à la race sémitique; nous verrons plus loin, en effet, que le génie de cette race se porte de préférence vers l'idée d'un *principe divin* des choses, considéré comme une pensée infinie et comme une volonté souveraine, devant qui la nature s'évanouit comme une ombre. La dialectique de la spontanéité et de l'instinct n'aboutit, au contraire, qu'à un *principe naturel*, bien que, le plus souvent, elle nous pousse ensuite à diviniser ce principe; ce qui nous mène tout droit au naturalisme religieux, c'est-à-dire à l'idolâtrie de la nature et quelquefois à l'idolâtrie de l'humanité. Or, comme le génie de la race sémitique est généralement théiste, celui des races aryennes incline plutôt au panthéisme; il s'éprend surtout de l'énergie féconde, de la puissance essentiellement plastique de la nature; il tend, par conséquent, à ne voir Dieu qu'à travers le monde, au risque de le confondre avec lui. Ces deux tendances ont donné lieu à des théories directement opposées de Dieu et du gouvernement providentiel de l'univers, théories que nous allons étudier et mettre en parallèle dans quelques-uns des chapitres suivants, mais sans avoir la prétention d'en faire ni une exposition complète, ni une critique systématique; il nous suffira de recueillir çà et là les éléments précieux et vraiment originaux, de manière à les faire entrer dans une conception d'ensemble, qui réponde aussi pleinement que possible aux exigences de la pensée et de la science contemporaines. Toutefois, avant d'arriver à ces deux ordres de théories, qui ont un caractère nettement tranché, soit dans le sens du théisme, soit dans celui du naturalisme, il sera bon de nous arrêter un moment à l'étude quelque peu détaillée des systèmes de théologie rationnelle qu'a produits le génie philosophique de la Grèce; car, ce qui caractérise essentiellement ce génie si bien doué, si merveilleusement équilibré, c'est une aptitude en quelque sorte unique à pratiquer en même temps les deux dialectiques dont nous venons de tracer le tableau et à saisir d'instinct la vraie relation du principe divin et du principe naturel, sans les sacrifier l'un à l'autre.

CHAPITRE II

LA PROVIDENCE DANS LA RELIGION ET LA PHILOSOPHIE GRECQUES

1. Conception spontanée de la Providence et du gouvernement du monde dans la religion grecque. — La victoire des Dieux sur les Titans et les Géants, symbole de la victoire des lois régulatrices sur les forces aveugles de la matière. — La loi de partage. — Thémis et Némésis. — Le mythe de Prométhée. — La Providence conçue non comme une disposition directe des choses par Dieu, mais comme une action de Dieu sur la nature, de la finalité sur le mécanisme.

2. Conception analogue dans les premiers systèmes de la philosophie grecque. — Théories ioniennes. — Anaximandre. Mondes successifs; périodes cosmiques. — Héraclite. Le feu; périodes d'embrasement et d'extinction. Un sens moral au fond de cette doctrine. — Anaxagore. L'Intelligence. Est-elle, pour lui, transcendante ou immanente? — Conceptions italiques. — Le pythagorisme. Le nombre, considéré comme principe d'unité et d'ordre, de détermination et de stabilité. Philolaüs.

3. Socrate. — Sa théorie de l'amour, considéré comme une action qui met chaque chose à sa juste place. — L'éducation est, à ce point de vue, une forme parfaite de l'amour. La Providence considérée comme une *éducation*. — Lacune de la doctrine de Socrate : il ne fait point une part suffisante à la spontanéité ou à la liberté des êtres sur lesquels cette éducation s'exerce.

4. Platon. — Il se distingue de Socrate par une analyse plus savante de l'âme. — Théorie du θυμός, ou de la partie de l'âme passionnée qui est capable de comprendre la raison et de prêter son concours au bien. — Importance de l'idée de la *persuasion* dans la philosophie

platonicienne. — Par elle, Platon complète d'abord la théorie socratique de l'éducation. — Il ne suffit pas que le bien soit révélé à l'intelligence; il faut encore, pour produire ses effets, qu'il pénètre, par la puissance de la persuasion, dans la partie active de l'âme, dans celle que Platon appelle le *cœur*, l'*enthousiasme*, la *volonté*. — Par cette même idée, Platon complète aussi la théorie de Socrate sur la Providence. — Importantes conceptions symboliques du *Timée*. — Action de la Providence sur l'âme du monde et sur l'âme humaine. — Théorie du *Politique* sur l'*art royal* du gouvernement des États. — Théorie du *Phèdre* sur l'inspiration et les diverses formes du délire.

5. Aristote. — Il ne sacrifie aucun des éléments introduits par ses prédécesseurs dans la conception de la Providence, mais il leur donne un caractère plus métaphysique. — Il restreint, en apparence, le rôle de Dieu et transporte à la nature la plupart des actes que nous avons l'habitude d'attribuer à la Providence. — L'instinct et l'activité plastique de la nature. — La nature n'est pas *divine*, mais elle est *démoniaque*. — C'est elle qui arrange et qui distribue ses propres parties, sous l'influence et sous l'*attrait moral* de la finalité. — Dieu reste la providence du monde; mais il en est la *providence sans le savoir*. — Dieu est la conscience absolue, qui ne saurait sortir d'elle-même sans déchoir. — Dieu est l'acte pur de la pensée; mais cet acte pur est l'idéal que la nature ne cesse de poursuivre et dont elle se rapproche continuellement. — Théorie du *premier moteur* ou *moteur immobile*. — Lacunes de cette théorie. Aristote n'a pas vu que la conscience ne peut rester enfermée en elle-même. Toute conscience est féconde, et la conscience absolue ne peut exister que si elle contient, dans son acte même, la création et la providence.

1. Même avant l'époque où la philosophie commença à se développer sur le sol de la Grèce, la religion hellénique concevait déjà l'opposition de la divinité et de la nature sous la forme d'un système de *raisons* ou de *lois*, dominant et régissant un système de *forces* plus ou moins aveugles ou brutales. C'est cette opposition qui est exprimée dans le célèbre mythe de la lutte des Dieux contre les Titans et les Géants. Ces fils de la Terre représentent, suivant toute vraisemblance, les énergies confuses et déréglées de la nature; les Dieux, au contraire, personnifient les lois régulatrices par lesquelles l'ordre s'établit et se maintient au milieu du conflit des éléments. Cet ordre du monde n'est donc pas une simple *distribution*, résultat immédiat d'une volonté divine qui ne rencontrerait en face d'elle

aucun obstacle; c'est une victoire de la *loi* sur la *force*, victoire à la suite de laquelle la force se soumet à l'empire de la loi et se fait l'instrument docile de la réalisation du bien. Ainsi, d'après cette antique conception, qui sera reprise et popularisée de mille manières par l'art grec, l'ordre du monde se réalise par l'intermédiaire de la force *subjuguée*; on dira plus tard : *persuadée*.

Une fois qu'ils eurent appliqué cette conception à l'ordre du monde physique, les Grecs en tirèrent immédiatement une explication semblable de l'ordre qui règne aussi dans le monde moral. Ayant à la fois un sentiment très énergique de la liberté de l'homme et une idée très nette de la puissance de la divinité, ils conçurent les Dieux comme faisant régner l'ordre moral par la *loi*, qui dompte les passions des hommes, et le rétablissant par la *justice* toutes les fois qu'il a été troublé par une révolte de ces mêmes passions.

Parmi les formes très nombreuses [1] que cette antique conception a revêtues, il convient de signaler surtout celle qui se rapporte à la *loi de partage*, règle idéale de répartition d'après laquelle

1. Une de ces formes est l'institution divine du serment, qui est une barrière contre les excès des vices et des passions (ὅρκος, serment, comme ἕρκος, barrière) et, par suite, une des plus solides bases sur lesquelles l'ordre moral repose. « Le sentiment de la justice, dit M. Jules Girard, était alors quelque chose de trop indécis et de trop flottant pour donner une règle de conduite. » Les Dieux, pour le fortifier, établissent le serment. « Le serment est l'obstacle mis à la violence par un pacte consenti et obligatoire. Le serment enchaîne les Dieux et les hommes, c'est-à-dire le monde entier; il établit l'ordre universel et fonde sur la sanction religieuse la société humaine. La violence et les appétits des hommes passionnés et barbares, de même que l'expansion furieuse des forces de la nature, menaçaient de prolonger indéfiniment le désordre; un traité est intervenu. Cette parole libre et sainte, c'est le serment. Il lie donc d'abord les Dieux au nom des puissances primordiales, bases ou éléments primitifs du monde, qui, de sa surface qu'elles enveloppent et de ses entrailles où elles habitent, veillent éternellement sur ses lois, dont elles ont la science et la garde. On se rappelle les grandes et religieuses formules qu'Homère nous a conservées. Le serment lie ensuite les hommes, en joignant au nom de ces antiques divinités celui du roi d'Olympe; et il les fait rentrer ainsi dans l'ordre universel, en même temps qu'il préside à leurs premiers rapports entre eux. Il est la barrière qui arrête les empiètements et assure ainsi l'exercice mutuel des droits; il est, de plus, dans le vague des idées morales, un principe fixe auquel s'attache la conscience. »

chacun de nous reçoit un certain lot, qui est la juste portion dont il doit se contenter. Le sort de chaque mortel est donc déterminé, non pas d'une manière absolue (car ce serait inconciliable avec le libre arbitre), mais au moins d'une manière rationnelle et idéale, qui lui assigne sa place dans l'ordre universel des choses. Or, toutes les fois que l'homme, soit par ambition, audace ou orgueil, soit simplement, comme Polycrate, par une faveur constante de la fortune, franchit les limites que lui assigne la loi de partage, il dépasse la mesure, il tombe dans l'excès et, par conséquent, même sans commettre un crime et sans encourir une véritable responsabilité morale, il trouble l'ordre établi par la Providence. Il faut alors que cet ordre soit rétabli, et c'est la fonction spéciale d'une divinité à laquelle les Grecs donnaient le nom de Thémis et qui personnifiait pour eux la sagesse et la providence des Dieux sous la forme de la justice distributive. « La Thémis, dit M. Tournier dans son étude sur *Némésis et la jalousie des Dieux*, est la loi qui régit le monde, le système des convenances mystérieuses qui fixe les rapports des êtres, assigne à chacun sa place et circonscrit l'espace ouvert à la liberté humaine dans les limites d'un cercle à jamais sacré; c'est le principe d'équilibre auquel l'univers doit sa conservation, la divinité aux conseils impénétrables qui juge avant les temps et les hommes, qui ne compte avec la liberté que pour ménager sa place, qui n'a pas à statuer sur les égarements du libre arbitre, mais à déterminer, d'après des raisons qui nous échappent, l'ordre entier du monde pour l'éternité. »

Remarquons bien la haute importance de cette conception, qui est déjà toute une admirable et savante théorie de la Providence. Les deux éléments qu'il sera si difficile aux plus grands philosophes de bien concilier, la liberté humaine et la puissance de Dieu, y sont mis en face l'un de l'autre, chacun à sa juste et légitime place. La Providence n'y apparaît pas comme une activité purement créatrice, qui établirait une fois pour toutes l'ordre universel et le confierait, en quelque sorte, à la garde de simples lois mécaniques, comme s'il n'y avait ni spontanéité dans la nature ni liberté dans l'homme. Elle s'y montre plutôt comme une influence essentiellement modératrice, en rapport avec des activités subordonnées, qui reçoivent d'elle la mesure et l'harmonie. Elle établit l'ordre dans l'univers, mais elle le fait d'une manière indirecte, par l'intermédiaire des énergies de la nature et des volontés humaines; elle permet que cet ordre soit troublé momentanément, mais elle se réserve alors de le rétablir, et le plus souvent par l'action même de ceux qui l'ont troublé.

« Si la loi éternelle était une fatalité absolue, qui, par le seul fait de son existence, impliquât négation de la liberté humaine, ou si, l'homme restant libre, les bornes prescrites à son activité étaient infranchissables, la stabilité du décret suprême suffirait à maintenir l'équilibre du monde et la Providence serait dispensée de le protéger; l'ordre général, ne pouvant être attaqué, n'aurait pas besoin d'être défendu; à plus forte raison ne demanderait-il pas à être rétabli. » Mais l'homme est libre. Cette liberté de l'homme, la Providence ne doit pas la détruire, mais, au contraire, la mettre à même de se déployer dans toute sa plénitude. Si, lorsque l'homme est sur le point de franchir les limites qui lui sont imposées, la divinité intervenait immédiatement et, en le frappant tout de suite après sa faute, arrêtait le mal dans sa source, la liberté serait illusoire. Il faut qu'elle puisse s'épanouir, s'étaler quelquefois insolemment dans un apparent triomphe. Les Dieux lui laissent donc la carrière ouverte et, dans la lutte qu'ils ont à soutenir contre elle, se résignent quelquefois à paraître vaincus; mais leur défaite n'est que provisoire. « L'indiscipline humaine peut faire osciller la balance des destinées; elle ne saurait l'empêcher de reprendre son niveau. Tôt ou tard, la divinité, vaincue dans le premier combat, reparaît pour triompher; l'équilibre que la Providence avait laissé détruire est providentiellement rétabli. »

— Une grande erreur se mêle cependant à cette conception si simple et si belle, et nous verrons plus loin que le génie de la Grèce ne réussira pas à s'en dégager définitivement. C'est que, si la Providence y est conçue comme une justice, cette justice ne s'allie point à la bonté; elle reste étroite, exclusive, envieuse. Fondée sur un sentiment égoïste (car toute la préoccupation des Dieux dans leurs rapports avec l'humanité semble être de maintenir la distance infinie qui les sépare des mortels), elle ne se manifeste guère que par la persécution et la vengeance. En un mot, c'est la *jalousie* des Dieux, la Némésis. C'est bien avec ce caractère qu'elle se présente à nous dans le mythe complexe de Prométhée. Ce mythe, en effet, semble avoir, au premier abord, une haute portée morale. Il exprime l'idée de la Providence et celle de la justice absolue telles que nous les avons définies tout à l'heure. On y voit les Dieux, après avoir consenti à des défaites passagères, remporter finalement la victoire; après qu'ils ont laissé l'ambitieuse liberté humaine se donner carrière, ils interviennent à leur heure et rétablissent par un coup soudain l'ordre universel, méconnu et violé; mais, quand on considère les choses d'un peu plus près, on voit que cet ordre qu'ils rétablissent n'est que l'ordre de leur intérêt et de leur autorité; en punissant le demi-dieu qui a soulagé les misères humaines et qui a ravi le feu du ciel pour en faire le principe de toutes les industries et de tous les arts, ils ne font que défendre leur empire contre l'audace toujours croissante de l'homme. Ainsi, cette conception primitive de la Providence est, en dernière analyse, une négation du progrès, qu'elle considère comme un empiétement sur le domaine des Dieux et comme une impiété.

2. Si nous arrivons maintenant aux premiers systèmes de la philosophie grecque, nous y retrouvons, d'une part chez les Ioniens, de l'autre chez les pythagoriciens, la même idée dominante d'une opposition entre un principe divin, qui établit partout l'unité et l'ordre, et un principe naturel, doué d'une spontanéité ou d'une liberté indéfinie, qui appelle la règle, la mesure et la loi.

Chez les *physiologues* ioniens, la conception qui se reproduit le plus souvent est celle d'une alternance de périodes cosmiques de croissance et de dépérissement, assez analogues à celles que M. Spencer admet aujourd'hui sous le nom de *périodes d'évolu-*

tion et de *périodes de dissolution*. Telle était, par exemple, la théorie d'Anaximandre : « Ce philosophe, dit Zeller, croyait à une infinité de mondes successifs. La naissance du monde a pour corollaire sa destruction. Quand on admet que le monde, semblable à un être vivant, s'est, à une époque déterminée, constitué à l'aide d'une matière donnée, on doit être porté à croire que, comme l'être vivant lui-même, il se résoudra un jour en ses éléments. Si, d'ailleurs, on attribue à la matière première la force créatrice et le mouvement à titre de qualités essentielles, il n'est que logique d'en conclure que, grâce à cette force vitale, la matière première engendrera un monde nouveau, quand le nôtre sera dissous, comme de même elle a dû en engendrer d'autres, avant que le nôtre fût formé. » La même conception se retrouve dans Héraclite. Le philosophe d'Ephèse se représente ces périodes du monde sous la forme d'alternatives d'embrasement et d'extinction, et il semble avoir ajouté à la pensée d'Anaximandre que ces alternatives ne se produisent pas seulement dans l'infini de la durée, mais qu'elles remplissent aussi l'infini de l'espace. D'après lui, le feu, à ses degrés divers de condensation, est le principe du mouvement, de la vie et de la pensée. Mais ce feu est soumis à la loi d'une instabilité perpétuelle; tour à tour il se concentre sur divers points, s'allumant ici, s'éteignant là, s'accumulant ici, se raréfiant ailleurs, mais toujours d'une manière mesurée et rythmique. Plus il se concentre sur un point déterminé, plus il y produit des manifestations parfaites, et si l'âme douée de raison est la plus admirable de toutes les essences, c'est à cause qu'il n'y en a point d'autres où l'accumulation et, en quelque sorte, la *concrétion* du feu soit plus intense et plus énergique; mais, en même temps, ces manifestations sont d'autant plus instables que leur perfection est plus haute, et si l'âme raisonnable s'évanouit comme un souffle, c'est en raison même de la complexité et de la richesse de sa nature. Ainsi, rien n'est fixe, rien n'est stable; tout passe, tout fuit, tout s'écoule, Πάντα ῥεῖ, et la loi souveraine du monde physique est l'universel *devenir*.

En résulte-t-il que ces premiers Ioniens et en particulier Héraclite n'aient absolument rien conçu au delà du monde des phénomènes? Nous ne le pensons pas. Quelques passages des auteurs anciens autorisent à croire que l'idée d'une nécessité supérieure, d'une loi ou d'un système de lois rationnelles et transcendantes, dominait chez Héraclite cette mélancolique conception de l'universelle instabilité. Ainsi, Plutarque nous cite de lui cette parole : « Le soleil ne prendra point une marche rétrograde; car, s'il le faisait, les Furies, ministres de la Justice, le découvriraient. » C'est une belle et saisissante pensée, d'où il semble résulter qu'Héraclite admettait un ordre moral dominant l'ordre physique; que les grandes périodes cosmiques d'embrasement et d'extinction étaient, d'après lui, soumises dans leur alternance à des nécessités idéales; qu'il y avait enfin, pour elles comme pour l'homme, une sorte de *loi de partage*, ainsi que des divinités protectrices ou vengeresses de cette loi suprême. De tout cet ensemble d'idées héraclitéennes se dégage une tendance générale à croire qu'il existe une Pensée par laquelle le monde est dominé et que la sagesse consiste pour l'homme à découvrir, « à suivre à la trace » cette pensée, à l'imiter dans ses actions.

— Restée à l'arrière-plan chez les premiers philosophes d'Ionie, cette conception se dégage nettement dans la doctrine d'Anaxagore. Le principe divin y apparaît sous la forme de l'Intelligence, et l'œuvre de l'Intelligence est l'organisation, qui, elle-même, se fait par le débrouillement du chaos primitif. A l'origine, *tout était dans tout*. Les éléments matériels étaient mêlés les uns aux autres dans le vaste sein de l'*infini*, c'est-à-dire de l'indéterminé, ἄπειρον; et non pas seulement ceux dont la nature est grossière et toute concrète, comme l'eau ou la terre, mais encore ces autres éléments qu'Anaxagore croyait à tort plus légers et plus subtils, la chair ou le sang dont est formé le corps des animaux. L'Intelligence, pénétrant progressivement jusque dans l'intimité de la matière, sépare les unes des autres les diverses substances; en mettant ensemble leurs parties similaires, leurs *homœoméries*, celles de l'eau avec celles de l'eau, celles du sang avec celles du sang, elle les fait apparaître au dehors, elle les rend *perceptibles*, c'est-à-dire qu'elle crée leur réalité en même temps qu'elle crée leur essence. De proche en proche, la forme et la vie se répandent dans toutes les parties de l'univers, qui tend à devenir un véritable *tout*, harmonieux et animé.

Quand on réfléchit sur cette action du Νοῦς d'Anaxagore, on est conduit à se demander s'il faut la concevoir comme *immanente* ou comme *transcendante*. C'est un problème qu'il est assez difficile de résoudre avec les textes; car ils sont quelquefois susceptibles d'être interprétés dans un sens ou dans un autre, suivant qu'on donne à tel ou tel mot un sens propre ou un sens allégorique. Nous croyons cependant qu'on peut la concevoir à la fois comme immanente et comme transcendante, et que cette double interprétation contient précisément le germe des théories que nous allons voir se développer séparément dans Platon et dans Aristote. Elle est surtout transcendante, en ce sens du moins que l'intelligence est d'abord extérieure à la matière; elle l'enveloppe comme une atmosphère subtile et pénètre en elle par le dehors. Mais, à un autre point de vue, on peut dire aussi qu'elle est immanente; car, à mesure que la matière prend davantage la forme de l'organisation, il semble qu'une pensée contenue en elle virtuellement et en puissance se dégage par degrés et acquiert de plus en plus la pleine possession d'elle-même; après s'être développée à travers la série entière des animaux, « grands et petits, nobles et ignobles », elle s'épanouit dans la nature humaine par l'activité de l'esprit et par l'activité de la main, par la contemplation et par l'industrie.

— Sans nous astreindre à passer en revue toutes les écoles de la philosophie antésocratique, signalons encore dans la doctrine pythagoricienne une nouvelle forme de la conception métaphysique générale propre au génie grec.

Quand Pythagore dit que les *nombres* sont les principes de l'existence des choses en même temps que de leur connaissance, cela ne signifie pas qu'ils produisent les choses dans leur substance première; car cette substance, sous le nom d'*infini*, existe éternellement. Tout ce qu'il faut entendre par là, c'est que les nombres, en pénétrant dans les choses ou, plus exactement, dans la puissance indéterminée qui enveloppe les choses, sont les causes de leur réalité en même temps que de leur intelligibilité; ils donnent à chacune d'elles la forme qui la constitue et qui la distingue de toutes les autres; ils lui assignent, avec les limites de son essence, le rôle qu'elle doit jouer dans l'ensemble de l'univers, dans la vie générale du *cosmos*. Nous retrouvons donc ici l'opposition, déjà rencontrée dans les systèmes antérieurs, de deux éléments dont se compose la réalité : d'une part, un principe d'indétermination, qui est *la matière*, de l'autre, un principe d'ordre, qui est *la forme* ou *la loi*; d'une part, un mouvement aveugle auquel les choses sont livrées, de l'autre, un mouvement régulier et rythmique, qui leur est imposé par l'action d'une nature supérieure, idéale et rationnelle. Toutefois, le pythagorisme réalise un double progrès sur les doctrines qui l'ont précédé ou qui se sont développées concurremment avec lui dans une autre partie du monde grec. D'abord, tandis que les Ioniens ne concevaient que sous une forme vague l'ordre du monde, les pythagoriciens, à l'aide du nombre, se le représentent sous une forme arrêtée et précise. Les Ioniens pressentaient que les choses sont dominées par un système de lois éternelles, mais ils n'avaient aucune idée nette de la nature de ces lois; ils soupçonnaient l'harmonie de l'univers, mais ils ne pouvaient pas l'expliquer; les pythagoriciens, au contraire, font consister cette harmonie dans des rapports numériques parfaitement déterminés; pour eux, chaque nombre remplit, soit dans le monde physique, soit dans le monde moral, une certaine fonction déterminée; tel nombre est le symbole, et non seulement le symbole, mais le principe même de la justice; tel autre exprime les rapports des sons musicaux ou ceux des sphères dans le ciel; la *décade*, ou le nombre parfait, est la source et le guide de la vie humaine et de la vie divine. Ainsi, bien que l'imagination jouât incontestablement un grand rôle dans cette détermination, qui est tout arbitraire, les pythagoriciens avaient véritablement un *système du monde*, système parfaitement lié, coordonné dans toutes ses parties. Mais ensuite, les pythagoriciens l'emportent encore sur les autres philosophes des premiers âges de la Grèce, en ce qu'ils font effort pour ramener leur dualisme à une sorte d'unité. Ils concevaient, en effet, le nombre absolu comme étant à la fois le principe et la synthèse de l'unité et de la pluralité; ils entendaient, en d'autres termes, que l'unité primordiale s'était, en quelque sorte, brisée et scindée, en donnant naissance à la dualité ou multiplicité, à la *dyade indéfinie*, principe d'un mouvement, d'un changement sans trêve, et qu'ensuite elle ramenait cette multiplicité à l'unité concrète par la synthèse et la cohésion de ses éléments, c'est-à-dire par le *nombre* proprement dit, qui est un principe de détermination et de permanence. Cette génération intérieure du nombre, ils se la représentaient aussi sous une forme physique, qui est la théorie de la *respiration du monde*; ils concevaient le *plein* comme aspirant le *vide*, qui est répandu tout autour de lui, et le faisant entrer dans son sein, de même que l'homme, par la respiration, fait entrer l'air dans sa poitrine; par suite de cette aspiration, l'unité du plein est divisée à l'infini, et la multiplicité qui en résulte est le principe infini, indéterminé, qui constitue la matière, c'est-à-dire la substance commune dont toutes choses sont ensuite tirées par la puissance de la raison, de la forme et de la loi. C'est ainsi que le nombre est essentiellement créateur et remplit dans l'univers, dans le monde physique et dans le monde moral, le rôle de Dieu même. Par lui les choses sont réelles; par lui aussi elles sont intelligibles. « C'est l'essence du nombre, dit Philolaüs, cité et commenté par M. Janet dans sa *Dialectique de Platon*, qui enseigne à comprendre tout ce qui est obscur et inconnu. Sans lui, on ne peut éclaircir ni les choses elles-mêmes, ni les rapports des choses... Ce n'est pas seulement dans la vie des dieux et des démons que se manifeste la puissance du nombre, mais dans toutes les actions, dans toutes les paroles de l'homme, dans tous les arts et surtout dans la musique. Le nombre et l'harmonie repoussent l'erreur; le faux ne convient pas à leur nature. L'erreur et l'envie sont filles de l'infini, sans pensée, sans raison; jamais le faux ne peut pénétrer dans le nombre; il est son éternel ennemi. La vérité seule convient à la nature du nombre et est née avec lui. » C'est donc Dieu ou le nombre qui apporte la clarté et la vérité dans les choses; « c'est encore lui qui y apporte l'harmonie; sans harmonie il serait impossible à des éléments hétérogènes de s'accorder et de revêtir les belles formes que nous présente l'univers. »

3. Nous arrivons aux trois grands philosophes de la Grèce, Socrate, Platon, Aristote. Chacun d'eux va introduire dans la question des rapports de Dieu et du monde un élément nouveau et y marquer fortement l'empreinte de son génie.

Pour bien comprendre la solution que Socrate en a donnée, il faut se rappeler que cet homme extraordinaire a été par-dessus tout *un éducateur*. L'éducation était pour lui une sorte d'apostolat, de mission divine, dont il croyait que l'oracle de Delphes l'avait indirectement chargé en le déclarant « le plus sage des hommes ». Comment pouvait-il, en effet, être le plus sage des hommes, lui qui pensait sincèrement « ne rien savoir, sinon qu'il ne savait rien »? Réfléchissant sur la parole du Dieu, il crut devoir l'interpréter en ce sens, qu'il était plus sage que les autres précisément parce qu'il ne s'imaginait pas savoir ce qu'il ignorait; et il crut aussi que cette disposition intérieure le mettait dans la situation la plus favorable pour *interroger* les autres hommes, pour purger les esprits de leurs erreurs et pour les tourner vers la vérité.

Mais comment tourne-t-on un esprit vers la vérité? Ce n'est pas en l'emplissant prématurément de connaissances; c'est plutôt en agissant sur l'âme tout entière, de manière à mettre entre ses éléments une sorte d'équilibre et de pondération; c'est en lui donnant le goût et l'amour du bien, ce qui est déjà une certaine manière de faire pénétrer en elle le bien lui-même.

Socrate exprimait cela par un mot célèbre : « Je ne sais, disait-il, qu'une toute petite science, l'amour » ; et voici le commentaire qui nous est donné de cette parole dans divers passages de Xénophon et de Platon. Elle signifie : je sais produire dans les âmes l'harmonie qui constitue l'amour. Le médecin a la science de l'amour, quand il rétablit la concorde dans l'organisme entre les éléments ennemis et leur inspire un amour mutuel : ainsi, la médecine est la science de l'amour dans le corps. Le musicien a également la science de l'amour, lorsqu'il unit les sons dans la mesure où ils se conviennent entre eux. On peut en dire autant de l'agriculteur, lorsqu'il sait produire entre les éléments qui entrent dans la composition du sol une harmonie sage et tempérée. Mais c'est surtout le dialecticien qui a cette science merveilleuse, lorsque, par la parole et par la discussion, il met chaque chose à sa juste place dans l'âme, chaque idée à sa juste place dans l'esprit, chaque sentiment à son juste rang dans le cœur. Or, introduire dans une âme cette heureuse disposition, cette belle ordonnance, c'est la rendre accessible à l'influence de la vérité, à l'action du bien ; et voilà ce que Socrate faisait chaque jour par l'éducation.

Mais c'est aussi ce que la divinité fait chaque jour dans le monde par sa providence. Nous venons de voir que les philosophes antérieurs concevaient tous une action qu'un principe supérieur, transcendant, exerce sur la nature, mais qu'ils n'expliquaient que d'une manière bien insuffisante en quoi consiste cette action. D'après Anaxagore, c'était l'action de l'Intelligence, qui organise la matière en y pénétrant, en s'y insinuant d'une manière continue. Nous pourrions ajouter que, d'après Empédocle, c'était l'action de l'Amour, qui substitue graduellement à des ébauches informes ou grossières des organismes achevés et cohérents. Mais ni l'un ni l'autre n'avaient conçu, au delà de l'intelligence et de l'amour, le Bien, auquel ils se rapportent. Socrate, au contraire, comprit que, dès que l'on pose l'intelligence et l'amour, on doit poser le Bien comme suprême intelligible et comme suprême aimable. Dès lors, il conçut l'action métaphysique, transcendante, divine, qui a produit l'ordre de l'univers, sous la forme de l'action même du Bien, se révélant à la nature et à l'homme et pénétrant, en quelque sorte, dans leur sein par une influence qu'on ne saurait mieux comparer qu'à celle de l'éducation.

— Le célèbre éloge de la Providence qu'on trouve au IVe chapitre du Ier livre des *Mémorables* semble devoir être surtout interprété dans ce sens, que les bienfaits répandus par la Providence sur l'homme sont autant de dispositions ingénieuses et bienveillantes qui permettent à son âme, d'abord confondue et comme noyée dans l'âme universelle, d'entrer en communication avec la Pensée divine et de se rapprocher d'elle graduellement par le spectacle des choses extérieures, par la contemplation de l'ordre de la nature : « Tu sais bien, dit Socrate à Aristodème, qu'il y a en toi une intelligence ; mais crois-tu qu'il n'existe nulle part ailleurs rien d'intelligent, lorsque tu sais que ton corps a été formé d'une parcelle de cette immense terre, d'une goutte de ces vastes eaux, d'une faible partie de ces éléments en si grande abondance dans l'univers? Crois-tu avoir ravi en toi seul, par un heureux hasard, une âme qui n'existerait nulle part ailleurs, tandis que tous les autres êtres, infinis par rapport à toi en nombre et en grandeur, seraient dirigés avec un ordre admirable, sans doute, mais dans lequel l'intelligence n'entrerait pour rien ? » Ce passage, bien compris, nous semble signifier, conformément à la conception d'une intelligence à la fois transcendante et immanente que nous avons rencontrée déjà dans Anaxagore, que la Providence, avant de s'exercer spécialement sur l'homme, se manifeste d'abord dans la nature pour y susciter et y développer une pensée organisatrice qui réside, sous une forme latente, au sein même de la matière. Mais, dans toute la partie du même chapitre qui se rapporte spécialement à l'homme, on voit clairement la Providence agir encore de la même manière; c'est-à-dire que le don qu'elle nous fait des facultés et des organes qui nous sont propres n'apparaît pas comme une création proprement dite, mais plutôt comme l'évocation, l'éveil d'une conscience latente qui n'a besoin que du concours de Dieu pour se mettre en corrélation harmonique avec le système des choses naturelles. « Ne te semble-t-il pas que celui qui a créé les hommes dès le commencement leur a donné en outre, pour leur utilité, les organes qui leur permettent de percevoir les choses extérieures : les yeux, pour voir les choses visibles, les oreilles, pour entendre les sons? A quoi serviraient, en effet, les odeurs, si les narines n'avaient pas été formées? Où se ferait la perception de ce qui est doux, de ce qui est âcre, de ce qui est agréable au goût, si la langue n'avait été mise en nous dans ce but? » La sollicitude des dieux pour l'homme se manifeste surtout, d'après Socrate, par toutes les dispositions qu'ils ont prises pour que la connaissance des choses, soit terrestres, soit célestes, se produisit largement en lui : « Peux-tu douter que les dieux s'occupent de nous, eux qui ont donné à l'homme, seul de tous les animaux, cette faculté de se tenir debout, qui lui permet de porter plus loin sa vue, de mieux contempler les choses qui sont au-dessus de sa tête, de prévenir plus facilement les dangers? Ils ont placé aussi haut que possible les yeux, les oreilles, la bouche. Tandis qu'ils donnaient simplement des pieds aux autres animaux pour qu'ils pussent changer de place, ils accordaient des mains à l'homme, et ces mains lui procurent tout ce qui sert à le rendre plus heureux que la brute. Tous les autres animaux ont une langue; mais la nôtre est seule capable, en touchant les diverses parties de la bouche, d'articuler des sons, et c'est par elle que les hommes se communiquent les uns aux autres tout ce qu'ils ont besoin d'exprimer... Il n'a pas suffi à Dieu de s'occuper du corps de l'homme; mais, ce qui est le plus grand de ses bienfaits, il a mis en lui l'âme la plus parfaite. Quel autre animal, en effet, est doué d'une âme capable de reconnaître l'existence de ces dieux qui ont ordonné l'univers avec tant de magnificence et de grandeur? Quel autre a reçu de la nature le privilège de leur rendre un culte? » Ainsi, ce ne sont pas seulement les organes dont l'homme est doué qui lui procurent tous les biens dont il peut jouir; c'est aussi l'intelligence, dont ces organes ne sont que les instruments et les auxiliaires; car, « si un animal avait la forme du bœuf et l'intelligence de l'homme, il ne pourrait exécuter ses volontés. Inversement, accordez-lui les mains et privez-le de l'intelligence, il ne sera pas moins borné. Mais l'homme réunit ces deux choses si précieuses, et c'est cela qui prouve à quel point les dieux s'intéressent à lui. » Ils s'y intéressent bien plus encore lorsque, par la divination, ils lui font connaître, suivant ses besoins et en répondant à ses prières, quelques-unes des choses qu'il ne lui est pas donné d'atteindre directement par la prévision raisonnée et par la science. C'est un degré de plus dans cette communication progressive qui se fait, à travers toute la nature, entre l'intelligence immanente et l'intelligence transcendante. Enfin, d'après la foi de Socrate, la vie future est la révélation dernière et suprême par laquelle la divinité fait connaître le vrai aux âmes pures et saintes qui se tournent vers elle par la méditation ou par la vertu; il se représente cette vie à venir comme une conversation avec des dieux bienveillants, avec les hommes les plus sages et les plus parfaits qui ont vécu dans tous les siècles.

La conclusion commune de ces divers passages, c'est que la Providence agit sur la nature et sur l'homme par une révélation continue du bien. Sous l'influence de cette révélation, les organes se forment, se développent, se perfectionnent, établissent une relation de plus en plus étroite entre l'intelligence et l'intelligible, entre ce qui est destiné à connaître et ce qui est destiné à être connu; l'instinct s'éclaire par degrés des lueurs de la pensée, et l'homme, doué de la main, protège et embellit sa vie par l'industrie et par l'art. Nous admirons les artistes qui contribuent à cet ornement de notre vie, « Homère dans l'épopée, Mélanippide dans le dithyrambe, Sophocle dans la tragédie, Polyclète dans la statuaire, Zeuxis dans la peinture ». A combien plus forte raison ne devrions-nous pas admirer ce suprême artiste, qui agit sur la nature non en la façonnant de ses mains, mais en y faisant pénétrer un rayon du bien, et qui, au lieu de produire simplement des œuvres, produit des ouvriers!

— Cette conception socratique de la Providence marque évidemment un progrès sérieux dans le développement de la pensée philosophique et religieuse des Grecs. On peut cependant trouver, en l'examinant de près, qu'elle renferme encore une lacune considérable. Ainsi que nous l'avons fait remarquer plus haut par l'étude analytique de l'idée de providence, la théorie de l'action providentielle, même complétée par l'idée des causes finales, reste très imparfaite tant que l'on ne conçoit pas cette action comme s'exerçant par l'intermédiaire et avec le concours des êtres sur qui elle se distribue, du moins à partir du moment où ces êtres commencent à avoir la spontanéité ou la liberté. Or, dans la conception de Socrate, ce concours n'apparaît pas encore ou n'apparaît que très faiblement. On pourrait presque dire, à certains égards, que, sur ce point spécial, la théorie socratique reste en arrière de celles qui l'avaient précédée. En effet, quelles que fussent les imperfections de leurs systèmes, les Ioniens et les pythagoriciens se préoccupaient de déterminer (et en cela ils faisaient œuvre de savants) les conditions physiques ou logiques de la réalisation de l'ordre dans l'univers. Socrate, au contraire, dédaigne l'étude de ces conditions, parce qu'il est persuadé ou que la Providence pourrait s'en passer ou qu'elles sont elles-mêmes, en dernière analyse, l'œuvre de la Providence. Il croit que le bien a une valeur, une puissance, une autorité absolue; *qu'il n'a qu'à se montrer pour vaincre;* qu'il pourrait se réaliser indépendamment de toute condition et en dépit de tout obstacle; enfin que, l'ordre des causes efficientes étant absolument subordonné à l'ordre des causes finales, il suffit de connaître ce dernier pour rendre compte de tout.

Mais Socrate ne voit pas assez que parmi ces conditions auxquelles est soumise l'action de la Providence se trouvent précisément les êtres mêmes qui en sont l'objet principal, c'est-à-dire les hommes. Il ne voit pas que ces êtres sont libres et qu'il leur appartient d'aider ou de contrarier l'action qui s'exerce sur eux. Partant toujours de ce principe, que le bien n'a besoin pour triompher que de sa propre force, il croit (et c'est la grande erreur de sa psychologie comme de sa morale) que l'homme fera toujours le bien, pourvu que le bien lui soit clairement révélé et qu'il ait une intelligence assez ouverte pour le comprendre. Ajoutons, en passant, que c'est aussi la grande erreur de sa pédagogie; car, si admirable maître qu'il fût, Socrate, en matière d'éducation, était exclusif. Il ne croyait pas que l'éducation, la sienne du moins, pût être donnée également à tous.

Il choisissait, il éprouvait ses élèves; il pratiquait, sur eux aussi, la δοκιμασία; *chasseur de jeunes gens*, il cherchait à discerner autour de lui les âmes privilégiées; il les reconnaissait à une sorte de charme moral, discrètement caché sous le voile de la beauté physique, et alors il s'attachait à ces âmes, sachant qu'il pouvait, suivant son expression, « engendrer en elles des fruits de vérité et de vertu ». Mais les autres, il les éliminait, il les négligeait sans hésiter, convaincu qu'elles étaient absolument fermées à l'idée et à l'influence du bien. Par suite, sa dialectique s'exerçait uniquement sur l'intelligence; elle ne tendait qu'à produire la connaissance du bien, parce que cette connaissance amène à sa suite la vertu, ou plutôt se confond avec la vertu elle-même. La révélation du bien par l'éducation lui apparaissait ainsi comme une sorte de complément de l'action de la Providence, dont elle étendait l'empire en y faisant participer un plus grand nombre d'âmes, mais sans que ces âmes pussent être amenées à faire le bien par elles-mêmes, si elles n'y étaient pas appelées à l'avance par une sorte de choix de la Providence; car la Providence n'agit jamais que par elle-même; c'est elle seule qui opère le bien dans ceux-là seuls à qui elle se révèle. Il y a, on le voit, dans Socrate quelque chose qui ressemble à une théorie de l'élection, de la prédestination et de la grâce.

C'est ici que la doctrine de Platon intervient pour réaliser dans l'idée de la conduite providentielle du monde un progrès nouveau et décisif.

4. Rappelons d'abord, pour bien comprendre ce progrès, que, s'il y a, particulièrement en morale, une très grande analogie entre les idées de Platon et celles de Socrate; si, par exemple,

Platon croit, comme Socrate, que la vertu est par-dessus tout connaissance du bien et qu'on fait nécessairement son devoir du moment qu'on le connaît, cependant le déterminisme qui résulte de cette conception est chez lui moins étroit, parce qu'il repose sur une psychologie plus savante, plus complète, plus analytique, plus profonde. Socrate, comme le lui reproche Aristote, inclinait trop à réduire l'âme au νοῦς, à la pure pensée. Ce n'était pas qu'il méconnût le dualisme de la raison et de la passion; mais, la passion se réduisait pour lui au désir, qui est immodéré, excessif, contraire à la raison, encore qu'il ne puisse tenir contre le bien, quand la raison est éclairée. Socrate ne soupçonnait pas qu'il pût y avoir dans la passion elle-même quelque chose qui, dans certains cas, aide la raison et conspire avec elle. Platon, au contraire, poussant plus avant l'analyse de l'âme, ne se contenta pas de distinguer en elle une partie raisonnable, le νοῦς, et une partie passionnée; mais, subdivisant ensuite l'âme passionnée, il y reconnut encore deux parties; l'une, absolument désordonnée et irrationnelle : c'était l'ἐπιθυμία, principe de tous nos désirs inférieurs, grossiers et matériels; l'autre, capable de comprendre la raison, de s'éprendre de l'ordre, de mettre au service du bien les élans de l'activité généreuse et noble qui la constitue : c'était le θυμός, principe de tous les enthousiasmes et de tous les mouvements courageux. Cette théorie est particulièrement importante; car le θυμός répond dans le système platonicien à ce que nous appelons *le cœur*, dans une certaine mesure même à ce que nous appelons *la volonté*; or, le cœur, source des grandes inspirations de l'âme, de ses admirations pour le bien, de ses colères contre le mal, est, d'après Platon, l'auxiliaire nécessaire de la raison, qui, sans lui, resterait froide et inerte dans son activité purement contemplative.

Platon, pour achever la théorie de cette importante faculté de l'âme, à laquelle il donnait pour siège la poitrine, nous apprend, dans le IVe livre de la *République*, que son développement est antérieur à celui de la raison. « Nous voyons, dit-il, que les enfants, aussitôt qu'ils sont nés, sont déjà sujets à la colère; que la raison ne vient jamais à quelques-uns d'entre eux et qu'elle ne vient que très tard à beaucoup d'autres. » Or, tant que la raison ne s'est pas développée et que, par conséquent, l'idée du bien n'a pu encore exercer son influence, cette faculté ardente de l'âme que Platon appelle le θυμός cherche, pour ainsi dire, sa voie; elle s'agite au hasard et, bien souvent, se trompe. Mais, dès que la raison apparaît, il n'en est plus de même; la partie irascible se met alors au service de la faculté dirigeante et elle aide le bien à triompher des résistances de la passion, des révoltes du désir.

Une conséquence très importante résulte de cette analyse plus attentive de l'âme; nous allons la suivre d'abord dans la théorie de l'éducation, ensuite et un peu plus en détail dans la théorie de la Providence.

— Au point de vue de l'éducation, Platon corrige sur un point essentiel la pensée de son maître. D'après Socrate, le bien, à peine révélé aux âmes, s'y réalise immédiatement; le vice n'est jamais qu'une ignorance. Ecartez les ténèbres qui cachent à l'esprit d'un homme la vraie nature du bien, faites pénétrer dans cet esprit un rayon de la lumière morale, et aussitôt l'âme entière deviendra semblable à son modèle; l'harmonie et la vertu y entreront du même coup. D'après Platon, il n'en est plus tout à fait ainsi : c'est par l'intermédiaire de l'âme elle-même que le bien se réalise. Il y faut le consentement et le concours de cette partie passionnée de notre nature qui répond à ce qu'on appelle le cœur, l'enthousiasme, la volonté. Sans doute, Platon est prêt à reconnaître que la volonté ne refuse jamais son consentement au bien quand une fois il s'est révélé clairement; mais, du moins, c'est en elle que réside le principe actif de la détermination vertueuse; c'est elle seule qui réalise vraiment l'harmonie dans l'âme par la vertu suprême de la justice. Partant de cette idée, l'auteur du *Phèdre* a tracé la merveilleuse théorie de ce qu'il appelle l'*art de conduire les âmes*, la ψυχαγωγία. Cet art, qui constitue le fond du génie et du talent oratoires, est une dialectique complexe, qui ne se contente pas de retrouver par la réflexion l'unité du genre dans la diversité des individus ou des espèces, mais qui s'adresse aussi à la partie instinctive de l'âme; c'est une dialectique des sentiments, ayant pour effet de toucher, d'émouvoir, de passionner, de solliciter au bien, de le faire désirer et de le faire vouloir. Socrate se contentait de la dialectique pure : d'après lui, quand la dialectique de la pensée a fait son œuvre, quand elle nous a révélé le bien, il est impossible que notre cœur ne s'y attache pas et que notre volonté ne le pratique pas. Mais, pour Platon, le problème est plus compliqué : il ne suffit pas, pour lui, de mettre les âmes en présence de l'idéal du bien, il faut encore leur faire aimer cet idéal; il faut diriger vers son véritable objet l'activité inquiète et indéterminée de la passion, qui, également capable de se tourner vers le bien et vers le mal, vers l'ordre et vers le désordre, « se repaît d'abord, faute de connaître les essences des choses, de fantômes et de chimères »; il faut, en un mot, susciter dans la partie active de notre être les énergies généreuses qui se porteront au secours de la raison et l'aideront à triompher de l'appétit. C'est l'art socratique de l'amour porté à sa perfection et transformé véritablement en science.

— Mais cette influence qu'une âme exerce sur une autre âme dans l'œuvre de l'éducation, nous allons maintenant la retrouver, sous une forme métaphysique, dans le gouvernement divin des choses, et d'abord dans l'action générale que la Providence exerce sur l'âme du monde, pour produire, avec son concours, le bien et l'ordre de l'univers. Socrate n'a pas l'idée soit d'une résistance, soit d'une contribution possible de l'âme universelle à l'action du bien. Platon, au contraire, n'hésite point à placer dans l'âme du monde ces deux mêmes formes de l'activité passionnée qu'il nous a montrées tout à l'heure dans les âmes des individus. Là aussi, à côté d'une énergie aveugle et absolument irrationnelle, qui résiste à l'idéal et au bien, il en reconnaît une autre, qui subit, au contraire, l'ascendant du bien et assure son triomphe en luttant avec lui contre le principe du désordre et du mal. Mais, pour que cette partie noble et généreuse de la passion dans l'âme universelle prête au bien son concours, il faut d'abord qu'elle ait été pénétrée et comme charmée par lui; en d'autres termes, il faut que le bien se soit révélé à elle non pas seulement comme chose souverainement intelligible, mais encore et surtout comme chose souverainement aimable. Le pur intelligible ne suffirait pas à émouvoir l'âme du monde, comme il ne suffit pas à émouvoir l'âme de l'homme; il faut qu'il s'insinue jusqu'à une partie (c'est toujours le θυμός) qui représente en elle l'instinct, l'élan, le désir, l'enthousiasme, la volonté; il faut qu'il se fasse accepter, approuver, aimer d'elle, enfin, pour tout dire en un mot, qu'il la *persuade*.

La *persuasion!* voilà, en effet, le mot qui résume le mieux l'action de la Providence, telle que Platon l'a conçue. Socrate, frappé surtout de l'immense supériorité de Dieu sur le monde, n'accordait un rôle vraiment actif dans la production et l'administration de l'univers qu'au principe divin. Nous verrons un peu plus loin Aristote exagérer, au contraire, le rôle du principe naturel. Platon, saisissant dans une admirable intuition les deux éléments du problème, a fait de la Providence une action qui, sans doute, a son principe en Dieu, dans l'infinitude de sa bonté, de sa sagesse et de son amour, mais qui, en même temps, provoque et dirige une action corrélative de la nature et s'en sert comme d'un instrument pour la réalisation de ses desseins. Les deux actions, l'une idéale et régulatrice, l'autre efficiente et motrice, sont également nécessaires. Si l'action de Dieu sur la nature ne se produisait pas, celle-ci resterait inerte ou, du moins, livrée à un mouvement confus et chaotique; mais si, de son côté, la nature ne répondait pas, par le concours de l'activité qui lui est propre, à l'action transcendante de Dieu, le bien et l'ordre resteraient de pures idées et ne se réaliseraient pas. Il faut donc, pour que la Providence se manifeste, que, d'une part, Dieu descende dans la nature par l'effusion de son amour, d'autre part, que la nature, subjuguée, touchée, *persuadée*, réponde à cet amour par son aspiration vers le bien, par son désir de l'ordre, et introduise l'harmonie, la mesure et la règle dans les mouvements auxquels elle s'abandonnait d'abord d'une manière irrationnelle.

C'est dans le *Timée* que se trouve cette belle théorie de la persuasion, en tant qu'elle s'applique à l'ensemble des choses. On sait que le Dieu de Platon ne crée pas le monde, il ne fait que l'organiser; il est l'ouvrier du monde, le Démiurge. Mais cet ouvrier ne travaille pas à la façon des nôtres; il ne pétrit pas la matière de ses mains; il ne la modèle pas par un travail extérieur. Son action est toute différente; elle s'exerce sur l'intimité de la substance même des choses; elle fait appel à une activité que la matière possède déjà, et elle se borne à régulariser cette activité en faisant tomber sur elle un rayon du monde idéal.

Dès le temps où les choses n'étaient pas encore ordonnées par l'intelligence, non seulement, nous dit l'auteur du *Timée*, elles existaient déjà, mais déjà elles étaient par elles-mêmes en mouvement; elles prenaient et quittaient tour à tour certaines formes sous l'action de la nécessité. Les éléments que l'intelligence devait employer plus tard pour former le corps de l'univers, c'est-à-dire le feu, l'eau, l'air et la terre, étaient déjà ébauchés, et la matière, cette « nourrice de la génération », en revêtait successivement les formes sans cesse renouvelées; « subissant tour à tour les diverses modifications qui résultent de la combinaison de ces formes, elle présentait aux regards la plus étonnante variété; mais, en même temps, soumise à des forces auxquelles manquaient la pondération et la mesure, elle ne pouvait garder un équilibre stable; balancée au hasard et en sens divers, tantôt elle recevait de ces forces et tantôt elle leur imprimait elle-même une agitation désordonnée. Poussées les unes d'un côté, les autres d'un autre, les parties différentes se séparaient. De même que, dans les vans et autres instruments propres à nettoyer le blé, toute la partie épaisse et pesante des grains que l'on agite se rassemble d'un côté, tandis que ce qui est mince et léger est emporté d'un autre, ainsi les quatre espèces de corps, agités dans la substance qui les avait reçus et qui était remuée elle-même à la façon d'un instrument à vanner, se séparaient les uns des autres : les parties dissemblables s'isolant, les parties semblables se cherchant et s'assemblant, de sorte que ces corps occupaient déjà des régions différentes avant la naissance de l'ordre et de l'univers ; mais, néanmoins, ils étaient disposés sans raison et sans mesure. » Ainsi, antérieurement à l'intervention de l'intelligence, il se faisait dans la nature une sorte de *ségrégation*, par laquelle les éléments de la matière sortaient du chaos initial ; il s'y produisait une première ébauche d'organisation, dirigée par des forces aveugles et purement mécaniques. L'intelligence n'est donc pas la cause de l'existence ni même du mouvement des choses, mais seulement de leur ordre. « Lorsque Dieu, ajoute Platon, entreprit d'ordonner l'univers, le feu, la terre, l'air et l'eau présentaient déjà quelques traces de leur propre nature ; mais cependant ils étaient dans l'état où doivent être les choses dont Dieu est absent. Il commença donc par les distinguer au moyen des formes et des nombres. Il tira les choses de l'agitation et du pêle-mêle où elles étaient et leur donna la plus grande beauté, la plus haute perfection possible. » En d'autres termes, « l'artisan de ce qu'il y a de meilleur et de plus beau » se servit, pour réaliser son œuvre, « des principes qui existaient déjà en vertu de la nécessité » ; il les employa « comme causes auxiliaires » et s'efforça, avec leur concours, de façonner tous ses ouvrages à la ressemblance du bien.

Il résulte de cette théorie que deux causes ont contribué à la réalisation de l'univers. L'une, qui est la « cause nécessaire », réside dans le fond même des choses ; on peut dire qu'elle contient *en puissance* les éléments et même leur disposition, puisqu'elle produit ces éléments et puisqu'elle ébauche cette disposition. Mais c'est l'autre cause, c'est-à-dire « la cause divine », qui réalise vraiment l'ordre du monde en rapprochant et en combinant ces divers éléments d'une manière rationnelle. Toutefois, il ne faudrait pas conclure de là que ce soit par elle-même, c'est-à-dire à titre de cause efficiente et motrice, que la divinité rapproche et combine ces éléments ; elle le fait à titre de cause exemplaire et finale, par une influence, nullement mécanique, mais au contraire, toute persuasive, qu'elle exerce sur l'activité naturelle et nécessaire. « L'origine de ce monde, dit Platon, est à la fois dans l'action de la nécessité et dans l'action de l'intelligence. Supérieure à la nécessité, l'intelligence lui *persuada* de diriger au bien la plupart des choses qui naissaient; et c'est ainsi, parce que la nécessité se *laissa persuader* aux conseils de la sagesse, que l'univers fut d'abord formé. » Rien de plus net que ce passage. Il nous montre en face l'une de l'autre les deux activités dont le concours produit l'ordre de l'univers, et il nous les montre dans leur véritable relation. La nécessité est la cause efficiente; l'intelligence, la cause finale; et les desseins de l'intelligence ne se réalisent que dans la mesure où la nécessité se laisse persuader. Les éléments et les forces qui agissent sur les éléments, c'est-à-dire les forces qui échauffent ou refroidissent, qui dilatent ou condensent et qui produisent mille effets analogues, ne sont que les causes secondaires, encore que la plupart des philosophes les considèrent comme les causes principales. Il ne faut voir en elles que des instruments dont Dieu tire parti pour réaliser l'idéal du bien. Les causes vraiment principales, ce sont les causes raisonnables, c'est-à-dire celles qui se rapportent au bien lui-même. Elles viennent de Dieu; mais elles ne sauraient produire leurs effets sans les causes secondaires et purement mécaniques qui viennent de la nécessité.

Maintenant, comment se fait-il que la nécessité aveugle et brutale se laisse ainsi persuader par l'intelligence? Il faudrait, pour en bien rendre compte, dépasser les limites qui nous sont imposées dans cette étude et expliquer en détail le symbolisme compliqué du *Timée*. Qu'il suffise de rappeler ici que l'âme du monde a une composition analogue à celle de l'âme humaine et que la *persuasion divine* s'y exerce sur une partie intermédiaire, dont le rôle est absolument analogue à celui que le θυμός remplit dans notre propre nature. D'après les formules pythagoriques du *Timée*, l'âme du monde est composée de l'*essence indi-*

visible et toujours la même et de l'*essence divisible et corporelle*, lesquelles forment par leur combinaison une *essence intermédiaire*, qui participe à la fois de la nature du *même* et de la nature de l'*autre* et se trouve ainsi placée à égale distance de l'essence indivisible et de l'essence corporelle et divisible. Grâce à cette composition, l'âme rapporte par la pensée et par l'action ce qui est divisible et multiple à ce qui est indivisible et un, ce qui est irrationnel à ce qui est rationnel, et par là est établi dans l'univers « le divin commencement d'une vie rationnelle et sage pour toute la suite des temps ». Ainsi, l'action de l'intelligence divine sur la nécessité naturelle produit l'âme du monde, et l'âme, à son tour, produit le corps, en ce sens qu'elle introduit l'ordre, l'harmonie, l'organisation, parmi les éléments qui s'agitent d'une manière confuse au sein de la matière. C'est dans ce sens que Platon, surtout au Xe livre des *Lois*, nous dit que « l'âme est plus ancienne que le corps » et que « c'est elle qui régit toutes choses dans le ciel et sur la terre ». Mais il est évident, pour qui considère de près la composition de l'âme, telle qu'elle nous est donnée dans le *Timée*, que ce qui fait le fond même de cette âme, ce qui constitue son énergie vivante et plastique, doit être cherché surtout dans l'*essence intermédiaire*. En effet, l'âme, en tant qu'elle contient l'essence une et indivisible, est en rapport avec l'unité et avec l'idéale perfection de Dieu; en tant qu'elle contient l'essence divisible et multiple, elle est en rapport avec la multiplicité de la matière, avec la dissémination et le mélange confus des phénomènes; mais elle ne pourrait relier l'une à l'autre ces deux formes de l'existence s'il n'y avait en elle la partie moyenne et mixte qui, d'un côté, par son rapport avec l'essence une, reçoit l'impression de l'ordre et du bien, de l'autre, par son rapport avec l'essence multiple, réalise dans le corps du monde l'image de ce bien et de cet ordre. C'est donc dans la partie intermédiaire seule que se produit cette persuasion dans laquelle nous venons de reconnaître l'essence même de la Providence.

— Mais la persuasion divine, l'insinuante action providentielle ne se produit pas seulement dans l'âme du monde et ne s'épuise pas, en quelque sorte, dans la simple production de l'ordre général de l'univers; elle s'exerce aussi sur l'âme humaine, elle en provoque tous les développements, elle en dirige tous les progrès, moraux, intellectuels et sociaux. Il y a très réellement dans Platon, bien qu'elle y soit voilée encore par beaucoup de métaphores poétiques et de symboles pythagoriciens, une théorie de la providence particulière, c'est-à-dire de la providence en tant qu'elle a pour objet spécial l'homme et, par l'intermédiaire de l'homme, le perfectionnement et le bonheur des sociétés dont il fait partie.

On peut même reconnaître dans cette théorie supérieure deux degrés assez nettement distincts, dont l'un représente la forme ordinaire, la forme normale de la providence, celle qui s'exerce indistinctement sur tous les hommes, par cela seul qu'ils sont hommes, et l'autre la forme exceptionnelle, extraordinaire, celle qui ne s'exerce que d'une manière intermittente, sur quelques privilégiés et en vue de fins particulièrement élevées.

Pour bien comprendre d'abord la forme ordinaire et en saisir le *mécanisme*, il faut prendre pour point de départ l'idée que Platon se fait d'un état primitif, d'une sorte d'*état de nature*, par lequel passe toute âme humaine. Comme on peut s'y attendre, il a sur ce sujet une théorie pythagoricienne, théorie en apparence bien compliquée et bien bizarre, mais dont on découvre facilement, avec un peu de réflexion, le sens et la portée. D'après cette conception, l'activité de la pensée humaine, dans les opérations essentielles qui la conduisent au vrai et au bien, serait constituée par le mouvement, par la *révolution* qu'accompliraient, au sein même de la substance de l'âme, deux *cercles*, absolument semblables à ces cercles astronomiques qui se rencontrent dans le ciel à certains points d'intersection, eux-mêmes mobiles, qu'on appelle des *nœuds*. Ces deux cercles s'appellent le *cercle du même* et le *cercle de l'autre*. Le premier met l'âme en communication avec la sphère des Idées, c'est-à-dire de ce qui subsiste toujours un et identique à soi-même; le second la met en rapport avec la sphère des phénomènes, c'est-à-dire de la multiplicité et du changement; et leurs mouvements sont agencés de telle sorte que, quand aucune agitation du dedans ou du dehors ne vient les troubler, l'âme, bien réglée, bien pondérée, est capable de juger et d'agir avec discernement, de rapporter comme il faut, dans sa pensée et dans sa conduite, ce qui est multiple à ce qui est un, ce qui change à ce qui demeure, par conséquent, de bien saisir et de bien imiter les rapports qui unissent la sphère de la génération à celle des choses éternelles et immuables.

Malheureusement, cet état d'équilibre et de pondération n'existe pas toujours pour l'homme. La naissance, en particulier, est pour l'âme individuelle, violemment détachée de l'âme du monde, une sorte de *crise* qui bouleverse, qui *brouille* en quelque sorte les mouvements des deux cercles. « Quand elle vient, dit Platon, d'être attachée à un corps mortel, l'âme semble d'abord dépourvue d'intelligence; car, au milieu du flux et du reflux perpétuels des parties de matière qui entrent dans le corps ou qui en sortent, les cercles, plongés comme en un fleuve, sans être ni vainqueurs ni vaincus, tantôt sont entraînés et tantôt entraînent, de telle sorte que l'animal tout entier est agité, sans ordre, sans raison, en avant et en arrière, à droite et à gauche, en haut et en bas, dans tous les sens. Si le flot qui apporte au corps sa nourriture est déjà fort impétueux, bien plus grand encore est le trouble produit par les impressions des objets extérieurs, lorsque le corps rencontre au dehors soit un feu étranger, soit la résistance de la terre, ou l'humidité des eaux, ou la violence des vents portés par l'air, et que toutes les agitations venues de ces diverses causes vont à travers le corps atteindre et frapper l'âme. » Dans cet état, qui est celui de l'enfance, l'âme, d'après Platon, ressemble à un homme ivre, qui voit les choses tourner autour de lui; elle est pleine d'illusions, de vertiges et d'erreurs, en même temps qu'elle se sent secouée par toutes les fluctuations de la passion. Mais, un peu plus tard, à mesure que les impressions du dehors deviennent moins vives et que, de son côté, le courant de nourriture par lequel le corps s'accroît devient moins abondant, l'intelligence pénètre peu à peu dans l'âme et les cercles du *même* et de l'*autre* reprennent leur cours régulier. Alors, ajoute l'auteur du *Timée*, « *si une bonne éducation complète cette action de l'intelligence*, l'âme découvre par degrés la vérité et, conformant de plus en plus sa conduite au vrai, elle devient tout ensemble heureuse et vertueuse ».

Il est déjà facile de reconnaître dans l'ensemble de cette conception symbolique quelque chose d'analogue à ce *débrouillement* providentiel de l'âme du monde auquel nous avons assisté tout à l'heure. Ce qui se passe en grand dans l'âme universelle se reproduit en chacun de nous. Là aussi, et même à plus forte raison, nous devons reconnaître, à travers le symbolisme confus du redressement des cercles de l'âme, un concours de Dieu, pénétrant en nous par une action mystérieuse et persuasive, aidant l'homme à débrouiller ses idées, à organiser ses connaissances, par suite, à introduire de l'ordre dans ses sentiments, dans ses mouvements et dans ses actes, de manière à réaliser, malgré toutes les causes intérieures ou extérieures de perturbation, le parfait équilibre de sa nature. Mais, c'est surtout dans la *bonne éducation* dont Platon nous parle un peu plus loin que se manifeste l'action nécessaire de la Providence; car, bien que cette éducation semble, au premier abord, n'être donnée à l'homme que par la nature et par ses semblables, en réalité tous les éléments dont elle se compose ont leur source en Dieu; ils ont été préparés, ménagés, mis en œuvre par la Providence elle-même. L'éducation, telle surtout que la conçoit Platon, est un ensemble de bonnes influences qui disposent l'âme à la vertu. Or, parmi ces influences, il faut mettre en première ligne celles qui nous viennent du beau. Encore que la beauté ne soit qu'à l'état diffus et, pour ainsi dire, par fragments dans le monde sensible, dans ses formes, dans ses couleurs, dans ses proportions, chacun de ces fragments a le privilège d'éveiller dans l'âme, avec la lointaine réminiscence du beau absolu, les plus généreux sentiments et les plus hautes aspirations. Mais, à côté de cette action décisive, combien d'autres, à la fois fortifiantes et purifiantes, enveloppent, circonviennent en quelque sorte notre vie! Les préceptes des sages enveloppés du charme de la poésie, les chants des musiciens, le rythme des danses, la joie des fêtes, la gaité même des festins, tout cela contribue à mettre entre les diverses parties de notre âme l'harmonieux équilibre d'où résultent à la fois la vertu et le bonheur. Or, toutes ces choses viennent d'en haut, toutes ces choses sont d'institution divine; c'est l'Ouvrier du monde qui a mis dans toutes les parties de son œuvre le reflet de l'idéal; ce sont des dieux qui ont rapproché les hommes, qui ont fondé les cités, qui ont établi les lois, qui enfin ont institué les fêtes, pour maintenir par elles la perpétuité du lien social fondé sur la justice et sur la religion. C'est donc la Divinité qui est la souveraine éducatrice de l'homme, la véritable initiatrice de tous les biens dont il jouit dans la société.

— Ceci nous mène au second degré de la Providence, à sa forme supérieure et transcendante. En effet, le gouvernement divin de l'univers ne peut pas être seulement une action égale et continue qui ne ferait qu'entretenir, par une sollicitude journalière, les biens concédés à l'homme dès l'origine. La conduite du monde est quelque chose de plus qu'une simple conservation. Irons-nous jusqu'à dire que, d'après Platon, elle soit un progrès? Ce serait une erreur; car sa philosophie est dominée plutôt par l'idée de l'universelle décadence. Seulement, cette décadence, bien que liée à une loi intime des choses, n'est pas, d'après lui, *effective*; car Dieu la combat; il s'y oppose par des rénovations périodiques de l'univers, par des restitutions de l'ordre social ébranlé jusque dans ses bases.

En d'autres termes, la forme de la providence dans le monde moral, c'est, d'après Platon, une suite d'interventions, tantôt directes, tantôt indirectes, par lesquelles Dieu arrête le monde sur la pente de la décadence, ou même le rétablit dans un état d'équilibre et de prospérité.

Un mythe contenu dans le très curieux dialogue qui a pour titre le *Politique* va nous montrer comment Platon conçoit cette action tour à tour directe et indirecte de Dieu sur la nature et sur l'humanité.

Il y est question des grandes périodes cosmiques que nous avons rencontrées déjà chez les Ioniens et dont nous avons signalé aussi le rapport avec les périodes d'évolution et de dissolution dont parle M. Spencer. Ces périodes, d'après Platon, sont déterminées par ce fait que, sous l'influence d'une loi de la nécessité, à laquelle la Providence peut bien apporter des restrictions, mais qu'elle ne peut pas supprimer, le mouvement circulaire du monde se fait tantôt dans un sens direct et tantôt dans un sens rétrograde.

Pendant les périodes de mouvement direct, « l'univers est dirigé par une puissance divine, supérieure à sa nature; il recouvre une vie nouvelle et il reçoit du suprême artisan une nouvelle immortalité ».

Alors, dit Platon, décrivant un de ces âges du monde qui a précédé immédiatement le nôtre, la nature n'était pas soumise à la loi de la génération; toutes choses naissaient d'elles-mêmes pour les hommes et pour les animaux; ils n'avaient pas besoin de se disputer une nourriture que leur fournissait spontanément l'inépuisable fécondité de la nature. « Dieu alors veillait sur l'univers entier; les animaux, partagés en genres et en troupeaux, étaient sous la conduite de démons, qui, comme des pasteurs divins, savaient pourvoir à tous leurs besoins; ainsi, il n'y avait pas de bêtes féroces, les animaux ne s'entre-dévoraient pas et il n'y avait ni guerre ni rixe d'aucune sorte. » Voilà, sous sa forme intermittente, le gouvernement direct de la Providence.

Au contraire, pendant les périodes de dissolution et de mouvement rétrograde qu'amène avec une alternance rythmique la loi de la nécessité, « le maître de l'univers, semblable à un pilote qui abandonne le gouvernail, se retire à l'écart, comme en un lieu d'observation », et, suivant son exemple, « les démons abandonnent aussi les diverses parties de l'univers qui avaient été confiées à leurs soins » ; alors le désordre et le mal pénètrent de tous côtés dans la nature, avec les conditions et les lois de la génération.

Mais, « retiré à l'écart », Dieu ne se désintéresse pas pour cela du monde. Il veille sur lui de loin, prêt à reprendre le gouvernail, lorsque l'excès de la confusion sera parvenu à son comble ; et, en attendant, il le régit par l'intermédiaire d'hommes supérieurs qui, animés de son esprit et remplis de son souffle, méritent d'être appelés des « rois » ou des « politiques ».

— Ce sont, on le voit, des hommes privilégiés, des *hommes providentiels* (dans la philosophie profane, cette idée remonte à Platon) ; mais ils ne doivent leur autorité, leur puissance, qu'à un rapport qui les unit étroitement à Dieu même. Or, quelle est la nature de ce rapport? C'est un point sur lequel il faut insister un moment ; car Platon semble avoir répondu à cette question de deux manières bien différentes.

A la vérité, il déclare partout que ce qui fait le politique, l'*homme à l'âme royale*, c'est une *science souveraine*, qui n'appartient qu'à lui seul et auprès de laquelle toutes les autres ne sont que des préliminaires ou des ébauches.

Mais, dans la *République*, cette science souveraine est présentée comme une science toute de réflexion, à laquelle on n'arrive que par des études difficiles et abstraites, par une sévère méthode, par une discipline à la fois intellectuelle et morale, appliquée à la vie presque tout entière, puisque l'homme ainsi formé n'obtient encore qu'à l'âge de cinquante ans la permission de prendre en main les affaires de la cité.

Et, d'autre part, toujours d'après le dialogue de la *République*, le rôle de l'homme d'État consiste essentiellement à tenir ses yeux fixés sur l'idéal du bien, tel qu'il lui a été révélé par la dialectique, afin d'établir, conformément à cet idéal, des lois justes et sages, qui assureront pour toujours, si elles sont bien observées, la paix et la prospérité générales.

Au contraire, le *Politique* nous présente, sur ces deux points essentiels, une conception toute différente ; et, bien que ce petit dialogue n'ait pas, dans l'ensemble de l'œuvre de Platon, la même importance que la *République*, il nous semble que la théorie qu'il contient répond davantage ici à la vraie pensée, à la conception personnelle du philosophe.

D'après le *Politique*, en effet, la science de l'homme d'État est plutôt une science d'inspiration; c'est une habileté, un instinct, un *art royal*, dominant tous les autres en ce qu'il a pour but de relier dans une direction unique toutes les activités dont le jeu est nécessaire au bonheur public. Ainsi, le guerrier sait faire la guerre, mais le politique seul sait, par une sorte de divination, dans quel cas il convient de la faire ou de ne la pas faire; le juge sait appliquer les lois existantes, mais le politique seul sait quelles lois il faut établir ou ne pas établir à un moment donné; d'une manière plus générale, il sait dans quels cas il faut, vis-à-vis du peuple, employer la persuasion ou faire usage de la force. Enfin, c'est lui qui préside aux mariages, dont dépend l'avenir de l'État; *tisserand royal*, il sait dans quelle mesure il convient d'assortir les caractères différents, par exemple l'énergie et la douceur, l'audace et la réserve, pour en composer un tissu à la fois simple et solide et préparer ainsi des âmes où les vertus les plus diverses se fondront dans une heureuse unité.

Or, cet art du politique est infiniment supérieur à la loi et, par conséquent, n'a plus pour principal objet d'établir des lois nouvelles. Car « la loi, nous dit Platon, est semblable à un *homme obstiné et sans éducation*, qui ne souffre pas que personne fasse rien contre ce qu'il a décidé, pas même s'il survient à quelqu'un une idée nouvelle et préférable à ce qu'il a lui-même établi; ne pouvant jamais embrasser ce qu'il y a de véritablement meilleur et de plus juste pour tous, elle reste par cela même nécessairement défectueuse ». Le véritable politique est donc l'homme qui, semblable à un sage pilote, « sans écrire des lois, mais en se faisant, au contraire, une loi de son art », sait précisément suppléer, par la divine puissance de son génie, à cette insuffisance et à cette grossièreté de la loi écrite.

N'est-ce pas dire en d'autres termes que Dieu lui-même est

présent dans l'âme du vrai politique, non pas simplement par l'idée rationnelle du bien, mais par son inspiration et par son action; qu'il pénètre et transforme cette âme; qu'il met en elle le *génie*, dont les intuitions sont le plus souvent irraisonnées; qu'il la mène enfin, d'une manière inconsciente, vers un but dont il s'est réservé le secret?

— A ce point de vue, la théorie du *Politique* se montre à nous avec toute son importance et toute son originalité; car elle rattache la théorie du gouvernement des États et de l'action de la Providence sur la société à une autre théorie, plus large encore, qui explique, dans Platon, toute la conduite des choses humaines; c'est sa théorie du *délire*, qu'il a exposée dans le *Phèdre* et qui n'est pas sans quelque rapport avec celle de Hartmann, attribuant l'inspiration des hommes de génie à ce qu'il appelle le *souffle de l'Inconscient*. Les grandes choses, en quelque ordre que ce soit, sont l'effet d'un « délire envoyé par les dieux ». Ce délire divin revêt plusieurs formes. Platon signale particulièrement, dans le *Phèdre*, le *délire poétique* ou l'*inspiration*, le *délire prophétique* ou la *divination*, enfin le *délire de l'amour*, auquel il attribue le privilège de faire pousser les ailes de l'âme et dont il fait le principal instrument de sa dialectique morale. Toutes ces formes ont pour caractère commun de mettre l'homme en communication soit avec la Divinité prise en général, soit avec une divinité particulière, qui nous rend semblables à elle et qui nous communique sa vertu propre. Sous l'influence de cette surexcitation, nous devenons les esclaves sacrés du dieu qui nous possède; il agit en nous et par nous; il nous mène, sans que nous en ayons conscience, au but qu'il se propose, et c'est de là que vient tout ce que nous faisons de beau et de grand. Mais le gouvernement des États, l'art du politique, surtout dans les circonstances difficiles qui exigent une sorte d'inspiration et de divination, est aussi, d'après l'auteur du *Phèdre*, un délire. Les politiques n'agissent pas par raison, mais par instinct; Platon, à ce sujet, parle quelquefois d'eux ironiquement, surtout quand il pense plutôt aux *politiciens* de son époque qu'aux vrais politiques; il leur reproche de ne pas savoir ce qu'ils veulent et ce qu'ils font. Mais sous cette ironie il y a l'idée profonde d'une action de Dieu qui, souvent au moins, domine les vrais hommes d'Etat, les dirige à leur insu, fait servir leurs délibérations et leurs actes à des fins qu'ils ne soupçonnent pas ou qui même sont quelquefois directement opposées à celles qu'ils voudraient atteindre.

Une conclusion générale résulte de toute cette étude : c'est que l'activité humaine, dans ses manifestations les plus élevées, ne vient pas exclusivement de l'esprit, de la froide et abstraite raison; elle vient aussi, elle vient surtout des élans généreux, des inspirations désintéressées du cœur; or, c'est dans le cœur, conçu de cette manière, que réside, d'après Platon, l'action de la Divinité; c'est de là que la Providence, par le ressor caché de la persuasion[1], meut et dirige à son gré toute la machine humaine.

1. Cette idée de la *persuasion*, à laquelle nous venons de ramener toute la doctrine platonicienne de la Providence, tient une place considérable dans la mythologie et dans l'art des Grecs. M. Ravaisson, dans son étude sur la Vénus de Milo (*Revue des Deux Mondes*, 1er septembre 1871), a montré que quelques-uns des chefs-d'œuvre de la statuaire grecque et particulièrement l'œuvre maîtresse de notre musée des antiques ne s'expliquent bien que par cette haute et pure conception religieuse. Quelque théorie que l'on adopte, en effet, sur la reconstitution de la Vénus de Milo, elle appartient toujours au type de la Vénus victorieuse, *Venus victrix*. Mais il y a deux manières au moins de comprendre la victoire de Vénus. Dans l'hypothèse d'après laquelle la statue aurait représenté un personnage unique (et cette hypothèse s'appuyait principalement sur ce fait qu'un fragment de bras et une main tenant une pomme ont été trouvés au même endroit que la statue elle-même), le sujet de l'œuvre serait *Vénus fière de sa victoire sur ses rivales*. Il ne s'agirait alors que d'une victoire toute physique; l'œuvre n'exprimerait que l'orgueil de la beauté triomphante. Mais M. Ravaisson, reprenant et complétant une conjecture de Quatremère de Quincy, pense que la Vénus de Milo a fait partie d'un groupe où elle était associée à Mars. L'idée exprimée par l'artiste serait alors « la même qu'on retrouve chez les poètes et particulièrement dans ces beaux vers de Lucrèce où, célébrant Vénus comme la divinité qui entretient la vie dans toute la nature, qui ramène au calme les flots agités, dissipe les orages, rend au ciel assombri sa lumière, il l'implore afin qu'elle persuade à Mars de mettre un terme aux maux de la guerre ». En d'autres termes, ce serait l'idée d'une victoire toute morale. Dans cet arrangement, auquel on peut d'ailleurs rapporter plusieurs œuvres analogues, dont une appartient à notre musée du Louvre, Vénus formerait

5. Chez Aristote, la conception des rapports de Dieu et du monde semble, au premier abord, moins belle et moins pure que chez Platon et Socrate. Mais cela tient simplement à ce qu'il n'a voulu chercher le principe de la providence que dans les attributs les plus profonds, les plus inaccessibles de l'essence de Dieu; il a laissé ainsi un *vide* dans l'explication du vaste système de fonctions par lesquelles se réalise le bien de l'univers et il a dû charger, en quelque sorte, la nature de remplir ce vide. C'est là, en effet, le caractère le plus saillant de sa doctrine. Aristote a transféré de Dieu à la nature la plupart des actes dans lesquels nous avons l'habitude de faire consister surtout le gouvernement providentiel du monde. D'après lui, ce n'est plus, comme l'avait pensé Platon, Dieu lui-même ou, du moins, un Démiurge qui crée dans les choses leur disposition harmonieuse; c'est la nature elle-même qui règle l'arrangement et la distribution de ses parties. Il voit en elle une activité essentiellement instinctive, qui pressent plutôt qu'elle ne connaît sa fin, qui se dirige vers elle, guidée par une sorte de divination, et qui, industrieuse et inventive, arrange, combine, dispose toutes choses en vue du bien, quoique sans avoir l'intuition du bien lui-même. D'après lui, comme nous le verrons plus loin, l'activité divine ne peut se rapporter à une fin qui lui soit extérieure. La nature seule se propose un but et y rapporte tous ses mouvements et tous ses actes. C'est elle qui, par une série d'intentions et de combinaisons, établit partout dans l'uni-

avec Mars un *groupe conjugal*, semblable à celui de Jupiter et de Junon; le sujet de l'œuvre serait donc *Vénus, épouse aimable et aimée, persuadant à son époux de déposer ses armes*; elle symboliserait ce qui, « sans force, triomphe de la force »; elle représenterait toujours l'idée de la victoire, mais de la victoire qui s'obtient par la douceur et la persuasion. « Dans le triomphe de l'esprit sur la matière aveugle, ajoute M. Ravaisson, le Grec vit tout d'abord celui d'une nature bonne et douce sur une nature encore acerbe et sauvage.... De plus en plus, à mesure qu'elle prit mieux conscience de son propre génie, la Grèce peignit la victoire sous les traits de la douceur et lorsqu'elle eut achevé de dégager de ses éléments primitifs le type d'une déesse, inconnue à toutes les autres nations, de qui venait tout amour et toute paix, elle reconnut dans Vénus l'idéal où tendait son perpétuel rêve de victoire. »

vers un juste équilibre. C'est elle qui accorde un mouvement uniforme et régulier au ciel des étoiles fixes et qui, n'ayant donné qu'un seul astre au ciel de chaque planète, a voulu, par une sorte de compensation, rappelant assez bien ce que nous appelons aujourd'hui la loi du balancement des organes et des fonctions, que cette planète eût un mouvement compliqué et divers. C'est elle qui, par une sage prévoyance, subordonne les êtres les uns aux autres et veut que les animaux supérieurs trouvent dans les animaux inférieurs ou dans les végétaux les conditions nécessaires de leur développement, la substance même dont ils se nourrissent. Si maintenant, au lieu de considérer la nature d'une manière générale, nous l'étudions dans les êtres en qui elle se manifeste, particulièrement dans les êtres vivants, nous rencontrons une série de finalités inconscientes. Il y a une finalité dans les plantes et dans leurs divers organes; dans les racines, qui, au lieu de se diriger vers le ciel, plongent dans le sol pour y puiser la nourriture; dans les feuilles, qui se disposent de la manière la plus favorable pour protéger les fruits. Il y a une finalité dans l'industrie si admirable des animaux, dans les nids des oiseaux, dans les œuvres et constructions des araignées, des abeilles et des fourmis. Aristote, en signalant ces faits si curieux, se demande si leur cause ne doit pas être cherchée dans l'Intelligence ou dans quelque principe analogue à l'Intelligence; et, quoiqu'il n'approfondisse pas ce point, il est évident que sa pensée, comme celle que nous avons rencontrée un peu plus haut dans Platon, n'est pas très éloignée de celle des métaphysiciens de notre temps qui voient dans l'instinct, appelé par eux l'Inconscient, une sorte d'intelligence enveloppée et virtuelle.

Mais c'est dans l'homme surtout que la nature manifeste de toutes manières cette activité qui se propose des fins et qui adapte des moyens à ces fins. Les théories d'Aristote sur l'art et sur la morale en fournissent une preuve. L'art tend vers une fin, qui est une œuvre extérieure à l'artiste. La morale aussi tend à une fin; seulement cette fin est une œuvre tout intérieure et, à ce point de vue, infiniment plus parfaite. La vertu a pour essence d'atteindre un but, qui est toujours une bonne disposition intérieure de l'âme, et de l'atteindre en évitant deux vices contraires, un excès et un défaut, entre lesquels il faut savoir passer habilement, comme un pilote entre deux écueils. Ainsi, à tous ses degrés, ici d'une manière purement instinctive, ailleurs en ajoutant à l'impulsion première de l'instinct le concours du raisonnement et de la délibération, la nature reste toujours une activité essentiellement organique, qui rapporte des moyens à des fins et qui dispose les choses de la manière la plus simple et la meilleure. C'est la nature, en un mot, la nature et non Dieu, qui administre et qui gouverne.

— Est-ce à dire que Dieu n'exerce plus aucun rôle dans le gouvernement du monde? Non, sans doute; et les plus importantes théories d'Aristote se rapportent, au contraire, à cette action souveraine sans laquelle l'ordre du monde n'existerait pas; car, si une armée subsiste par l'ordre qui est en elle, cet ordre, à son tour, n'existe que par le général, qui, même lorsqu'il reste invisible aux soldats, l'établit et le maintient par sa seule présence. Dieu, quoique invisible à l'univers, est, dans l'univers, le général en chef, par qui tout subsiste. Pour le bien comprendre, il faut d'abord savoir en quoi consiste l'absolue perfection de Dieu. Dieu, pour Aristote, est l'*acte pur*, dans lequel il ne reste plus aucun mélange de *puissance*; et cet acte pur, véritable identité du sujet et de l'objet, c'est la pensée qui se pense elle-même, l'éternelle et immuable conscience, la *Pensée de la pensée*, la Νόησις νοήσεως νόησις. Dans cette incomparable perfection divine réside l'idéal que la nature poursuit, et cet idéal, elle le connaît non par une vue claire, non par une intuition directe, mais par le tressaillement d'un désir qui l'agite et qui imprime à la fois leur mouvement, leur direction et leur coordination harmonieuse à toutes les énergies dont elle se compose.

Le monde, tel que le conçoit Aristote, est un système de forces qui se supposent mutuellement, de formes et de degrés de l'être qui sont comme enveloppés les uns dans les autres. Il faudrait résumer toute la cosmologie, toute la physique et toute la psychologie d'Aristote, si l'on voulait bien mettre en lumière la profonde simplicité de cette conception. Qu'il suffise de rappeler ici que, d'après l'auteur du *Traité du Ciel*, les divers mouvements qui s'accomplisent dans l'univers, c'est-à-dire les mouvements de génération, d'altération et d'accroissement, sont subordonnés à un mouvement plus essentiel, le mouvement de translation, auquel ils se ramènent tous et qui, seul, est éternel et continu. Peut-être cette conception d'Aristote n'est-elle pas sans quelque analogie avec nos théories modernes qui réduisent toutes les propriétés et tous les phénomènes des corps à n'être autre chose que des modes du mouvement. Quoi qu'il en soit, les mouvements de translation qui se produisent à la surface de la terre ont leur cause dans les mouvements de translation qui existent dans les diverses sphères du ciel, et ces derniers, à leur tour, ont leur cause dans le « premier mobile », l'éther, dont la nature est de se mouvoir sans cesse, d'un mouvement régulier et circulaire. L'éther, d'après Aristote, est le premier corps et un corps divin. C'est le *premier ciel*, contenant en lui-même le ciel des étoiles fixes; celui-ci, à son tour, enveloppe les diverses sphères du ciel des planètes; le ciel des planètes enveloppe le feu; le feu entoure l'air, l'air entoure l'eau, qui elle-même s'étend comme une ceinture tout autour de la terre. Chacun de ces corps occupe une sphère distincte, qui reçoit le mouvement de la sphère supérieure et qui, à son tour, communique son mouvement à la sphère placée au-dessous d'elle; par conséquent, le mouvement de l'éther se transmet de proche en proche aux autres cieux, à tous les éléments et à tous les corps, et est ainsi le principe de l'activité et de la vie universelles. Mais, si le mouvement de l'éther est la cause de tous les autres mouvements, il a lui-même son principe dans une activité supérieure et trancendante. Ce mouvement régulier et circulaire imite par sa continuité parfaite l'activité immobile de la Pensée, moteur suprême, *moteur immobile* du monde. Ainsi, c'est, en dernière analyse, cette activité transcendante de la pensée qui produit le système entier des mouvements de l'univers et qui maintient entre eux l'ordre admirable d'où résulte la beauté du cosmos. Mais comment la pensée meut-elle le monde? Ce ne peut, évidemment, être par impulsion; car, en donnant un branle tout mécanique, elle tomberait elle-même dans le mouvement. C'est donc par attraction, non physique, mais morale; c'est par l'attrait de son essence souverainement intelligible et souverainement aimable, à laquelle est suspendu, comme à la cause finale suprême, l'ordre entier des causes efficientes. Un mot, par conséquent, peut résumer le mode d'action de la Providence dans le système d'Aristote : c'est l'*attrait moral*.

— Ainsi, Dieu reste, dans ce système, la Providence du monde; mais il n'en est, comme on l'a si bien remarqué, que « la Providence sans le savoir ». Dieu, en effet, ignore le monde; il ne le connaît pas et il ne l'aime pas. Il ne pourrait le connaître sans déchoir; car, d'après Aristote, la perfection se souillerait elle-même en connaissant les choses imparfaites. Il ne pourrait l'aimer sans sortir de lui-même; car l'amour est l'effet du désir, qui, lui-même, est l'effet du besoin. Or Dieu, étant parfait, et immobile parce qu'il est parfait, ne peut se porter vers rien par le mouvement du besoin et du désir. Aristote, on le voit, ne comprend pas l'amour désintéressé, la bonté expansive et rayonnante. Il ne voit pas que la perfection du bien, c'est d'être le bien pour les autres et non pas simplement le bien en soi. Il ne voit pas que la plénitude de la personnalité, c'est d'être féconde; c'est d'envelopper en soi d'autres personnalités; c'est de les produire et de les ramener à soi par la création et par la providence, ces deux formes suprêmes de l'amour. Ainsi, il a fait de son Dieu une conscience parfaite, mais enfermée et comme emprisonnée en elle-même. Par là sa doctrine reste finalement inférieure à celles de Socrate et de Platon.

C'est qu'Aristote est arrivé à l'idée de la conscience absolue par une méthode purement négative, qui ne lui a pas permis de saisir tout ce qu'il y a en elle de vivant et de fécond. Il y est arrivé par l'élimination graduelle de tout mouvement. Il n'a pas vu que la conscience est, tout au moins, un mouvement intérieur, un développement interne, une *vie pour soi*. Nous essaierons plus loin de comprendre que, par cela même, elle doit être aussi, du moins en Dieu, un principe de mouvement et de vie hors de soi. La conscience absolue produit intérieurement son objet, et, intérieurement aussi, elle se le rapporte à elle-même. L'éternel mouvement de la conscience divine enveloppe en soi le monde et le rattache à Dieu par le double lien de la causalité première et de la finalité suprême.

CHAPITRE III

LA PROVIDENCE DANS QUELQUES DOCTRINES PUREMENT THÉISTES

Courant de la pensée religieuse portant au pur théisme. — Sa principale manifestation dans la religion hébraïque. — Il se retrouve dans le jansénisme, dans la théodicée cartésienne, dans tout l'ensemble de la philosophie du XVIIe siècle. — Caractères communs de ces diverses conceptions.

I

La religion des Hébreux.

Caractères de l'idée de Dieu dans la religion juive. — La nature anéantie devant la majesté de son créateur. — L'*Ecclésiaste.* « Rien de nouveau sous le soleil. » Aucune idée de progrès, soit dans la nature, soit dans l'humanité. — Le *Livre de Job.* Tout est soumis à la puissance de Dieu; mais cette puissance ne s'exerce pas d'après un plan et en vue du progrès. — Le prophétisme. Apparition de l'idée d'un plan divin et d'un progrès moral. Première idée d'une philosophie de l'histoire.

II

Le jansénisme.

1. Lien historique qui rattache le jansénisme à la conception fondamentale de la religion d'Israël. — L'idée de l'*élection.* — Comment elle est transformée par saint Paul; comment le Dieu des Juifs devient le Dieu des prédestinés. — Saint Augustin. L'idée d'une « cité de Dieu ».

La diversité des attributs divins se manifeste par les élus et par les réprouvés.

2. Le jansénisme. — Son principe essentiel emprunté à saint Paul. — Dieu opère en nous le vouloir et le faire. — Pascal. — Une contradiction profonde dans sa pensée. — Comme chrétien, il fait de l'ordre de la grâce un ordre universel. « Jésus-Christ pour tous. » — Comme janséniste, il est avec ceux qui font de cet ordre un principe d'exclusion autant que de sélection. « Le Christ aux bras étroits. » — Théorie des miracles et des prophéties. — Dieu à la fois impitoyable et moqueur.

III

Le cartésianisme.

Complexité de la doctrine cartésienne. — Le *cartésianisme pur*. — Le *cartésianisme chrétien*. — Leurs principaux caractères différentiels. — L'idée de providence, compromise ou mutilée dans le cartésianisme pur, largement rétablie dans le cartésianisme chrétien.

1. Descartes. — Théorie de la *liberté infinie en Dieu*. — Les vérités éternelles réduites à n'être que des *créatures*, au même titre que les êtres réels. — Conséquences de cette assimilation. L'ordre des fins mis sur le même plan que l'ordre des faits. Impossibilité de concevoir la providence comme *dirigeant* le monde vers un but et comme le *gouvernant*. — Théorie de la *création continuée*. — En ramenant la providence à n'être que la continuation de l'acte créateur, elle la détruit comme *prévision* et comme *protection*. — Conception cartésienne de la nature; méconnaissance de la spontanéité et de l'autonomie à tous les degrés de l'être, dans la vie, dans l'instinct, dans la passion. — Conception cartésienne de la volonté. — Descartes n'en a tiré aucune doctrine personnelle sur le monde moral. — Restrictions apportées par Descartes à l'idée même de liberté. — Conclusions dernières, voisines de celles de jansénisme.

2. Leibniz. — L'optimisme, tel que le conçoit Leibniz, n'implique pas nécessairement l'idée de providence. — Retour sur l'insuffisance de cette conception. — Tentative subtile de Leibniz pour concilier le déterminisme de la nature avec la spontanéité des êtres et spécialement avec la liberté de nos déterminations. — Échec de cette tentative. — Mythe final de la *Théodicée*. Sextus Tarquin et les chambres du palais des destins. — Différence entre la conception de Leibniz et celle du *caractère nouménal* chez Kant. — Confusion de la possibilité psychologique avec la possibilité purement logique. — Le Dieu de Leibniz détermine nos actes par cela seul qu'il choisit uniquement, parmi les déterminations possibles de notre liberté, celles qui entrent comme éléments dans le meilleur des mondes possibles.

3. Influence de la philosophie de saint Thomas sur le développement du cartésianisme. — L'idée de *loi* et l'idée de *fin*. — Sens que pré-

sente, dans la philosophie de saint Thomas, l'idée de la création continuée. — La Providence agit sur les êtres conformément à leur nature; par conséquent loin de détruire cette nature, elle la conserve. — La Providence, en agissant sur les volontés humaines, ne diminue pas leur liberté, elle l'affermit. — Cette conception peut-elle se concilier avec la doctrine de la prédestination dans saint Thomas? — La liberté réduite finalement à la spontanéité et à l'élan de l'amour.

4. Bossuet. — Seul parmi les cartésiens il a une philosophie du monde moral, considéré d'une manière synthétique. — La finalité dans la nature et dans l'histoire. — Tout le développement de l'univers se rapporte à une fin suprême, le *discernement des élus*. — Dans quelle mesure Bossuet conçoit l'accord de la prédestination et de la liberté.

5. Malebranche. — Le *Traité de la nature et de la grâce*. — Comment l'idée cartésienne de la loi s'y concilie avec l'idée thomiste de la fin. — Restrictions apportées à la doctrine de la prédestination. — Tous les hommes peuvent trouver place dans l'*édifice spirituel* de Jésus-Christ. — Le bon usage du libre arbitre et la vigilance réussissent, sous certaines conditions, à transformer la grâce suffisante en grâce efficace.

Nous avons distingué plus haut dans les manifestations supérieures de la pensée religieuse un courant sémitique et un courant aryen. Il ne s'agit point ici d'exagérer cette distinction. En somme, les deux courants se mêlent dans le développement de la pensée chrétienne, issue du judaïsme, mais élaborée au contact de races aryennes. En rattachant les unes aux autres dans le cours de ce chapitre diverses conceptions dont les analogies ne doivent pas nous faire perdre de vue les différences, à savoir : la *conception juive*, la *conception janséniste*, la *conception générale des cartésiens*, nous entendons simplement que ces deux dernières représentent dans la pensée moderne, à une époque où elle était encore pleinement dominée par l'influence des idées chrétiennes, le courant religieux qui porte au théisme pur et à ses exagérations possibles, comme, par exemple : une séparation trop profonde établie entre le monde et Dieu, une disposition à méconnaître la spontanéité dans la nature, enfin une tendance connexe à transformer en souveraineté absolue, quelquefois même arbitraire, le gouvernement divin du monde.

I

La religion et la philosophie des Hébreux.

L'évolution religieuse du peuple hébreu a traversé plusieurs phases, reliées les unes aux autres par une véritable continuité. Dès l'époque des patriarches, Dieu est conçu comme une force, supérieure à toutes les autres et qui les renferme toutes dans l'unité de sa puissance infinie. On le désigne alors par plusieurs expressions, celle d'*Adonaï* par exemple, qui exprime la supériorité due à la puissance. On l'appelle aussi, d'un nom pluriel, *Elohim*, c'est-à-dire les *forces*, les *énergies*; et cela même a porté quelques théologiens à croire que l'idée de la Trinité, du Conseil divin, était déjà contenue en germe dans cette dénomination primitive. Mais, si élevée que fût cette première conception hébraïque de la divinité, Moïse la dépassa en exprimant par un mot nouveau une pensée plus pure encore et plus profonde. Son Dieu est *Jahvé*, c'est-à-dire l'Être qui existe par lui-même, celui dont il est écrit : « Je suis celui qui suis ». Dieu apparaît dès lors comme l'existence absolue, qui contient en elle la possibilité et la raison d'être de toutes les autres, et dont la souveraine puissance n'est que la manifestation extérieure.

De ces deux conceptions fondamentales résulte une seule et même conclusion : pas de puissance en face de la puissance divine; pas d'existence réelle et indépendante en face de l'existence de Dieu. Toute réalité s'évanouit en sa présence et, devant lui, la nature n'est qu'une ombre. De là les nombreuses images, familières au génie hébreu, qui expriment d'une manière si énergique la vanité et le néant des choses devant la face du Seigneur; par exemple cette comparaison du monde avec une tente qu'on dresse le soir et qu'on enlève le matin. De là surtout l'idée essentiellement hébraïque de la *création ex nihilo* et des renouvellements de la surface de la terre. La nature n'a pas d'autre réalité que celle qui lui vient de la volonté du Créateur; elle n'a pas de lois, qui lui donneraient une certaine indépendance et lui assureraient la stabilité; elle n'est que le théâtre perpétuellement mobile sur lequel se déroulent les manifestations de l'infinie puissance.

Comme rien n'existe que par Dieu, rien aussi n'appartient qu'à Dieu; toutes choses relèvent directement de lui et ne peuvent, par conséquent, faire partie que de son souverain domaine. Cette croyance du peuple hébreu nous explique un assez grand nombre de dispositions contenues dans la loi mosaïque. Pourquoi, par exemple, pendant l'année du Jubilé, les esclaves doivent-ils être affranchis et la terre restituée à ses anciens possesseurs? C'est pour rappeler au peuple que la terre et l'homme n'appartiennent qu'à Dieu seul et, par conséquent, ne peuvent être vendus absolument. Pourquoi Israël ne doit-il pas être soumis à un roi? C'est parce qu'Israël est le peuple de Dieu et ne peut être gouverné directement que par lui.

— La nature étant ainsi anéantie devant Dieu et dépouillée de toute valeur, de toute dignité qui lui soit propre, Dieu se manifeste *en elle*, mais non *par elle*. Le gouvernement providentiel du monde s'exerce par une série de *théophanies*, c'est-à-dire de manifestations miraculeuses de Dieu. Mais ni la nature ni l'humanité n'ont en elles-mêmes un principe de direction et de progrès. Bien plus, jusqu'à l'époque des Prophètes, l'idée d'un plan d'après lequel Dieu aurait créé les choses, ou d'une fin à laquelle il les aurait destinées, n'apparaît pas ou ne se montre, du moins, que très accidentellement. L'auteur de l'*Ecclésiaste* jette un regard mélancolique sur tout ce qui l'entoure, et il n'y découvre aucun sens, comme il n'y trouve aucune variété. Il voit que le soleil se lève et se couche; que les fleuves continuent à se jeter dans la mer sans réussir à la faire déborder; qu'une incessante et monotone circulation ramène sans cesse les eaux vers leurs sources pour qu'elles recommencent à couler dans la même direction qu'elles ont déjà suivies. Ainsi, « il n'y a rien de nouveau sous le soleil ». Les générations succèdent aux générations, mais rien ne change sur la terre; aucun progrès ne se réalise;

rien ne s'amasse, rien ne s'accumule dans l'humanité; l'oubli recouvre et efface toutes choses, et ce qui est aujourd'hui a toujours été et sera perpétuellement. Le *Livre de Job* nous montre Dieu élevant et abaissant les individus et les nations; mais il ne semble pas que ce soit en vue d'un grand dessein : « C'est Dieu, y lisons-nous, qui multiplie les nations, lui qui les perd, lui qui les rétablit »; mais l'idée d'un rôle assigné à chacune de ces nations reste encore dans l'ombre. L'action de la Providence ne consiste point à dévoiler la sagesse et la justice de Dieu; il suffit qu'elle confonde ceux qui murmurent, en leur rappelant la dépendance de toutes choses vis-à-vis de l'Éternel.

— A partir du prophétisme, la conception s'élargit, mais elle ne perd pas pour cela son caractère fondamental. Les Prophètes sont tout aussi pénétrés que Moïse de la majesté souveraine de Dieu, ainsi que de sa puissance infinie; ils les décrivent l'une et l'autre en traits de feu. Mais, en même temps, l'idée morale et l'idée politique apparaissent. « Deux conceptions fondamentales, dit Bünsen, remplissent alors la littérature sacrée et la vie nationale des Hébreux. » D'une part, « le genre humain est un, créé à l'image du Dieu unique, et il doit être saint comme ce Dieu »; de l'autre : « le royaume de Dieu qui est dans la loi doit être réalisé sur la terre, et c'est le peuple juif qui est appelé à le réaliser ». Ainsi, il se fait une révélation progressive de Dieu dans la morale et dans la religion; par suite, un plan providentiel se déroule à travers le monde. Dans Isaïe, la loi cesse d'être considérée comme la pure volonté de Dieu; elle a pour but d'amener ici-bas l'établissement du bien et de la justice. Ce que Dieu exige de son peuple, ce n'est plus seulement l'obéissance à des ordres absolus et arbitraires; c'est la pureté du cœur, la droiture des intentions. Nous voyons ainsi se dessiner, avec la promesse du royaume de Dieu, une sorte de *religion de la conscience*. Mais, ce qu'il y a de plus essentiel encore dans le prophétisme, c'est l'apparition de cette autre idée qu'un grand dessein de Dieu se déploie à travers les siècles et que le peuple hébreu a été choisi pour préparer par son obéissance à la loi divine et par la diffusion de la vérité religieuse qui lui a été confiée l'unité du genre humain, ainsi que la révélation de Dieu à toutes les nations. Dans l'hébraïsme primitif, Jahvé est le protecteur de son peuple, comme il en est le maître; mais nous ne voyons pas encore en vue de quoi il le conserve; au contraire, dans les Prophètes, nous voyons qu'il protège son peuple parce qu'il le destine à être l'instrument de cette universelle révélation. Ainsi, le prophétisme contient une véritable *philosophie de l'histoire*, dont saint Augustin et Bossuet s'inspireront; chaque peuple joue un rôle dans la conduite des événements; le peuple juif a pour mission d'instruire le monde; les autres peuples ont pour mission de châtier le peuple juif, toutes les fois qu'il devient nécessaire de le rappeler à l'accomplissement de son œuvre, qui est l'affranchissement de tous les hommes, destinés eux-mêmes à être un jour unis dans la commune possession du royaume de Dieu.

II

Le jansénisme.

1. Cette commune possession de Dieu et de son royaume, c'est le christianisme, succédant au judaïsme, qui l'a donnée au monde. Par là, il a été l'affranchissement de la conscience humaine, et l'on a souvent remarqué que l'honneur de cet affranchissement revient en grande partie à saint Paul; car, en mettant la foi au-dessus des œuvres et des pratiques de la loi, il a fait de la religion d'un peuple la religion de l'humanité.

Il faut, cependant, ajouter que, si la doctrine de saint Paul, considérée dans son ensemble, a été ainsi pour l'humanité une œuvre d'affranchissement, elle contient aussi, dans quelques-unes de ses parties, le germe de ce qui devait devenir entre d'autres mains une œuvre de servitude nouvelle. De quelques pensées de saint Paul, généralisées et systématisées par un dogmatisme funeste, est sortie une des doctrines qui ont pesé le plus lourdement sur la conscience humaine. C'est la doctrine qui refuse à l'homme tout pouvoir de contribuer par son mérite volontaire à sa perfection et à son salut et qui fait dépendre exclusivement l'un et l'autre d'un décret arbitraire de Dieu. On sait qu'une des formes de cette doctrine est la conception janséniste de la Providence.

— Saint Paul, tout en réagissant contre l'esprit étroit du judaïsme, fut amené à lui emprunter, précisément pour combattre le judaïsme lui-même, une de ses idées essentielles, celle de l'*élection*. Les Juifs disaient que le peuple hébreu avait été choisi, *élu* de Dieu pour garder le dépôt de la foi. Quand saint Paul appela les Gentils à la participation des promesses de Dieu, il reconnut deux postérités d'Abraham, la *postérité selon la chair et la loi* et la *postérité selon l'esprit et la foi*. Or, comme la première de ces deux postérités fermait les yeux à la lumière du Christ, saint Paul chercha dans l'autre les enfants de Dieu; il résolut de les faire venir à Dieu de tous les points de la terre, et c'est ainsi qu'il conçut le christianisme comme devant être la religion universelle.

Jusqu'ici nous n'avons que la doctrine d'émancipation; mais voici maintenant la doctrine de servitude. Quels sont-ils, ces enfants de Dieu? Quels sont-ils, ceux que la foi, et non la loi, justifie? Saint Paul répond : Ce sont *les élus de Dieu*; tous ceux qui ont été choisis par lui dès le commencement des siècles pour former, à la voix du Christ, la vraie postérité d'Abraham; ce sont *les prédestinés*.

Ceux-là seuls ont la foi auxquels Dieu l'a donnée par un décret éternel et par une grâce spéciale, sans que cette grâce eût sa cause déterminante dans leurs mérites. Ainsi, la foi n'est pas le libre élan de l'âme vers Dieu; c'est une disposition créée par Dieu lui-même. Il semblait que saint Paul eût substitué à l'Église fermée de Jérusalem l'Église ouverte à tous; mais voici maintenant qu'à son tour l'Église nouvelle est fermée au plus grand nombre. Il semblait que Dieu dût appartenir désormais à tous ceux qui le chercheraient; et voici qu'en réalité il n'appartient qu'au petit nombre de ceux qu'il a lui-même choisis par une grâce tout arbitraire. Saint Paul n'a pas élargi le royaume de Dieu; il n'a fait que substituer au Dieu des juifs le Dieu des prédestinés.

L'*Épître aux Romains* développe sous ses diverses formes cette théorie formidable qui anéantit la volonté et le mérite de l'homme devant les décrets insondables de Dieu : « Avant que les enfants fussent nés, avant qu'ils eussent fait ni bien ni mal..., l'aîné sera assujetti au plus jeune. J'ai aimé Jacob et j'ai haï Ésaü. Je ferai miséricorde à qui je ferai miséricorde et j'aurai pitié de qui j'aurai pitié. » Ainsi, le sort de chaque homme est réglé, sans aucune participation de son vouloir, sans aucune considération de ses mérites.

Saint Paul ajoute que l'homme n'a pas le droit de se plaindre, quel que soit son partage : « O homme, qui es-tu pour contester avec Dieu? Le vase d'argile dira-t-il à celui qui l'a formé : Pourquoi m'as-tu fait ainsi? Un potier n'a-t-il pas le pouvoir de faire d'une même masse de terre un vaisseau pour des usages honorables et un autre vaisseau pour des usages vils? Et qu'y a-t-il à dire si Dieu, voulant montrer sa colère et faire connaître sa puissance, a supporté avec une grande patience les vaisseaux de colère destinés à la perdition, pour montrer les richesses de sa bonté dans les vaisseaux de miséricorde qu'il a destinés à la gloire? »

Si dure qu'elle soit, une telle conclusion résulte nécessairement de toute doctrine d'après laquelle la fin de l'univers n'est pas tant la manifestation intérieure de Dieu dans la conscience humaine que sa manifestation extérieure dans un ordre déterminé du monde; ordre assez semblable à celui d'une tragédie, dans laquelle il doit y avoir des personnages vulgaires et méchants à côté des personnages nobles et vertueux.

— Saint Augustin, dans sa *Cité de Dieu*, a réduit en système cette conception de saint Paul.

A l'époque où vivait saint Augustin, le spectacle des événements extérieurs pouvait, dans une certaine mesure, justifier la conception d'après laquelle l'humanité serait divisée en deux camps. Il semblait, en effet, que toutes les puissances du bien et toutes les puissances du mal fussent alors en présence pour se livrer un grand et décisif combat. Le monde païen et la société chrétienne concentraient toutes leurs forces pour se disputer une victoire à laquelle étaient attachées les destinées de l'humanité. L'imagination ardente de saint Augustin, péniblement affranchie des erreurs du manichéisme, devait être portée à voir dans ces événements une lutte providentielle entre l'empire des bons et l'empire des méchants, entre la Cité de Satan et la Cité de Dieu.

Et, en effet, ce dualisme présente chez l'évêque d'Hippone un caractère beaucoup plus décidé que chez l'apôtre des Gentils. D'après saint Paul, le partage des hommes en enfants de lumière et en fils des ténèbres provient surtout de l'aveuglement des Juifs, qui, par la dureté de leur cœur, ont forcé Dieu à se cacher aux fils d'Abraham et à se révéler aux Gentils. D'après saint Augustin, c'est dans le péché originel qu'il faut en chercher la source, puisque ce péché, rendant tous les hommes également incapables de faire le bien, a jeté dans une impuissance absolue d'arriver au mérite et d'assurer leur salut tous ceux qui ne sont pas secourus par la grâce immédiate du Christ. Mais quel est le principe de cette grâce absolument gratuite (*gratia non nisi gratuita*), en dehors de laquelle la volonté humaine ne peut rien, étant irrémédiablement corrompue et viciée? Ce principe ne peut être qu'en Dieu. La pure pensée chrétienne le place dans la bonté de Dieu, dans l'effusion de son amour, et il doit résulter de là que la grâce n'est refusée à aucun homme et qu'elle opère ses effets dans toute âme qui s'ouvre librement à son influence. Mais cette pensée se voile dans saint Augustin. Le principe de la grâce, c'est, pour lui, la nécessité que Dieu se manifeste, et se manifeste de deux manières, par l'ordre du monde moral : dans sa bonté, en se révélant aux uns; dans sa puissance, en se cachant aux autres et en les aveuglant. Il faut qu'il y ait des saints, des enfants de Dieu, et que, par leur union, ils forment une cité divine; mais il faut aussi qu'il y ait des méchants, des fils de

Satan, et que par les ténébreuses horreurs de leur cité infernale ils fassent éclater davantage la splendeur de la cité céleste. Il faut qu'il y ait des *élus* et il faut qu'il y ait des *réprouvés*. Mais ce n'est pas leur mérite qui fait les élus, comme ce n'est pas leur démérite qui fait les réprouvés. C'est la grâce divine, qui, dans ses décrets insondables, se donne aux uns, même s'ils la repoussent, et se refuse aux autres, même s'ils la cherchent. C'est Dieu qui est le maître souverain du mérite et du démérite, du salut et de la réprobation, et nous n'avons pas à lui demander compte de sa volonté ou à « disputer contre lui », même quand il dispose de nous sans nous-mêmes et nous prédestine au péché et à la damnation.

Telle est la thèse que nous allons retrouver maintenant non dans le jansénisme tout entier (car l'histoire, même très abrégée, de cette doctrine nous entraînerait trop loin), mais, au moins, dans Pascal.

2. Le principe essentiel du jansénisme est la parole de saint Paul : « *Et facere et velle operatur in nobis* : c'est Dieu qui opère en nous le vouloir et le faire ».

Il faut, d'après les jansénistes, entendre cette parole non dans un sens large, qui lui ferait signifier simplement que Dieu est l'inépuisable source d'où proviennent toute force et tout bien, mais dans ce sens strict et étroit que nos résolutions et nos actes sont déterminés par Dieu ; qu'il les crée en nous de la même façon qu'il crée au dehors les choses matérielles. Il en fait les éléments nécessaires d'un certain ordre du monde, qu'il lui a plu de créer à l'exclusion de tout autre. Ainsi, il nous a appelés à l'existence avec nos vertus propres et nos propres vices, comme il a appelé à l'existence les diverses forces de la nature, en voulant que les unes fussent bonnes et utiles, les autres nuisibles et mauvaises, ou les diverses espèces d'animaux, en donnant aux uns des instincts doux et aux autres des instincts féroces. Mais il y a entre nous et le reste des êtres cette différence qu'il nous demande compte, et éternellement, de la volonté mauvaise qu'il a lui-même mise en nous.

Dans le sens large de la formule de saint Paul, l'idée de la *grâce divine* aurait une souveraine beauté. Cette grâce de Dieu serait l'épanouissement, le rayonnement de sa bonté infinie, se répandant, comme les rayons du soleil, sur tous les êtres à la fois, en particulier sur toutes les âmes humaines, et excitant, dans la mesure où ces âmes voudraient la recevoir, toutes les forces, inconnues à elles-mêmes, qui leur ont été données pour le bien. Mais, dans le sens étroit, elle n'a plus le même caractère. D'universelle, elle devient exclusive et arbitraire. Elle cesse d'être l'*effusion* et elle devient la *faveur*. Elle n'est plus qu'une des faces de Dieu, et l'autre s'appelle : jalousie, rigueur et colère. Dieu, dans cette conception, n'est plus seulement l'auteur de la volonté bonne, il est aussi l'auteur de la volonté mauvaise. Comme il prédestine au bien, il prédestine aussi au mal. Des profondeurs de l'Éternité il suscite à la fois les élus, pour manifester sur eux sa clémence, et les réprouvés, pour exercer sur eux sa colère. Il fait le crime et la punition du crime.

Entre ces deux sens du mot « grâce », il semble que Pascal aurait dû choisir le premier. Bien plus, il y a dans ses *Pensées* un admirable passage, universellement connu, qui semblerait ne devoir s'entendre que dans le sens large. C'est celui où, à propos de Jésus-Christ, il traite des *trois ordres* et de la supériorité infinie de l'ordre de la charité (c'est-à-dire de l'amour et de la grâce) sur l'ordre des corps et sur celui des esprits.

« La distance infinie des corps aux esprits figure la distance infiniment plus infinie des esprits à la charité ; car elle est surnaturelle. »

Les Juifs charnels auraient bien voulu que Jésus-Christ apparût en prince, avec tout l'éclat de la grandeur dans l'ordre des corps, et qu'il rendît à leur nation son ancienne prospérité. Et Jésus-Christ, fils de David, aurait pu, en effet, venir en prince ; mais il n'était pas descendu sur la terre pour se manifester dans l'ordre des grandeurs charnelles. « Il eût été inutile à Archimède de faire le prince dans ses livres de géométrie, quoiqu'il le fût. Il eût été inutile à Notre-Seigneur Jésus-Christ, pour éclater dans son ordre de sainteté, de venir en roi. Mais qu'il est bien venu avec l'éclat de son ordre! »

Les hommes d'esprit se scandalisent en pensant que Jésus-Christ, le Verbe éternel de Dieu, ne s'est pas manifesté aux hommes en leur révélant cette science qui reposait de toute éternité dans son sein. Pourquoi n'a-t-il pas divulgué la science? Pourquoi n'a-t-il pas donné d'invention? Grand sujet d'étonnement pour ceux qui ne conçoivent pas de grandeurs au-dessus des grandeurs de l'esprit! Mais ce n'est point là encore l'ordre de Jésus-Christ.

Cet ordre, c'est celui de la charité; car Dieu est essentiellement amour; et la mission de Jésus-Christ était de révéler aux hommes l'amour infini que Dieu leur porte. C'est avec la grandeur de cet ordre que Jésus-Christ est venu. Mais cette grandeur est incomparable : « Oh! qu'il est venu en grande pompe et avec une prodigieuse magnificence aux yeux du cœur, et qui voient la sagesse! »

Il n'y a pas de commune mesure entre les grandeurs de l'amour et les grandeurs du corps et de l'esprit.

« Tous les corps, le firmament, les étoiles, la terre et ses royaumes, ne valent pas le moindre des esprits; car il connaît tout cela, et soi; et les corps, rien. Tous les esprits ensemble et toutes leurs productions ne valent pas le moindre mouvement de charité; cela est d'un ordre infiniment plus élevé.

« De tous les corps ensemble on ne saurait en faire réussir une petite pensée; cela est impossible et d'un autre ordre. De tous les corps et esprits on n'en saurait tirer un mouvement de vraie charité; cela est impossible, et d'un autre ordre, surnaturel. »

Qui ne croirait, à lire ces pages sublimes, détachées du reste de l'œuvre de Pascal, que, pour lui, l'amour divin est essentiellement infini et que, loin de s'imposer jamais aucune limite, il se répand dans toutes les directions et rayonne dans toutes les âmes?

Un mot cependant (et c'est précisément le mot essentiel de la théorie) fait déjà par lui-même obstacle à cette interprétation. C'est le mot « ordre ». Comment peut-il y avoir, à proprement parler, un ordre de la charité, un ordre de la grâce, comme il y a un ordre des esprits et des corps? Un ordre, c'est un arrangement, c'est une distribution; c'est, par conséquent, un *déterminisme*, et l'on ne voit pas bien comment ce déterminisme pourrait se concilier avec la liberté de l'amour. Nous comprenons parfaitement qu'il y ait un ordre des corps, et même un ordre des esprits; c'est-à-dire que, dans l'infinité des possibles, Dieu ait choisi certains corps et certains esprits, qu'il ait accordé aux uns certaines perfections refusées à d'autres et qu'il ait établi entre eux une subordination hiérarchique. Mais nous ne comprenons pas qu'il ait pu établir de même un *ordre de sa charité*, des degrés de son amour, c'est-à-dire qu'il ait pu *déterminer* dans quelle mesure il se communiquerait ou se refuserait aux diverses âmes. L'amour, en effet, dans la pureté idéale de son essence, est réciproque. Qui aime mérite d'être aimé, et par l'ardeur de son amour crée la juste mesure dans laquelle, à son tour, il doit être aimé. C'est donc chaque âme humaine qui est, par la manière dont elle répond à l'amour de son créateur, la cause déterminante de l'intensité même de cet amour. En d'autres termes, l'ordre de l'amour, contrairement aux deux autres, ne devrait pas être déterminé par le Créateur seul; il devrait l'être par le concours du Créateur et de la créature. Mais qui ne voit que, pour entrer dans ces idées, il faut précisément admettre ce que nient en commun toutes les doctrines dont nous nous occupons ici, la spontanéité vraie dans la créature, la possibilité d'un concours, d'une coopération entre elle et Dieu?

— Quelle est maintenant la cause, au moins principale, qui a fait dévier dans ce sens le cours naturel de la pensée de Pascal? Ce sont ses relations avec les hommes de Port-Royal.

Par lui-même, il eût facilement admis, et sans réserves, l'universalité de l'amour divin. Il l'a exprimée à plusieurs reprises.

« Jésus-Christ *pour tous*, Moïse pour un peuple.

« Les Juifs bénis en Abraham : « Je bénirai ceux qui te béni-« ront. » Mais *toutes les nations* bénies en sa semence.

« *C'est à Jésus-Christ d'être universel.* L'Église même n'offre le sacrifice que pour les fidèles. Jésus-Christ a offert celui de la croix *pour tous.* »

On voit assez, par de telles paroles, que, s'il se fût toujours abandonné à son propre élan, Pascal aurait peut-être marché dans une direction tout opposée à celle des hommes qui imaginèrent « le Christ aux bras étroits ».

Mais, sous l'influence de Port-Royal et des purs jansénistes, il a délaissé sa conception personnelle de la grâce pour celle de la prédestination et il est arrivé, à son tour, aux conséquences les plus dures, les plus révoltantes, en prenant pour point de départ de son système qu'« on ne comprend rien aux ouvrages de Dieu, si l'on n'accepte ce principe, *qu'il éclaire les uns et qu'il aveugle les autres* ».

Cela est vrai d'abord pour les prophéties. Elles ont à la fois un sens charnel et un sens spirituel. Or, le sens charnel leur a été donné pour tromper les Juifs, et le sens spirituel pour instruire les élus. Ainsi, les Juifs ont été, entre les mains de Dieu, les instruments sacrifiés de la conversion de l'univers; car c'est par leur attachement au sens charnel qu'ils mettent en lumière le sens spirituel; et *il faut* qu'ils y restent attachés au lieu de se convertir, car c'est leur aveuglement qui éclaire le reste du monde. Pascal, étendant cette pensée aux autres hommes que Dieu aveugle volontairement, n'hésite pas à leur dire : « Les prophéties ne sont pas faites pour vous faire croire, mais, au contraire, pour vous empêcher de croire ».

Il en est de même des miracles: Ils sont faits pour scandaliser et pour aveugler davantage encore ceux qui ne veulent pas croire : « Les miracles ne servent pas à convertir, mais à condamner ».

Ainsi, Pascal reprend, dans toute sa rigueur, pour en faire la base de sa philosophie de l'histoire, l'idée que nous avons déjà rencontrée dans saint Paul et dans saint Augustin : *Il faut* que

Dieu manifeste à la fois tous ses attributs; par conséquent, *il faut* qu'il y ait des élus, afin que Dieu répande sur eux tous les trésors de son amour; et *il faut* qu'il y ait des réprouvés, afin que Dieu, en les frappant, déploie aux yeux du monde toute l'étendue de sa puissance.

Mais, c'est Dieu qui fait le mérite des élus. Si nous avons peine à le comprendre, c'est, d'après Pascal, l'effet d'un grossier anthropomorphisme; c'est que « les hommes n'ayant pas accoutumé de former le mérite, mais seulement de le récompenser où ils le trouvent formé, jugent de Dieu par eux-mêmes ».

Nul ne peut atteindre au mérite, si Dieu ne l'y a prédestiné. On ne peut même pas prier pour l'obtenir; car la prière est elle-même un pur don de Dieu, et, comme les autres, Dieu le distribue à qui il lui plaît : « Il a promis d'accorder la justice aux prières; mais jamais il n'a promis les prières qu'aux enfants de la promesse ».

Inversement, c'est Dieu qui fait le démérite, l'aveuglement et le péché des réprouvés, et c'est en même temps Dieu qui le punit. Tous les jansénistes ont soutenu cette horrible thèse; mais Pascal y a mis un degré de raffinement auquel nous ne croyons pas qu'aucun autre ait atteint; car, non content de nous représenter Dieu punissant les pécheurs, bien qu'il soit lui-même l'auteur de leurs péchés, il nous le montre encore, dans un passage des *Provinciales*, joignant à cette punition, déjà si injuste en elle-même, l'ironie et le sarcasme : « Dieu, dit-il, hait et méprise les pécheurs tout ensemble, jusque-là même qu'à l'heure de leur mort, qui est le temps où leur état est le plus déplorable et le plus triste, la sagesse divine joindra la moquerie et la risée à la vengeance et à la fureur qui les condamnera à des supplices éternels : *In interitu vestro ridebo et subsannabo* ».

III

Le cartésianisme.

Pendant que le jansénisme développait ces rigoureuses conséquences, le cartésianisme, qui représente l'autre grand courant de la pensée du XVIIe siècle, aboutissait, de son côté, en ce qui concerne le gouvernement de la volonté humaine et l'action de la Providence sur le monde moral, à des conclusions qui, pour être moins absolues, n'en restent pas moins encore assez inquiétantes.

Mais le cartésianisme est une doctrine bien complexe; c'est, avons-nous dit, un *courant*, mais un courant général, sous lequel s'agitent et se heurtent bien des courants secondaires. L'objet de la présente étude exige que nous y distinguions simplement, d'une part, ce qu'on pourrait appeler le *cartésianisme pur*, c'est-à-dire celui qui, tout en admettant encore de grandes divergences, quelquefois sur des points très essentiels, reste cependant fidèle au principe le plus général de la doctrine du maître (principe qui est, dirons-nous, un principe *laïque*, une véritable *sécularisation* de la pensée philosophique, même sur les questions qui touchent le plus à Dieu et à la destinée humaine); d'autre part, un *cartésianisme chrétien*, c'est-à-dire dans lequel les principes de Descartes sont ou franchement subordonnés aux conceptions métaphysiques du christianisme ou plus ou moins ingénieusement combinés avec elle.

Il ne faut pas oublier, en effet, que le cartésianisme, pris à sa racine, est une *philosophie séparée*; nous entendons par là une philosophie qui, de parti pris, de propos délibéré, s'isole, s'abstrait des préoccupations contemporaines, en particulier des croyances et des polémiques religieuses, pour se développer exclusivement d'après les données de la raison impersonnelle et absolue.

Descartes affecte la hautaine prétention de ne penser que par lui-même, de ne relever que de lui seul; il se détache ou croit, du moins, se détacher de toute la tradition de l'humanité pensante pour fonder, pour constituer à lui seul et par les seules forces de son génie individuel une philosophie qui se donne comme définitive.

Il se détache surtout de son milieu. Tandis que les autres philosophies expriment et se font gloire d'exprimer, en les synthétisant, l'ensemble des idées et des convictions dans lesquelles se résume le passé d'une race, le génie d'un peuple, seule ou à peu près seule la philosophie cartésienne se met en dehors de l'espace et du temps, s'établit d'emblée au sein de l'absolu. Descartes passe sa jeunesse dans l'agitation des voyages pour briser le cercle d'idées dans lequel l'enfermeraient ses relations et ses habitudes; il se tient surtout à l'écart des discussions et controverses théologiques, ayant de bonne heure mis à part, « comme dans une arche sainte », les vérités de sa foi.

A ce point de vue, il est évident que les grands esprits qui composent l'école cartésienne se partagent en deux catégories très nettement distinctes. Spinosa et Leibniz, quelque graves que soient les divergences qui les séparent du maître, peuvent être appelés les *cartésiens purs*, en ce sens qu'ils conçoivent la philosophie comme le maître lui-même la concevait; ils en font, l'un et l'autre, une *construction*, dont le principe est une formule d'où ils espèrent tout déduire, une loi qu'ils se flattent de retrouver, d'un bout à l'autre de la chaîne, dans toute la série des faits dont se composent, d'une part, le monde de l'étendue, de l'autre, le monde de la pensée. Bossuet, Fénelon, Malebranche, bien que sous des formes très diverses et à des degrés très inégaux, se font de la philosophie une idée toute différente; c'est, pour eux, une *interprétation* des choses, non pas à un point de vue purement abstrait et exclusivement scientifique, mais au point de vue de tout l'ensemble des idées et des sentiments dont ils vivent eux-mêmes et dont vit la société qui les entoure; idées et sentiments qui ont pour objet l'homme, son devoir, sa destinée, son développement historique, ses rapports avec Dieu et, d'une manière générale, le rapport des choses qui passent aux choses éternelles. Par là ils reviennent, mais d'une manière plus large, à l'idée essentielle des anciens : la philosophie est une « méditation de la vie », de son sens, de sa raison d'être et de ses fins; et, comme l'atmosphère dans laquelle ils respirent est une atmosphère chrétienne, c'est en chrétiens qu'ils prétendent appliquer à toutes ces questions les principes du cartésianisme, auquel ils adhèrent.

Mais, en dehors même de la conception religieuse positive qui en constitue le fond, le cartésianisme chrétien se distingue, avec une réelle supériorité, du cartésianisme proprement dit par deux caractères tout à fait essentiels, qui, d'ailleurs, se complètent l'un l'autre.

Le premier, c'est que Descartes, épris surtout du genre d'évidence que donnent les mathémathiques, borne son ambition à expliquer l'univers par une simple conception mécaniste dans laquelle la volonté et le libre arbitre ne rentrent que bien difficilement et restent toujours, si l'on peut s'exprimer ainsi, à l'état d'éléments non assimilés; par suite, la subordination du monde physique au monde moral et même le lien qui les unit l'un à l'autre lui échappent à peu près entièrement. L'univers, pris dans son ensemble, n'est et ne peut être conçu par lui que sous la forme d'un *ordre*, dérivant d'une *loi* qui se retrouve identique à elle-même dans toutes les séries de phénomènes, à l'exception toutefois de la volonté et de la pensée, mais que ne domine et n'explique aucun principe supérieur de finalité. On sait, en effet, que la recherche des causes finales, éliminée par Descartes de la physique, ne se retrouve que sous une forme bien indécise et bien vague dans les parties supérieures de sa philosophie. Au contraire, le cartésianisme chrétien, rattachant finalement les spéculations de la philosophie aux grands problèmes de la vie morale et du salut, conçoit le monde moral comme une *fin* à laquelle le monde physique se rapporte, et les intérêts de la vie sociale ou de la vie religieuse comme des *raisons idéales* auxquelles reste subordonné le mécanisme du monde matériel.

De là résulte le second caractère différentiel qui sépare les deux doctrines : c'est que, sous la double influence de Platon, entrevu à travers saint Augustin, et de la philosophie de l'École, représentée par son plus illustre docteur, saint Thomas, l'idée de providence, inséparable de celle de finalité, après avoir été compromise et réduite à une sorte de *minimum*, non seulement par Descartes, mais encore, en dépit de toute apparence contraire, par Leibniz lui-même, reprend dans le cartésianisme chrétien, particulièrement dans les écrits de Bossuet [1], toute son importance et tout son éclat.

1. Malgré les réserves que nous venons de formuler, peut-être serait-il plus exact encore de renoncer entièrement à voir dans Bossuet un représentant de la philosophie cartésienne.

A vrai dire, Bossuet n'est cartésien (et encore avec bien des retours vers saint Augustin et vers saint Thomas) que dans son *Traité de la connaissance de Dieu et de soi-même*, ouvrage qu'il avait écrit exclusivement pour l'éducation du dauphin et auquel il n'attachait qu'une importance relative, puisqu'il ne l'a pas publié et qu'il ne paraît même pas avoir songé à le faire.

M. Brunetière, dans ses *Études sur le* XVIIe *siècle*, a montré combien est faible, en somme, le lien qui rattache Bossuet à Descartes. Non seulement Bossuet a une doctrine propre, une philosophie vraiment personnelle, qu'on retrouve, à l'état diffus, dans tout l'ensemble de son œuvre, mais encore entre cette doctrine et le cartésianisme proprement dit il y a, sur certains points, des divergences qui vont jusqu'à l'opposition, presque à l'hostilité.

« Voici sur Descartes et sur le cartésianisme le fond de la pensée de Bossuet. Une part de la doctrine lui est indifférente : c'est, par exemple, la théorie de l'arc-en-ciel ou le *Traité de la formation du fœtus*; et je ne veux point rechercher ici s'il a tort ou raison dans son indifférence. Je dis seulement que ni la religion, ni la politique, ni la morale ne lui paraissant dépendre du nombre des couleurs du spectre ou des phénomènes de la segmentation de l'œuf des mammifères, ce sont choses, pour lui comme pour l'auteur des *Pensées*, dont il ne faut pas négliger de s'informer en passant, mais qui ne valent pas une heure de peine. Une autre part du cartésianisme n'appartient pas à Descartes : on remarquera que c'en est précisément pour Bossuet la meilleure, celle que Descartes doit lui-même aux Anselme et aux Augustin. Et enfin, pour la troisième, non seulement il l'improuve, mais en toute occasion, non content de l'improuver, il l'a combattue; il la combat, il la combattra. Peut-on être moins cartésien et d'une manière plus explicite ? »

Or, cette troisième partie de la pensée cartésienne, c'est évidemment la plus importante; c'est la conception mécaniste de l'univers, conception qui a fait la gloire de Descartes physicien, mais que Bossuet jugeait contraire non seulement « à la possibilité du miracle, au péché originel, à la vraie notion de la grâce », mais encore, « au dogme même de la Pro-

1. Deux théories essentielles de Descartes, celle de la *liberté infinie de Dieu* et celle de la *création continuée*, sont en opposition absolue avec l'idée de providence, en tant du moins qu'on tient à ne pas la confondre avec l'idée de création.

A la vérité, il semble étrange, au premier abord, que la croyance à une liberté infinie en Dieu puisse compromettre l'idée d'une action providentielle; car, dira-t-on peut-être, plus est grande la liberté de Dieu, plus il a de puissance pour faire le bien, plus il est supérieur aux obstacles et aux entraves qui contrarieraient son action. Mais, sans compter que, dans cette hypothèse, la responsabilité de Dieu s'accroîtrait avec sa toute-puissance, la théorie que Descartes a empruntée à Duns Scot présente encore un autre danger : c'est qu'elle fait imprudemment disparaître la différence capitale que presque toutes les philosophies antérieures avaient maintenue, au point de vue de la dépendance à l'égard de Dieu, entre la sphère des êtres réels, dont se compose le monde, et celle des vérités absolues et nécessaires, qui dominent le monde, soit comme ses conditions premières, soit comme ses fins suprêmes.

Sans doute, il n'est rien qui ne dépende de Dieu d'une certaine manière; mais autre chose est *dépendre de sa volonté*, autre chose *dépendre de sa nature*. Les êtres réels, que nous appelons aussi les êtres contingents, dépendent absolument de Dieu; car, n'ayant pas en eux-mêmes plus de perfection intrinsèque qu'une infinité d'autres êtres qui n'existent point en réalité, mais dont nous concevons très bien qu'ils auraient pu exister à leur place, ils nous apparaissent comme ne tenant leur existence que d'un choix et d'un décret de Dieu. En d'autres termes, la

vidence ». Ce dogme, c'est, au contraire, celui que Bossuet a pris surtout à cœur de démontrer et de fortifier : « Bossuet est éminemment le philosophe ou le théologien de la Providence; son œuvre entière, vue d'assez haut, n'est qu'une apologie de la religion chrétienne par le moyen de la Providence; et depuis ses premiers *Sermons* jusqu'à sa *Politique tirée des paroles de l'Écriture sainte*, s'il est une idée qui reparaisse dans tous ses ouvrages, qui en éclaire l'intention pour en recevoir à son tour une lumière nouvelle, et qu'il excelle à montrer où et quand on l'attendait le moins, c'est l'idée de la Providence ».

forme de leur dépendance, c'est la création. Il n'en est plus de même des vérités nécessaires, comme les vérités mathématiques, comme les principes moraux. Ces vérités dépendent de Dieu en ceci seulement qu'elles sont des *suites* de sa nature; elles sont posées en elle et, si l'on veut, par elle, mais non pas en ce sens qu'autre chose aurait pu aussi bien être posé à leur place. Elles sont les catégories nécessaires de la pensée et de l'activité divines. Loin qu'elles puissent avoir été l'objet d'un acte libre (à plus forte raison arbitraire) de création, elles nous apparaissent comme enveloppant en elles-mêmes, soit à titre de conditions, soit à titre de finalités, toute création possible.

Il en est ainsi d'abord des vérités mathématiques : elles constituent la forme intelligible, le cadre nécessaire de la création. « Dieu, nous dit saint Paul, a tout disposé dans le nombre, le poids et la mesure, *omnia disposuit in numero, pondere et mensura.* » Entendons par là que Dieu, *avant de* créer (si toutefois cette locution peut ici être prise à la lettre), découvrait dans son entendement infini le système des *raisons logiques* auxquelles était nécessairement soumise toute création future; et ces raisons logiques, ce sont les lois éternelles de la quantité, du mouvement et de la force. Mais cela n'est pas moins vrai des vérités morales. Si elles président d'une autre manière au développement des choses, elles n'en ont pas moins aussi, dans la sphère qui leur est propre, une nécessité absolue. Il faut que le monde aboutisse finalement au bien; si quelque nécessité métaphysique impose à la création d'humbles commencements, si elle a dû traverser les divers degrés de l'indétermination et du chaos, l'expérience s'accorde avec la spéculation pour nous faire affirmer un système de *raisons morales* qui ont présidé à l'arrangement de cette indétermination, au débrouillement de ce chaos, et qui, se continuant dans l'avenir, amèneront chacune à son rang, dans la nature et dans l'humanité, les diverses manifestations du bien, de l'ordre et du progrès, jusqu'à ce que l'ensemble du plan divin se révèle dans une sorte d'apocalypse finale.

Or, remarquons-le bien, cette différence si essentielle qu'on a toujours ou presque toujours établie entre le système des choses réelles et le système des raisons idéales, entre l'ordre des faits et l'ordre des fins, c'est précisément la condition nécessaire en dehors de laquelle la Providence ne peut être ni représentée par l'imagination, ni conçue par la raison. L'idée claire et distincte que nous en trouvons dans notre esprit nous la présente comme une direction, comme un gouvernement (au sens étymologique du mot, *gubernatio*), c'est-à-dire comme une action clairvoyante, qui mène les choses vers un but, vers un idéal, de la même manière qu'un pilote dirige un navire vers le port. Mais cela suppose que l'ordre des fins a quelque chose de plus nécessaire, de plus fixe et de plus stable que l'ordre des faits. S'il n'en est pas ainsi, toute idée d'une *direction vers un but*, d'une *orientation vers un idéal* est par là même supprimée. Si les fins sont créées, au même titre que les choses, à quoi bon la distinction des choses et des fins? Les unes n'ont pas plus de valeur, plus de dignité, plus d'autorité que les autres. Mises sur le même plan, elles font double emploi, et nous n'avons plus la moindre raison pour conserver les fins, que nous ne voyons pas, au-dessus des faits, qui tombent seuls sous notre expérience.

Voilà pourtant ce que fait Descartes par sa conception de la liberté infinie en Dieu, c'est-à-dire, pour parler net, d'un *arbitraire divin*, qui dispose du bien et du mal et qui pourrait les mettre à la place l'un de l'autre. « Les vérités métaphysiques, lesquelles vous nommez éternelles, dit-il dans une lettre bien connue, adressée au P. Mersenne, ont été établies de Dieu et en dépendent entièrement, *aussi bien que le reste des créatures*. Ce serait, en effet, parler de Dieu comme d'un Jupiter ou d'un Saturne et l'assujettir au Styx et aux destinées que de dire que ces vérités sont indépendantes de lui. Ne craignez donc pas, je vous prie, d'assurer et de publier partout que c'est Dieu qui a établi ces lois en la nature, *de même qu'un roi établit les lois en son royaume*. » En parlant ainsi, Descartes ne s'aperçoit pas qu'il efface toute différence entre le réel et l'idéal, entre le physique et le métaphysique, entre ce qui est et ce qui doit être. Il croit au progrès et il en supprime les fins par cela seul qu'il leur dénie toute stabilité. Il enlève ainsi à la Providence un des termes nécessaires de son action; cela n'équivaut-il pas à supprimer absolument la Providence elle-même?

— On voit comment la théorie de la liberté infinie en Dieu va se fondre avec celle de la création continuée. Du moment que la vie de la nature n'est pas conçue comme un passage de l'ordre du réel à l'ordre de l'idéal, de l'ordre du mécanisme à l'ordre de la finalité, la création n'est plus une œuvre à longue portée, un dessein à longue échéance; il suffit qu'elle se fasse au jour le jour. Chacun des moments dont elle se compose n'a de valeur qu'en lui-même, non comme résultat d'un progrès passé ou comme condition d'un progrès à venir. Dès lors, il n'y a plus dans la nature aucune continuité vraie, aucune unité organique. La théorie de la création continuée, telle que l'entend Descartes (car nous verrons bientôt qu'il peut y avoir une autre manière de l'entendre, plus profonde et plus vraie), est encore une négation de la Providence, considérée dans deux de ses caractères essentiels, la *prévision* et la *protection*.

A la vérité, on pourrait essayer de dire que l'idée d'une création continuée, c'est-à-dire reprise, renouvelée à chaque moment du temps, n'est pas absolument inconciliable avec l'idée d'une prévision divine, attendu que toutes ces créations successives, dont chacune correspond à un moment distinct de la durée, indépendant de celui qui le précède et de celui qui le suit, se font d'après un plan unique, prévu dès l'origine et dans son ensemble. Dieu donc reste conséquent avec lui-même, *fidèle à lui-même*, à travers toutes les phases de la création, si nombreuses qu'on les suppose, et la stabilité de l'univers comme la continuité des vues de Dieu ne sont nullement compromises.

Malheureusement, répondre ainsi, c'est montrer qu'on ne se rend pas compte de la nature très délicate et très complexe du genre de prévision qui est engagé dans la providence. Sans doute, si l'on pose comme certain *a priori* que cette prévision porte uniquement sur la suite des volontés de Dieu, volontés dont l'exécution seule doit s'espacer sur des moments infiniment nombreux dans l'infinité de la durée, il est clair, en apparence au moins, que toute difficulté tombe. Mais on ne peut faire cela qu'à une condition : c'est de poser aussi *a priori* que la nature, sous toutes ses formes et à tous ses degrés, est absolument passive ; il faut faire abstraction de toute spontanéité, de toute liberté dans les créatures ; car, aussitôt que la liberté et même la spontanéité entrent en jeu, un élément d'indétermination et, par suite, de complication s'introduit dans la prévision divine ; elle devient la prévision de ce que Dieu veut, combinée avec la prévision de ce que pourront vouloir ou refuser de vouloir des natures douées d'une indépendance relative, et dont les défaillances ou les résistances viendront contrarier sans cesse le plan divin. En d'autres termes, c'est toute la masse indéterminée des *futurs contingents* qui entre en ligne et avec laquelle la prévision de Dieu doit désormais compter. De là une perturbation et un redressement continus de l'action providentielle, qui doit, pour arriver à ses fins, ménager en quelque sorte la possibilité de tout un réseau de voies de traverse, dans lesquelles elle se débrouillera et se retrouvera. Ainsi, la prévision divine qui constitue la providence devient finalement une action réelle, une intervention raisonnée, un *gouvernement*, s'exerçant sur des êtres qui ont en eux un principe de permanence, de continuité substantielle, et c'est à ce point de vue qu'il est impossible d'en retrouver l'équivalent dans la création continuée de Descartes.

A plus forte raison encore la providence, réduite à la création continuée, ne peut-elle être une protection. Ou le mot « protection », en effet, ne signifie rien, ou il implique chez l'être protégé une certaine stabilité qui lui appartienne en propre et, conséquemment, une certaine part au moins d'indépendance et d'autonomie. Or, si le système de la création continuée est pris à la lettre, il ne peut être question de cela ni pour la nature considérée en général, ni pour l'homme, ni pour un être quelconque. Si l'homme, par exemple, est créé de nouveau à chaque moment de la durée, il l'est avec toute sa nature actuelle, avec tout l'ensemble de ses caractères, de ses qualités, de ses déterminations à ce moment précis; il l'est aussi avec son action présente, pour laquelle Dieu ne l'aide pas, ne le *protège* pas, mais qu'il lui impose véritablement de toutes pièces, à moins qu'on ne veuille la faire sortir tout d'un coup d'une faculté absolue de vouloir, qui n'aurait pas eu besoin, elle non plus, d'être préparée par un concours divin. C'est ici, on le voit, que se montre la distinction si essentielle, si infranchissable, et cependant si méconnue par Descartes, qui existe entre la création et la providence. La création est un acte absolu, dans lequel l'être créé n'a pas à intervenir; il n'y joue et n'y peut jouer aucun rôle. La providence, au contraire, précisément parce qu'elle est essentiellement une *protection*, est un acte relatif, en quelque sorte *bilatéral*, qui suppose et implique l'activité de l'être sur qui elle s'exerce tout aussi bien que l'activité de l'être qui l'exerce; elle est, encore une fois, une *direction*, prévoyante et bienveillante, imprimée à une énergie qui n'est pas créée sur le moment même, mais qui contient, au contraire, soit sous une forme spontanée, soit sous une forme libre, le principe de sa propre détermination, laquelle n'est qu'*influencée*, *sollicitée*, *modifiée*, *inclinée*, *guidée*, mais non pas *produite* par l'action transcendante dont elle est l'objet.

— Or, voilà ce qui fait entièrement défaut dans tout l'ensemble de la philosophie de Descartes : c'est l'idée d'une part de spontanéité, d'indépendance et d'autonomie, qui, en dehors même de la liberté proprement dite, existerait à divers degrés dans les créatures et leur permettrait de collaborer avec l'action de Dieu dans toutes les choses auxquelles s'étend le domaine de la Providence. Descartes ne croit pas qu'il y ait vraiment au fond de chaque être *une nature*, une virtualité, une puissance, qui ne demande qu'à se maintenir et à se déployer, ne fût-ce que dans le sens, encore très incomplet, où Spinoza dira plus tard que « tout être tend à persévérer dans son être ». A plus forte raison ne reconnaît-il pas *la nature* en général, comme pouvant avoir, à certains points de vue, une existence qui lui soit propre. Concevoir ainsi les choses lui paraît, à tort ou à raison, une sorte d'idolâtrie. « Par la nature, dit-il expressément, je n'entends point quelque déesse ou quelque autre puissance imaginaire; mais je me sers de ce mot pour désigner la matière même, en tant que je la considère avec toutes les qualités que je lui ai attribuées, comprises toutes ensemble, et sous cette condition que Dieu continue à la conserver de la même façon qu'il l'a créée. Car de cela seul qu'il continue ainsi de la conserver, il suit de nécessité qu'il doit y avoir plusieurs changements en ses parties, lesquels ne pouvant, ce me semble, être attribués à l'action de Dieu, puisqu'elle ne change pas, je les attribue à la nature, et les règles suivant lesquelles se font ces changements, je les nomme lois de la nature. »

Ainsi, la nature n'est rien par elle-même; rien substantiellement et rien dynamiquement; ou plutôt, elle n'est que l'ensemble des mouvements qui résultent, à un moment donné, de l'impulsion initiale donnée par Dieu à la matière, sous la condition que Dieu conserve, avec la matière elle-même, le système des lois qui président à la transformation indéfinie de ses mouvements. C'est dans ce sens seulement que Descartes admet un *concours* divin. Privée de tout ressort intérieur, l'essence des êtres tend à retomber sans cesse dans le néant; il y a, à tous les degrés de la création, un perpétuel évanouissement de l'être, qui, sans cesse défaillant, a sans cesse besoin d'être reconstitué par une intervention supérieure.

Faut-il s'étonner après cela, que Descartes, tout en pressentant par une intuition de son génie les découvertes de nos physiciens contemporains sur l'unité des forces de la nature, ait méconnu la nature elle-même dans tout ce qu'elle a d'initiative et de spontanéité? Il en est ainsi cependant. Le dualisme absolu qui sert de base à son système l'a empêché de voir dans l'œuvre de Dieu toute la vaste zone intermédiaire qui sépare la matière brute de la pure pensée. Descartes s'est trompé sur la nature de la vie, dont il ne donne qu'une explication toute mécanique et qu'il réduit à un simple jeu de poulies et de ressorts; sur la nature de l'instinct, dont il ne comprend ni les merveilleuses constructions ni les pressentiments infaillibles; enfin, sur la nature de la passion, qui lui est comme cachée par l'importance excessive, disproportionnée, qu'il attribue à ses éléments physiologiques, de telle sorte qu'il ne voit pas tout ce qu'il y a d'utile, quelquefois même de généreux et de noble, dans ses impulsions et dans ses élans.

— Ainsi éliminé par Descartes de sa philosophie de la nature, le vrai sentiment de la Providence semblerait devoir se retrouver au moins dans sa philosophie de la volonté. Descartes, en effet, admet pleinement la liberté humaine; il la démontre par sa célèbre preuve du *sentiment vif interne*; il va jusqu'à la déclarer égale dans l'homme à ce qu'elle est en Dieu, c'est-à-dire absolue et infinie. Mais, de plus, la forme sous laquelle il l'a comprise et décrite est, par elle-même, très favorable à l'introduction d'une théorie de la Providence. D'après lui, la libre volonté de l'homme n'est pas un pouvoir mystérieux de créer une quantité nouvelle de mouvement; tout ce qu'elle peut faire, c'est de changer la direction des mouvements de son propre corps et, par suite, d'imprimer aux autres corps des mouvements qu'ils ne produiraient point par eux-mêmes. On peut, à cet égard, comparer l'âme à un cavalier, qui dirige à son gré les mouvements de son cheval, bien qu'il ne puisse ni augmenter ni diminuer la force même qui produit ces mouvements. Ainsi, la libre volonté de l'homme est essentiellement, d'après Descartes, une faculté de direction, d'orientation. Or, comme la Providence est aussi, par essence, une action qui oriente et qui dirige, il semble que Descartes aurait été en situation excellente pour unir ces deux choses dans l'unité d'une conception commune, et pour se représenter le monde moral comme un système de fins que réalise la volonté humaine, inspirée, soutenue, dirigée par l'action de la Providence.

Mais ce serait en vain qu'on chercherait dans Descartes le développement ou même la simple indication d'une théorie de ce genre. La philosophie du monde moral est absente de son système. On ne trouve chez lui ni une morale définitive (et quant à sa morale provisoire, on sait qu'elle se réduit à cette sagesse purement abstentionniste des stoïciens, qui, traitant la liberté comme si elle ne faisait pas partie du monde réel, n'y voit que le consentement de la volonté aux lois nécessaires du monde, la simple résignation à l'inévitable), ni une politique ou, du moins, une application quelconque des principes de sa philosophie à l'organisation et aux progrès des États, ni enfin une philosophie ou de la religion, ou de la société, ou de l'histoire. L'homme qui a parcouru tant de pays et vu tant de peuples n'a pas un sentiment personnel et original sur les questions qui intéressent le plus vivement l'humanité, sur les problèmes de son avenir et de son bonheur.

Et non seulement Descartes, tout en admettant la liberté infinie, n'a pas songé à lui réserver un domaine digne d'elle, mais encore cette prétendue infinité elle-même appelle bien des réserves. Aussi M. Bouillier a-t-il eu parfaitement raison de montrer à combien peu de chose se réduit en pratique, dès qu'on entre dans les détails de la théorie, ce pouvoir du libre arbitre que Descartes concède si expressément à l'homme. Car, d'abord, parmi les pensées qui servent de point de départ à nos actes, beaucoup sont, d'après lui, déterminées d'une manière toute passive par les impressions qui se produisent dans nos organes, soit que ces impressions nous arrivent directement du dehors, comme dans la perception, ou qu'elles soient causées indirectement en nous, comme dans l'imagination et les passions, par les mouvements de la glande pinéale et des esprits animaux. Mais, ce qui est bien autrement grave, c'est que Descartes fait ensuite remonter à Dieu le principe de toutes nos autres pensées, c'est-à-dire de toutes celles qui sembleraient être, au premier abord, des pensées actives et vraiment personnelles, indépendantes des impressions de l'organisme. En effet, ces nouvelles pensées ont, d'après lui, leur principe dans nos inclinations; or, nos inclinations viennent de Dieu : « Avant qu'il nous ait envoyés dans ce monde, Dieu a su exactement quelles seraient toutes les inclinations de nos volontés. *C'est lui-même qui les a mises en nous.* » On voit que cette parole est bien près de nous ramener à toutes les exagérations de la doctrine de la grâce et du jansénisme; pour Descartes comme pour Pascal, c'est Dieu qui fait tout en nous; c'est lui qui opère en nous non seulement le faire, mais encore le vouloir.

2. Le cartésianisme, livré à son mouvement naturel, à son impulsion initiale, n'admet donc pas la Providence; il admet simplement l'optimisme. Or, ce serait une erreur que de vouloir unir trop étroitement ces deux choses. L'optimisme peut fort bien n'être lié qu'à l'idée de création, non à l'idée de providence. Il suffit, en effet, pour être optimiste (et c'est précisément le cas de Leibniz) de croire que Dieu a créé le monde aussi bon que possible, mais non pas qu'il l'*aide*, par une action effective, par un concours vraiment providentiel, à devenir meilleur et plus parfait.

Il est vrai que cela constitue une sorte de contradiction dans le concept même de l'optimisme. Car, si le monde n'est bon que *par institution divine*, on pourrait, au moins, concevoir qu'il le fût aussi, dans une certaine mesure, *par coopération avec Dieu*; que sa perfection relative ne lui vînt pas uniquement d'une détermination extérieure, mais en partie aussi d'une détermination interne; *et alors il serait meilleur*; donc, il n'est pas le meilleur possible. Et comment, d'ailleurs, le serait-il? Ou bien (malgré l'idée de liberté que nous trouvons si invinciblement gravée dans notre conscience) il ne contient, à aucun degré, des êtres libres, capables de se faire à eux-mêmes leur destinée et de contribuer au bien de l'univers; et alors il n'est pas aussi bon que possible, puisqu'il reste au-dessous de l'idéal que nous en avons malgré la faiblesse de notre pensée éphémère. Ou bien ces êtres libres sont impuissants à réaliser leur idéal, emprisonnés qu'ils sont dans les entraves que leur oppose de toutes parts l'inexorable mécanisme de l'univers; mais alors comment n'accuseraient-ils pas Dieu et le destin qui les oppriment et comment ne se sentiraient-ils pas souverainement malheureux! Voilà le dilemme dans lequel reste enfermée cette conception si insuffisante.

— A la vérité, Leibniz croit pouvoir échapper à ce dilemme; mais il nous reste à voir s'il y réussit en effet.

Mon « meilleur des mondes », essaiera-t-il de nous dire, est, à la vérité, l'ensemble des êtres et des actes qui, tout bien pesé, représentent la plus grande somme de bien, la plus faible quantité de mal; mais je n'y fais entrer ces êtres qu'à la condition qu'ils soient d'abord posés, en tant que possibles, comme ayant en eux la spontanéité; et je n'y fais entrer ces actes qu'à la condition qu'ils soient conçus aussi comme librement produits. Par conséquent, les individus qui accomplissent ces actes n'ont pas à récriminer contre Dieu, puisqu'ils ne s'y portent qu'en vertu de la spontanéité, de la liberté de leur nature.

Prenons pour exemple Sextus Tarquin accomplissant l'acte criminel qui amènera à sa suite tant de malheurs. Sextus Tarquin n'entre dans la composition du meilleur des mondes possibles qu'à titre d'être qui se détermine à cet acte en pleine connaissance de cause et en pleine liberté. Il aurait le droit de se plaindre si Dieu lui avait assigné ce rôle et imposé ce crime comme élément nécessaire et constitutif du meilleur des mondes, en dehors de tout consentement de sa liberté; mais il n'en est pas ainsi; le meilleur des mondes n'enveloppe en lui cet acte que comme libre détermination prise par Sextus lui-même, et à laquelle il aurait pu se soustraire « en renonçant à Rome » et à la royauté.

Malheureusement, il faut bien reconnaître qu'ici Leibniz se dupe lui-même, au moins d'une manière inconsciente, quand il croit voir dans l'acte de Sextus, tel qu'il le comprend et le décrit, une manifestation de liberté.

Sextus, dit-il, est libre, car il ne subit pas une influence, une pression du dehors; il se détermine, il agit d'après sa propre nature. Mais, pour que nous soyons libres, même en agissant d'après notre propre nature, il faut que nous ayons, dans une certaine mesure, *choisi cette nature* ou, tout au moins, que nous l'ayons *confirmée* et *fortifiée* en nous par un consentement réfléchi. Or, dans l'hypothèse imaginée par Leibniz, il n'en est pas ainsi. Sextus n'a pas choisi, il n'a pas créé par un exercice préalable de son libre arbitre cette nature qui le porte au crime; il l'a reçue toute faite, et c'est Dieu qui la lui a donnée.

« Les dieux, mon pauvre Sextus, *font chacun tel qu'il est*. Jupiter a fait le loup ravissant, le lièvre timide, l'âne sot et le lion courageux. *Il vous a donné* une âme méchante et incorrigible ; vous agirez conformément à votre naturel, et Jupiter vous traitera comme vos actions le mériteront. »

Au premier abord, on pourrait croire qu'il y a dans cette conception de Leibniz quelque chose de semblable à la théorie kantienne du *caractère intelligible*, qui se détermine, une fois pour toutes, dans la sphère des noumènes et qui, ensuite, ne fait plus, pour ainsi dire, que se déployer dans le monde des phénomènes en s'y conciliant, suivant les lois du déterminisme, avec les manifestations des autres volontés et avec le système entier des forces qui remplissent l'univers. Mais ce n'est qu'une ressemblance tout apparente; car, dans la conception de Kant, quelles que soient les difficultés propres qu'elle présente (et ces difficultés sont insurmontables), la résolution qui constitue le caractère nouménal de chacun de nous est, du moins, une résolution *autonome*, dont on peut, malgré le mystère qui l'entoure, concevoir, à la rigueur, qu'elle entraîne la responsabilité; au contraire, dans la conception de Leibniz, plus encore, s'il est possible, que dans celle des jansénistes, c'est Dieu lui-même qui a mis en nous cette nature propre, ce caractère individuel qu'ensuite il nous reproche et dont il nous punit.

Leibniz a si bien conscience, au fond, de cette monstruosité que, dans le développement de son mythe, il cherche à modifier l'hypothèse dans un sens qui paraîtrait comporter, au moins en partie, la possibilité d'un choix personnel et libre. Pallas, conduisant Théodore dans les diverses chambres du palais des destins, lui montre un « monde possible » où Sextus, sortant du temple de Dodone, après que Jupiter lui a commandé « de renoncer à Rome », déclare qu'il obéira au dieu et, au lieu de rentrer à Rome, se retire à Corinthe; « là, il achète un petit jardin; en le cultivant, il trouve un trésor; il devient un homme riche, aimé, considéré; il meurt dans une grande vieillesse, chéri de toute la ville. » Ailleurs, dans un autre monde, « Sextus va en Thrace; là, il épouse la fille du roi, qui n'avait pas d'autres enfants, et il lui succède, etc. ». Mais cette modification de l'hypothèse ne supprime pas la difficulté, elle la déplace simplement. Il faut, en effet, choisir entre deux choses qui sont laissées ainsi dans une sorte de pénombre. Ou bien, lorsqu'il met en face les unes des autres un certain nombre de destinées possibles de Sextus, Leibniz sacrifie absolument l'*unité psychologique* du personnage, et alors il est trop clair qu'à une possibilité concrète, représentant le pouvoir positif que chaque homme possède de choisir, à un moment donné, entre plusieurs partis (ce qui est le libre arbitre proprement dit), il substitue arbitrairement une possibilité toute abstraite, et ne veut rien dire de plus sinon qu'aucune contradiction logique ne nous empêche de supposer Sextus allant à Corinthe ou en Thrace plutôt que Sextus rentrant à Rome; auquel cas sa supposition perd toute espèce de valeur. Ou bien il pense aux *contradictions réelles* que renferme chaque caractère d'homme, en raison de la faiblesse de notre nature et de la puissance de nos passions, et il veut dire que Sextus, dont le rôle dans l'histoire est si odieux, aurait pu, dans d'autres circonstances réelles, contenues dans la *virtualité psychologique* de son caractère, écouter plutôt la voix de la raison ou obéir à des sentiments généreux, au lieu de suivre la passion funeste qui l'a entraîné; mais alors, il est évident que Sextus conserve pleinement son droit de se plaindre des dieux, qui l'ont *surpris*, en quelque sorte, dans un moment de sa délibération où il obéissait à une inspiration mauvaise, peut-être tout accidentelle, toute passagère, pour l'envelopper (sous prétexte que cet univers est, idéalement, le meilleur de tous les possibles) dans un monde où le malheur veut qu'il joue un rôle détestable et qu'il commette un crime, tandis que, dans d'autres mondes, auxquels il eût été rattaché par un autre moment de sa délibération, il serait vertueux et digne de récompense. Il convient, en effet, de remarquer que, dans l'hypothèse ainsi présentée, le malheur qui est arrivé à Sextus (de se trouver enveloppé, pour un moment de défaillance ou simplement même de tentation, dans un monde où il fait le mal) aurait pu arriver aussi bien à Aristide ou à Socrate; rien n'empêche de supposer que le meilleur des mondes possibles pourrait être celui où Aristide se trouverait être, par accident, un homme injuste, et Socrate un homme impie ou méchant; car, comme toute vertu ne se fait qu'à travers une série de tentations combattues, de défaillances surmontées ou même de faiblesses réparées, il n'y aurait rien de contradictoire à ce que le meilleur des mondes possibles contînt telle circonstance qui eût imposé à Dieu d'y faire entrer, par surprise, Socrate à un moment où, dans la complexité d'une longue délibération, il était sur le point de céder aux mauvais instincts de son jeune âge, ou Aristide à un moment où il aurait pu, par exception, être injuste une fois dans sa vie, et cela dans des conditions telles que toute la suite de leur existence et de leur rôle historique eût été faussée et déviée par cette circonstance décisive.

— Nous pouvons, d'ailleurs, généraliser cette critique et reprocher à Leibniz de n'avoir pas vu que la volonté humaine est, comme Kant dira plus tard, une *fin en soi*; disons simplement, si l'on veut, la plus haute et la plus essentielle de toutes les fins. Il nous semble résulter de là, *a priori*, qu'une détermination mauvaise de la volonté humaine ne peut avoir été introduite par Dieu, *à titre de moyen*, dans la disposition générale de l'univers, et surtout dans le choix du meilleur monde possible; car ce simple fait que Dieu, pouvant agir autrement, y aurait introduit, de parti pris, même un simple élément de mal moral dont la responsabilité remonterait ainsi jusqu'à lui, suffirait à rendre ce monde *absolument* mauvais et indigne de son créateur. Il nous est donc permis de supposer que, tel mal se faisant librement dans l'univers, Dieu, par un acte providentiel logiquement postérieur et *conséquent*, tire de ce mal le meilleur parti possible et en répare si bien les effets qu'il en sorte finalement un bien supérieur; mais non pas que Dieu a laissé entrer ce mal dans l'univers par une décision providentielle *antécédente* et en a fait ainsi une des pierres de son édifice. Or, c'est là précisément l'erreur que Leibniz commet sans cesse dans sa *Théodicée*; il fait entrer les péchés ou même les crimes en ligne de compte dans son calcul mathématique du meilleur ordre possible de l'univers, en les compensant simplement par tel ou tel bien, dont il suppose qu'ils ont été l'inévitable condition. Ainsi, nous retrouvons, dans sa doctrine, Dieu créant lui-même et volontairement la réalité d'un mal moral, sous le spécieux prétexte que ce mal moral n'en est pas moins l'œuvre d'une volonté libre et n'est admis dans l'univers qu'à titre de libre détermination de cette volonté. C'est toujours, à une nuance près, le même point de vue que nous avons déjà trouvé sous diverses formes dans la théologie janséniste.

3. Le cartésianisme pur n'échappe donc pas à cette dure obsession qui a pesé sur tout le XVIIe siècle. Le cartésianisme chrétien arrivera-t-il à s'en dégager davantage? On peut en douter quand on songe que la principale influence qu'il a subie, à côté de celle de Descartes, c'est l'influence de saint Thomas, toute vivante encore dans les écoles. Or, les doctrines du grand docteur sur la prédestination, dont il fait le point culminant de la conduite providentielle du monde, sont encore bien troublantes, puisqu'il déclare que « le nombre des prédestinés est déterminé, non pas seulement parce que Dieu en a une éternelle prescience, mais encore parce que c'est lui qui le fixe et qui le maintient ».

Toutefois, la philosophie de saint Thomas contient deux idées très importantes qui, recueillies par Malebranche et par Bossuet, leur ont permis d'atténuer, dans leur conception du monde moral, les conséquences logiques du mécanisme cartésien.

La première de ces idées, c'est que la création n'est pas seulement *un ordre*, conçu de toute éternité par Dieu; c'est *un ordre qui se rapporte à une fin et qui est subordonné à cette fin*. « La Providence, dit saint Thomas, c'est la raison de l'ordre qui est mis dans les choses en vue de leur fin, *ratio ordinandorum in finem proprie Providentia est*. »

La seconde, c'est que les êtres raisonnables contribuent à la réalisation de cette fin par une véritable *spontanéité*, que la Providence s'applique à conserver et à étendre, loin de la dominer, comme dans d'autres systèmes, au point de la détruire.

C'est même dans le développement de cette dernière idée que nous allons trouver la juste interprétation de ce qu'il faut entendre par les mots de *création continuée*.

— D'après saint Thomas, l'action de Dieu se manifeste, en apparence, sous deux formes distinctes, dont l'une consiste simplement à conserver les êtres, et l'autre à les promouvoir; mais, quand on considère les choses de près, on découvre que ces deux formes de l'action de Dieu se réduisent, en réalité, à une seule, qui est toujours la *conservation*, à deux degrés différents.

En effet, Dieu conserve d'abord les choses par sa présence en elles, par son union avec elles; toutes les créatures sont sous l'étroite dépendance de la cause première qui leur a donné l'être; elles subsistent dans cette cause et par elle; si la vertu divine de cette cause première cessait de les soutenir, elles se dissiperaient, s'évanouiraient aussitôt dans le néant. De plus, Dieu conserve aussi les choses par sa prévision et par sa bonté; telle est, en effet, à cause de leur multiplicité même, la confusion de leur mélange, qu'elles se feraient mutuellement obstacle au point de se corrompre et de se détruire, si Dieu, par l'universelle présence de sa bonté et de sa sagesse, ne travaillait à écarter autant que possible de chaque substance tout ce qui est susceptible de l'altérer. Ainsi, la Providence veille sur ses diverses créatures, comme une mère sur son enfant.

Voilà le premier degré de l'action de Dieu, et voici maintenant le second.

Dieu, par l'acte de la création, n'a pas seulement, d'après saint Thomas, soumis les choses à une loi extérieure universelle, qui en régirait et qui en déterminerait d'avance toutes les manifestations futures. Il a fait plus : il a donné à chacune *une nature* qui lui appartient en propre, qui la constitue à titre de substance nettement distincte. Il agit ensuite sur cette nature, afin de la rapporter, par sa providence, et à sa propre fin et à la fin générale de l'univers; mais, en agissant sur elle, il ne la détruit pas, il ne l'altère pas, il ne se substitue point à elle; son action sur chaque substance a, au contraire, pour but de la maintenir, de la *conserver* au plus haut degré possible. Le principe essentiel de la théorie de la Providence pourrait se résumer ainsi : « Dieu agit sur chaque être conformément à sa nature ».

Or, saint Thomas partage les êtres, en tant qu'il les considère comme doués d'activité, c'est-à-dire comme *causes*, en deux catégories : il reconnaît, d'une part les *causes naturelles*, de l'autre les *causes volontaires*; et il admet que, sur les causes naturelles d'abord, Dieu agit « de manière à ne pas empêcher leurs effets d'être naturels ». Cela revient à dire, si l'on veut, que Dieu les soumet à la loi d'un pur mécanisme et qu'il les maintient sous l'autorité de cette loi. Sur ce point donc, la pensée de saint Thomas n'est pas très différente de celle que développera Descartes. De part et d'autre nous trouvons cette idée, que la Providence meut les êtres de façon à les maintenir en harmonie avec les lois de la nature, ou même qu'il a compris à l'avance dans ces lois de la nature toute la suite de leurs mouvements. Encore subsiste-t-il, même sur ce point, une différence assez importante : c'est que la nature est, pour Descartes, et dans le sens que nous avons rappelé plus haut, quelque chose d'*universel*, par suite d'extérieur aux différents êtres particuliers; pour lui, les êtres se meuvent non par un principe interne, qui, d'ailleurs, pourrait très bien être en harmonie avec le système entier du monde, mais par un principe externe et en tant que soumis à des lois mathématiques, qui sont comme des chaînes par lesquelles ces êtres sont contenus, des nécessités dans lesquelles ils sont emprisonnés; saint Thomas, au contraire, conçoit la nature des êtres comme quelque chose qui leur est intérieur (principe que Leibniz lui empruntera, bien que sans en tirer les vraies conséquences) et, en outre, il fait de l'action providentielle qui les dirige et qui les mène vers leurs fins un *secours* que Dieu leur prête pour les faire persévérer dans leur propre nature, laquelle est d'autant plus elle-même qu'elle se maintient davantage en corrélation avec toutes les autres dans l'unité d'une fin universelle.

Mais si, en agissant sur les causes naturelles, « Dieu n'empêche pas leurs effets d'être naturels », à plus forte raison, en agissant sur les causes volontaires, « n'empêche-t-il pas leurs actions d'être volontaires ». Saint Denis l'Aréopagite exprimait cette idée par une très belle formule : « Il appartient, disait-il, à la Providence non pas de corrompre la nature des êtres, mais, au contraire, de la *conserver* ». S'emparant de cette formule, le docteur angélique montre que l'action de Dieu sur les volontés humaines, loin de supprimer en elles la liberté, « leur donne, au contraire, ce caractère »; elle protège leur libre arbitre contre tout ce qui pourrait y porter atteinte; elle le rend plus ferme et plus maître de lui-même.

Non seulement saint Thomas affirme ce mode d'action de la Providence, mais encore il l'explique en approfondissant l'idée de la contingence des êtres libres. Une volonté est une cause contingente, qui, en vertu de sa nature même, doit produire des actes contingents, comme les causes nécessaires, c'est-à-dire les causes matérielles, doivent, au contraire, produire des effets nécessaires. Dieu donc, par cette providence hautement conservatrice qui agit sur les êtres de manière à les rendre aussi conformes que possible à leur nature, assure aux êtres libres la contingence de leur activité, par conséquent augmente en eux l'aptitude à choisir entre plusieurs possibles : « La volonté étant un principe d'action *qui n'est pas déterminé à un acte unique, mais qui peut en accomplir plusieurs indifféremment*, Dieu la meut de manière à ne pas la déterminer nécessairement pour un seul objet, mais à maintenir la contingence et la liberté de son mouvement ».

Une conclusion analogue résulte encore de tout un ensemble d'idées qu'on retrouve presque à chaque page dans les chapitres de saint Thomas consacrés à la Providence : « Le gouvernement de la volonté par Dieu ne détruit pas le libre arbitre ». Ce que Dieu a décrété, il le fait, et il le fait comme il l'a décrété. Veut-il qu'une chose soit, elle existe; veut-il qu'elle ait telle propriété, elle la possède. Or, afin d'ajouter à la beauté de ses œuvres et d'y placer une image encore plus accomplie de ses propres perfections, Dieu a créé les êtres intelligents, auxquels il a donné le pouvoir de se conduire librement par eux-mêmes. Puis donc qu'il a voulu qu'ils fussent libres, « ils ne peuvent pas perdre leur liberté »; ils la conservent même sous le coup de l'action divine, ou plutôt « en vertu même de la volonté et du décret tout-puissant du Créateur ». Mais cette volonté, ce décret du Créateur, qui maintient dans chaque être la plénitude et la perfection de la nature qu'il a primitivement reçue, n'est-ce pas, au sens strict du terme, la *continuation même de sa création*?

— Voilà donc, en apparence au moins, la liberté pleinement admise, hautement reconnue, et il semble que nous puissions, par voie de conséquence et de déduction, développer ainsi le contenu virtuel de la pensée du grand docteur : Dieu veut *les fins* auxquelles le monde moral se rapporte; il les veut même comme nécessaires; mais, en même temps, il laisse les volontés choisir entre *les moyens* par lesquels ces fins peuvent être réalisées; par suite, la grâce divine ne détermine point absolument *les actes*, et elle ne détermine point absolument non plus *les volontés* par lesquelles les actes seront accomplis. Ainsi, la prémotion physique n'aurait pas la rigidité inflexible d'un déterminisme; elle produirait *les cadres* dans lesquels doit se déployer l'activité humaine, mais non *les détails* de cette activité elle-même, et le dogme de la prédestination ne devrait pas être entendu dans un sens absolu et rigoureux. On a vu cependant, plus haut, que la seconde partie au moins de cette interprétation dépasserait les limites de ce que concède saint Thomas, puisqu'il déclare expressément que Dieu connaît les prédestinés, et leur nombre, « parce qu'il les fait lui-même [1] ». Mais, si Dieu les fait lui-même, comment

1. « Le nombre des prédestinés, dit saint Thomas (Quæst. XXIII, art. vii), est certain. Mais il y en a qui ont dit qu'il l'était formellement et non matériellement, c'est-à-dire qu'il était certain qu'il y aurait cent, mille ou tout autre nombre d'hommes sauvés, mais qu'il n'était pas certain que ce seraient ceux-ci ou ceux-là. Cette opinion détruit la certitude de la prédestination, que nous venons d'établir (art. préc.). Il faut donc

peuvent-ils être véritablement libres, au sens parfait du mot? Il semble que cette *liberté* se réduise finalement, pour eux, à la simple *forme de la liberté*, telle qu'elle résulterait du mouvement de l'âme, s'abandonnant avec joie, délectation et ferveur à l'inspiration, à la sollicitation divine, et accomplissant avec l'élan infini de l'amour les choses que Dieu lui commande et lui impose. Le dernier terme du système de la prémotion physique est donc l'idée d'une liberté qui, tout en restant *maîtresse d'elle-même*, en ce sens qu'elle ne subit point une contrainte extérieure en opposition avec sa nature, n'en est pas moins *prédestinée* à la réalisation d'une certaine fin, à l'accomplissement d'un certain rôle qui a sa place marquée dans l'ensemble des desseins de Dieu sur l'humanité et sur le développement de la religion.

4. C'est cette idée qui a été reprise par Bossuet et traitée par lui avec toute l'ampleur de son génie.

Bossuet, seul parmi les cartésiens, et précisément parce que le cartésianisme n'est pour lui qu'une *base* sur laquelle doit s'édifier une doctrine plus large, a vraiment une philosophie du monde moral et, par suite, une théorie ordonnée et cohérente

dire que, pour Dieu, le nombre des prédestinés est certain, non seulement formellement, mais matériellement. Il faut observer, en outre, que ce nombre est certain pour Dieu, non seulement sous le rapport de la connaissance, c'est-à-dire parce qu'il sait combien il doit y avoir d'élus, car il connaît de cette manière le nombre des gouttes d'eau qui tombent du ciel et le nombre des grains de sable qui sont dans la mer, mais encore en raison du choix et de la détermination qu'il en a faits. » Plus loin, saint Thomas dit encore : « Pour Dieu, le nombre des prédestinés est certain, non seulement à cause de la connaissance qu'il en a, mais encore parce qu'il l'a lui-même déterminé ». Mais il ajoute : « Il n'en est pas de même du nombre des réprouvés ». C'est dans l'article consacré à ces derniers (Quæst. XXIII, art. III) qu'on trouvera surtout les réserves de saint Thomas en faveur du libre arbitre; celle-ci, par exemple, entre plusieurs autres : « La réprobation de Dieu n'ôte rien à la puissance de celui qui est réprouvé. Ainsi, quand on dit que le réprouvé ne peut obtenir la grâce, on ne doit pas entendre qu'il y a pour lui impossibilité absolue, mais seulement impossibilité conditionnelle. Quand nous avons dit (Quæst. XIX, art. III) qu'il était nécessaire que le prédestiné fût sauvé, nous avons voulu parler d'une nécessité conditionnelle, qui ne détruit pas le libre arbitre. D'où l'on voit que, quoique le réprouvé ne puisse obtenir la grâce, il tombe cependant dans tel ou tel péché que par le fait de son libre arbitre, et c'est pourquoi ses fautes lui sont à juste titre imputables. »

de la Providence. Cette théorie, éparse dans l'ensemble de son œuvre, mais concentrée particulièrement dans le *Discours sur l'histoire universelle*, dans les *Oraisons funèbres* et dans quelques *Sermons*, a pour objet une fin qui se déroule dans l'humanité, et sous la conduite de Dieu, à travers toute la suite des empires. Cette fin, quelle est-elle? On pourrait être tenté ici de se laisser entraîner et d'employer trop tôt quelques formules un peu sonores de la philosophie moderne; de dire, par exemple, avec Herder ou Lessing, avec Hegel ou Bünsen, que c'est « la révélation de Dieu à l'humanité », « le développement de l'idée et du sentiment de Dieu dans la conscience humaine ». Mais Bossuet ne parle pas et ne pouvait pas parler ce langage, qui ne cadrerait point avec l'orthodoxie chrétienne. Il a une autre manière, plus déterminée et plus précise, d'exprimer en langage chrétien un ordre d'idées analogue; il dit : c'est le *discernement des élus.*

Ce discernement est la fin à laquelle se rapportent d'abord tous les mouvements du monde matériel, que le cartésianisme pur n'étudie qu'à un simple point de vue mécanique. Voici, par exemple, ce qu'on lit, à ce sujet, dans le deuxième *Sermon sur la fête de tous les saints* :

« Si les cieux se meuvent de leurs mouvements éternels, si les choses inférieures se maintiennent par leurs agitations si réglées, si la nature fait voir dans les diverses saisons ses propriétés si diverses, ce n'est que pour les élus de Dieu que tous ces ressorts se remuent. »

Ainsi, la nature, considérée dans son ensemble et dans sa finalité, n'est, pour Bossuet, qu'un système de moyens, se rapportant tous à un but unique : *enfanter les élus de Dieu*, faire le discernement des bons et des méchants. Il y a d'abord dans la nature, explique Bossuet, un mélange confus des choses; mais cette confusion disparait graduellement, et c'est la nature elle-même qui la dissipe en opérant, sous l'impulsion d'en haut, la séparation des amis et des ennemis de Dieu. « Dieu a inspiré aux causes créées un amour naturel de ceux à qui il les a destinées; *elles ne font point d'abord de discernement*; c'est à Dieu de commencer et de faire voir ceux qu'il reconnaît pour ses enfants légitimes. Mais, quand il les aura marqués et qu'il aura débrouillé cette confusion qui les mêle, elles se soumettront volontiers à ses enfants et en même temps elles tourneront leur fureur contre ses ennemis; *et tout l'univers combattra avec lui contre les insensés.* » Ainsi, la création du monde matériel n'est pas une simple manifestation de la puissance divine ni un simple spectacle que Dieu se donne à lui-même; elle se rapporte à une fin, et cette fin est la constitution d'un ordre moral et religieux qui se dégage graduellement du conflit des forces de la nature. La suite des faits naturels donne occasion aux élus, c'est-à-dire aux âmes pieuses et justes, de se manifester dans l'épreuve et dans la lutte. Dieu alors les distingue, leur tend les bras, les appelle à lui; et les forces de la nature, éclairées par cette décision divine, lui prêtent leur concours pour préparer le règne de la justice et le triomphe de la religion.

A plus forte raison en est-il ainsi des événements de l'histoire; ils ont aussi pour fin essentielle le discernement des âmes, la manifestation des élus. Bossuet nous dit encore dans le même sermon : « Les peuples ne durent que tant qu'il y a des élus à tirer de leur multitude ». Partout ailleurs, dans les *Oraisons funèbres* comme dans le *Discours sur l'histoire universelle*, il nous montre les destinées des plus grands peuples comme des plus illustres conquérants rapportées par Dieu à l'œuvre suprême du salut des hommes par l'Église. Ce n'est pas l'intérêt des âmes qui est subordonné à l'ordre des événements, mais, au contraire, l'ordre des événements à l'intérêt des âmes; car les événements n'ont pas de valeur par eux-mêmes; ils ne sont que des moyens; les âmes, au contraire, sont des fins et, à ce titre, elles ont, au regard de Dieu, un prix infini. Si donc il est possible d'assurer le salut d'une âme sans modifier la suite des événements, Dieu le fait de préférence. Un songe lui suffit pour ramener à lui l'âme égarée de la princesse palatine. Mais, s'il est nécessaire de faire plus, Dieu n'hésite pas; il va jusqu'à sacrifier un empire pour sauver une seule âme. Ainsi a-t-il fait pour la duchesse d'Orléans : « Pour la donner à l'Église, il a fallu renverser tout un grand royaume. La grandeur de la maison d'où elle est sortie n'était pour elle qu'un engagement plus étroit dans le schisme de ses ancêtres.... Mais, si les lois de l'État s'opposent à son salut éternel, Dieu ébranlera tout l'État pour l'affranchir de ces lois. *Il met les âmes à ce prix.* Il remue le ciel et la terre pour enfanter ses élus; et comme rien ne lui est plus cher que ces enfants de sa dilection éternelle, que ces membres impérissables de son Fils bien-aimé, rien ne lui coûte, pourvu qu'il les sauve. »

Voilà le dessein de Dieu. Mais les âmes qui en sont l'objet y contribuent-elles par leur propre mérite? Et, d'autre part, toutes les âmes peuvent-elles en être l'objet, à la condition de le désirer avec ardeur et d'y contribuer par un libre effort? Sur ces deux points, la doctrine de Bossuet, comme celle de saint Thomas, reste encore inquiétante à beaucoup d'égards. Il admet le mérite des élus, mais dans des conditions telles qu'il semble que ce mérite soit toujours un pur don de Dieu et que la volonté droite qui lui donne naissance consiste surtout dans l'invincible attrait d'un désir et d'un amour imprimés par Dieu lui-même : « Dieu, dit-il, ne s'est pas contenté de faire du bien à ses élus par miséricorde; *il a voulu leur être redevable*, afin de leur donner plus abondamment. Il a voulu leur laisser le contentement de *mériter eux-mêmes* leur bonheur, et a mieux aimé *partager avec eux* la gloire de leur salut et de son dessein dernier que de diminuer la satisfaction de leur âme. » Et, d'un autre côté, l'expression même de *discernement* des élus, la métaphore qui nous les représente comme dégagés par l'action divine d'un *mélange* où ils étaient d'abord confondus ne semblent-elles pas indiquer que leur nombre est fixé d'avance et que, s'il n'est pas vrai de dire, avec Calvin et les jansénistes, qu'il y ait des hommes prédestinés par Dieu à la perdition proprement dite, du moins il n'est pas donné à tous ceux qui le veulent d'entrer dans la cité divine?

5. Malebranche, dans son *Traité de la nature et de la grâce*, a fait un très ingénieux et très subtil effort pour échapper à cette

dernière conclusion et pour introduire dans la théorie philosophique de la Providence la conception moliniste, laquelle consiste à admettre que l'efficacité de la grâce, en tant qu'instrument de salut, ne dépend pas exclusivement d'un choix de Dieu, qui déterminerait infailliblement certaines volontés à se porter vers le bien, mais qu'elle dépend aussi, dans une certaine mesure, du libre consentement de nos volontés, en sorte qu'il est possible à tout homme, pourvu qu'il le veuille énergiquement, de forcer les portes du royaume céleste.

La grande originalité de cet écrit de Malebranche, c'est qu'on y trouve fortement liées l'une à l'autre, dans une conception synthétique, l'idée cartésienne de la *loi* et l'idée thomiste de la *fin*.

Le point de départ, c'est que, dans l'ordre de la grâce comme dans l'ordre de la nature, « Dieu n'agit jamais que par des volontés générales ».

Il y a, par conséquent, une loi générale qui préside à la distribution de la grâce, comme il y en a une, générale aussi, qui préside à la distribution de la pluie. Il serait assurément préférable que la grâce tombât seulement sur des âmes disposées à la recevoir, comme il serait préférable aussi que la pluie tombât uniquement sur des terres fertiles et cultivées, au lieu de se perdre sur des rochers ou dans des sables. Mais il faudrait pour cela que Dieu agît par des volontés particulières, qui introduiraient partout l'exception et le miracle; or, cela serait indigne de sa sagesse et en contradiction avec l'idée même de la Providence

Mais cette loi générale qui préside à la distribution de la grâce est elle-même subordonnée à une fin que Dieu poursuit par la création et par le gouvernement de l'univers et en dehors de laquelle le monde serait indigne de lui.

Or, quelle est cette fin? Elle n'est et ne peut être que lui-même, que sa propre gloire, que la glorification d'une personne divine qui a voulu s'unir à la création et par là lui donner aux yeux de Dieu un prix, une valeur qu'elle n'aurait jamais pu avoir par elle-même.

« Dieu ne pouvant agir que pour sa gloire, et ne pouvant la

trouver qu'en lui-même, n'a pu avoir d'autre dessein dans la création du monde que l'incarnation de Jésus-Christ et l'établissement de son Église. »

« Voici, dit saint Paul, l'ordre des choses. Tout est pour les hommes, les hommes pour Jésus-Christ, et Jésus-Christ pour Dieu. *Sive præsentia, sive futura, omnia vestra sunt, vos autem Christi, Christus autem Dei.* »

Jésus-Christ, Verbe de Dieu, est l'architecte d'un édifice spirituel, d'un temple où Dieu veut être loué et glorifié dans l'Éternité. Les pierres et les colonnes de ce temple, ce sont les élus, disons, si l'on veut, les prédestinés, et l'action divine qui met à leur juste place ces colonnes et ces pierres, c'est l'effusion, la distribution de la grâce. Mais comment se fait le choix des élus et comment s'opère l'effusion de la grâce? Pour s'en rendre compte, il faut comprendre d'abord comment Dieu, à côté de ses volontés générales, peut avoir, dans la personne de Jésus, des désirs particuliers.

C'est ici que la conception de Malebranche se présente avec une merveilleuse originalité.

« Jésus-Christ ayant successivement diverses pensées par rapport aux dispositions dont les âmes en général sont capables, ces diverses pensées sont accompagnées de certains désirs par rapport à la sanctification de ces âmes. Or, ces désirs étant causes occasionnelles de la grâce, elles doivent la répandre sur les personnes en particulier dont les dispositions sont semblables à celle à laquelle l'âme de Jésus pense actuellement, et cette grâce doit être d'autant plus forte et plus abondante que ces désirs de Jésus sont plus grands et plus durables. »

Qu'avons-nous donc à faire pour attirer et pour fixer sur nous la grâce? Rien autre chose qu'à tenir nos âmes dans ces dispositions dont Jésus-Christ lui-même nous a fourni le modèle et qui, dans des conditions que nous ne pouvons prévoir, mais en vue desquelles nous devons toujours nous tenir prêts, permettront à notre action de se rencontrer avec la sienne.

« Comme Jésus-Christ a pour nous une charité immense et

qu'il veut nous sauver tous, autant que le peut permettre la simplicité des lois générales de la nature et de la grâce, il n'a rien oublié pour nous faire entrer dans les voies qui conduisent au ciel. Ce qui s'oppose le plus à l'efficace de la grâce, ce sont les plaisirs sensibles et les sentiments d'orgueil, car il n'y a rien qui corrompe tant l'esprit et qui endurcisse plus le cœur. Or, Jésus-Christ n'a-t-il pas anéanti en sa personne toutes les grandeurs et tous les plaisirs sensibles? Sa vie n'a-t-elle pas été pour nous un exemple continuel d'humilité et de pénitence?

« La charité de Jésus-Christ est immense; et, quoique tous les hommes n'en reçoivent pas les effets, ce serait témérité que d'en vouloir marquer les bornes. Il est mort pour tous les hommes et pour tous ceux qui périssent tous les jours. Que les pécheurs n'entrent-ils dans l'ordre de la grâce, que ne suivent-ils les conseils de Jésus-Christ, que ne se préparent-ils à recevoir la pluie du ciel! Ils ne peuvent la mériter, mais ils peuvent en augmenter l'efficace à leur égard. Ne peuvent-ils pas, par amour-propre ou par crainte de l'enfer, éviter beaucoup d'occasions de pécher, se priver des plaisirs, ôter ainsi quelque empêchement à l'efficace de la grâce et préparer la terre de leur cœur, en sorte qu'elle devienne féconde lorsque Dieu répandra sa pluie selon les lois générales qu'il s'est prescrites?

« Il faut labourer sa terre avant que les ardeurs de la concupiscence l'aient desséchée et endurcie, ou du moins dès que la pluie en a ôté la sécheresse et la dureté; il faut observer avec soin les moments où nos passions nous laissent quelque liberté, afin d'en tirer quelque avantage; il faut défricher autant qu'il est en nous tout ce qui peut offusquer la semence de la Parole. »

Ainsi, notre direction morale et notre salut sont en partie dans nos mains. Malebranche n'avait pas toujours parlé ainsi; c'est lui qui écrivait ailleurs cette pensée, toute semblable à celle que nous avons déjà rencontrée dans Pascal : « Exaucez ma prière *après que vous l'aurez formée en moi* ». Mais, dans ce *Traité de la nature et de la grâce*, qui contient les dernières méditations de sa vie de théologien et de philosophe, il revient à des idées plus modérées; il explique, par un symbole profond, qu'il est toujours en notre pouvoir d'attirer sur nous, dans une certaine mesure, les bienfaits de Dieu; car la grâce suffisante ne nous fait jamais défaut, et elle deviendra efficace toutes les fois que, mettant les dispositions de notre âme en harmonie avec les désirs de Jésus-Christ, nous l'amènerons à couler comme d'elle-même dans les canaux que nous lui aurons ménagés.

Dieu n'a pas fixé à l'avance aussi strictement que le croient les jansénistes, et même les thomistes, quels seront ses élus. Il exerce de préférence ses miséricordes sur ceux qui les désirent et les appellent, et l'abondance de sa grâce est, souvent au moins, déterminée par l'empressement même qu'on met à y répondre : « Il est indifférent à Jésus-Christ d'avoir dans son temple Paul ou Jean, si l'un et l'autre sont semblables à l'idée qui détermine ses désirs, comme il est indifférent à un architecte, qui n'a besoin que d'une pierre carrée ou d'une colonne, d'avoir celle qui est à droite ou celle qui est à gauche, si elles sont semblables en tout. Ainsi, comme le désir de Jésus-Christ répand la grâce qui donne le mouvement aux hommes pour s'approcher de lui et se mettre entre ses mains, ce sont les premiers venus, ce sont les *vigilants* qu'il emploie de préférence à son édifice. »

CHAPITRE IV

LA PROVIDENCE DANS LE PANTHÉISME

1. Courant de la pensée religieuse dirigé vers le panthéisme. — Le panthéisme et les races métaphysiques de l'humanité. — Principales formes du panthéisme.

2. Le panthéisme dans l'Inde et dans la Perse antiques. — Le brahmanisme et le mazdéisme.

3. Les sectes gnostiques. — Conception bizarre de la création dans la théorie de la *Sophia*. — Le panthéisme de la Kabbale. — L'École d'Alexandrie. — L'*émanation* et la *loi de retour*. — Les Alexandrins ne peuvent concevoir le progrès que sous la forme de l'*adhérence* des choses à leur principe.

4. Le panthéisme dans les temps modernes. — Giordano Bruno. — Spinoza. — Jugement de M. Vacherot sur le panthéisme de Spinoza. — En quel sens restreint une morale est possible dans le système de Spinoza.

5. Schelling. — Deux points essentiels par lesquels le panthéisme de Schelling se distingue de celui de Spinoza. — Contradictions de la pensée de Schelling. — L'*Iliade* et l'*Odyssée* de l'histoire. — La théorie de l'*antitype de l'absolu*. — Ébauche d'une explication du progrès par la théorie des deux activités : l'activité *objective* ou *réelle*, l'activité *idéale* ou *subjective*.

6. Hegel. — L'*Idée* hégélienne et les *moments de l'Idée*. — Parallèle entre l'Idée platonicienne et l'Idée hégélienne. — Explication du progrès par les conditions d'un développement de la conscience de l'absolu. — La Providence dans le panthéisme.

1. Si le monde n'est pas coéternel à Dieu et si, d'autre part, on ne peut lui assigner pour origine une manifestation arbitraire

de la pure volonté divine, laquelle aurait été également libre de le produire ou de ne le produire pas, ou bien de lui imposer des lois toutes différentes de celles qui le régissent actuellement, il semble qu'une seule hypothèse se présente encore comme possible : c'est celle qui considère le monde comme fondé en Dieu, non pas dans ce sens général qu'il y aurait dans la pensée et dans la volonté divines une raison supérieure de l'existence des choses, mais bien dans ce sens tout restreint et tout déterminé que le monde est nécessairement contenu soit dans l'essence, soit dans l'activité de Dieu, et qu'il est produit par l'évolution éternelle d'une loi intérieure de cette activité ou de cette essence. Cette hypothèse, c'est le panthéisme.

On a vu plus haut que c'est l'hypothèse particulièrement conforme au génie des races aryennes, qui pourraient être définies les *races métaphysiques* de l'humanité. Elle se distingue, en effet, de toutes les autres en ce que sa base psychologique est plus large. Les conceptions théistes, que nous avons précédemment étudiées, prennent leur point de départ dans une partie supérieure de la nature humaine, dans la raison ou dans la volonté; elles font, par conséquent, de Dieu soit une souveraine raison, soit une volonté absolue; mais elles ne laissent qu'une part minime ou même nulle aux autres éléments de notre être. Le caractère le plus saillant du panthéisme, c'est, au contraire, que l'induction qui lui sert de point de départ embrasse davantage la nature humaine dans toute son ampleur, l'activité humaine dans tout son développement. La raison et la volonté ne sont, en effet, que les points culminants de notre nature; elles n'en sont pas, à vrai dire, l'essence même. Que serait notre raison sans les facultés inférieures qui lui fournissent la matière même sur laquelle elle s'exerce et qui la contiennent en puissance avant qu'elle se développe pleinement et pour elle-même? Et d'autre part, que serait la volonté sans l'inclination, l'instinct, le désir, qui lui fournissent, eux aussi, la matière de ses délibérations et de ses décisions? La volonté, comme la raison, a sa *genèse*; elle est le dernier terme d'un développement, d'une longue évolution; elle est sortie de tout l'organisme moral de l'homme, comme la fleur sort finalement de la tige. Le caractère du panthéisme, c'est de prendre son point d'appui dans l'étude de ce développement tout entier et d'essayer ensuite d'en pénétrer la loi pour la transporter, pour l'appliquer à Dieu.

Seulement, le panthéisme compromet le résultat de ses hautes spéculations par l'erreur capitale qu'il y mêle. On sait quelle est cette erreur; elle lui a été mille fois reprochée et sous mille formes : c'est que, au lieu de chercher simplement la raison métaphysique supérieure de l'évolution de l'univers dans un développement, disons, si l'on veut, dans une évolution de la nature divine qui se ferait en dehors des conditions de l'espace et du temps, le panthéisme identifie d'une manière absolue et substantielle ces deux évolutions; il transporte donc en Dieu la réalité phénoménale avec toutes ses imperfections et toutes ses misères, se réduisant ainsi à l'alternative ou de méconnaître la réalité de ces imperfections et de ces misères ou de souiller l'essence divine par un mélange indigne d'elle.

On a, en effet, signalé bien souvent deux formes essentielles que le panthéisme présente et entre lesquelles il est, pour ainsi dire, condamné à osciller. C'est, d'une part, le *panthéisme réaliste* ou *naturaliste*, qui absorbe Dieu dans le monde et qui confond la vie divine avec la vie de la nature : c'est ainsi que, pour les stoïciens, Dieu finit par n'être plus qu'un feu subtil et éthéré, qui pénètre, qui circule, en quelque sorte, dans les veines du monde et entretient partout la chaleur, la vie et la pensée. Et, d'autre part, c'est le *panthéisme idéaliste*, auquel on a donné quelquefois le nom d'*acosmisme*, parce qu'il absorbe le monde en Dieu et le fait comme évanouir dans le rayonnement de l'essence divine; tel a été, dans une haute antiquité, le panthéisme des Éléates; tel est aussi le panthéisme mêlé de mysticisme de quelques écoles modernes.

A un autre point de vue encore, on distingue des formes diverses du panthéisme, suivant que cette doctrine procède par déduction, par induction, ou par voie d'identité absolue pour déterminer le vrai rapport qui, d'après elle, relie le développement de la nature au développement de Dieu. Ou bien, en effet, les panthéistes considèrent surtout en Dieu l'essence et ne font de l'activité nécessaire de Dieu qu'une manifestation et un complément de son essence; alors, ils regardent le monde comme provenant, par une sorte d'écoulement ou de rayonnement nécessaire, de la plénitude et de la surabondance divines. Ou bien, au contraire, ils pensent que Dieu est, par-dessus tout, activité et que son essence n'est autre chose que le terme et l'achèvement de cette activité; et alors, ils sont amenés à croire que le monde est constitué par l'ensemble des conditions nécessaires que l'absolu pose et réalise successivement en lui-même pour parvenir à la perfection de son essence; en d'autres termes, ils enveloppent le monde dans le mouvement éternel de la nature divine. La première de ces deux conceptions générales constitue le système de l'émanation et la seconde le système de l'évolution; entre l'une et l'autre on peut placer le système de l'identité.

Un rapide coup d'œil jeté sur ces divers systèmes va nous permettre de recueillir encore quelques éléments essentiels susceptibles d'entrer dans une solution possible du problème métaphysique par excellence.

2. Les religions des deux races, hindoue et iranienne, qu'on peut considérer comme les premiers rameaux détachés du tronc aryen, le brahmanisme et le mazdéisme, nous présentent déjà un fonds panthéistique. Le brahmanisme est né d'une transformation profonde ou plutôt d'une organisation savante du naturalisme primitif des Hindous, tel que nous le trouvons dans les *Védas*. D'après cette religion primitive, le feu, adoré sous le nom d'Agni, est le principe universel de la chaleur, de la vie et de la pensée; les autres divinités sont les personnifications des forces de la nature, les personnages du grand drame qui se joue dans l'univers, lorsque les vaches célestes sont enlevées par les Maruts et qu'Indra, lançant sa foudre des régions sereines de l'air supérieur, les délivre et répand leur lait sur la terre. C'est seulement en germe que le panthéisme est contenu dans ces

naïves représentations; mais, bientôt, du sein de ces divinités surgit graduellement Brahma, le principe éternel et absolu du sein duquel toutes choses sont sorties et dans le sein duquel toutes choses doivent rentrer; car

« Le premier et le dernier échelon de l'être lui appartiennent. »

Un récit de la création contenu dans un des hymnes du *Rig-Véda* nous apprend qu'à l'origine des choses Brahma, « seul dans l'univers, respirait sans respirer, absorbé dans la Svadha, dans sa propre pensée ». Alors, du sein de son existence absolue, il éprouva le désir d'engendrer, « d'être plusieurs », c'est-à-dire de réaliser dans l'unité de son être la multiplicité des puissances qui y reposaient. « L'être, dit le texte sacré, reposait dans le vide qui le portait, et l'univers fut enfin produit *par la force de sa dévotion.* »

Cette « dévotion » de Brahma, présentée par de savants indianistes comme l'énergie de son désir, comme l'effort de sa réflexion, comme l'intensité de son absorption en lui-même et de sa contemplation intérieure, est le principe d'une *émanation*, par laquelle les êtres sortent du sein de l'absolu et s'en détachent, de même que les rayons se détachent du soleil. Mais l'énergie productive du désir ne reste point enfermée dans Brahma; de lui, elle passe aux êtres, issus de sa substance; cette première semence est la source de toutes les autres. Le désir fait passer sa puissance de Dieu à la lumière, de la lumière aux eaux, des eaux à la terre. Une seule et unique activité revêt tour à tour les formes les plus différentes, se retrouvant en toutes identique à elle-même. Les autres dieux, qui, dans le développement de la pensée hindoue, se groupent autour de Brahma, font, de même, sous l'influence du désir, passer leur énergie à travers les manifestations les plus variées de l'existence. Vishnou, particulièrement, remplit le monde de ses *incarnations*. Les âmes humaines, à leur tour, traversent, sous la loi de la métempsycose, toutes les formes et tous les degrés de la vie.

Mais, si tout émane de la pensée, tout aussi y retourne. « La

Svadha de l'être, dit encore le texte du *Rig-Véda*, survivra à tout, comme elle a tout précédé. » Ce qui semble vouloir dire que la pensée est la fin de l'univers comme elle en est le principe et que le but des choses est la perfection de la pensée. D'après quelques fragments de la doctrine du Védanta, Brahma est la conscience et, par suite, chacun de nous porte en lui-même Brahma et peut l'atteindre par l'effort de la conscience de soi. Le désir de Brahma passe dans les créatures, mais il a pour fin le repos dans la conscience absolue. Le but des émanations, des incarnations, des métempsycoses, c'est l'extinction du désir par sa satisfaction, c'est l'absorption définitive au sein de l'être.

— Une conception très semblable, mais d'une plus haute portée morale, se retrouve dans le mazdéisme. L'être primitif, l'espace sans bornes, Zervane Akérène, laisse échapper de la plénitude de son essence la multiplicité des êtres. Mais, ici, l'émanation n'est plus conçue de la même manière que dans le brahmanisme. La loi de l'essence divine, chez les Hindous, c'est de traverser les formes infiniment variées de l'existence et de les absorber ensuite dans son sein pour reprendre possession d'elle-même dans l'achèvement de sa pensée consciente. Chez les Iraniens, au contraire, la loi de Dieu, c'est de produire ces mêmes formes de l'existence sous la raison de la dualité et du contraste, de *proférer* ainsi hors de son sein tout à la fois l'être et le non-être, le bien et le mal, l'existence positive et l'existence négative, et de retrouver ensuite la plénitude de son essence par la victoire du bien sur le mal, de la lumière sur les ténèbres.

La pensée métaphysique qui se cache sous la mythologie, ou plutôt, comme nous avons eu précédemment occasion de le dire, sous la théologie compliquée du mazdéisme, c'est évidemment que la création a son origine dans un *déchirement* de l'unité primitive, dans un *affaiblissement* de l'essence divine, causé lui-même par la nécessité qui s'impose à Dieu de déployer toute l'étendue de son essence par la loi du rayonnement et de l'émanation; mais c'est aussi, en même temps, que l'unité primitive persiste d'une certaine manière sous cette scission et qu'elle doit se reconstituer finalement par la *loi du retour*, par le triomphe nécessaire du bien sur le mal. L'absolu ne peut développer sa nature sans que, d'abord, la contradiction et la lutte éclatent entre ses éléments. Chacune de ses manifestations est nécessairement finie, et l'acte positif qui lui donne naissance trouve fatalement sa limitation dans un acte négatif qui en est inséparable. Ainsi la production d'Ormuzd, qui est à la fois l'être, la lumière et le bien, trouve sa contre-partie dans la production corrélative d'Ahriman, en qui sont personnifiés à la fois le non-être, les ténèbres et le mal. Ormuzd déploie, à son tour, le contenu de son essence par la production de son Verbe et de ses Idées, Honover et les Férouers, puis des puissances du bien, Amschaspands et Izeds, auxquels Ahriman oppose la production de la matière et des puissances du mal, Devs et Darvands. Ainsi la nécessité se mêle à la liberté dans l'acte créateur, et elle lui oppose une continuelle limitation. Ahriman, d'après cela, n'est pas, à proprement parler, un principe du mal qui existerait par lui-même, et d'une manière tout à fait indépendante, en face du principe du bien; il semble avoir plutôt son origine dans une sorte de *limitation intérieure* du bien par le bien lui-même, dans un *doute* qu'Ormuzd conçoit sur lui-même et sur sa propre puissance; mais, produit par une négation du bien, il doit disparaître et s'évanouir devant une affirmation nouvelle de ce même bien. Le mal, d'après la doctrine de Zoroastre, est nécessaire, mais il est provisoire. Les livres saints des Parsis nous enseignent qu'à la fin des temps Ahriman reconnaîtra la supériorité d'Ormuzd et que, récitant des prières, offrant des sacrifices, il établira jusque dans la demeure des Darvands la loi du Dieu suprême.

3. Nous dépasserions les limites dans lesquelles il convient de nous restreindre, si nous voulions étudier l'influence que cette belle doctrine à la fois métaphysique et morale a exercée sur tout l'Orient. Elle constitue l'élément aryen qui, à partir de la captivité de Babylone, se mêle au développement du judaïsme et qui entrera à si larges doses dans la constitution du dogme chrétien. Il suffira de noter ici quelques traits essentiels communs à

toutes les doctrines, d'ailleurs très diverses, qui en sont sorties pendant plusieurs siècles.

Ces traits essentiels sont les suivants : d'abord, l'affirmation qu'il y a en Dieu un développement, c'est-à-dire que l'unité divine n'est pas stérile ou, tout au plus, accidentellement créatrice, mais qu'elle est infiniment et éternellement féconde; ensuite, que ce développement à l'infini ne détruit pas, n'appauvrit pas la nature de Dieu (car, à partir d'une certaine limite, ce qu'il produit ne fait plus partie de l'essence même de la Divinité) ; enfin, que Dieu n'est que très indirectement le principe du mal, tandis que tout l'honneur du bien qui se fait dans le monde revient, au contraire, à lui et à lui seul.

L'idée d'un développement divin, se partageant lui-même en deux degrés, reparaît dans toutes les conceptions qui résultent plus ou moins directement de l'influence des doctrines iraniennes. Ainsi, elle joue un grand rôle dans la Kabbale juive ; elle y produit le système des Séphiroths, où l'on voit une tendance à séparer les manifestations divines par lesquelles Dieu reste enfermé en lui-même de celles par lesquelles il construit l'univers. Parmi les dix Séphiroths, il y en a trois (les trois premières), la Couronne, la Sagesse, l'Intelligence, qui doivent être considérées comme le développement intérieur de Dieu, tandis que les sept autres ne se rapportent plus qu'à la génération extérieure des choses.

De même dans les doctrines alexandrines, où il faut distinguer nettement deux formes, deux degrés du rayonnement de l'essence de Dieu : d'abord, la *procession en Dieu même*, la trinité de l'Un, de l'Intelligence et de l'Ame, constituant la plénitude de la nature divine, le Plérôme divin; ensuite, la *procession dans le monde*, qui se fait par le détachement, par la descente des âmes, par la génération des substances corporelles, jusqu'à ce que l'expansion de l'essence absolue finisse par s'arrêter, par se perdre, en quelque sorte, aux dernières limites de sa fécondité, dans l'indétermination de la pure matière.

Enfin, chez les sectes gnostiques, cette idée du développement divin perd toute rationalité, en perdant toute mesure. Au lieu de limiter à un certain nombre les manifestations de la fécondité divine, les gnostiques, s'abandonnant à toute l'intempérance du génie oriental, altèrent la nature de Dieu par la multiplicité, par l'incohérence des manifestations de toutes sortes qu'ils en font sortir et dont ils racontent, avec une sorte de verve métaphysique, les bizarres enfantements. Aussi faut-il entendre Tertullien railler avec une verve inépuisable et une éloquence indignée ces rêveries grotesques d'une fantaisie exubérante et trop souvent monstrueuse : « C'est chose merveilleuse, s'écrie-t-il, que de voir combien d'élévations sur élévations, de sublimités sur sublimités, ces hérétiques ont suspendues, entassées, étendues, pour former l'habitation de chacun de leurs Dieux »; générations infinies d'Éons, de Principautés, de Puissances, mêlées à des descriptions d'embrassements impudiques, d'unions exécrables, hideuses, révoltantes. « Ovide, s'écrie-t-il encore, eût effacé toutes ses *métamorphoses*, s'il eût connu toutes les transformations bien autrement merveilleuses qu'on imagine de nos jours. »

Il convient cependant de remarquer que, parmi ces bizarreries, quelques-unes ont pour but de maintenir la pureté de l'essence divine en face des désordres et des maux qui remplissent la nature. Comme la nécessité de la création était presque toujours conçue, dans les anciennes doctrines de l'Orient, sous la forme d'une *chute*, les gnostiques évitaient autant que possible d'attribuer cette chute à Dieu lui-même. Voilà pourquoi ils faisaient créer le monde non pas directement par Dieu, mais par une des puissances émanées de lui, par la *Sophia* ou par le *Démiurge*. Encore croyaient-ils bon de ne rattacher la production des choses qu'à une erreur de cette puissance, à une aberration de son activité. De là toutes les extravagances contenues, par exemple, dans leur mythe de la Sophia, qu'ils nous représentent aspirant à connaître Dieu, s'élançant vers lui d'un élan irréfléchi, mais manquant de force pour atteindre ce qui est en soi inaccessible, de sorte qu'elle retombe lourdement et ne réussit à s'arrêter dans sa chute qu'en enfantant la matière, qui, seule, l'empêche de se perdre dans le néant, dans le vide infini. — Fondé sur une conception très superficielle de la nature et de l'âme, le panthéisme des anciens ne pouvait aboutir à de grands résultats ni sur le problème de la création ni sur celui de la providence, ni sur l'origine première des choses ni sur la loi interne de leur développement et de leur progrès. Ainsi, par exemple, dans sa forme la plus savante, qui est la doctrine des Alexandrins, voici où s'arrête l'effort métaphysique de ce système pour comprendre à la fois l'expansion de Dieu et la production des choses : c'est que « l'*Un*, étant *le premier*, ne peut pas être en même temps *le dernier* ». Si l'Unité restait enfermée en elle-même, si elle n'était pas l'unité d'une multiplicité, elle ne serait qu'une froide et sèche monade, non une unité vivante et féconde; ou plutôt elle ne serait même pas l'Unité; elle perdrait sa propre essence. Il faut donc, en vertu d'une nécessité toute mathématique, que l'Unité s'épanche, se déploie par l'Intelligence et par l'Ame; il faut qu'elle procède dans ses *hypostases*, c'est-à-dire dans ses états, dans ses déterminations secondaires. Mais, d'autre part, quand les Alexandrins croient avoir constitué ainsi la totalité de l'essence divine, cette totalité reste toujours pour eux l'*Etre premier*; et alors, en vertu de la loi fondamentale de leur système, ils sont obligés de répéter encore : Dieu, étant le premier, ne peut être en même temps le dernier; par suite, ils le conçoivent comme devant nécessairement produire hors de lui, par une émanation semblable à celle qui donne naissance aux rayons solaires, d'autres êtres moins parfaits, lesquels occuperont les degrés infinis de l'existence entre la détermination absolue, qui est Dieu, et l'absolue indétermination, qui est la matière.

Leur conception de la providence reste tout aussi générale, tout aussi vague. Elle se réduit à la loi de la *conversion* et du *retour*. Il faut que les choses se rattachent à leur source; il faut qu'elles remontent à leur origine. Mais cette conversion est-elle vraiment un acte, et nous fournit-elle une explication suffisante de la vie et du progrès des choses? Nullement. En pénétrant dans les profondeurs du système métaphysique des Alexandrins, on découvre qu'elle n'est, en dernière analyse, que stabilité, permanence, repos, *adhérence*. L'Unité du bien, avons-nous vu tout à l'heure, procède dans l'Intelligence et dans la multiplicité des Idées; mais comment le fait-elle? Elle le fait, non en sortant d'elle-même par une action extérieure, mais, au contraire, en se repliant sur elle-même : « C'est en demeurant, dit Plotin, que Dieu engendre ». D'autre part, l'Intelligence, à son tour, ne procède dans l'Ame que par l'énergie même de l'effet qui la retient attachée à elle-même; plus est grande sa concentration intérieure, plus est grande aussi sa fécondité. C'est dire, en d'autres termes, que les choses sont ramenées à Dieu par l'acte même qui les produit, ou encore, que l'action de Dieu sur le monde se réduit à une vibration rythmique, qui fait rentrer les êtres dans leur principe par l'effort même qui les détache.

4. La conception du panthéisme moderne est plus profonde, parce qu'elle se relie davantage au principe psychologique sur lequel repose le système tout entier. Toutefois, ce principe psychologique ne se dégage que par degrés et il n'apparaît pleinement que dans Schelling et Hegel. Nous nous contenterons de signaler rapidement les principales phases que cette grande doctrine a traversées depuis le XVIe siècle.

Dans Giordano Bruno, la conception panthéistique est surtout déterminée par le sentiment nouveau de la grandeur et de la beauté de la nature. Au XVIe siècle, l'astronomie commence à se rendre compte de l'immensité de l'univers; elle a brisé les cieux de cristal dans lesquels Ptolémée enfermait la création; Tycho-Brahé, tout en maintenant provisoirement la terre au centre du monde, fait déjà tourner les planètes autour du soleil, et Copernic va bientôt révéler la vraie place que notre globe occupe dans l'espace infini. Mais, dès à présent, on sait que la terre n'est qu'une faible partie du système des choses. L'idée moderne de l'infini, si différente de celle des anciens, pénètre les esprits et les passionne. Dès lors, la tentation est grande d'identifier avec l'infinité de Dieu cette infinité nouvellement révélée du monde. Giordano Bruno opère cette identification. En même temps, le sentiment de la vie universelle le remplit d'une sorte d'ivresse; Dieu devient pour lui l'âme des âmes aussi bien que l'être des êtres, et l'auteur du traité *Dell' Infinito, universo e mondi* le conçoit comme la source inépuisable d'où toute vie émane, où toute vie retourne.

Par ces différents traits, on le voit, le panthéisme de Giordano Bruno n'est encore qu'une brillante renaissance du pythagorisme et du stoïcisme. C'est avec Spinoza que commence le vrai développement du panthéisme dans les temps modernes, c'est-à-dire de la conception qui, contenue en germe dans Descartes, doit aboutir logiquement à Hegel.

En effet, du moment que Descartes avait placé en face l'une de l'autre la substance étendue et la substance pensante, sans marquer aucun lien de subordination entre elles, sinon par cette affirmation un peu vague que « l'âme est plus aisée à connaître que le corps », il était, pour ainsi dire, nécessaire que le réveil de l'esprit panthéistique transformât cette doctrine en une conception de la substance universelle, qui doit se développer non pas seulement par les deux attributs auxquels notre nature participe, mais par des attributs en nombre infini. Aussi est-ce là l'idée vraiment personnelle de Spinoza; mais, ne pouvant, puisque toute donnée expérimentale lui faisait défaut, développer son système sur cette large base, il fit du moins de Dieu l'identité substantielle de l'Étendue et de la Pensée, avec cette réserve qu'il est en même temps l'identité substantielle de toutes ces formes infinies de l'être que notre connaissance ne peut atteindre, quoique notre raison les affirme *a priori*. Sur un autre point encore, la pensée de Descartes liait, en quelque sorte, la pensée de Spinoza et lui interdisait de se développer dans le sens où les conceptions panthéistiques de l'Allemagne lui chercheront plus tard un complément naturel et logique. Descartes, sans rejeter absolument l'idée de la finalité, l'éliminait cependant du domaine des sciences de la nature. C'était nier implicitement qu'il y eût dans la nature une subordination rationnelle des forces et des êtres, un ordre de développement logique, une loi d'évolution nécessaire. Aussi Spinoza se contente-t-il de faire sortir de la plénitude de la substance l'infinité des modes de l'étendue et des modes de la pensée, sans établir entre ces modes aucun lien de dépendance mutuelle : ni loi de dissémination et de décadence, comme dans le système antique de l'émanation, ni loi de cohésion et de progrès, comme dans le système futur de l'évolution. Ainsi, tous les modes sortent pêle-mêle du sein de l'éternelle substance; Dieu est également la source de toutes les formes du mal et de toutes les formes du bien; par suite, la morale ne tiendrait aucune place dans le système de Spinoza, s'il n'avait trouvé un moyen de l'y faire rentrer indirectement par une sorte de liberté qu'il reconnaît aux êtres raisonnables de confondre leur pensée et leur volonté avec la volonté et la pensée divines, en contractant l'habitude de voir les choses sous la forme de la nécessité et de l'éternité. Mais, quelle que soit la valeur de cette réserve, il n'en reste pas moins vrai que, dans le système de Spinoza, toutes choses, étant également nécessaires, sont également divines; et de là il résulte finalement (c'est ce que M. Vacherot appelle le crime du spinozisme) que Spinoza n'établit aucune distinction entre le fait et le droit, entre le réel et l'idéal; en d'autres termes, « qu'il justifie tout, qu'il amnistie tout ».

5. Sur ce double point, la doctrine de Schelling, comparée à celle de Spinoza, va réaliser le plus sérieux progrès. D'abord, Schelling, tout en se maintenant, d'une certaine manière, au point de vue de l'identité, subordonne néanmoins l'objet au sujet, la matière à la pensée, le monde physique au monde moral, la sphère de l'activité inconsciente à celle de l'activité raisonnée et réfléchie. Mais, ce qui est bien plus essentiel encore, il subordonne les unes aux autres les formes de l'être, les manifestations de la pensée. Il croit, en un mot, au progrès, soit dans la nature, soit dans l'histoire.

Il est vrai que cette loi de développement est exposée, dans l'ensemble des ouvrages de Schelling, sous les formes les plus disparates et quelquefois les plus étranges. Dans tel de ses derniers écrits, il n'admet la loi de progrès que comme contre-partie d'une loi initiale de décadence. La nature et l'humanité ne reviennent vers Dieu qu'après s'en être d'abord éloignées. L'histoire, par exemple, apparaît à Schelling, dans cette phase de sa pensée, comme une épopée qui se compose de deux parties : « La première représente le départ de l'humanité de son centre jusqu'au moment de son plus grand éloignement de Dieu; la seconde est le récit de son retour. La première est, en quelque sorte, l'*Iliade* de l'histoire, la seconde en est l'*Odyssée*. » Ailleurs, dans une bizarre théorie, celle de l'*antitype de l'absolu*, il en revient aux rêveries gnostiques pour expliquer la création du monde par une défaillance, par une chute, dont l'absolu lui-même ne doit pas être rendu responsable. L'antitype de l'absolu y est présenté comme ayant d'abord, au sein de l'absolu lui-même, une sorte de liberté d'indifférence, en vertu de laquelle il lui était également possible soit de rester éternellement uni au véritable absolu et de demeurer dans son sein avec le système entier des Idées, soit, au contraire, de s'en détacher et de s'éparpiller à l'infini dans l'existence phénoménale, en donnant naissance à la multiplicité des âmes et des corps. Ainsi le monde n'existe pas, comme Schelling semblait cependant l'avoir entendu dans d'autres parties de son système, par un acte de l'absolu, par la sainte nécessité du développement de la conscience de Dieu, mais plutôt par un acte qui se produit en dehors de l'assentiment et de la volonté de l'absolu et qui amène en lui une douloureuse scission; le principe de cet acte, c'est le désir, le fatal désir *d'être pour soi*; ce désir naît tout à coup « chez l'être qui reposait heureux au sein de l'absolu » et le condamne à traverser, avec toute la série des déterminations de la conscience, le cycle infini des erreurs et des fautes.

Sans insister plus longtemps sur cette théorie de la création (théorie dans laquelle nous retenons cependant un point : c'est que l'acte de la création doit être considéré comme lié à une sorte de projection hors de Dieu du système des Idées, au sein desquelles il choisit et dispose l'ordre futur du monde), rappelons simplement que, dans la partie essentielle de son système, Schelling conçoit le progrès des choses, le gouvernement providentiel de l'univers, sous la forme d'un conflit qui se produit au sein de l'absolu entre deux activités coexistantes en lui, à savoir une *activité réelle* et une *activité idéale*. Il importe d'insister un moment sur ce point; d'abord, parce que c'est par là surtout que le panthéisme de Schelling se distingue de celui de Spinoza; ensuite, parce que nous retrouverons un peu plus loin l'idée de ce conflit dans notre analyse de la conscience et dans les inductions que nous aurons à fonder sur cette analyse pour rattacher la création et la providence à l'acte éternel de la conscience en Dieu. D'après Schelling, le *moi*, dans son expansion nécessaire, tend à produire l'infini; par conséquent, son premier mouvement le porte vers le dehors, et, s'il ne se produisait en lui que ce premier mouvement, la conscience n'existerait pas. Il n'y aurait qu'un développement objectif de l'être, non un développement intérieur et subjectif. Dès lors, la conception de Spinoza représenterait la vérité entière et le développement de l'esprit se confondrait absolument avec celui de la nature. Mais les choses ne se passent pas ainsi. Il y a, au contraire, dans le *moi* (et c'est ce qui le distingue de la substance) un second mouvement, opposé au premier, par lequel son activité se replie sur elle-même et se saisit d'une manière intuitive. C'est ce second mouvement qui produit la conscience et avec elle toute la suite du développement subjectif. Le *moi*, loin d'être, comme la substance de Spinoza, une unité indivisible et absolue, est dans un continuel antagonisme avec lui-même; disons plus : il est précisément, essentiellement, cet antagonisme. Il contient en lui deux activités, dont l'une tend vers l'infini et peut être appelée *objective* ou *réelle*, parce que, livrée à elle-même, elle ne produirait que la réalité objective (et, n'ayant en soi aucune mesure, la produirait d'une manière indéterminée); tandis que l'autre arrête continuellement la première, en l'enfermant, par l'intuition, dans une forme déterminée, et doit être, à cause de cela, appelée *idéale* ou *subjective*. C'est, d'après Schelling, l'antagonisme de ces deux activités au sein du *moi* absolu qui produit, à travers le temps, toute la série progressive des êtres et des choses dans le monde physique et dans le monde moral.

6. Il nous reste à retrouver brièvement dans Hegel la même idée sous une forme plus arrêtée et plus systématique. Elle reste encore indécise et nuageuse dans la philosophie de Schelling; Hegel la détache en pleine lumière. Pour lui, l'évolution de la conscience n'est pas seulement la forme sous laquelle se produit le progrès de la nature et le progrès de l'esprit; c'est encore le principe même et le principe unique de ce double progrès. Les choses n'existent qu'en tant qu'elles sont posées chacune à sa juste place et enveloppées toutes ensemble dans le processus de l'Idée, dans l'éternelle dialectique par laquelle l'absolu prend conscience de lui-même.

Par ce perfectionnement apporté à la conception de Schelling, Hegel a élevé le panthéisme à sa forme achevée et absolument définitive. En effet, le panthéisme consiste dans une identification complète des choses avec l'essence de Dieu. Or, pour que cette identification soit vraiment complète, il ne faut pas seulement que les choses émanent de l'absolu, comme dans la conception des Alexandrins; car, du moment qu'elles en émanent, elles en déchoient et, par conséquent, elles sont semblables à Dieu plutôt qu'elles ne sont Dieu lui-même. Mais, d'autre part, il ne suffit pas non plus que, comme dans le panthéisme de l'identité, elles en expriment simplement les divers aspects, les puissances, les attributs; car, alors, leur multiplicité reste toujours inférieure à l'unité, et elle lui reste, également, extérieure; elle en est toujours, d'une certaine manière, le prolongement, le rayonnement, par suite la diminution. Si Dieu est considéré *comme une essence*, et le monde comme quelque chose qui émane de cette essence ou qui l'exprime, tous les efforts qu'on peut faire pour établir une parfaite égalité, une véritable consubstantialité entre le monde et Dieu restent vains. Mais il n'en est plus de même du moment que l'absolu est considéré *comme un acte*, et que l'essence, au lieu de précéder cet acte et de se manifester par lui, en résulte au contraire. Les choses ne sont plus alors, à aucun degré, distinctes de l'absolu; elles sont enfermées dans son acte, dont elles constituent les éléments essentiels et intégrants; et c'est ce que Hegel exprime quand il fait de toutes les manifestations de la nature et de l'esprit des *moments de l'Idée*.

Cette théorie des « moments de l'Idée », que nous avons déjà rencontrée et retrouverons encore, donne une merveilleuse unité à l'explication du progrès dans l'idéalisme hégélien. Chez Platon, les Idées sont un principe de cohésion et d'harmonie, mais non de progrès; car, si l'Idée du bien domine les autres idées et les pénètre, elle ne circule point en elles; à plus forte raison ne circule-t-elle point dans les choses; il faut que le Démiurge, les yeux fixés sur elle, façonne le monde à sa ressemblance. Au contraire, l'Idée hégélienne, cause efficiente aussi bien que cause finale, pénètre toutes choses, celles mêmes qui paraissent les plus éloignées de son essence, les plus rebelles à son action, et les rapporte toutes, dans un ordre rationnel et logique, à une finalité commune. Ce ne sont pas seulement les phénomènes de la nature et les événements historiques qui se conforment à elle; ce sont encore les faits sociaux, les faits économiques, les choses qui semblent n'avoir leur principe que dans le conflit accidentel des intérêts et des passions des hommes. L'Idée circule à travers tout cela; elle organise cette matière diffuse de la vie sociale, de l'activité économique, commerciale, industrielle, qui semble, au premier abord, livrée à la seule action du hasard. « Qui croirait, dit un commentateur de Hegel, que la puissance moderne du capital et du crédit, les conceptions de Law, la secousse imprimée aux esprits par le déplacement et la mobilisation de la richesse, qui croirait que toutes ces choses puissent à aucun titre relever de l'Idée? Lisez l'histoire de la conquête des Indes par une compagnie de marchands, les cruautés d'un lord Clive, les exactions d'un Warren Hastings; qui croirait que l'Idée circule au milieu de ces événements en apparence accidentels, et qu'à travers cette satisfaction d'appétits brutaux, ce déchaînement de violences, elle travaille silencieusement à son œuvre éternelle? » Rien, cependant, n'est plus vrai. Tout cela doit être; tout cela doit venir à son heure. L'idée est l'ouvrière silencieuse du progrès, parce qu'à travers le pêle-mêle des choses humaines elle se nie continuellement elle-même dans ses formes inférieures pour s'affirmer dans des formes de plus en plus élevées et parfaites. Ainsi, elle ne se communique pas, comme l'Idée platonicienne du bien, à d'autres idées, qui seraient en dehors d'elle; mais plutôt elle les contient en elle-même, comme des degrés qu'elle atteint et qu'elle dépasse tour à tour. Et à travers tout ce mouvement, *Dieu se fait*; il se fait sous la loi de la succession, de la division et du temps, condamné à *se conquérir* lui-même par un perpétuel effort, au lieu de *se posséder* éternellement, comme le Dieu d'Aristote, ou comme le Dieu du christianisme.

CHAPITRE V

LA CRÉATION ET LA PROVIDENCE DANS LA MÉTAPHYSIQUE CHRÉTIENNE

1. Différence capitale entre la dernière conclusion du panthéisme et la conception chrétienne. — Hegel enveloppe le progrès du monde dans le mouvement de la conscience divine; la métaphysique chrétienne l'en sépare profondément. — Comment dans la pensée chrétienne s'unissent l'idée aryenne de l'évolution et l'idée sémitique de la création. — Théorie du *Verbe engendré* et du *Verbe proféré*.

2. Rôle du Verbe et rôle de l'Esprit dans la création. — Dieu crée *dans* le Fils et *par* l'Esprit. — Le Verbe, lieu des Idées. — La Sagesse, conseillère de Dieu. — Passage du livre des *Proverbes*. — L'Esprit, considéré comme le souffle de Dieu, l'énergie divine présidant au progrès des choses. — Rôle du Verbe et rôle de l'Esprit dans l'édification de l'Église et dans la conduite providentielle du monde.

1. Le panthéisme, au terme de son développement, croit trouver l'explication de l'univers dans l'évolution d'une conscience absolue, qui crée les choses en se créant elle-même et qui pose comme autant de conditions nécessaires de son propre achèvement tous les degrés de l'être, soit dans le monde physique, soit dans le monde moral. Par suite, il continue à ne pas séparer la substance du monde de la substance de Dieu, et quels que puissent être les amendements successifs qui lui ont permis d'atténuer progressivement cette erreur capitale de sa con-

ception première, il laisse toujours la succession, le morcellement, l'imperfection et le mal pénétrer, s'établir au sein de l'essence divine. Nous devons donc chercher, plus haut encore, une conception tout à fait épurée, d'après laquelle Dieu et le développement de la conscience en Dieu apparaissent comme la *raison* des choses, sans en être le *substratum*.

Cette conception supérieure, elle est dans la métaphysique chrétienne, dont nous allons résumer brièvement les points les plus essentiels, en nous plaçant non au point de vue théologique (qui n'est ni de notre sujet ni de notre compétence), mais exclusivement au point de vue historique et philosophique, de manière à ne voir en elle qu'une sorte de fusion entre la pensée religieuse des grandes races sémitiques et la pensée religieuse des grandes races aryennes; en d'autres termes, une conciliation entre l'idée aryenne d'une évolution de la nature divine et l'idée sémitique de la création.

Le dogme, le mystère chrétien de la Trinité, réduit à son sens philosophique, peut se résumer ainsi : Dieu est *un*; Dieu n'est pas *seul*. L'essence divine est constituée par une *vie intérieure*, au sein de laquelle la raison des choses, de leur ordre et de leur développement, est posée comme dans un éternel et immuable Conseil.

Certes, la part de mystère qui est dans la doctrine doit nous rester à jamais inconnaissable. Quels que soient nos efforts spéculatifs pour pénétrer dans l'essence de Dieu en partant de notre propre nature et, plus particulièrement, de notre propre conscience, nous ne réussissons pas à concevoir, par le seul usage de notre raison, comment les divers aspects, les divers *moments* de la conscience en Dieu peuvent arriver à constituer des *personnes*. Tout terme de comparaison, soit au dehors de nous, soit en nous-mêmes, nous fait défaut pour établir sur des bases purement logiques une telle induction. Mais, ces réserves faites en ce qui concerne l'*Inaccessible*, la doctrine elle-même peut être considérée, humainement parlant, comme l'effort spéculatif le plus puissant qui ait jamais été fait pour concevoir comment les choses viennent de Dieu et se rapportent à Dieu, sans être Dieu lui-même.

— En effet, le principe sur lequel cette doctrine repose, c'est que Dieu n'est pas une unité solitaire, abstraite et froide, incapable de sortir d'elle-même sans s'altérer et déchoir. Seul, un rationalisme étroit peut se contenter d'une conception si pauvre et si nue. Considérer simplement Dieu comme l'être pur, comme l'*être en soi*, c'est oublier que, si l'existence de Dieu était purement objective, ce serait absolument comme si Dieu n'était pas. Il existerait alors *pour d'autres*, non pas *pour lui-même*; et cette existence qui ne se posséderait point n'aurait pas plus de valeur que la non-existence; elle serait, suivant la célèbre expression hégélienne, « identique au non-être ». Dieu doit donc se posséder lui-même; il doit être un *moi*, une *personne*. Mais quelle erreur n'est-ce pas que de se figurer la personnalité comme une simple qualité, comme un simple attribut, qu'on met dans une substance et qui y reste, en quelque sorte, immobile! La personnalité n'est pas un *mode*, une *manière d'être*; c'est un *acte*, et un acte qui enveloppe tous les autres. Pour être une personne, il faut sortir de soi-même et rentrer en soi-même. L'existence personnelle est une scission dans l'unité d'une substance et le retour à l'unité dans cette même substance. Dieu n'existe véritablement que s'il est non seulement *en soi*, mais encore et surtout *pour soi*. La métaphysique chrétienne exprime cela, non plus, comme le panthéisme, en faisant sortir Dieu de lui-même pour le perdre, pour l'égarer dans la matière, dans la nature, où il ne se retrouve qu'au terme de l'évolution des choses, après avoir rassemblé les uns après les autres ses éléments éparpillés, ses *membra disjecta*, mais bien en concevant que, sous la forme d'un éternel et indivisible présent, Dieu s'oppose à lui-même dans sa Pensée, dans son Verbe, et qu'il se retrouve identique à lui-même dans l'indéfectible Amour qui unit en lui la Substance à la Pensée et la Pensée à la Substance.

Ainsi l'unité de Dieu est l'unité non pas d'une multiplicité indéfinie, mais d'une pluralité restreinte, dont nous trouvons une certaine image dans la famille, où *la vie avec d'autres et pour d'autres* est en même temps la plénitude et l'achèvement de *la vie pour soi.* « La vie avec d'autres, dit Feuerbach, s'imaginant à tort trouver dans cette observation un argument contre le christianisme, est seule une vie véritable, satisfaite en soi, une vie divine. Cette simple pensée, cette vérité naturelle, innée dans l'homme, fait tout le secret du mystère de la Trinité. »

C'est bien là, en effet, l'idée chrétienne : à savoir qu'il y a en Dieu une vie intérieure, dont on commence à se représenter la plénitude et le parfait bonheur quand on la compare à la vie tout ensemble collective et une de la famille. Ce n'est là, à la vérité, qu'une métaphore, défectueuse encore à certains égards. Mais les théologiens, après s'être servis surtout de cette comparaison avec la famille pour exprimer les relations mutuelles des personnes de la Trinité et l'ordre de leur génération, savent bien la compléter par une pensée plus profonde encore quand ils nous montrent dans le mystère du Dieu en trois personnes un Conseil divin, où le Père, le Fils et l'Esprit remplissent chacun un rôle distinct, qui se retrouve dans la création et dans le gouvernement du monde; c'est par ce conseil divin qu'ils expliquent le célèbre pluriel qui se trouve dans le texte de la *Genèse* : « Faisons l'homme à notre image »; par lui aussi, comme nous allons nous en convaincre un peu plus loin, ils rendent compte des différents aspects sous lesquels peut être considérée l'œuvre de la création.

Tout cela, on le voit, représente l'élément aryen de la pensée chrétienne, c'est-à-dire la partie du dogme qui s'est particulièrement développée, dans les premiers siècles de l'Église, sous l'influence de l'esprit hellénique et en rapport avec les conceptions auxquelles se livraient parallèlement les philosophes d'Alexandrie. Quant à l'élément sémitique, il est représenté par l'idée même de la création; entendons bien de la création *ex nihilo*, de la création dans le temps, de la création considérée comme l'œuvre directe de la volonté divine, comme la manifestation exclusive de la souveraine puissance de Dieu.

— Ces deux conceptions ne sont-elles pas en désaccord, en opposition l'une avec l'autre? Au premier abord, on est tenté de le croire. Mais, comme nous l'expliquerons plus loin, ce désaccord ne serait absolu que dans le cas où on commencerait par admettre la théorie métaphysique qui fait du temps et de l'espace des réalités objectives existant en dehors de la création elle-même, c'est-à-dire des *réceptacles* permanents dans lesquels la création pourrait être placée, à tel moment de la durée et en tel lieu de l'étendue qu'il plairait au Créateur de fixer et de choisir. Si on se met au point de vue de cette conception étroite, et si on s'efforce de la rendre plus étroite encore en insistant, par une interprétation trop littérale du texte de la *Genèse*, sur la *nouveauté* du monde, si enfin on conçoit une durée infinie, une éternité *a parte ante*, pendant laquelle Dieu, dans toute la souveraineté de son libre arbitre, aurait *attendu* pour créer le monde le juste moment fixé par sa sagesse, on sépare si profondément la création et le gouvernement de l'univers du développement même de la nature divine qu'il semble y avoir un parti pris d'établir entre ces deux ordres de choses une indépendance métaphysique absolue. Le résultat de cette séparation radicale est alors d'encourager la tendance de certains théologiens à faire de la création un acte non pas seulement libre, mais (ce qui est tout autre chose) arbitraire, et à introduire ainsi dans la conception de Dieu un élément anthropomorphique. Mais si, au contraire, on adopte, sur la nature du temps et sur celle de l'espace, la théorie directement opposée, d'après laquelle, loin d'envelopper la création, ils sont plutôt enveloppés en elle, la question si litigieuse et si passionnément controversée à laquelle il vient d'être fait allusion non seulement ne peut plus nous inquiéter ou nous diviser, mais ne se pose même plus. Dès lors, la doctrine théologique de la création dans le temps change de caractère ; elle n'a plus, à vrai dire, d'autre portée que celle d'une précaution ou d'une protestation contre les interprétations panthéistiques qui feraient de la création une nécessité, une loi intérieure du développement de l'essence divine;

elle se réduit finalement à nier que la création fasse partie de Dieu, en d'autres termes, que ce soit Dieu lui-même qui vive et qui se développe à travers le développement et la vie des êtres créés.

Or, c'est bien, croyons-nous, dans ce sens, dans cet esprit, que doit être interprétée la conception chrétienne de la génération et de la prolation du Verbe. On sait, en effet, que les Pères de l'Église distinguent formellement ce qu'ils appellent le *Verbe engendré*, λόγος ἐνδιάθετος, et le *Verbe proféré*, λόγος προφορικός. Par là ils entendent que Dieu a, *dès le principe*, engendré en lui-même son Verbe, puis que, *ensuite*, il l'a proféré dans le temps et, par son intermédiaire, a créé le monde.

Mais il est clair que cette conception aura une portée toute différente suivant qu'on admettra l'une ou l'autre des deux théories du temps qui ont été rappelées tout à l'heure; car, si on considère le temps comme une durée infinie qui se déroule en dehors des limites du monde et dont, par conséquent, la création n'occupe qu'une partie, il est bien évident que la théorie de la prolation du Verbe signifie, à la lettre, que Dieu, *après* avoir engendré le Verbe, l'a, en quelque sorte, *retenu* dans son sein, *réservé* dans son intention, en d'autres termes, qu'il a *attendu*, avant d'en faire, par un acte spécial, le principe de la création; et, dans ce sens, il est clair aussi que l'acte de la création n'est plus rattaché par un lien métaphysique aussi étroit que nous l'aurions pu croire d'abord à cet acte éternel de la conscience divine qui a son expression dans le dogme fondamental de la Trinité.

Mais si, au contraire, d'après la conception que nous retrouverons ailleurs et qui a été si bien exposée par Leibniz, le temps est considéré comme n'ayant pas d'existence en dehors du monde, pas de réalité en dehors de la création, alors la distinction établie entre la génération et la prolation du Verbe n'a plus une signification aussi expresse. Elle se réduit, comme nous l'indiquions plus haut, à ce fait, que les premiers théologiens du christianisme ont dû vouloir marquer aussi fortement que possible la profonde différence qui séparait leur dogme d'un certain nombre de théories plus ou moins semblables professées autour d'eux par les philosophes, et dégager entièrement ce dogme de tout mélange de panthéisme. Il ne fallait pas qu'on pût soupçonner que, si Dieu a créé les choses par son Verbe, Dieu descend par son Verbe dans les choses elles-mêmes, qu'il se mêle à leur développement, qu'il *se fait*, pour ainsi dire, concurremment avec elles. Ils pensèrent donc et ils durent penser que, pour échapper à toute interprétation de ce genre, il fallait donner expressément à la génération du Verbe un caractère nécessaire, et, au contraire, marquer d'un certain caractère de contingence sa prolation, en tant qu'elle est considérée comme le principe de la création des choses. C'est ainsi que la création chrétienne, comme la création juive, semble, au premier abord, exclusivement due à une manifestation fulgurante de la majesté divine, à la liberté absolue et arbitraire d'un décret. Mais, pour bien comprendre que cette représentation ne répond pas à toute la complexité du dogme chrétien, il suffit de rappeler et de résumer en quelques mots l'ensemble des croyances chrétiennes par lesquelles est déterminé le rôle spécial qui revient à chacune des trois personnes divines non seulement dans l'œuvre de la création du monde, mais aussi dans celle de l'édification de l'Église, qui est la plus haute manifestation de la Providence, celle dont dépendent et à laquelle doivent se ramener toutes les autres.

2. En ce qui concerne d'abord la création du monde, la formule la plus généralement adoptée dans la théologie chrétienne pour expliquer la manière dont chacune des trois personnes divines y participe est la suivante : « Le Père crée *dans* le Fils et *par* l'Esprit ».

C'est le Père qui est le Créateur dans le sens le plus général et le plus métaphysique du mot; car c'est le Père qui est le Principe d'où tout vient, où tout retourne. Il est la source unique et infinie de l'Être. On peut l'appeler la substance et le fondement de toutes choses; car tout subsiste en lui, tout repose en lui. Il est la force première dont tout émane; il est la volonté qui, dès l'origine, et en même temps qu'elle se pose elle-même, pose, dans un libre décret, l'éternelle possibilité du monde.

Mais, si Dieu veut le monde, il le veut en tant que bon ou susceptible de bonté. Sa volonté ne se porte pas également sur tout, par exemple sur l'imperfection et le mal, mais seulement sur la perfection et, à défaut d'un bien absolu, sur le meilleur possible; en d'autres termes, il ne veut les choses que dans la mesure où elles participent à la perfection et au bien. Il y a en lui, comme le répétera Leibniz, une *volonté antécédente* et une *volonté conséquente*. Par sa volonté antécédente, il veut tout le bien, tout l'être possible; et par là se trouve constituée l'universelle possibilité des choses; mais, par sa volonté conséquente, il veut, au sein de cette possibilité universelle, ce qui est le meilleur; et par là il le choisit, il le suscite, il le distingue et il le dégage. Or, c'est la génération éternelle du Verbe qui établit en Dieu les possibles et la hiérarchie des possibles. C'est donc en tant qu'il engendre son Verbe que Dieu choisit au sein des possibles l'ordre même des choses que son décret doit appeler à l'existence.

En ce sens et d'une manière indirecte, on peut, sans doute, dire aussi que Dieu crée *par* le Verbe : « Tout, dit l'Evangile de saint Jean, a été fait par lui, et rien de ce qui a été fait n'a été fait sans lui »; et, dans d'autres passages des Livres saints, le Verbe est appelé la Puissance, l'Énergie, la Force de Dieu. Mais, quand on réfléchit sur le sens spécial de ces expressions dans les passages où elles se trouvent, on voit qu'elles se rapportent moins à la production réelle et au développement des choses qu'à la formation idéale du monde, au choix et à l'ordonnance de la création. En disant que le Verbe est la Vertu du Père, sa Volonté, son Commandement, son Bras, les Pères semblent surtout entendre qu'il est la puissance par laquelle Dieu appelle le monde à l'existence en le choisissant parmi les possibles, en lui assignant son ordre intelligible, sa perfection idéale.

Voilà pourquoi l'autre expression : « Dieu crée *dans* le Verbe », a un caractère plus précis et répond mieux à l'idée du Verbe considéré comme le « lieu des Idées », comme la Pensée, la Sagesse, la Raison de Dieu, proférée, pour ainsi dire, en dehors de lui, étalée et rayonnante en face de lui.

C'est dans le même sens, d'ailleurs, qu'il est parlé de la Sagesse, au livre des *Proverbes*. Elle y est présentée comme *créatrice*, parce qu'elle y est présentée d'abord et surtout comme *conseillère*. C'est en elle et par elle, c'est dans ses raisons, c'est dans ses conseils que Dieu choisit, ordonne, produit le monde. « C'est à moi, dit la Sagesse de Dieu, qu'appartient le conseil et l'action. C'est moi qui suis la raison ; la force est à moi ; c'est par moi que les rois règnent et que les princes déterminent ce qui est juste.... Le Seigneur m'a créée comme la première des créatures, longtemps avant son œuvre. Depuis l'éternité j'ai été ointe ; depuis l'origine, depuis les premiers commencements de la terre. Je naquis quand il n'y avait pas encore de profondeurs, quand les sources qui sont grosses d'eaux n'existaient pas encore ; avant que les montagnes fussent fondées, avant les collines, je naquis. Avant qu'il eût formé la terre et les prairies, et les couches de la glèbe, lorsqu'il ordonna les Cieux, j'étais présente ; lorsqu'il tira le cercle sur la surface de la profondeur, lorsqu'il attacha les nuées là-haut, lorsque les sources des flots grossirent, lorsqu'il mit une limite à la mer, afin que les eaux ne dépassassent point ses bords, lorsqu'il établit les fondements de la terre, j'étais pour lui comme son ouvrier, comme son enfant favori de tous les jours ; et toujours je jouais devant lui ; je jouais sur le cercle de la terre, et les enfants des hommes faisaient mes délices. »

Au contraire, le rôle attribué à l'Esprit dans la création se rapporte davantage à l'action proprement dite. Malgré les soins que mettaient les Pères à distinguer profondément « l'Esprit de Dieu » d'avec « l'âme du monde » des stoïciens ou des néo-platoniciens, ils lui attribuaient surtout une action fécondante et perfectionnante ; c'est dans ce sens que plusieurs d'entre eux commentent le passage de la *Genèse* où il est dit qu'au commencement, alors que la terre était vide et nue et que les ténèbres couvraient la surface de l'abîme, *l'Esprit de Dieu était porté sur les eaux*. L'Esprit est, en effet, dans son rôle de créateur, la puissance essentiellement active qui fait apparaître les formes, qui fait éclore les germes, qui préside à tout développement, à tout progrès, et qui, étant, en lui-même, le mutuel Amour qui relie, au sein de la nature divine, la Substance à la Pensée et la Pensée à la Substance, représente par cela même dans la création l'énergie cachée, l'aspiration latente qui relie et ramène le monde à Dieu par un continuel perfectionnement.

— Ces quelques indications suffisent pour montrer que, dans l'idée chrétienne de la création, bien autrement complexe et profonde que l'idée hébraïque, la production initiale des choses et leur développement sont reliés à l'idée même de la vie divine au sein de la Trinité, et reliés si étroitement que la création proprement dite, c'est-à-dire la constitution première des choses dans leur germe idéal, dans leur possibilité intelligible, y est attribuée plus spécialement à une des personnes divines, et la providence, c'est-à-dire la direction de leur développement et de leur progrès, à un autre.

Il en est de même pour l'édification de l'Église, considérée comme l'œuvre providentielle par excellence à laquelle est subordonné tout le progrès du monde moral.

Dans cette œuvre aussi, le Verbe et l'Esprit ont chacun leur rôle spécial. Le Verbe est *le révélateur*. D'abord, suivant la parole de saint Jean, il est le révélateur de toute vérité; puisqu'en lui sont contenues (dans un sens profond, analogue à celui que les stoïciens entendaient par leur expression de *raisons séminales*) les raisons des choses, c'est par lui que les choses sont intelligibles, c'est par lui qu'elles le deviennent pour toute raison d'homme; il est « la lumière qui éclaire tout homme venant en ce monde ». Mais il est surtout le révélateur de Dieu. Il est la voie, la seule voie par laquelle Dieu peut être trouvé : *Ego sum via*. En lui seul et par lui seul Dieu veut être cherché, connu, aimé. A ce titre, le Verbe incarné de Dieu est le centre de l'édifice moral, l'Église; c'est en lui que subsiste cette société des âmes, hors de laquelle il peut y avoir aspiration isolée de certains cœurs vers Dieu, mais non pas communication parfaite entre l'homme et Dieu ni effusion complète de Dieu sur l'homme. Le Verbe est ainsi l'universel médiateur.

L'Esprit est l'*interprète de la révélation*. Il est le principe actif de sa diffusion à travers le monde, de son développement à travers les siècles ; il est aussi le principe de sa fructification dans les âmes et, par suite, de toute sanctification.

Jésus-Christ avait dit à ses disciples : « Je vous enverrai un Consolateur, et il demeurera avec vous jusqu'à la consommation des siècles ». Par là, il n'avait pas voulu dire que son œuvre fût incomplète. Loin de là : elle était complète en soi, mais non développée. Elle était le germe, la raison séminale, qui contient en soi l'être tout entier, mais non pas encore pleinement épanoui. L'Esprit-Saint est le principe de cet épanouissement. Il en était le principe avant même que l'œuvre fût fondée. D'après saint Clément d'Alexandrie, c'est lui qui a donné aux Juifs la loi et les prophéties ; bien plus, c'est lui qui a donné aux païens la philosophie, la science, la dialectique. Ainsi, avant même que la révélation se produisît, il a déjà incliné les âmes à la recevoir ; il a préparé le terrain pour que la moisson fût abondante. Mais c'est surtout dans le sein de l'Église que sa mission s'exerce. Il en est l'âme, le principe vivifiant et sanctifiant ; c'est lui qui inspire les Évangélistes, les Pères, les Conciles ; en lui l'Église a les promesses de l'éternité ; par lui elle développe continuellement son dogme, en même temps qu'elle le fait pénétrer dans les esprits et dans les cœurs.

Et, le rôle de l'Esprit ainsi conçu, nous ne pensons pas qu'il soit téméraire d'étendre son action au delà des limites de l'Église et de voir en lui le principe providentiel qui, en présidant à l'évolution générale des choses, amène partout le progrès, dans le monde physique comme dans le monde moral. Voici, en tout cas, un passage de Tertullien, tiré du curieux livre du *Voile des Vierges*, où, dans le sein de l'Eglise, il nous montre tout à fait cette action de l'Esprit-Saint sous la forme de ce que nous appellerions aujourd'hui une *évolution* : « La règle de la foi est absolument une, immuable, n'admettant aucune réforme ; elle consiste à croire en un seul Dieu, créateur du monde, en Jésus-Christ, son fils, etc.... Tant que cette loi de la foi demeure intacte, tout le reste qui regarde la discipline et la conduite admet la nouveauté par une sorte d'amendement, *sous la direction de la grâce de Dieu, qui opère en nous et qui nous perfectionne jusqu'à la fin.* Quelle apparence y a-t-il que, le démon travaillant sans relâche et ajoutant chaque jour à l'esprit d'iniquité, l'œuvre de Dieu s'interrompe et cesse de nous perfectionner, surtout quand Dieu nous a envoyé le Paraclet afin que l'homme, impuissant par sa faiblesse à tout comprendre à la fois, fût dirigé peu à peu, façonné et conduit à la perfection de la discipline par l'Esprit-Saint, vicaire du Seigneur? « J'ai encore beaucoup de choses à vous dire, mais « vous ne pouvez pas les porter quant à présent. Lorsque l'Esprit « de vérité sera venu, il vous enseignera toute vérité. » Quel est donc le ministère du Paraclet, sinon de régler la discipline, d'interpréter les Ecritures, de réformer l'intelligence, de nous avancer de plus en plus dans la perfection? Il faut que tout ait son âge. Rien qui n'attende sa perfection du temps. L'*Ecclésiaste* dit : « A chaque chose son temps ». Regarde les créatures elles-mêmes : elles n'arrivent que progressivement à produire. Voici d'abord une faible graine; d'elle sort un germe; du germe un arbuste; puis les rameaux et le feuillage se fortifient; enfin l'arbre se montre dans tout son développement; ses bourgeons se gonflent, la fleur se dégage du bourgeon et le fruit naît de la fleur. Ce fruit lui-même, à peine ébauché, et informe pendant quelque temps, croît peu à peu, s'adoucit et acquiert une saveur agréable. De même la justice (car il n'y a qu'un Dieu pour la justice et pour les créatures) s'appuie d'abord, dans ses premiers éléments, sur la crainte naturelle de Dieu; ensuite elle accomplit son enfance sous la loi et les Prophètes; elle s'est élancée dans l'ardeur de la jeunesse par l'Évangile; aujourd'hui elle s'avance à la maturité par le Paraclet. »

TROISIÈME PARTIE

INDUCTIONS ET ESQUISSE D'UNE CONCEPTION DE PHILOSOPHIE RELIGIEUSE

CHAPITRE I

LA CONSCIENCE CONSIDÉRÉE COMME PRINCIPE D'UNE CONCEPTION POSSIBLE DES RAPPORTS DE DIEU ET DU MONDE

Une parole de Stuart Mill : « Nous vivons à une époque de croyances faibles ». — Sur quelle base pourrait se reconstituer un système de convictions fortes en matière de philosophie religieuse. — Synthèse des doctrines précédemment étudiées. Elles aboutissent toutes à la *conscience*, considérée comme le fond dernier et la fin suprême des choses; mais les unes font tout dépendre d'une conscience divine éternellement en possession d'elle-même; les autres expliquent tout par une conscience qui se cherche et qui s'élabore dans l'univers. La solution du problème des rapports de Dieu et du monde exigerait une conciliation préalable de ces deux points de vue. — Conditions de cette conciliation : 1° que la conscience tienne une place suffisante et qu'elle joue un rôle notable dans l'univers; 2° qu'elle ne soit pas simplement un *fait*, un *produit*, mais surtout un *acte*, un *principe*. — Doutes de la science et de la psychologie scientifique sur ces deux points. Théorie de M. Ribot : la conscience, phénomène surajouté à un autre phénomène. Théories de l'école associationniste : explications de la genèse du *moi*. — Plan à suivre pour éclaircir ces deux ordres de questions.

I

Théorie synthétique de la conscience.

1. Théorie générale de la conscience d'après la philosophie spiritualiste française. — Descartes, Victor Cousin, M. Bouillier. — La

conscience coextensive à la sphère de notre vie mentale et morale. — Comment on peut concevoir que toutes nos facultés et toutes nos opérations sont enveloppées dans la conscience. — Réduction de tous les sens du mot « conscience » à un même sens fondamental. — La conscience considérée comme une sorte de noyau intérieur de nos pensées, de nos sentiments et de nos actes. — Les *zones* de la conscience. — Inductions possibles de cette théorie. Conception générale du monde : hiérarchie de consciences reflétant diversement le plan de l'univers. — Objections et réserves. A quel point l'homme s'ignore lui-même. Large part d'inconscience dans la nature humaine, devinée d'abord par les moralistes, démontrée aujourd'hui par les psychologues. — Le point de vue de la philosophie allemande opposé, sur cette question, à celui de la philosophie française. — La conscience n'est pas un simple achèvement de l'être, c'est une *crise* dans le développement de l'absolu. — Hegel et M. de Hartmann.

2. Théorie de M. de Hartmann. — L'activité qui produit et qui conserve le monde est inconsciente, mais elle est toute pénétrée de finalité. — Rôle de l'instinct dans la nature, de l'inspiration dans l'homme. — Vanité du vouloir, malheur de l'existence. — Apparition de la conscience dans l'univers. — Comment elle assure le salut du monde par l'abolition de la douleur, par l'extinction du désir. — Participation accessoire de la conscience et de la réflexion aux diverses fins de la nature humaine. — Pourquoi la conscience ne peut être la fin suprême de l'univers. — Conclusions dernières : métaphysique pessimiste; théologie négative.

3. Expériences et découvertes récentes de la psychologie scientifique sur la nature et sur le rôle de la conscience. — *L'inconscience* ramenée à la *subconscience*. — Comment se font les progrès de la conscience. Fusion graduelle des consciences locales dans une conscience générale. Division du travail et délégation des fonctions. — Théorie de M. Espinas sur les sociétés animales. — Théorie de M. Perrier sur les colonies animales. — Conclusions de M. Fouillée. — Dans quel sens et dans quelle mesure il peut y avoir une pensée inconsciente. — Possibilité théorique d'une extension des infiniment petits de la conscience jusqu'aux éléments premiers de l'être. — Sous quelle forme supérieure il faut comprendre l'universalité psychologique de la conscience.

4. Inductions sociales fondées sur cette théorie nouvelle de la conscience. — Possibilité de les compléter par une induction métaphysique et religieuse. — Une conscience collective est la conscience d'une finalité spécifique. — Cette finalité est une idée, qui réside dans la pensée divine. — Toute conscience sociale suppose une participation, réfléchie ou instinctive, à la conscience absolue. — Dans la nature comme dans l'homme, Dieu est, en un certain sens, le lien de toute société. — Le divin impliqué dans toute sympathie. — On ne s'aime vraiment qu'en Dieu, en communion avec Dieu.

II

Théorie analytique de la conscience.

1. La conscience n'est pas simplement un *fait*, elle est un *acte*. — Elle a son principe dans la préexistence substantielle du *moi*. — La croyance à cette préexistence impliquée dans les théories mêmes de ceux qui la rejettent. — Examen critique de la théorie de Condillac. — Examen critique des principales thèses associationnistes. — Théorie de la *discrimination*. — *La loi de relativité*. — Théorie de la *rétentivité*. — La thèse de la *conscience phénomène* critiquée, mais d'une manière insuffisante, par M. Ribot.

2. Ce qui empêche les associationnistes de comprendre la préexistence substantielle du *moi*, c'est qu'ils n'ont aucune idée de la distinction établie par les anciens entre la *puissance* et l'*acte*. — Passages de Mill et de Spencer. — La *possibilité dynamique* confondue par eux avec la *possibilité logique*. — Le *moi* est d'abord une virtualité, enveloppée, dessinée à l'avance dans son germe. — Part de l'innéité et part de l'hérédité dans cette préexistence virtuelle. — La *cénesthésie*; l'*idiosyncrasie*. — L'acte initial de la conscience (et tout acte ultérieur, en tant qu'il garde en lui l'image du premier) se compose de deux moments, le premier, *hallucinatoire*, le second, *rectificateur*. — Dans le premier, le *moi* se projette au dehors, dans le second, il revient à lui-même. — Dans le premier, il devient sa propre sensation, il s'y absorbe et s'y perd; dans le second, il la domine et la ramène à lui.

3. Vérité partielle contenue dans les théories de Condillac et d'Al. Bain. — L'acte initial de la conscience n'est pas un acte abstrait et vide; toute la virtualité de l'être y est enveloppée. — Il contient, sous la double forme d'une *projection au dehors* et d'un *retour à soi*, un double symbole de la création et de la providence. — Les renouvellements de la conscience et du caractère dans les grandes crises morales; ils sont accompagnés d'un sentiment nouveau de la nature, correspondant à une objectivation nouvelle de notre être.

4. Évolution actuelle du concept de la substantialité du *moi*. — Cette substantialité n'est pas une simple *continuité*, dans l'espace ou dans le temps. Elle n'est pas non plus une simple *force*, mais une *idée-force*; une simple *cause*, mais une *finalité causale*. — Tentatives pour concevoir la substance du *moi* comme une création de combinaisons stables, pouvant servir de base au mérite, à la valeur morale, à la responsabilité, à l'espoir d'une vie future. M. Tarde, M. Perrier, M. Guyau. — Nécessité de remonter de cette création à une finalité créatrice interne. — La finalité est au fond de toute substance, matérielle ou spirituelle. Le *moi* est une finalité qui prend possession d'elle-même par la conscience. — Cette finalité est l'idée de la perfection non en général, mais d'une certaine perfection déterminée, spécifique ou individuelle. — La conscience se fait à travers deux degrés

d'objectivation, c'est-à-dire de projection sous forme spatiale des puissances virtuelles de l'être. — Le premier de ces degrés est la création d'un organisme. Rapports de l'âme et du corps. L'organisme, dépositaire de l'hérédité, est le principe de l'individuation, du tempérament, du caractère, du génie et de l'idéal personnels. — Le second degré est une représentation créatrice de l'univers par le mouvement intérieur de chaque conscience, déployant son idéal propre. Cette représentation se complète par une action qui imite et qui prolonge celle de la Providence. — Comment les diverses facultés sont posées tour à tour dans ce *processus* de la conscience.

Stuart Mill a caractérisé notre époque d'un mot bien juste dans sa simplicité : « Nous vivons, dit-il, à une époque *de croyances faibles* ». C'est bien là, en tout cas, le trait saillant de notre époque en matière religieuse. Il s'applique également à l'état de la religion positive et à l'état de la religion rationnelle. En matière de religion positive, c'est évidemment un « état de croyances faibles » que cette *indifférence*, qui souleva les premières indignations de Lamennais, lorsque, après l'hostilité passionnée du XVIIIe siècle, les âmes commencèrent à s'endormir dans une sorte d'énervement, d'affaissement sans franchise et sans grandeur. A un tout autre point de vue, et abstraction faite de ce qui touche à l'austérité et à la grandeur morale, on peut voir aussi un « état de croyances faibles » dans la crise intérieure qui sévit, en dehors du catholicisme, sur la religion chrétienne; en particulier dans le mouvement du protestantisme libéral, qui, à force de *rogner sur les dogmes*, de sacrifier successivement tel ou tel article du *Credo*, en arrive à concentrer finalement la religion dans un tout petit nombre de points, par exemple dans la « foi en Christ » ; car cette *foi* elle-même est amenée nécessairement, par la force même des choses, à se transformer de plus en plus en un simple *respect*, qui peut tout aussi bien se fixer sur saint Paul, ou sur saint Jean, ou sur tout autre, de telle sorte que, suivant la fine remarque de Hartmann, elle permet au protestantisme de s'appuyer sur saint Paul pour rejeter la partie des croyances chrétiennes qui a sa source dans le judaïsme, sur saint Jean pour rejeter tout ce qui n'est pas conforme à l'esprit grec, sur Jésus enfin pour éliminer toute la partie métaphysique qui s'est constituée dans les premiers siècles chrétiens. D'autre part, en matière de religion naturelle, n'est-ce pas aussi un « état de croyances faibles » que l'état présent de notre théodicée rationaliste, fondée, ainsi que nous l'avons vu plus haut, sur de simples concepts abstraits et détachée, désintéressée de toutes les hautes spéculations théologiques qui ont leur base dans les sentiments religieux, dans les intuitions vivantes et géniales des grandes races humaines? Il semble vraiment qu'il y ait une sorte d'émulation pour aboutir partout à un *minimum de dogmatisme*, pour étriquer autant que possible les idées, au risque de rompre les liens puissants qui, soit en matière de religion, soit en matière de philosophie, en faisaient de véritables organismes. La première partie de cette étude nous a montré la philosophie religieuse contemporaine privée sur chaque point spécial d'une forte et originale conception, oscillant entre certaines exagérations dogmatiques du passé et certaines négations outrées de la science nouvelle, ballottée, indécise, cherchant son unité et ne la trouvant pas. C'est donc un sérieux problème philosophique que celui qui se pose en ces termes : essayer de ramener, sans aucun sacrifice des droits du libre examen, un ensemble, un système *de croyances fortes*, de convictions solidement organisées, qui rendent à l'esprit public, en matière de choses religieuses, la fermeté et la confiance qui lui manquent.

Mais ce principe d'une croyance forte, ce serait folie que de le chercher dans une conception absolument nouvelle. Ou la vérité religieuse n'est pas faite pour l'homme, ou, si elle a des racines profondes dans sa nature même, elle a dû être déjà présente, d'une certaine manière, dans ses premières intuitions. Nous avons donc le droit de croire que la vérité sur Dieu, sur la Providence, sur les rapports de Dieu avec la nature et avec l'homme, est l'apanage de l'humanité tout entière; que chaque race l'a comprise dans la mesure de son développement intellectuel et l'a exprimée plus ou moins complètement par les symboles de sa religion ou par les spéculations de ses métaphysiciens; par conséquent, c'est en rassemblant, comme le voulaient les éclectiques, ces fragments épars du vrai, mais aussi en les reliant dans une large conception d'ensemble et en les mettant d'accord avec les données incontestables de la science que la philosophie pourra, un jour ou l'autre, reconstituer sur une base suffisamment ferme nos croyances ébranlées ou rapetissées.

C'est pour cela que nous venons de passer en revue ce qu'on pourrait appeler les conceptions maîtresses de la pensée philosophique et religieuse, en ayant soin de les présenter de telle sorte que, s'il y en a une parmi elles qui soit vraiment supérieure, dominatrice, cette conception se dégage, pour ainsi dire d'elle-même, s'impose victorieusement à l'esprit et ne semble point amenée (ce qui lui enlèverait toute autorité et toute valeur) par une simple préparation factice et voulue.

— Or, cette conception supérieure, c'est, à notre avis, celle qui explique le bien, l'ordre, le progrès de l'univers, en le rattachant au développement, à l'évolution d'une conscience infinie et absolue.

Cette conception, nous l'avons rencontrée partout : elle est, au terme de la philosophie grecque, dans Aristote; elle est dans les systèmes de philosophie à la fois cartésienne et chrétienne qui font de la « gloire de Dieu », c'est-à-dire de la révélation de Dieu à ses élus, c'est-à-dire encore d'une communication de la conscience infinie à des consciences finies, appelées à elle pour l'éternité, le but même de l'univers; elle est dans les dernières doctrines panthéistiques de l'Allemagne, c'est-à-dire dans celles qui dominent et qui absorbent toutes les autres; elle est enfin et surtout dans la métaphysique même du christianisme.

Il est vrai que, dans ces systèmes si divers, elle se présente à nous sous deux formes générales, bien différentes l'une de l'autre. Parmi les philosophes qui ont fait de la conscience soit la cause première, soit la fin dernière des choses, soit l'une et l'autre à la fois, les uns l'ont surtout cherchée dans le *principe transcendant* dont la nature émane, les autres dans le *principe imma-*

nent qui constitue la nature elle-même; les uns ont tout expliqué par une conscience qui se possède éternellement, les autres par une conscience qui s'élabore et qui se cherche à travers les formes de l'être et les âges du monde.

Pour les premiers, le principe de l'univers est un être parfait, séparé du monde, se suffisant à lui-même, jouissant d'une béatitude infinie qui lui vient de l'éternelle conscience de sa perfection. *Il pense;* et comme sa pensée, qui a pour objet le contenu de sa propre essence, renferme en elle sous une forme éminente tous les degrés possibles de l'être, le monde se prépare, dans la région des virtualités logiques, à l'image et à la ressemblance de cette pensée infinie; les possibles se distribuent, s'étagent les uns au-dessus des autres dans une hiérarchie harmonieuse. *Il veut*, et c'est lui-même qu'il veut, c'est sa propre perfection: mais sa volonté traverse, comme une flèche d'or, le monde des possibles, la sphère intelligible où les choses n'existent encore que dans leurs idées; et, sous l'influence de ce *courant divin*, le monde réel se fait, les possibles passent de la virtualité à l'actualité, le bien et le progrès jaillissent de la lutte et de l'accord final des éléments.

Pour les autres, le monde ne tire plus son origine de cette richesse, de cette fécondité d'une conscience infinie qui le produirait comme dans le rayonnement d'un « éternel sourire ». Ils rejettent comme trop optimiste et trop complaisante l'explication d'après laquelle le bien seul serait directement produit par l'auteur de l'univers, tandis que le mal n'aurait qu'une existence toute négative, provenant de ce que les formes du bien ont une puissance d'expansion indéfinie qui les contraint à s'arrêter, à se limiter mutuellement dans leur essor. Pour eux, au contraire, le monde est, suivant le beau mythe antique, fils de la Pauvreté et du Labeur, de Πενία et de Πόνος. Il n'est, à l'origine, que matière et chaos; matière, c'est-à-dire indétermination, puissance pure, *pas plus ceci que cela*; chaos, c'est-à-dire conflit des éléments contraires, s'agitant dans la nuit de l'irrationnel et ne produisant d'abord que des formes chétives et ébauchées; mais dans cette imperfection et cette confusion primitives il y a un germe de vie et de progrès, qui agit, qui travaille au sein des éléments et d'où sortiront les unes après les autres toutes les formes de l'organisation et de la vie; ce germe, c'est *le besoin, le désir de la conscience*; il s'étend de proche en proche, il fait à la fin fermenter la masse tout entière.

M. Renan a repris, en y mettant toute l'ingéniosité de sa pensée et toute la poésie de son style, cette dernière conception : « Le mot qui résume le mieux le but de la nature, c'est, dit-il, le mot « conscience ». Le monde aspire à être de plus en plus; or, l'être dans sa plénitude, c'est l'être conscient. Tout l'effort du monde tend à se connaître, à s'aimer, à se voir, à s'admirer. Le but du monde est de produire de la raison. Tout lui est bon pour cela. Chaque planète fabrique de la pensée, du sentiment esthétique et moral.... La pensée est le résultat final. » Les recherches des savants, les méditations des philosophes ne sont que le plus haut aboutissement de cette conscience. Déjà elle s'ébauche dans l'animal; elle devient chez lui un vague commencement de la contemplation de la nature : « Le chien atteint presque à la vertu; les dialogues des petits oiseaux musiciens sont des hymnes charmants, où ces petits êtres poursuivent sans doute autre chose que le plaisir d'exercer leur gosier.... Chez l'homme, la vie de l'univers est bien plus centralisée encore; la vraie réflexion des rayons de l'univers se fait chez lui par la science, par la grande vertu, par le grand art. » M. Renan espère que ce progrès de la conscience finira un jour par réaliser Dieu lui-même dans l'homme, dans le savant; elle mettra entre les mains de celui qui connaîtra les causes et les lois une puissance sans bornes et créera en lui le désir de reconstituer tous les êtres au sein d'une conscience absolue.

Quoi qu'il en soit de ce dernier *rêve*, et de la préférence que l'auteur des *Dialogues philosophiques* accorde à l'idée d'une *conscience cosmique* sur celle d'une *conscience divine*, il semble que le problème métaphysique et religieux serait à peu près résolu si, acceptant à la fois et cette conscience qui se possède et cette conscience qui se cherche, nous pouvions saisir et mettre en lumière le lien intime qui les rattache l'une à l'autre. On a vu que l'antiquité s'est directement attaquée à ce problème; mais elle n'en a donné qu'une solution toute provisoire, consistant dans une simple juxtaposition des deux principes. Il faudrait essayer d'en comprendre la mutuelle pénétration. Entre les deux théories en présence, d'une part le théisme ordinaire, qui limite à l'homme, ou tout au plus à quelques animaux supérieurs, le développement de la conscience, et d'autre part le panthéisme, qui réduit la conscience divine à n'être que le terme, l'achèvement de la conscience naturelle, et qui proclame avec Hegel, avec M. Renan, *qu'un jour Dieu sera*, il faudrait, en mettant à profit les données certaines de la science, édifier une conception plus synthétique, qui aurait pour but de rattacher le progrès de l'univers à une loi supérieure et d'envelopper dans l'acte éternel de la conscience que Dieu a de lui-même l'évolution de cette conscience morcelée, éparpillée, qui se développe dans la nature à travers les générations et les siècles.

— Mais l'idée même d'une telle conception ne paraîtra-t-elle pas un rêve, une chimère, aujourd'hui surtout que la philosophie, comme la science, prend un caractère de plus en plus positif et se tient en défiance contre les généralisations et les hypothèses?

A coup sûr, on peut le craindre. Tout un ensemble de doctrines qui se sont développées dans la seconde moitié de notre siècle en Angleterre et en France, et tout particulièrement la doctrine associationniste, sont, à cet égard, peu encourageantes. Comment nous laisseraient-elles le droit de conclure de la conscience humaine à la conscience divine? Cette conscience humaine, elles commencent par la faire disparaître en poussière; elles la réduisent à n'être qu'une simple série linéaire d'états mentals, n'ayant même pas en eux, c'est-à-dire dans une cause, dans un substratum intérieur, le principe de leur continuité.

Pour que nous pussions, en partant de la conscience, telle que nous la trouvons en nous-mêmes, atteindre à une conscience infinie, qui enveloppât dans la loi de son propre développement le principe et la fin des choses, il faudrait tout au moins deux conditions essentielles. La première serait que la conscience tînt évidemment une large place dans l'univers; car il est difficile de concevoir le principe premier des choses à l'image d'une forme de l'être qui n'apparaîtrait dans la nature que comme accidentelle et accessoire. La seconde condition, plus essentielle encore, ce serait que la conscience, quelle que soit, d'ailleurs, son extension, fût autre chose qu'un simple *phénomène* ou une simple *série de phénomènes*, c'est-à-dire, en d'autres termes, qu'elle ne fût pas un *produit*, un *effet*, une *résultante*, mais un *acte*, une vraie cause ou une vraie fin, ou, s'il est possible, l'une et l'autre à la fois. Si nous voulons qu'elle nous aide à comprendre la création, il faut que, dans une certaine mesure au moins, elle soit elle-même créatrice; si nous voulons qu'elle nous aide à comprendre la providence, il faut que, dans une certaine mesure aussi, elle soit un principe de bien et de progrès.

Or, le préjugé naturel, c'est-à-dire celui qui résulte des premières apparences, n'est pas favorable à cette large extension de la conscience. Il ne l'est pas non plus à cette idée que la conscience pourrait être autre chose qu'une simple forme de l'intuition et avoir un caractère dynamique qui lui permettrait de jouer un rôle dans l'évolution de l'univers. A première vue, les limites de la conscience paraissent très restreintes; on se la représente comme beaucoup moins étendue que la vie, qui, elle-même, n'a qu'un domaine bien limité et qu'on a définie quelquefois « une simple efflorescence à la surface du globe ». Même dans les régions supérieures de la nature, même dans le cerveau humain, il semble, au premier abord, qu'elle ne se manifeste guère que par des jets lumineux, par des *flambées*, puis que, dans les intervalles, elle retombe, s'affaisse sur elle-même. Les conditions organiques dont elle dépend sont tellement délicates qu'il suffit de la moindre chose pour l'altérer ou l'interrompre : le sommeil lui arrache une moitié de notre vie; le délire et la folie la détruisent en partie; dans la syncope, dans l'évanouissement, elle disparaît comme d'elle-même, et l'inhalation d'une vapeur suffit pour nous l'enlever complètement.

Mais une école de psychologie contemporaine reprend pour son propre compte, en se flattant de l'appuyer sur de sérieuses données scientifiques, cette idée d'une restriction aussi grande que possible de la conscience. D'après M. Ribot particulièrement, la conscience n'est qu'un phénomène ; entendons bien un phénomène au même titre que n'importe quel autre et qui ne présente aucun caractère privilégié. Ce n'est pas, comme on se le figure d'ordinaire, un fait spécial, *sui generis*, se rattachant à un genre spécial lui-même de substantialité ou de causalité; c'est un fait absolument semblable aux autres, lié, comme les autres, à certaines circonstances, dépendant, comme eux, de certaines conditions, déterminé et nécessité, comme eux, par le simple concours de ces conditions et de ces circonstances, qui sont, d'ailleurs, des circonstances purement matérielles, des conditions purement organiques.

Ce n'est pas qu'elle se réduise à un pur phénomène physiologique; mais elle est, du moins, la face interne que nous offre un phénomène physiologique, le *choc nerveux*, toutes les fois qu'il se produit dans certaines circonstances et avec un certain degré d'intensité. On s'en fera donc une idée assez juste si on en cherche un équivalent dans le monde physique et si on dit, par exemple, qu'elle est un fait de *phosphorescence cérébrale*, une lumière fugitive, éclair ou étincelle, jaillissant d'un choc.

« La conscience, conclut M. Ribot, est un simple phénomène, surajouté à l'activité cérébrale, comme un événement ayant ses conditions propres et qui, au gré de ces circonstances, se produit ou disparaît. »

En d'autres termes, c'est un phénomène de second degré, un phénomène enté sur un autre, un *épiphénomène*.

Et M. Ribot ajoute : « Les écoles de philosophie qui conçoivent autrement la conscience et en font la manifestation d'un *moi*, l'acte d'une individualité ou d'une personnalité immédiatement constituée, s'embarrassent dans des difficultés inextricables »;

elles sont obligées, en effet, ou de nier les faits inconscients, ce qui les oblige à mutiler étrangement la vie psychique, ou à considérer ces faits inconscients comme des idées latentes, comme des représentations sourdes, ce qui les conduit finalement à employer des expressions absurdes à force d'être contradictoires, comme celle de *conscience inconsciente*. On se débarrasse « de toute cette logomachie » et on met à néant tous les problèmes factices qui s'y rattachent, si l'on se contente de voir dans les faits inconscients de simples états du système nerveux et dans les faits conscients ces mêmes états du système nerveux dans certaines conditions ou avec certaines additions qui leur communiquent un nouveau caractère, *celui d'exister pour eux-mêmes et d'apparaître comme internes* : « La production de la conscience est toujours liée à l'action du système nerveux, en particulier du cerveau. Mais la réciproque n'est pas vraie ; si toute activité psychique implique une activité nerveuse, toute activité nerveuse n'implique pas une activité psychique ; *la conscience est donc quelque chose de surajouté*. En d'autres termes, il faut considérer que tout état de conscience est un événement complexe, qui suppose un état particulier du système nerveux ; que ce processus nerveux n'est pas un accessoire, mais une partie intégrante de l'événement ; bien plus, qu'il en est la base, la condition fondamentale ; que, dès qu'il se produit, l'événement existe *en lui-même* ; que, dès que la conscience s'y ajoute, l'événement existe *pour lui-même* ; que la conscience le complète, l'achève, mais ne le constitue pas. »

A la vérité, cette restriction du domaine de la conscience n'est pas poussée aussi loin chez tous les représentants de la nouvelle école de psychologie. Ainsi, Herbert Spencer pense que la vie physiologique et la vie psychique se déroulent sur deux plans parallèles, qu'à tout choc nerveux correspond un fait mental, une sensation rudimentaire, et il déclare expressément, dans une phrase célèbre, que, s'il fallait choisir entre ces deux hypothèses, tout réduire à des chocs nerveux ou tout réduire à des états de conscience, c'est la dernière qu'il préférerait.

M. Taine se prononce très nettement aussi dans le même sens. Pour lui, le choc nerveux et l'état de conscience sont les deux faces, externe et interne, d'un seul et unique phénomène. La vie cérébrale et la vie mentale sont inséparables l'une de l'autre et véritablement complémentaires. Mais, même dans cette conception plus large, la conscience reste toujours un simple phénomène; elle n'est point la manifestation d'un principe substantiel, d'un *moi* préexistant, qui s'affirmerait et qui se développerait à travers toute la série de ses états de conscience. Ce que nous appelons le *moi*, l'individu, la personne, loin de préexister à ses états de conscience, est formé, au contraire, par la fusion graduelle, par la lente intégration de ces états. Condillac et David Hume avaient dit les premiers que le *moi* est simplement « une collection de sensations »; reprenant et variant cette formule, tous les philosophes de l'école associationniste ont considéré le *moi* comme une simple apparence, comme une pure illusion, dont le principe doit être cherché dans les lois qui président à l'association et au groupement des états de conscience. L'idée du *moi* n'est, pour eux, qu'un *fantôme métaphysique*, provenant de ce que, sous la succession mobile de nos sensations incessamment renouvelées, nous ne pouvons nous empêcher de concevoir la possibilité permanente de tous les états de conscience qui ont formé la trame de notre vie antérieure et qui pourraient se reproduire sous telle ou telle condition déterminée; nous opposons donc à la mobilité et à la succession de nos états de conscience actuels le groupe cohérent de nos états de conscience passés, solidement liés les uns aux autres par les lois de l'habitude et qui, nous apparaissant comme plus fermes, plus durables, plus nécessaires que nos états actuels, nous donnent par cela seul l'illusion d'une substantialité permanente, que nous appelons notre *personnalité*[1].

1. Cette illusion de la substantialité du *moi*, d'après la même école, s'explique encore d'une manière plus complète, si on la met en parallèle avec une autre illusion, non moins nécessaire, qui est celle d'un monde extérieur, d'un substratum matériel, auquel se rapporteraient toutes nos

— On voit, sans qu'il soit nécessaire d'insister longuement, quelles conséquences résultent de cet ensemble de théories. Si le *moi* n'est qu'une apparence, si la personnalité n'est qu'un *tout de coalition*, s'il n'y a rien en nous qui soit une cause et une fin, comment pourrions-nous partir de nous-mêmes pour arriver à la connaissance de Dieu et surtout pour le concevoir comme une cause absolue dans la création, comme une fin absolue dans la providence? On pouvait, nous disent nos adversaires, concevoir l'idée d'une telle induction à l'époque de Bossuet, à l'époque de Maine de Biran, lorsqu'il était admis comme évident de soi que l'âme est une substance immédiatement constituée, que le *moi* de chacun de nous est un principe d'action indépendant, objet d'une création spéciale et portant en lui l'empreinte directe de son créateur. Alors, on pouvait dire que « la connaissance de nous-mêmes nous élève à la connaissance de Dieu » ou que le mouvement naturel de la pensée nous conduit légitimement « de la *personne-moi*, d'où tout part, à la *personne-Dieu*, où tout aboutit ».

sensations et qui en serait la cause objective. Le conflit continuel de nos sensations et de nos intensités de sensations, dit M. Taine, fait que quelques-unes d'entre elles nous semblent renvoyées vers un centre intérieur; en d'autres termes, elles ont, en vertu d'une loi psychologique nécessaire, la propriété de nous apparaître comme internes : « Leur tendance hallucinatoire est enrayée; elles sont affectées d'une contradiction qui les nie comme objets externes; il faut donc qu'elles nous apparaissent comme internes ». C'est ce qui arrive surtout dans le souvenir et dans l'imagination. Comme les états de conscience réviviscents sont alors plus faibles que les états de conscience nouveaux qui se produisent sous l'influence de la perception, ils sont *renvoyés dans notre sens*; par suite, ils nous apparaissent comme *nôtres*; ils deviennent donc des éléments avec lesquels se construit peu à peu notre *moi* : « Une idée, ajoute M. Taine, est toujours l'idée de quelque chose et, partant, comprend deux moments : le premier, *illusoire*, où elle semble la chose elle-même; le second, *rectificateur*, où elle apparaît comme simple idée. Cette transformation qu'elle subit oppose l'un à l'autre les deux moments qui la constituent; nous exprimons ce passage en disant que nous rentrons en nous-mêmes et que de l'objet nous revenons au sujet; c'est donc le même événement ou groupe d'événements qui, selon ses états successifs, constitue d'abord l'objet apparent et ensuite le sujet actuel. Ainsi, l'opération rectificatrice, par laquelle une idée apparaît comme idée, est en même temps la réflexion, par laquelle cette idée apparaît comme chose interne, et la contradiction qui la nie comme fragment du dehors la pose du même coup comme fragment du dedans. »

Mais, avons-nous le droit de raisonner encore de même, aujourd'hui que l'analyse psychologique décompose le *moi* en une multitude d'éléments et démontre qu'il ne crée rien ni ne porte en lui aucune image de la création, puisque, au contraire, il est lui-même créé par un lent *processus*, dont la science reconstitue patiemment toutes les phases?

Pour échapper, s'il est possible, à ces conséquences, nous allons étudier tour à tour la conscience sous deux aspects opposés. D'abord, en la considérant à un point de vue *synthétique*, nous pourrons conclure de l'ensemble des théories dont elle a été l'objet dans ces derniers temps qu'il y a vraiment en elle un élément substantiel, une force, une énergie, une puissance, enveloppant elle-même une finalité; et, si tout cela se retrouve aux divers degrés de l'évolution de la conscience, il ne sera pas téméraire d'affirmer que l'évolution graduelle de cette faculté à travers la série des êtres contient comme en dépôt le secret divin de la création. Ensuite, nous essaierons de pénétrer, par une étude *analytique*, au sein de la conscience elle-même; nous nous demanderons si le *moi* ne doit pas être considéré, d'une certaine manière, comme antérieur et supérieur à la vie psychique, qu'il contient virtuellement en lui à la fois comme cause efficiente et comme cause finale; au fond de toute conscience, quel que soit le degré qu'elle occupe dans la nature, et particulièrement au fond de toute personne humaine, nous essaierons de découvrir une *nature*, préalablement dessinée dans ses traits essentiels, nature qui n'est pas un simple résidu d'événements psychiques antérieurs transmis par la voie de l'hérédité, mais que constitue surtout une certaine finalité intérieure, principe du caractère de chaque individu, de son originalité, de son génie propre, du rôle enfin qu'il est destiné à remplir. Alors, on jugera peut-être que la base d'une induction ou d'une série d'inductions théologiques et métaphysiques est suffisamment préparée.

I

Théorie synthétique de la conscience.

1. Quelle est la place et quel est le rôle de la conscience dans l'univers? Cette question est complexe; il convient de la diviser en deux parties. Avant donc de nous demander jusqu'à quelles profondeurs la conscience pousse ses racines dans le monde de la vie, peut-être même au delà, nous rechercherons d'abord quelle place elle occupe et quel rôle elle remplit en nous-mêmes.

Cette question préliminaire avait été résolue implicitement par Descartes et son école dans un sens que résume assez bien la formule suivante : La conscience est *adéquate* ou, si l'on veut, *coextensive à la sphère entière de la vie mentale et morale*; en d'autres termes, elle enveloppe tout l'ensemble de nos autres facultés. Les cartésiens, en effet, commençaient par réduire tout l'être moral de l'homme à la pensée, puisque, pour eux, les émotions et les passions n'étaient que des idées confuses; et ensuite ils réduisaient la pensée elle-même à n'être que le déploiement, sous certaines conditions fournies par l'expérience, du contenu de notre être mental, puisque la science n'est au fond, d'après eux, qu'une construction intérieure du monde réel à l'aide de principes mathématiques, que nous trouvons en nous-mêmes, et de certaines combinaisons des modes de l'étendue, dont nous trouvons aussi dans notre entendement la représentation très claire et très distincte; d'où il suit que c'est, en réalité, avec des modes de notre propre nature que nous édifions notre conception du monde extérieur.

C'est ainsi que Descartes avait pu dire, dans sa *IIIe Méditation* : « Quant aux idées claires et distinctes que j'ai des choses corporelles, il y en a quelques-unes qu'il me semble avoir pu tirer de l'idée que j'ai de moi-même, comme celles que j'ai de la substance, de la durée, du nombre et d'autres choses semblables. Car, lorsque je pense que la pierre est une substance ou bien une chose qui de soi est capable d'exister, et que je suis aussi moi-même une substance, quoique je conçoive bien que je suis une chose qui pense et non étendue, et que la pierre, au contraire, est une chose étendue et qui ne pense point, et qu'ainsi entre ces deux conceptions il se rencontre une notable différence, toutefois elles semblent convenir en ce point qu'elles représentent toutes deux des substances. De même, quand je pense que je suis maintenant, et que je me ressouviens outre cela d'avoir été autrefois, et que je conçois plusieurs diverses pensées dont je connais le nombre, alors j'acquiers en moi les idées de la durée et du nombre, lesquelles, par après, je puis transférer à toutes les autres choses que je voudrai. Pour ce qui est des autres qualités dont les idées des choses corporelles sont composées, à savoir l'étendue, la figure, la situation et le mouvement, il est vrai qu'elles ne sont point formellement en moi, puisque je ne suis qu'une chose qui pense; mais, parce que ce sont seulement de certains modes de la substance, et que je suis moi-même une substance, il semble qu'elles puissent être contenues en moi éminemment. »

Tout ceci, on le voit, revenait à dire que notre connaissance entière de la réalité pourrait bien, en dernière analyse, être enveloppée dans le sentiment, dans la conscience que nous avons de nous-mêmes.

Mais le développement de cette profonde pensée cartésienne a été entravé de deux façons contraires : d'abord, par les excès de l'idéalisme, qui, de ce fait que pour connaître le monde réel nous avons besoin de le reconstruire dans notre pensée, concluait à tort que la réalité n'est rien en dehors de cette pensée; ensuite, par la réaction outrée de l'école écossaise, qui, pour ruiner l'idéalisme, a prétendu constituer la perception extérieure et tout l'ensemble de nos facultés intellectuelles en autant de sphères à part, distinctes de notre conscience, et, par conséquent, a réduit la conscience elle-même à n'être plus qu'une faculté spéciale, confinée dans une sphère toute déterminée et toute restreinte. — La psychologie française du XIXe siècle, ramenée par Victor

Cousin dans les voies du cartésianisme, devait aboutir de nouveau, après quelques hésitations et quelques tâtonnements, à cette grande idée que la conscience ou intuition de soi n'est pas seulement la faculté initiale de l'entendement, mais aussi et surtout la faculté universelle dont les autres ne sont que des déterminations particulières.

M. Bouillier, particulièrement, dans son livre de *la Conscience en psychologie et en morale*, a donné à ce principe essentiel tous les développements qu'il comporte.

D'après M. Bouillier, la conscience ne doit pas être considérée comme une faculté intellectuelle spéciale, qui aurait sa place marquée entre un certain nombre d'autres facultés analogues, telles que la perception, la mémoire ou la raison, et qui, comme elles, nous ferait simplement saisir un ordre déterminé de faits ou d'objets à l'exclusion de tout le reste. Elle est, au contraire, la faculté fondamentale qui enveloppe dans son action non pas seulement les autres facultés et opérations de l'entendement, mais même tout l'ensemble des phénomènes de l'âme sans exception aucune. Ainsi, nous ne pouvons percevoir, nous souvenir, juger, sans avoir conscience de nous souvenir, ou de percevoir, ou de juger. De même, nous ne pouvons éprouver une émotion ou une passion, sans avoir conscience de l'éprouver, ni prendre une résolution sans avoir conscience de la prendre. On peut donc dire que tous les phénomènes dont se compose la vie psychique traversent la conscience et n'ont, en dernière analyse, de réalité que celle qu'elles lui empruntent.

Et cela ne signifie pas simplement que la conscience est une forme commune qui se retrouve sous tous les faits psychiques et qui en constitue le caractère le plus indéterminé et le plus général; car, ainsi entendue, la théorie de nos psychologues spiritualistes ne se distinguerait même pas des formes les plus empiriques de l'associationnisme contemporain, puisque celui-ci place la conscience à la base de tous les faits psychiques et les dénomme tous également des *états de conscience*. Ce que veut dire M. Bouillier, c'est que la conscience, en même temps qu'elle est la *forme* de notre vie psychique tout entière, en est aussi le vrai *principe* et la vraie *fin*.

Dans toutes ses manifestations, en effet, et à tous ses degrés, la conscience ne cesse de rapporter quelque chose à l'unité intérieure du *moi*. Elle y rapporte d'abord le système entier des faits psychiques, qui n'existent réellement que par ce rapport même; car « conscience » signifie science rapportée à soi-même, repliée sur un *moi*, concentrée autour de ce *moi*. Nous avons vraiment conscience d'une douleur, d'une joie, quand nous la saisissons en rapport avec notre nature, avec notre *moi*, comme quelque chose qui en fait réellement partie, que nous plaçons d'une manière vague ou précise dans un système de faits intérieurs, constituant une sorte de *noyau*, cohérent et distinct. Inversement, dans les états pathologiques ou à forme pathologique, dans les approches du sommeil, dans l'évanouissement, la syncope, le coma, nous sentons nos impressions s'obscurcir, se disséminer, s'estomper, devenir vagues, indécises, flotter dans une sorte de brume; nous cessons de nous les rapporter clairement à nous-mêmes, de les faire converger vers notre *moi* comme vers un centre commun; c'est alors la conscience qui s'abandonne, qui tombe dans une sorte de défaillance; nous sentons vaguement qu'il y a quelque part, auprès de nous, autour de nous, *de la* joie, *de la* douleur, plutôt que ce n'est à proprement parler *notre* douleur, *notre* joie.

Mais la conscience ne porte pas seulement sur des faits; il nous arrive bien souvent aussi de dire que « nous avons conscience de certaines vérités ». Cela signifie encore que nous sentons ces vérités comme quelque chose qui est virtuellement en nous, inséparable de nous, en relation directe avec un principe de discernement tenant à ce qu'il y a en nous de plus personnel et de plus profond. Pour qu'elles cessassent d'être vraies, il faudrait d'abord que nous-mêmes nous ne fussions plus; elles font partie intégrante de notre vie mentale; on ne pourrait les en arracher sans nous diminuer, sans nous détruire nous-mêmes. Lorsqu'on attaque avec trop de violence quelques-unes de ces vérités, lorsqu'on les raille ou qu'on raille certains sentiments qui s'y rattachent, nous disons qu'on nous atteint, qu'on nous blesse *au plus vif de notre conscience*; c'est presque comme si nous disions qu'on nous frappe au cœur. De là le caractère si sacré, si profondément respectable de la « conscience religieuse ». De même, la « conscience morale » est le sentiment de certaines vérités, relatives au bien ou au mal, en tant que nous les considérons comme liées à un idéal intérieur de fermeté et de cohésion. Aussi voyons-nous ces vérités devenir plus claires ou plus obscures, suivant que notre caractère lui-même s'affermit ou s'affaisse. Quelquefois, nous sommes en danger de nous abandonner moralement, sous l'influence d'une sorte de détente qu'entretiennent en nous des sophismes, des séductions, de mauvaises compagnies ou de mauvais exemples; les limites du bien et du mal perdent alors quelque chose de leur netteté; nous acceptons des compromissions, des excuses pour nos propres fautes comme pour les fautes d'autrui; une indulgence molle nous envahit, nous conduit par degrés à l'indifférence, à la perversion; notre sens moral se trouble, comme nos sens matériels dans certaines hallucinations et certaines maladies. Dans cet état, c'est encore notre conscience entière qui s'obscurcit, qui se *dissout* peu à peu, en même temps que notre conscience morale, et voilà pourquoi le vice, poussé à l'extrême, s'appelle très justement la *dissolution*. On voit donc que l'idée de conscience, sous toutes ses formes, est inséparable de l'idée de notre *moi*, considéré par nous comme un *centre* auquel se rattachent plus ou moins toutes les choses qui nous intéressent.

Il résulte de là que, au lieu de partager, comme le faisait l'ancienne école de psychologie, notre vie mentale et morale en *tranches* nettement distinctes : conscience, perception, raison, il serait beaucoup plus exact de la distribuer en *zones* concentriques, et de rapporter à la conscience toutes les choses qui nous intéressent profondément, qui tiennent aux racines mêmes de notre nature, de telle sorte qu'on peut dire qu'elles sont tout entières en nous comme nous sommes tout entiers en elles. Au delà de cette première zone, tout à fait intime, des choses de la conscience (conscience morale, conscience intellectuelle, conscience religieuse), il y en aurait une autre, déjà plus extérieure, où se répartiraient les choses que nous connaissons, quelquefois par des idées très nettes et très distinctes, mais sans nous y intéresser; nous sommes froids à leur égard; nous les sentons, nous savons qu'elles sont, mais nous ne tenons pas à ce qu'elles soient; rien ne serait changé en nous si elles n'étaient pas ou si elles étaient autres; nous en avons la *notion*, nous n'en avons pas le *sentiment*; elles ne font pas partie de nous. Enfin, plus loin encore, à l'extrême limite, il y aurait la zone des choses que nous connaissons implicitement, mais sans les distinguer, sans leur assigner une place nette dans notre topographie mentale. sans les faire même entrer dans la sphère de ce qui pourra nous intéresser, nous passionner un jour ou l'autre.

En poussant plus loin encore ces conclusions, on aboutirait finalement à une théorie qui rappelle à plusieurs égards une des conceptions maîtresses de la philosophie antiqu . Les stoïciens pensaient que l'âme a le pouvoir de donner à outes ses facultés une énergie plus intensive en se repliant, en s ramassant pour ainsi dire sur elle-même. C'est ainsi que, lans la logique stoïcienne, les divers degrés de l'assentiment so constitués par une *tension* de plus en plus énergique de l'â qui serre en quelque sorte le vrai d'une étreinte d'autant plus rte qu'elle rentre davantage en elle-même par une conscience us nette de son unité. De même, dans la doctrine que nous venc s de résumer, les diverses facultés de l'esprit, raison, mémoir raisonnement, imagination même, sont présentées comme de concentrations, comme des condensations diverses de la conscience. Et cela n'est pas moins vrai de nos autres facultés. Ainsi, la sensibilité s'accroît en raison directe de la conscience; elle n'a pas chez les races humaines inférieures le degré d'*acuité* qu'elle présente chez nous. A plus forte raison n'a-t-elle pas non plus le même degré de *raffinement*. Il n'est pas donné à tous les hommes de ressentir la délicatesse de tels plaisirs esthétiques ou de tels plaisirs moraux; ces joies d'ordre supérieur restent dans l'humanité le privilège d'une élite, parce qu'elles sont attachées à un large développement analytique de la conscience et qu'elles présupposent la faculté de saisir, soit par des sens plus cultivés, soit par une intelligence plus déliée, des nuances et des détails qui échappent au commun des hommes. Il en est de même de la volonté : pour une double raison, elle s'accroît en nous concurremment avec la conscience; d'abord, parce qu'elle est un faisceau de forces, un système de dispositions instinctives reliées les unes aux autres par la réflexion, et d'autant plus fermement que la réflexion est elle-même plus intense; ensuite parce que nous *voulons* avec d'autant plus de continuité et d'énergie que la conscience nous présente sous une forme plus nette les fins auxquelles se rapporte notre nature tout entière.

— Ce serait donc, on le voit, un premier résultat important, si cette théorie pouvait être admise sans réserve, que d'avoir montré la coextension de la conscience à la totalité de la nature psychique de l'homme; car de cette généralisation, supposée légitime, on pourra immédiatement tirer quelques inductions déjà très précieuses soit sur l'étendue de la conscience elle-même, soit sur les rapports que la conscience établit entre les créatures et le Créateur.

On en pourra inférer, par exemple, avec une réelle vraisemblance, que, si la conscience de l'homme est coextensive à la perfection relative de sa nature, il doit en être de même pour tous les autres êtres, au moins dans les limites de la vie. Tous les êtres vivants auront donc une certaine forme, un certain degré de conscience, où ils se saisiront eux-mêmes dans un certain rapport avec le monde. Chacune de ces consciences sera comme une *vision partielle*, comme une *interprétation spéciale* du plan divin. L'univers se reflétera sous les formes les plus diverses dans les types si différents d'organisation qu'a imaginés et réalisés l'inépuisable fécondité de la nature. Il y aura, à la lettre (et sans compter les subdivisions à l'infini), un monde des oiseaux, un monde des insectes, un petit monde, mais combien différencié déjà! des plus humbles animalcules dont les générations accumulées accomplissent une œuvre mille fois séculaire dans les coins les plus cachés de la nature, travaillant au fond des mers, édifiant les continents, préparant les conditions nécessaires des progrès futurs de la vie. Et comment ne pas songer avec admiration à ce que doit être la nature vue à travers ces organismes si différents du nôtre, par exemple à travers les yeux à facettes des libellules ou des abeilles! Combien la réalité, qui, au premier abord, nous paraît simple et une, doit être multipliée, diversifiée, répercutée de mille manières par toutes ces spécialisations de la conscience :

Malheureusement, ces inductions seraient peut-être prématurées; car, jusqu'ici, rien ne prouve encore que la conscience enveloppe réellement le système entier de nos facultés. Si telle était la loi de notre nature, il en résulterait, semble-t-il, comme conséquence nécessaire que nous devrions nous connaître nous-mêmes, bien plus, nous connaître à fond, en raison directe de notre valeur personnelle. Or, il n'en est pas ainsi. C'est un fait banal par son évidence même que celui-ci : *L'homme s'ignore.* Il s'ignore dans ses misères, mais il s'ignore aussi dans ses grandeurs : « Quelle chimère est-ce donc que l'homme! s'écrie Pascal; quelle nouveauté, quel monstre, quel sujet de contradiction! S'il se vante, je l'abaisse; s'il s'abaisse, je le vante, jusqu'à ce qu'il comprenne qu'il est un monstre incompréhensible. » Non seulement l'homme s'ignore individuellement (il se donne le change sur ses vices, sur ses défauts, sur ses ridicules, et il faut que la comédie soit sans cesse occupée à les lui remettre sous les yeux; il se donne aussi le change sur ses qualités; il prend plaisir à médire de lui-même à se calomnier, à se traîner dans la boue; dupe ou fanfaron, il se fait, à beaucoup d'égards, plus mauvais qu'il n'est en réalité), mais cela n'est pas moins vrai de l'humanité prise dans son ensemble. Nous pouvons répéter aujourd'hui encore le mot du vieil Héraclite : « Nous nous cherchons nous-mêmes, nous ne réussissons pas à nous trouver ». Les moralistes font chaque jour des découvertes nouvelles dans le domaine indéfini de nos passions, de nos instincts, de nos mobiles inavoués. D'autre part, si la conscience nous enveloppait, si elle nous éclairait directement en raison même de notre perfection, nous devrions surtout nous connaître dans le bonheur, qui est, en son genre, une perfection. Or, cela n'est pas vrai non plus : nous sommes étourdis, inattentifs dans le bonheur ; nous ne jouissons pas de nos joies au même degré que nous souffrons de nos douleurs. Si l'homme s'ignore, cela est vrai surtout de l'homme heureux ; c'est la douleur qui nous ramène et qui nous révèle à nous-mêmes en nous forçant à réfléchir sur les vraies conditions et les vraies fins de notre nature :

> L'homme est un apprenti, la douleur est son maître,
> Et nul ne se connaît tant qu'il n'a pas souffert !

— *Il y a donc dans la nature humaine une large part d'inconscience.* Ce sont les moralistes qui ont, les premiers, découvert cette vérité, et pendant longtemps aussi ils ont été à peu près les seuls à l'exploiter. Mais, depuis peu, elle a changé de caractère en devenant par-dessus tout une vérité de psychologie. Nous savons aujourd'hui, par une infinité d'observations et d'expériences, que la plus grande partie de notre vie mentale et morale est destinée à nous rester toujours cachée. Elle se déroule en nous, dans les profondeurs d'une activité inconsciente. Leibniz l'avait déjà pressenti en formulant sa fameuse théorie des *perceptions sourdes*, qu'il appelle quelquefois, d'un terme plus absolu, des *perceptions inconscientes*. A la vérité, il se trompe quelquefois dans l'interprétation des faits qu'il énonce. Ainsi, quand il a prétendu, en développant un célèbre exemple, que le bruit de la mer, entendu par nous à quelque distance, est formé par les mille petits bruits auxquels donne lieu chaque vague, pour ne pas dire chaque goutte d'eau, et que tous ces petits bruits, qu'il nous est impossible de démêler dans le bruit total, sont pour nous l'objet d'autant de perceptions composantes, qui se produisent réellement dans l'âme, bien que la conscience ne les saisisse point, il a été évidemment dupe d'une illusion; car ces bruits prétendus se réduisent, en réalité, à des ondes sonores qui expireraient avant d'atteindre notre oreille si elles ne produisaient, en s'unissant les unes aux autres, une onde composée et renforcée, qui se propage à une distance où chacune d'elles isolément n'aurait pu atteindre. Mais, si quelques-uns des faits qu'on a voulu donner pour supports à la théorie de l'activité psychique inconsciente sont contestables, cette théorie n'en reste pas moins vraie dans son ensemble. Chaque jour lui apporte (réserve faite de l'interprétation dernière, sur laquelle nous reviendrons plus loin) quelque confirmation nouvelle. Les analyses les plus délicates de la psychologie ont démontré que, dans beaucoup de cas, nos raisonnements jaillissent de prémisses inconscientes; nos perceptions totales sont influencées par l'immixtion d'éléments que l'esprit y introduit à son insu, en vertu de quelque habitude irraisonnée; une sorte de chimie mentale préside à la combinaison, à la synthèse de nos états de conscience, et continuellement elle tire un tout nouveau, ayant ses formes propres, ses propriétés caractéristiques, de parties qui ne contenaient à aucun degré ni ces propriétés ni ces formes. Quelques-unes des œuvres du génie humain s'accomplissent sans réflexion, antérieurement à toute réflexion possible; chacun des éléments qui doivent y entrer se met, pour ainsi dire de lui-même, à sa juste place; la réflexion, intervenant ensuite, découvre qu'il est bien là même où il convient qu'il soit, mais ce n'est pas elle qui l'y a mis; elle l'y trouve, elle l'y laisse, obligée de reconnaître que, même avec le secours de ses méditations les plus approfondies, de ses combinaisons les plus raisonnées, elle n'aurait pu mieux faire. De tout cet ensemble de découvertes il semble résulter avec une suffisante évidence que la conscience n'embrasse pas, n'enveloppe pas, comme nous l'avions prématurément supposé, la totalité de la nature humaine; bien plus, les choses qui lui échappent, c'est-à-dire, par conséquent, où elle ne joue aucun rôle, sont précisément les plus essentielles, les plus importantes de toutes, celles qui exercent l'influence la plus profonde et la plus décisive soit sur les actes de la vie individuelle, soit sur les œuvres de la vie sociale.

Mais alors, il faut donc rejeter comme fausse, ou comme superficielle, toute cette théorie de la conscience qui nous avait paru si heureusement conforme aux meilleures traditions de notre école française? On verra plus loin ce qu'il en faut penser définitivement. Toujours est-il que les métaphores qui se présentent le plus naturellement à l'esprit pour l'exprimer sont très insuffisantes. Non, la conscience n'est pas un simple *complément* de l'être, un simple *achèvement* de sa perfection, une sorte de *rayonnement*, d'*enveloppe lumineuse* qui lui permettrait de devenir perceptible pour lui-même. La conscience est quelque chose de plus et de mieux que tout cela. Elle est un *acte*, un *effort*, une *conquête*. Sous quelque forme qu'on se la représente, elle est, en tout cas, *quelque chose qui doit se faire, se constituer soi-même avant que d'être;* elle résulte d'un *processus* plus ou moins laborieux, où elle est, d'une certaine manière, en lutte, en conflit avec un contraire, avec une puissance adverse, avec un antitype d'elle-même, en un mot, avec l'inconscience.

— L'Allemagne oppose ici son génie philosophique à celui de la France. Tous les grands penseurs qui l'ont illustrée dans ce siècle ont eu, quoique sous des formes excessivement variées dans le détail, une conception commune de la conscience. Tous ont vu en elle un *événement*, une *crise*, qui se produit soit au sein de l'absolu, soit au sein de l'âme humaine, une sorte de *péripétie tragique* qui, à un moment donné, partage en deux l'évolution de l'univers ou, tout au moins, le développement intérieur de notre vie psychique.

Seulement, Fichte, Schelling, Hegel ont fondé sur cette conception générale une doctrine optimiste; car ils se sont représenté l'absolu comme l'être qui arrive à la conscience après avoir traversé une période d'inconscience; et en même temps ils ont maintenu, du moins en principe, la possibilité d'une induction ou d'une série d'inductions théologiques fondées sur la conscience; car ils ont considéré l'absolu sinon comme une personnalité immédiatement constituée, au moins comme une personnalité qui est en voie de se faire et qui prendra possession d'elle-même au terme de l'évolution universelle. Mais, après eux, Strauss et la gauche hégélienne ont altéré profondément leur conception; ils n'ont plus voulu voir dans l'absolu que le principe commun d'où émanent incessamment toutes les consciences finies, bien qu'il n'ait ni ne puisse avoir lui-même la forme de la conscience. Schopenhauer, d'autre part, a introduit dans la philosophie allemande l'idée pessimiste, en déclarant que la vie et la volonté sont mauvaises, en faisant de leur développement un mauvais rêve, un douloureux cauchemar qui se déroule au sein de l'absolu. Il était réservé à M. de Hartmann de s'approprier, dans sa *Philosophie de l'Inconscient*, ces conceptions nouvelles du panthéisme de l'Allemagne et d'en tirer un vaste système de métaphysique pessimiste, de théologie négative. Toutefois il a eu, en même temps, la légitime prétention de fonder ce système sur les données les plus certaines et les plus nouvelles de la science naturelle de l'âme. Or, à l'époque où il écrivait son livre, c'est-à-dire aux environs de 1869, l'idée qui semblait la plus nouvelle et qui tendait à devenir prédominante en matière de psychologie, c'était que le meilleur de l'activité psychique appartient à la partie inconsciente de l'âme, c'est-à-dire à toute cette vaste sphère de manifestations intérieures qui contient la spontanéité et l'instinct chez l'animal, l'inspiration et le génie chez l'homme. S'inspirant de cette idée, Hartmann en a tiré une théorie étrange, mais profonde, d'après laquelle l'absolu, l'être des êtres, principe et fond de toutes choses, est une activité essentiellement inconsciente, chez qui l'ingéniosité la plus subtile, l'industrie la plus merveilleuse, la finalité la plus haute sont attachées à l'inconscience même. De là, il résulte pour lui, comme conclusion dernière, que la conscience, dont nous trouvons des traces dans la nature et dont nous sentons en nous le plein épanouissement, se rapporte à une finalité tout autre que la conservation de cet univers, puisque l'univers n'a eu besoin d'elle ni pour être ni pour se développer; et, par conséquent, il en résulte aussi qu'elle n'a aucun rapport soit avec la création, soit avec la providence, à moins qu'on ne veuille précisément faire résider la suprême prévoyance dans l'acte qui, d'après Hartmann, prépare de loin l'abolition de l'effort et de la souffrance par la rentrée graduelle des choses au sein du néant.

La science, après un quart de siècle écoulé, justifie-t-elle encore cette conception, dont elle a été, à certains égards, l'inspiratrice? Nous le verrons plus loin. Commençons par résumer brièvement cette conception même, qui est fondée (on ne saurait le méconnaître) sur une admirable théorie de l'instinct et de l'inspiration.

2. L'instinct, bien qu'il s'ignore lui-même, au moins chez l'être en qui il se manifeste, est, d'après Hartmann, tout pénétré de finalité. Dès le premier moment, il est complet, sûr de lui-même, aussi prévoyant chez les animaux inférieurs que chez les plus développés; il tend immédiatement à ses fins avec une précision, une lucidité et une infaillibilité merveilleuses. Non seulement il n'est pas un simple mécanisme matériel (car, dans ce cas, on ne comprendrait pas que, chez des êtres absolument doués des mêmes organes, il puisse revêtir des formes nettement différentes; chez les oiseaux, par exemple, qui, tous, ont pour construire leurs nids les mêmes organes essentiels, la même structure des pattes et du bec, on ne comprendrait pas que les uns placent leurs nids parmi les rochers, d'autres dans les angles des murs ou des toits, d'autres encore sur les rameaux bifurqués; que d'autres, les mésanges en particulier, aient, dans une même espèce, plusieurs types de nids notablement distincts; que d'autres enfin ne construisent aucun nid), mais il ne se réduit même pas à un automatisme mental. Les *intermittences* de l'instinct prouvent une intelligence inconsciente, une raison cachée à elle-même, qui décide dans quels cas l'acte instinctif doit être accompli, dans quels cas il doit être différé ou même totalement négligé. L'oiseau couve dans les pays où la température n'est pas assez élevée; dans les régions torrides, comprenant

que le but de l'instinct peut être atteint sans aucun concours de sa part, il s'abstient de ce soin; enfin, dans les pays où règne une chaleur modérée, certains oiseaux ne couvent que la nuit. Comment concevoir qu'un mécanisme, même mental, contraigne l'oiseau à couver dès que la température s'abaisse au-dessous d'un certain degré? A plus forte raison en est-il de même des *adaptations* de l'instinct; elles témoignent d'une véritable ingéniosité individuelle dans des actes spécifiquement nécessaires, mais dont aucune expérience n'a révélé le but à l'être qui les accomplit sous l'impulsion d'une finalité intérieure.

L'inspiration, sous toutes ses formes et à tous ses degrés, remplit chez l'homme le même rôle que l'instinct chez l'animal. C'est, en effet, une sorte de *divination*, c'est un véritable sentiment interne de la finalité spécifique qui détermine chez l'homme les choix irraisonnés, les irrésistibles préférences de l'amour. C'est l'inspiration qui préside à la conception personnelle de l'idéal, à la création de l'œuvre d'art; dans une sphère plus restreinte, c'est elle aussi qui constitue la verve, la *vis comica*, l'esprit de saillie, l'originalité sous toutes ses formes, l'ingéniosité dans la conversation, « le don de la repartie prompte, du trait spirituel partant comme une flèche avant toute réflexion ». Elle se retrouve partout, jusque dans les découvertes des savants, jusque dans les systèmes des philosophes; car, bien que ces découvertes soient préparées par des expériences et ces systèmes par des raisonnements, ils ne jaillissent les uns et les autres que d'un éclair de l'inspiration, qui met un moment l'individu en rapport direct, en contact immédiat avec l'absolu.

Ainsi, on le voit, l'instinct et l'inspiration suffiraient à assurer la conservation et le développement de l'univers, si cette conservation était un bien, si ce développement pouvait être considéré comme la fin suprême que l'absolu se propose. Mais il n'en est pas ainsi. *Le monde est mauvais*. Il ne l'est pas seulement dans ses développements, il l'est à sa source même. C'est la racine du vouloir qui devrait être extirpée pour que le mal de l'existence pût cesser, pour que la misère de la vie pût être guérie. Or, c'est à la conscience qu'est réservée cette œuvre de salut; elle n'apparaît dans l'univers que pour la préparer d'abord, pour la consommer ensuite.

D'après Hartmann, l'apparition de la conscience est l'événement capital de la vie cosmique, la suprême crise qui doit amener le dénouement du drame de l'univers. Tout à fait à l'origine des choses, l'absolu reposait en lui-même, à l'état de pure volonté, en dehors de toute idée, de toute représentation, jouissant d'une parfaite paix intérieure et d'un repos profond. Alors se produisit dans son sein une crise initiale, « l'apparition, la funeste apparition du vouloir », c'est-à-dire du *besoin d'être pour soi*, du désir d'exister sous la forme de l'individualité. C'est sous l'influence de ce besoin et de ce désir que commença à se déployer l'évolution de l'univers. Cette évolution se poursuit sous la double forme de la volonté et de l'idée, mais de la volonté et de l'idée intimement unies, étroitement associées l'une avec l'autre. Or, tant que dure cette union, ce parfait accord des deux éléments dont l'être se compose, c'est-à-dire tant que chacune de ses déterminations comme volonté correspond à une idée-objet, à un but, à une finalité, l'être demeure inconscient. Si rien ne venait troubler le cours de ce développement parallèle des puissances de l'absolu, l'évolution cosmique se continuerait sans terme; jamais la vanité de la vie, le malheur de l'existence ne seraient dévoilés; les choses tourneraient toujours dans le même cercle; l'activité organique ne cesserait de produire des formes nouvelles, la vertu curative de la nature ne cesserait de réparer les brèches faites à la vie; l'instinct, de son côté, ne cesserait de poursuivre ses fins égoïstes avec la sereine impassibilité qui le caractérise, et les individus, personnifications inconscientes de l'absolu, ne s'écarteraient jamais des voies où la nature les mène sans qu'ils s'en doutent. Le monde, sans doute, n'en serait pas meilleur; mais, absorbé par son illusion, il ne connaîtrait pas sa misère; il l'aimerait presque, il ne chercherait pas les moyens de s'en délivrer et le mécanisme de l'univers serait monté pour toute la série des siècles. D'où viendra donc la délivrance et comment se dissipera l'illusion? Ce sera, d'après Hartmann, l'œuvre d'une nouvelle crise, celle de l'apparition et des développements de la conscience. A un point de vue métaphysique, c'est dans l'absolu lui-même que la conscience a son principe. Après l'apparition du vouloir, la volonté, nous dit Hartmann, éprouve un *déplaisir absolument indéterminé et transcendant*, qui est la souffrance du vouloir infini et vide; ce déplaisir est pour l'absolu l'objet d'une *conscience transcendante, vide elle-même de toute idée*. Voilà l'origine première de la conscience; mais la conscience proprement dite, la conscience comme phénomène n'apparaît dans la nature qu'à un moment ultérieur de l'évolution universelle; et ce moment est celui où commence à se préparer le *processus* de la vie cérébrale. L'organisation des ganglions nerveux et du cerveau a pour résultat de briser le parallélisme de la volonté et de l'idée; elle met en opposition, en conflit l'un avec l'autre les deux éléments qui s'étaient jusqu'alors développés dans la corrélation la plus harmonieuse et le germe de la dissolution future de l'univers est ainsi introduit au sein de l'Inconscient.

Qu'est-ce donc, d'après cela, que la conscience? Au point de vue purement phénoménal, Hartmann en donne une définition bien voisine de celle des associationnistes; pour lui comme pour eux, elle est « un choc mental correspondant à un choc nerveux ». Mais au point de vue métaphysique, c'est à d'autres formules, bien autrement audacieuses, qu'il a recours pour la spécifier : « La conscience, dit-il, c'est la stupéfaction que cause à la volonté l'existence de l'idée, qu'elle n'avait pas voulue et qui pourtant se fait sentir à elle.... L'idée, en effet, ne prend par elle-même aucun intérêt à sa propre existence; elle n'aspire en aucune façon à être; l'idée ne doit son existence qu'à la volonté. L'esprit ne peut avoir, conformément à sa nature et avant l'origine de la conscience, d'autres idées que celles qui, appelées à l'être par la volonté, forment le contenu de la volonté. Tout à coup, au sein de cette paix que goûte l'Inconscient avec lui-même, surgit la matière organisée, dont l'action, suivant une loi nécessaire, provoque la réaction de la sensibilité et impose à l'esprit étonné de l'individu une idée qui semble tomber du ciel, car il ne sent en lui-même aucune volonté de la produire. Pour la première fois, « l'objet de son intuition lui vient du dehors ». La grande révolution est consommée; le premier pas est fait vers l'affranchissement du monde. L'idée est émancipée de la volonté; elle pourra s'opposer à elle dans l'avenir comme une puissance indépendante et la soumettre à ses lois après avoir été son esclave. L'étonnement de la volonté devant cette révolte qui se produit contre son autorité jusque-là reconnue, la sensation que fait l'apparition de l'idée au sein de l'Inconscient, voilà ce qu'est la conscience. »

Et, en effet, la conscience, en se développant de plus en plus sous la forme de la réflexion, détermine « l'émancipation de l'intellect vis-à-vis de la volonté ». Ici encore, Hartmann se rencontre avec les nouvelles écoles de psychologie, qui définissent assez volontiers la réflexion « une faculté d'arrêt ». Mais par là il entend que la réflexion représente, dans toutes les formes de l'activité, le moment de la désillusion et du retour vers le néant. C'est donc par elle qu'est enrayée et finalement arrêtée l'œuvre du vouloir inconscient qui produit et qui éternise la souffrance. Par cela seul que la réflexion entrave, suspend, *arrête* cette œuvre, elle l'affaiblit, elle en *use*, pour ainsi dire, *les ressorts*. Ainsi se trouvent assurées les conditions du « salut du monde », c'est-à-dire du dépérissement et de l'extinction finale des choses, du *nirvâna*, tel qu'il a été conçu par le bouddhisme.

— Cependant, lorsqu'on étudie en détail la *Philosophie de l'Inconscient*, on est étonné de voir que M. de Hartmann, après avoir soutenu si expressément que l'instinct et l'inspiration suffisent à tout expliquer dans le monde moral comme dans le monde de la vie, finit par attribuer à la conscience et à la réflexion un rôle considérable, on pourrait presque dire prépondérant, et cela dans les limites mêmes de la conservation et du perfectionnement de ce monde que, d'après sa conception métaphysique, elles sont appelées à détruire. N'y a-t-il pas là une anomalie bizarre, une contradiction choquante?

Au premier abord, on serait tenté de le croire. Il y a, en effet, dans le livre de Hartmann, tels chapitres (et peut-être, un jour, après l'écroulement de son système, ces chapitres constitueront-ils son principal titre de gloire commme philosophe) où il montre mieux que personne ne l'avait fait avant lui comment l'activité inconsciente et la réflexion s'unissent, se prêtent un mutuel concours pour produire les œuvres les plus importantes et les plus parfaites du génie humain.

Inspiration et réflexion, pourrait-on dire d'après ces chapitres, voilà les deux pôles de notre nature. Il se fait entre ces deux facultés un partage de fonctions d'une netteté et d'une simplicité admirables. C'est l'inspiration qui donne l'élan, l'impulsion et la direction premières. C'est d'elle que jaillissent, d'un jet intarissable, les manifestations les plus hautes de la nature humaine dans l'art, dans la poésie, dans la science même. « Malheur à un siècle qui en méconnaît la puissance, qui perd la faculté de recevoir les inspirations de l'Inconscient, qui étouffe violemment sa voix inspiratrice et qui, dans sa prédilection exclusive pour l'œuvre de la réflexion et du raisonnement, ne veut pas entendre parler d'autre chose! Il voit tarir pour lui les sources de la vie. » Mais, si rien ne peut se faire sans l'élan de l'inspiration, c'est par les choix raisonnés, c'est par les arrangements méthodiques de la réflexion que tout s'arrange et se complète. Dans la production artistique, par exemple, c'est à la spontanéité, à l'inspiration et au génie qu'appartiennent la conception première de l'œuvre, le jet premier de l'exécution, l'intuition nette de l'idéal qui lui donnera la cohésion et la vie. Si ce premier élément faisait défaut, l'œuvre, formée par une simple juxtaposition de parties, resterait froide, sèche, sans action sur le public. Mais la réflexion intervient, à son tour, pour coordonner les inspirations de l'Inconscient, pour les relier les unes aux autres, pour compléter la conception générale par des conceptions épisodiques, enfin, pour organiser l'œuvre entière. Ainsi en est-il pour toutes les autres choses. L'inspiration ébauche, la réflexion achève; et, à ce point de vue, le rôle de cette dernière est si décisif que, dans le parallèle qu'il fait entre les deux formes de l'activité humaine, Hartmann est obligé plus d'une fois de lui accorder la supériorité. D'une manière générale, dit-il, les actes de la réflexion l'emportent par plusieurs caractères sur les actes de l'instinct. Seuls, par exemple, ils nous procurent du mérite : « Les actes que l'Inconscient me fait accomplir sont comme des faveurs divines, qui font de moi le protégé des dieux et ne peuvent m'inspirer que de l'humilité; au contraire, les œuvres que j'accomplis avec conscience m'enorgueillissent avec raison, car elles sont mes œuvres propres et je les ai produites à la sueur de mon front. » Seuls aussi, les actes de la réflexion sont susceptibles de progrès : « l'Inconscient, ajoute Hartmann, laisse l'homme tel qu'il l'a fait et ne lui donne aucun moyen de se perfectionner; les premières comme les dernières inspirations qu'il nous envoie sont indépendantes de notre volonté; la pensée consciente, au contraire, permet à l'individu et à l'espèce de se perfectionner indéfiniment; elle communique à l'homme un désir infini de perfection qui contribue à sa félicité. » Et la conclusion nécessaire qui, bon gré mal gré, jaillit de tous les traits de ce parallèle, c'est que la conscience est « la forme la plus haute de l'existence humaine »; c'est que la conscience est « le plus grand bien de l'individu »; c'est, enfin, que, « partout où la conscience peut se substituer à l'inconscient, il est de son devoir de le faire ».

Voilà, évidemment, des formules qui semblent, au premier abord, bien opposées à l'idée dominante du livre.

Mais Hartmann se tire de cette apparente contradiction en rentrant, pour ainsi dire, à pleines voiles dans son système et en expliquant que, si la conscience et la réflexion semblent, au premier abord, collaborer dans une assez large mesure avec la spontanéité inconsciente, c'est simplement parce qu'elles ne démêlent pas de suite leur véritable raison d'être, la finalité supérieure en vue de laquelle elles sont apparues et devaient nécessairement apparaître dans l'univers. Voilà pourquoi leur action ne s'applique pas immédiatement à la fin qui lui est propre, c'est-à-dire à l'abolition de la douleur par l'anéantissement du vouloir. Il faut, pour cela, que les trois *stades de l'illusion* aient été tour à tour traversés et dépassés ; il faut que la réflexion, s'élevant toujours plus haut, ait compris l'inanité des fins apparentes par lesquelles l'activité universelle, qui enveloppe l'activité humaine, se laisse successivement duper et qu'elle s'en soit détachée tour à tour. Où donc chercherons-nous le vrai but de cette activité universelle? Sera-ce par hasard dans le plaisir? Mais tout plaisir n'est que la satisfaction d'un besoin, et tout besoin est une souffrance; la racine même du plaisir est donc dans la douleur, et c'est à la douleur qu'il revient finalement par la satiété, la fatigue et le dégoût. Dirons-nous que ce but est la liberté? Mais la liberté « n'est rien de positif; ce n'est qu'une pure privation, ce n'est que l'affranchissement de toute contrainte ». Le placerons-nous dans le triomphe final de la moralité, dans l'établissement d'une justice, d'une solidarité universelles? Chimères des derniers âges! rêves stériles de l'humanité vieillie et défaillante! Le progrès moral n'est qu'une apparence : « Le vol, le mensonge, la fraude augmentent, malgré la répression des lois, dans une proportion plus rapide que ne diminuent les délits grossiers et violents, comme le pillage, le meurtre ou le viol. Si l'État ou la société n'assuraient pas l'infaillible exécution des lois répressives, on verrait renaître la brutale sauvagerie des premiers âges; elle se montre, en effet, et avec elle réapparaît la bestialité humaine sous ses formes les plus repoussantes partout où les liens de la loi et de l'ordre sont affaiblis ou brisés. » Apparences aussi, la fraternité des hommes, l'émancipation des masses, l'espoir d'un bonheur positif pour l'humanité dans les âges à venir! « A mesure que le monde marche, le spectre de la pauvreté des masses devient plus menaçant; les malheureux ont une conscience plus claire de leur misère. La question sociale qui agite l'époque actuelle repose sur le sentiment plus vif que la masse des travailleurs a aujourd'hui des misères de sa situation. » Ainsi, « la souffrance n'a fait que croître dans le monde avec le développement organique, depuis la cellule primitive jusqu'à l'apparition de l'homme; et maintenant, elle suivra, croissant toujours, le développement progressif de l'humanité, jusqu'à ce que le but suprême soit atteint. » Mais ce but suprême, encore une fois, quel est-il? Un moment, Hartmann se demande si ce ne serait pas la conscience elle-même. Que ne peut-il s'arrêter là et employer les ressources infinies de son ingéniosité et de sa science à développer toute la richesse du contenu de cette idée : la vraie fin de l'évolution de l'univers, c'est la fusion de toutes les consciences finies au sein d'une conscience éternelle et absolue? « La conscience, dit-il quelquefois, est certainement la fin la plus élevée dans la nature »; mais, ajoute-t-il presque aussitôt, il reste encore à se demander si cette fin ne redevient pas un simple moyen relativement à une fin supérieure à la nature elle-même, c'est-à-dire « la réalisation de la plus haute félicité possible, laquelle, aux yeux du vrai philosophe, se réduit finalement à l'absence de toute douleur ». Or, cette absence de toute douleur n'est possible que par la suppression du *vouloir vivre*, par le renoncement à l'être, par l'extirpation des racines mêmes de l'individualité. Ainsi, nous sommes ramenés à l'idée maîtresse du système. Loin d'être le *fond* des choses, la conscience n'est dans l'univers qu'un *accident*; loin d'être un *principe* et une *fin*, elle n'est qu'un *moyen*; c'est l'*intermédiaire universel* par lequel la volonté pure, sans idée et sans objet, rentre en elle-même, après avoir éprouvé la vanité de toutes les formes du désir, de tous les degrés de l'être, et avec la seule disposition de s'interdire désormais à elle-même par une suprême résolution, le *suicide cosmique*, toute velléité, toute possibilité d'un vouloir nouveau, par conséquent, d'un nouveau cycle de souffrances et de misères.

Une induction fondée sur l'étude de la conscience ne nous mènerait donc pas à Dieu; elle ne ferait, au contraire, que nous en écarter le plus possible; car l'absolu, qu'on doive ou non l'appeler Dieu, est essentiellement inconscient. Tout au plus peut-on dire en un certain sens qu'il est *supraconscient*, puisqu'il enveloppe en lui la possibilité d'une évolution où la conscience a un rôle à jouer. Mais rien ne ressemble moins à la paix dont il jouit, enveloppé en lui-même, sans pensée et sans action, que les agitations de notre pauvre conscience humaine, toujours en quête de quelque moyen d'échapper à la douleur.

3. On voit que les dernières conclusions de la philosophie de Hartmann ne sont pas seulement opposées à celles de notre philosophie spiritualiste française; elles contredisent également celles des autres grands systèmes de la philosophie allemande; car Leibniz aussi bien que Descartes, Hegel aussi bien que Cousin croient que l'homme va à Dieu, au bien, à l'action utile et féconde, par l'essor de sa conscience et de sa raison. Et cependant, nous venons de le voir assez clairement, il y a dans cette philosophie un élément épisodique de la plus haute importance et de la plus profonde vérité. Que faudrait-il pour que le système de Hartmann vînt prendre place au nombre des systèmes bienfaisants qui ont fortifié l'humanité dans ses labeurs et dans ses épreuves? Uniquement que cette partie épisodique passât au premier plan et que, par la suppression de la plus bizarre des hypothèses, celle d'un conflit entre deux activités contraires qui se disputeraient le gouvernement du monde, la conscience et la réflexion fussent enfin rattachées à leur véritable finalité.

Hartmann n'entend pas faire cette correction à son système; mais la science, par ses progrès nouveaux, se charge de la faire pour lui et malgré lui. On peut dire, en effet, que les expériences et les découvertes les plus récentes de la psychologie et de la science expérimentales aboutissent à un résultat commun : elles montrent que la prétendue *inconscience* de Hartmann n'est, au fond, dans la plupart des cas, que de la *subconscience*, c'est-à-dire de la conscience engagée dans l'organisme, émoussée par l'habitude, ramenée de la forme actuelle à la forme potentielle. C'est ainsi que la science, après avoir été quelquefois, par suite de quelque interprétation hâtive, la cause occasionnelle des écarts de la métaphysique, se charge un peu plus tard de les redresser elle-même par le seul effet de sa marche en avant.

Au lieu donc d'attribuer aux manifestations d'un mystérieux principe métaphysique les faits qui semblent, au premier abord, se produire en nous d'une manière inconsciente, il est bien plus simple d'y voir ce qu'on pourrait appeler les « résidus de l'activité antérieure de la conscience ». Ainsi s'expliqueront d'une manière très scientifique les merveilles de l'activité réflexe et de l'instinct. Loin de les croire, comme Hartmann, absolument étrangères à la conscience, on s'apercevra qu'elles en sont, au contraire, des créations. La conscience s'est exercée d'abord dans des centres nerveux inférieurs; elle y a créé des habitudes mentales rudimentaires, qu'elle a confiées en quelque sorte à la garde de l'organisme, et de là elle s'est élevée à des manifestations plus complexes et plus parfaites dans des formes, elles-mêmes plus compliquées et plus savantes, de l'organisation nerveuse et cérébrale. En se plaçant à ce point de vue, on fait disparaître l'opposition si tranchée, l'antagonisme si radical que l'auteur de *la Philosophie de l'Inconscient* se plaît à établir entre la réflexion et l'instinct. Si, en effet, la conscience s'est lentemen élaborée à travers les formes de l'être et les degrés de l'organisation, telle activité qui nous apparaît aujourd'hui sous la forme de l'instinct, parce qu'elle est liée à des conditions organiques bien déterminées et solidement établies, a pu, à son heure, et lorsqu'elle n'en était encore qu'à la période d'élaboration, se manifester sous la forme réfléchie, on pourrait presque dire raisonnée; elle a pu, comme la réflexion humaine, chercher sa voie, hésiter, tâtonner, s'arrêter au carrefour de deux partis qui lui apparaissaient comme également possibles, choisir entre plusieurs moyens pour réaliser une certaine fin déterminée. Or, c'est tout cela qu'on exprime couramment aujourd'hui, quand on dit, par exemple, que l'instinct est de « la conscience amortie », que l'organisme même est peut-être de « la conscience éteinte », de « la mémoire pétrifiée ».

Ce qui prouve bien que la conscience subsiste à l'état latent jusque dans les parties en apparence les plus humbles du système nerveux, c'est que, quelquefois, dans des circonstances exceptionnelles ou anormales, elle s'y réveille, elle s'y exalte de la manière la plus étonnante. Ainsi, chez divers animaux, lorsque les centres nerveux supérieurs ont été enlevés ou atrophiés, les fonctions que ces centres accomplissaient ne disparaissent pas d'une manière complète. Le plus souvent, elles ne subissent qu'une éclipse passagère; peu après on les voit reparaître, accomplies cette fois par des centres nerveux subordonnés, en qui persistait une aptitude virtuelle à les remplir.

Une expérience bien curieuse montre que, chez la grenouille à qui on a enlevé les hémisphères cérébraux, d'autres centres nerveux deviennent capables d'accomplir les fonctions intellectuelles qui semblaient, au premier abord, réservées exclusivement aux hémisphères. Si on irrite avec de l'acide acétique une partie de sa cuisse, elle a, malgré l'ablation de son cerveau, l'*idée* d'essuyer l'acide avec la face dorsale du pied correspondant à cette cuisse; si maintenant on pousse plus loin l'expérience et si on lui enlève ce pied, après quelques moments d'hésitation et de tâtonnement, elle a encore l'*idée* de refaire le même travail avec l'autre pied. Ainsi, en l'absence du cerveau, on voit la conscience sourde des centres nerveux de la moelle épinière éprouver une véritable exaltation qui lui permet de prendre, au moins momentanément, la place de l'activité cérébrale.

M. Fouillée explique tout cet ordre de faits en rappelant une ingénieuse comparaison du psychologue anglais Lewes. Il montre que le cerveau remplit dans l'ensemble de notre organisation nerveuse le rôle de *général en chef*; c'est lui qui a la direction de la machine tout entière, et c'est lui en même temps qui maintient à leur juste place et dans leurs rôles subordonnés les centres nerveux inférieurs; mais comme, dans une armée, il y a au-dessous du généralissime d'autres généraux, et, au-dessous d'eux encore, des colonels, des capitaines, qui non seulement remplissent leurs fonctions propres avec une certaine autonomie, mais encore sont virtuellement capables, l'armée venant à perdre tout à coup ses principaux chefs, d'assumer des fonctions supérieures, de même, dans l'organisme nerveux, les principaux centres étant tout à coup enlevés, les centres inférieurs reçoivent une exaltation soudaine qui les met à même de se substituer à eux et d'accomplir leurs fonctions, pour lesquelles ils avaient une sorte d'aptitude latente. Ainsi, une conscience virtuelle de la finalité organique générale est comme à l'état diffus dans les diverses parties dont se compose l'organisme nerveux; les aptitudes qui existent *en acte* dans les centres supérieurs sont *en puissance* dans les centres subordonnés, et l'on peut dire qu'il y a entre les uns et les autres une véritable *continuité*.

Mais cette continuité des formes et des degrés de la conscience soulève précisément le même problème que nous avons déjà rencontré à propos de la continuité des formes et des progrès de la vie. Elle est susceptible, en effet, d'être conçue aussi sous deux formes essentiellement différentes. On peut essayer, si l'on veut, de ne la considérer qu'à un point de vue purement *esthétique* et de ne voir en elle que la série tout idéale des phases de réalisation d'un plan divin qui se développerait sans le concours des créatures, de telle sorte qu'il n'y aurait entre ces phases aucune transition naturelle, aucun lien généalogique. C'est, on le voit, une conception tout à fait analogue à celle des développements de la vie dans le système de Cuvier ou dans celui d'Agassiz. Mais, si on se place ou si on est conduit par les résultats de l'expérience à se placer au point de vue de l'évolution, on verra alors dans cette continuité une nécessité vraiment *dynamique*, provenant de ce fait que, dans le monde de la vie comme dans le monde moral, la conscience a le privilège de fixer elle-même ses conquêtes, de les lier fortement à des conditions organiques qui en assureront la perpétuité et de se rendre ainsi libre et maîtresse d'elle-même pour s'élever toujours plus haut. Or, dans le monde moral, cette propriété de la conscience n'est pas douteuse; elle s'y manifeste sous la triple forme des progrès de la vie individuelle par l'*habitude*, de la vie spécifique par l'*hérédité*, de la vie sociale par la *civilisation* et par l'*éducation*. Il serait donc parfaitement naturel d'en conclure, même si des recherches expérimentales ne justifiaient pas cette hypothèse, que, dans le monde de la vie, la conscience a fixé aussi tour à tour les progrès de l'organisme et créé graduellement, par une sorte de segmentation continue, des habitudes, des dispositions instinctives et des facultés de plus en plus parfaites.

Mais la démonstration de cette hypothèse est faite aujourd'hui par toute une série d'études psychologiques et scientifiques, qui ont porté spécialement sur les sociétés et sur les colonies animales et d'où il résulte que le progrès, dans les divers embranchements de l'animalité, a pour principe une sorte de *poussée* par laquelle une conscience supérieure se constitue peu à peu dans un système de consciences subordonnées, qu'elle soumet graduellement à son empire et qui, de leur côté, s'effacent en quelque sorte devant elle, lui délèguent leurs pouvoirs, se confinent de plus en plus dans l'accomplissement de fonctions particulières, nettement définies, lui laissent enfin le soin de diriger, au mieux des intérêts collectifs, l'agrégat tout entier.

Rappelons d'abord comment le principe général de cet ensemble de théories a été posé par M. Espinas, dans son livre des *Sociétés animales*.

— D'après M. Espinas, il y a, chez tous les expérimentateurs contemporains, « une tendance à dépouiller les organes centraux de chaque fonction du pouvoir exclusif de pourvoir à cette fonction et à signaler la part active que prennent à son accomplissement toutes les autres parties du même système ».

Ainsi, le cœur était considéré autrefois comme le seul organe de la circulation, et l'on ne voyait dans les artères que des « tubes inertes », où la seule impulsion du cœur chassait le courant sanguin. Aujourd'hui, il n'en est plus ainsi; des expériences nouvelles ont montré que les artères possèdent, elles aussi, bien qu'à un moindre degré que le cœur, une certaine contractilité qui leur est propre, et Claude Bernard a prouvé que « la circulation générale résulte d'une série de *circulations locales* bien plus importantes à connaître et bien plus difficiles à étudier ». De même, Lavoisier pensait, à tort, que le poumon était la source unique de la chaleur animale; on s'est, au contraire, convaincu depuis que l'intimité des tissus est le théâtre de combinaisons chimiques tout aussi importantes et que la chaleur animale est produite en une foule de points de l'organisme.

Or, ce qui est vrai des phénomènes de circulation et de respiration ne l'est pas moins des phénomènes d'innervation : « Chaque fragment du vertébré a une innervation locale et se suffit à lui-même, si ce n'est quant aux fonctions supérieures de la vie de relation, celles-ci ayant été confiées au segment terminal, pour qu'il soit le guide et le représentant de tous les autres ». Mais comment faut-il concevoir que ce segment terminal, qui, à l'origine, ne se distingue en rien des autres, se trouve investi d'une fonction supérieure, intéressant l'agrégat tout entier? C'est ici que M. Espinas introduit l'idée essentielle d'une *délégation*, liée elle-même à une division du travail physiologique, chaque segment inférieur se cantonnant d'une part dans l'accomplissement de certaines fonctions subordonnées, d'un caractère spécial ou local, et, d'autre part, se dépouillant, pour la concentrer tout entière dans le segment terminal, de la part d'aptitude qu'il avait originairement, aussi bien que ce segment terminal lui-même, à s'acquitter, dans une certaine mesure, de la fonction directrice, hégémonique, qui intéresse l'organisme tout entier.

« Le concours entre les diverses parties d'un organisme s'obtient, dit-il, par la *délégation des fonctions.* » Il n'est pas possible qu'un grand nombre d'individus, se partageant des fonctions diverses, en remplissent tous qui soient d'importance égale. A l'un ou à plusieurs d'entre eux doit échoir la fonction prépondérante, essentielle, dominante. Plus il la remplira, mieux il devra s'en acquitter, et ainsi il se retirera graduellement des régions les plus éloignées de l'organisme social pour se fixer en un centre. « C'est ainsi que, même sans que les autres individus l'aient voulu délibérément, un individu ou groupe d'individus central deviendra prépondérant et *se subordonnera* tout le reste. Dès lors, il représentera à lui seul le corps tout entier, dont la vie sera comme résumée en lui. Les destinées de tous seront attachées à la sienne et, en raison de la solidarité organique, il recevra l'écho de toutes les modifications; de plus, s'il réagit, il sera centre de mouvements comme il est centre d'impressions. C'est là le plus haut degré du concours. »

Telle est la loi, la grande loi qui régit l'évolution, le progrès de la conscience. Mais, d'après M. Espinas, ce n'est pas seulement la formation des organismes physiologiques qui doit s'expliquer par elle; c'est aussi et surtout la formation des organismes sociaux, c'est-à-dire des sociétés animales. Il n'est pas, en effet, absolument nécessaire que des individus organiques soient liés les uns aux autres par un lien de contiguïté pour qu'il s'établisse entre eux une communauté d'impressions et de réactions; il suffit pour cela que des individus séparés les uns des autres soient susceptibles, en vertu de leur organisation même, d'avoir des représentations identiques et en quelque sorte convergentes. Alors il se crée entre eux une solidarité d'ordre supérieur, qui est constituée par une *conscience collective*, par une *conscience vivante*, c'est-à-dire par un *organisme d'idées*.

Or, contrairement au préjugé vulgaire, c'est cette conscience même qui constitue la société; elle n'en est pas un résultat plus ou moins indirect, à plus forte raison une expression plus ou moins métaphorique; elle en est, à la lettre, le principe. Des individus ne peuvent se former en société que parce qu'ils sont, d'une certaine manière, « représentés mentalement les uns aux autres », c'est-à-dire parce qu'ils sont portés à se grouper les uns contre les autres, « non plus, comme dans les limites d'un organisme matériel, sous l'impulsion des forces physico-chimiques ou des excitations physiologiques, mais sous l'incitation de penchants de plus en plus ressentis et d'attraits de plus en plus remarqués ». Ainsi, il en est des organismes sociaux comme des organismes proprement dits; ils se forment, ils se développent, ils se perfectionnent sous l'influence d'une loi de progrès qui est la loi même de la conscience. « Loin d'expliquer, comme les écoles matérialistes, le supérieur par l'inférieur, loin de faire servir l'organisme à l'explication de la conscience, c'est plutôt par la conscience, dit M. Espinas, qu'il convient d'expliquer, autant que possible, l'organisme matériel. »

Mais, ici comme là, dans l'organisme social comme dans l'organisme matériel, la loi de progrès est en même temps une loi de groupement hiérarchique et de subordination. Toute société animale a des chefs, et la prépondérance de ces chefs provient de ce que, sous l'influence d'une nécessité inconsciente, les autres individus ont *fait abandon* en leur faveur de la part d'aptitude qu'ils pouvaient avoir à exercer la direction de la collectivité : « Loin de ne s'appliquer qu'aux corps sociaux composés d'organes contigus, la loi de subordination des fonctions s'étend aux corps sociaux composés d'individus capables de représentation et y trouve une confirmation nouvelle. C'est même là que le concours atteint son *summum*, grâce à une *délégation formelle* (peuplades de ruminants, de pachydermes, de singes) et à la facilité avec laquelle le chef, avant de réagir sur le monde extérieur, quand il a reçu une impression, réagit d'abord sur les membres subordonnés de sa troupe. »

— M. Perrier, reprenant à un point de vue plus spécial le même ordre d'idées, a expliqué, dans son livre des *Colonies animales*, le mode précis suivant lequel se forme, dans un organisme complexe, la fusion de diverses consciences locales en un véritable foyer de conscience collective. Il a montré comment des *plastides* ou éléments constituants de la vie forment entre eux des associations, qui sont de véritables colonies, au sein desquelles se crée une conscience commune, qui, elle-même, se concentre dans un élément nerveux supérieur et dirigeant. Alors est constitué un individu végétal ou animal, un *individu morphologique*, et cet individu, à son tour, devient, dans les régions supérieures de l'animalité et lorsque les consciences locales se sont entièrement fusionnées au sein de la conscience générale du *moi*, un *individu psychologique*.

« Mais ce *moi*, cet *individu psychologique*, ajoute M. Perrier, ne naît pas tout d'un coup. Il se constitue lentement, pièce à pièce, comme l'individu morphologique. Les plastides, simples cellules équivalentes aux éléments anatomiques des animaux supérieurs, manifestent nettement les notions qu'ils possèdent de leur individualité; ils se meuvent ou s'arrêtent à volonté, explorent le terrain sur lequel ils se trouvent à l'aide de leurs pseudopodes ou de leurs cils, exécutent d'une façon qui paraît consciente tous les actes nécessaires à la recherche de leurs aliments; ils savent même s'associer à leurs semblables ou se séparer d'eux. Associés, ils conservent toutes leurs facultés, que l'on voit encore se manifester nettement chez les éponges et chez la plupart des polypes hydraires; mais, chez ces derniers, il devient déjà évident qu'une coordination entre toutes les volontés s'est établie; il est évident même que certaines sensations sont devenues communes. L'hydre marche comme pourrait le faire un insecte ou un animal plus élevé; elle peut varier ses procédés de locomotion, changer de direction quand celle qu'elle suit ne lui convient plus, se fixer ou devenir libre à volonté; elle sait se diriger vers la lumière, qui n'éclaire cependant qu'une partie de son corps, et elle se rétracte tout entière quand elle a à saisir une proie ou qu'on vient à la toucher sur quelque point. Ce sont là des traits qui supposent une *conscience.* »

A la vérité, cette conscience est bien rudimentaire encore. Dans les régions inférieures du règne animal, la solidarité des divers éléments n'est pas telle que l'individu souffre ou paraisse souffrir d'une mutilation; il se contente de reproduire les éléments qui lui ont été enlevés, et sa vitalité, loin d'être atteinte, en reçoit une surexcitation nouvelle. Ainsi, la sensibilité même a des degrés ascendants, et la faculté de jouir et de souffrir n'apparaît qu'en dernier lieu, en correspondance avec une organisation déjà très compliquée et très cohérente. A plus forte raison en est-il ainsi des facultés supérieures, qui rendent possible la combinaison savante des mouvements, la coordination des actes réflexes en instincts, l'accumulation des expériences, le pressentiment des besoins futurs de la vie individuelle ou de la vie spécifique.

A mesure qu'on approche des animaux supérieurs et finalement de l'homme, la conscience prend de plus en plus la forme de la cohésion et de l'organisation : « Une certaine part des impressions produites sur les différents individus ou même certaines impulsions émanées d'eux arrivent à un individu *unique*, qui les ressent personnellement et dont la volonté semble alors dominer celle des autres. C'est la conscience de cet individu qui s'agrandit de manière à devenir la conscience même de la colonie; c'est lui qui veut pour tous ses compagnons; ceux-ci lui obéissent docilement, et, cette centralisation faisant des progrès, l'on croit voir comment s'établit dans la colonie une unité psychologique réelle, indiscutable, comment les animaux supérieurs arrivent à la notion de leur indivisibilité, comment le *moi* se substitue au *nous*. Le *moi* proprement dit ne serait donc autre chose que le *moi* envahissant et devenu despotique de l'individu à qui les circonstances ont donné dans la colonie une place prépondérante. »

Encore faut-il bien entendre cette expression « devenu despotique » et ne pas vouloir l'interpréter ici dans un sens trop absolu. Elle ne signifie pas que le développement de la conscience soit livré aux hasards de la force et que, dans la sphère de la vie mentale comme dans le monde de la vie organique tel que le comprennent Darwin ou Hæckel, un individu favorisé par des circonstances purement accidentelles puisse imprimer au progrès une direction, elle-même toute fortuite, qui ne serait pas impliquée dans la série des antécédents et ne correspondrait pas à quelque finalité générale. La force, ici surtout, est le véhicule de l'idée. Si le *moi* de l'individu favorisé devient *envahissant*, c'est que la fonction remplie par cet individu, assumée par lui, répond le mieux possible à l'intérêt de tous; si ce *moi* devient *despotique*, c'est que sa prépondérance, nécessaire au bien collectif, est, en quelque sorte, virtuellement désirée; en d'autres termes, l'individu à qui revient la fonction hégémonique est élevé au sommet, il est, si l'on peut s'exprimer ainsi, *porté au pouvoir* par le concours des autres individus, dont les consciences, se pénétrant mutuellement, arrivent peu à peu à se fondre dans une conscience supérieure et dirigeante. « Mais, encore une fois, l'individu directeur n'est pas arrivé d'un seul coup à établir son hégémonie »; « c'est, pour rappeler toujours l'importante expression de M. Espinas, par une longue série de *délégations successives* qu'il est parvenu à concentrer en lui la plus grande partie de l'activité psychique de la colonie; il a reçu peu à peu un *mandat* de plus en plus étendu avant d'arriver à obtenir l'*abdication* plus ou moins complète de ses associés. »

— Enfin, M. Fouillée, dans diverses études sur la conscience, a repris tout cet ordre d'idées avec une largeur de vues qui nous permet de dominer le sujet et de tirer de tout ce qui précède une conclusion synthétique sur l'unité de la conscience à tous ses degrés, soit dans l'homme, soit dans la nature.

Il a montré, lui aussi, que le progrès parallèle de l'organisation cérébrale, d'un côté, de la vie mentale, de l'autre, est, au fond, le résultat d'un *sacrifice* en quelque sorte volontaire, désintéressé, par lequel les centres nerveux inférieurs se sont dépouillés, au profit du cerveau et dans un intérêt collectif, d'un certain nombre d'aptitudes et de fonctions qu'ils possédaient originairement au même titre et presque au même degré que le cerveau lui-même. Dans la division du travail, dans la spécialisation progressive et dans le partage de fonctions qui constitue le progrès même de l'organisation animale, les centres nerveux inférieurs ont abandonné au cerveau ce qu'on pourrait appeler le ministère des affaires étrangères; ils lui ont laissé « les fonctions de prévoyance et de mémoire, les idées et les réactions à l'égard des objets éloignés ou absents »; ils n'ont gardé pour eux, et pour la conscience de plus en plus spécialisée qui leur reste en propre, que « le soin de réagir à l'égard des objets présents, sous l'aiguillon immédiat de la sensation actuelle ». Mais c'est là, encore une fois (et l'on ne saurait trop répéter ce terme essentiel), une simple *délégation*; car ces centres nerveux inférieurs qui se sont dépouillés au profit du cerveau restent toujours virtuellement capables d'accomplir, au moins dans une certaine mesure, les fonctions dont ils se sont simplement déshabitués et désintéressés; ils conservent toujours, bien qu'à un faible degré, les aptitudes qui s'y rapportent. « Si, en effet, la sensibilité, par exemple, n'existait pas dans les vertèbres sous une forme rudimentaire, elle n'aurait pu, par une évolution graduelle, se développer dans le cerveau, qui n'est qu'une vertèbre démesurément grossie. » De même, tous les développements de la vie psychique, aussi bien ceux des facultés intellectuelles que ceux des facultés sensibles, sont contenus en germe dans les états antérieurs : « Il y a partout, dans les corps organisés, des sensations et des appétitions plus ou moins rudimentaires, des éléments d'états de conscience plus ou moins diffus ou nébuleux. Les organes importants du système nerveux sont des concentrations de la vie sensitive et appétitive; le cerveau n'est qu'une concentration encore plus puissante, où la sensation devient idée, l'appétition volonté et où la vie enfin prend la conscience de soi. » Ainsi, la vie psychique est réellement à l'état diffus dans l'organisme nerveux tout entier; seulement, dans l'état normal, le cerveau exerce, en ce qui concerne les fonctions qui relèvent spécialement de lui, une action inhibitoire sur les centres inférieurs; il les empêche, dans l'intérêt de l'harmonie et de la santé générales, de « manifester directement tout ce qu'ils seraient capables de faire »; mais cette action inhibitoire ne supprime pas les aptitudes elles-mêmes; elle les laisse subsister, au moins d'une manière virtuelle.

Veut-on un nouvel exemple qui montre bien dans quelle mesure les fonctions supérieures sont virtuellement conservées dans les centres nerveux subordonnés; on le trouvera dans les faits qui se passent chez les pigeons à qui on a enlevé les hémisphères cérébraux : « Au bout de trois ou quatre jours, ces pigeons ont recouvré la vue; en marchant ou en volant, ils évitent tous les obstacles; parmi divers perchoirs, ils choisissent le plus commode; montés très haut, ils descendent de perchoir en perchoir, en suivant le meilleur chemin, avec l'exacte notion des distances ». La vie mentale a donc repris chez eux une réelle complexité; mais elle est désormais enfermée dans un cercle très étroit; elle est devenue « isolée et insociable ». Privé de la partie la plus essentielle de son organisme cérébral, « l'oiseau vit comme un ermite; il ne connaît plus ni amis ni ennemis; il n'aperçoit aucune différence entre un corps inanimé, un chat, un chien, un oiseau de proie qui se trouve sur sa route; le roucoulement de ses pareils ne lui fait pas plus d'impression que tout autre bruit; la femelle n'accorde aucune attention au mâle, le mâle à la femelle; la mère ne fait pas attention à ses petits. C'est donc la vie familiale et sociale qui a disparu; ce sont les rapports avec les autres êtres animés qui ne viennent plus se représenter dans la tête de l'animal. Il conserve, à la vérité, dans une certaine mesure, son *moi* personnel, mais réduit au présent et renfermé comme Robinson dans son île. »

— A la lumière de ces différents ordres de faits, nous comprenons maintenant le caractère tout relatif de la prétendue inconscience qui tient une si grande place dans le système de Hartmann : les faits dits inconscients sont simplement des faits qui échappent à la conscience du cerveau, mais qui peuvent être conscients d'une certaine manière pour un centre nerveux inférieur; ainsi, ils ne nuisent pas à l'unité de la vie psychique; ils ne se rapportent pas, comme le suppose arbitrairement Hartmann, à un autre ordre de finalité que les faits de réflexion. La conscience proprement dite, la conscience cérébrale, exige pour se produire un certain nombre de conditions bien déterminées. Il y faut d'abord « une certaine *intensité* d'excitation suffisante pour s'étendre des nerfs jusqu'au cerveau et, dans le cerveau même, une suffisante intensité d'onde nerveuse ». Il y faut ensuite une certaine *durée*. De plus, on a remarqué que la conscience a besoin, au moins pour être distincte, d'une certaine *stimulation* introduite en elle par le *contraste*; le plaisir ne serait pas senti, la lumière ne serait pas perçue, sans une certaine intrusion perpétuelle de douleur ou d'obscurité. Mais comment soutenir avec certitude que, quand cette intensité, ou cette durée, ou ce contraste ne se produit qu'un peu en deçà de la limite nécessaire pour constituer ce qu'on appelle un *minimum sensibile*, le phénomène change pour cela absolument de caractère? Devenu inconscient pour notre disposition actuelle, il n'est pas nécessairement devenu pour cela inconscient en soi, et rien ne prouve qu'il ne continue point à retentir d'une manière sourde dans quelque région inférieure de notre être.

L'idée d'une « pensée inconsciente » n'est donc pas, en réalité, aussi paradoxale qu'il peut sembler au premier abord; car il est certain que, notre conscience n'ayant jamais qu'une idée claire à la fois, beaucoup d'autres néanmoins sont continuellement présentes en nous d'une certaine manière et, bien qu'inaperçues, exercent une influence très réelle sur le développement de notre vie mentale, sur la suite de nos sentiments, de nos impressions, de nos humeurs, de nos désirs, de nos raisonnements même. A tout moment, en effet, il y a une infinité de choses auxquelles nous pensons dans une certaine mesure, en ce sens que nous les sentons impliquées, enveloppées dans nos pensées actuelles; nous avons le sentiment vague qu'elles sont à notre disposition, sous notre main, et que nous pourrions y penser expressément, si nous le voulions. Un mot qui nous échappe, mais que nous avons, comme on dit familièrement, *sur le bout de la langue*, est bien pensé par nous d'une certaine manière, puisque, nous appuyant sur l'idée latente que nous en avons tout au fond de notre mémoire, nous éliminons les mots plus ou moins semblables qui voudraient se substituer à lui; bien plus, nous avons un certain sentiment vague de la mesure dans laquelle ils lui ressemblent; nous avons conscience dans notre recherche que tantôt nous nous rapprochons du but et tantôt nous nous en éloignons. Une infinité de choses, à tout moment, ne sont pas sous une forme actuelle dans notre conscience, mais nous les sentons toutes prêtes à y entrer. Elles sont, pour ainsi dire, *dans le champ de notre vision intellectuelle*; il dépendrait de nous d'arrêter sur elles notre pensée; elles nous sollicitent à le faire; elles se recommandent à nous, pour ainsi dire. Il est donc vrai *que, dans un sens, nous pensons ces choses et que, dans un autre, nous ne les pensons pas.* Cela n'enferme aucune contradiction véritable.

Mais, s'il y a des pensées latentes dans notre cerveau, il y en a aussi, quoique bien plus cachées encore, dans nos habitudes, dans nos instincts, dans nos tendances et dispositions héréditaires. Une certaine conscience collective, spécifique, se continue, se prolonge en nous d'une certaine manière et mêle, dans une trame mystérieuse, ses inspirations vagues et sourdes à nos pensées les plus mûries, à nos réflexions les plus personnelles. Nous ne sommes pas seuls à penser et à agir; nous avons des conseillers invisibles que nous portons en nous-mêmes; notre caractère et notre conduite sont influencés à notre insu par ces pensées virtuelles, qui forment une grande partie de notre être moral, mais que nous ne pouvons, à cause qu'elles sont trop profondément entrées dans notre mécanisme mental, faire reparaître au grand jour de la conscience individuelle.

— Ainsi, de proche en proche, à la place du spectre désormais exorcisé de l'Inconscient, nous voyons la conscience, à des degrés de plus en plus faibles, mais cependant toujours semblable à elle-même dans son essence dernière, se glisser, s'insinuer en nous jusqu'aux racines mêmes de la pensée et de la vie. Descend-elle plus bas encore? Pénètre-t-elle par ses infiniment petits jusque dans le monde de la matière? Nous n'en pouvons rien savoir. Une telle question échappe totalement à la science expérimentale. Il n'est cependant pas antiscientifique de se la poser; car elle est intimement liée à la question des origines de l'univers.

Théoriquement, on peut dire que l'idéalisme postule l'extension des infiniment petits de la conscience jusqu'aux éléments mêmes de l'être, jusqu'aux débuts mêmes de la création. Si, en effet, l'objet n'existe véritablement que *dans* et *par* le sujet où il trouve sa représentation, si l'être des choses matérielles consiste uniquement à être perçu, *esse est percipi*, Berkeley est en droit de demander ce qu'ont pu être ces myriades de myriades d'existences qui, pendant une incommensurable série de siècles, ont précédé sur notre planète la naissance de l'homme, l'apparition même de l'animalité. Il y a eu, en effet, d'immenses périodes géologiques pendant lesquelles les continents et les mers se sont distribués à la surface du globe sous les formes les plus variées; des forces prodigieuses ont exercé leur action, des phénomènes se sont produits qui n'ont plus aujourd'hui leur analogue que dans la photosphère solaire, des flores se sont épanouies qui ne ressemblaient pas à la flore actuelle et dont les détritus longuement accumulés ont formé nos couches de houille; et aucun œil n'a contemplé ces phénomènes, n'a vu ces couleurs et ces formes, aucune oreille n'a recueilli, pendant ces longues périodes, les bruits de la nature! Mais alors, ces choses non vues, non entendues, non perçues, ont été rigoureusement comme si elles n'existaient pas; elles sont restées, pourrait-on dire, à l'état de vaines *possibilités de sensations*. Dès lors, à quoi bon leur existence? Pourquoi le Créateur n'a-t-il pas abrégé tout ce délai inutile? Dira-t-on qu'il s'en donnait à lui-même le spectacle, ou qu'il réservait à l'homme d'en avoir un jour, par les découvertes et les inductions de la science, la vision rétrospective? Mais Dieu pouvait tout aussi bien voir ces choses, et nous, de notre côté, en les construisant d'une manière idéale par nos inductions scientifiques, nous les verrions tout aussi bien dans la *sphère des possibles*, en admettant qu'elles n'eussent jamais existé. Pourquoi donc Dieu a-t-il voulu qu'elles existassent réellement? Pourquoi cette dépense de force en pure perte? Berkeley n'en trouve pas d'autre explication possible que celle-ci : c'est que ces choses se percevaient elles-mêmes d'une certaine manière; c'est que tous ces *petits ouvriers* qui construisaient lentement, laborieusement le monde avaient un sentiment confus de leur œuvre; c'est que ces *siècles de siècles* qui nous semblent vides ont été remplis par une lente et sourde élaboration de la conscience, se préparant obscurément jusque dans les plus humbles éléments de l'être, édifiant patiemment les conditions organiques de son développement futur.

Mais, quelque solution que l'on propose à cet insoluble problème, toujours est-il que, dès que la conscience apparaît dans les régions inférieures de l'animalité, elle s'y manifeste par le travail de cohésion, de coordination, d'organisation progressive dont on a trouvé plus haut la description abrégée. La conscience, pourrait-on dire, est le principe de cette différenciation continue, de cette spécialisation graduelle par laquelle les organes se distinguent nettement les uns des autres, s'appliquent chacun à une fonction déterminée, s'y cantonnent de plus en plus et en même temps maintiennent leur relation avec l'ensemble par la double loi des connexions et des corrélations organiques. N'est-ce pas dire qu'elle est l'ouvrière la plus active ou, tout au moins, la surveillante la plus assidue et la plus vigilante du progrès organique? Mais si, dans les animaux inférieurs, elle spécialise les fonctions, dans les animaux voisins de l'homme et dans l'homme lui-même elle spécialise les facultés. C'est là une formule à laquelle on ne saurait attacher trop d'importance ; car, d'abord, elle représente la partie acceptable de la thèse associationniste, d'après laquelle les facultés ne sont pas primordiales et résultent, au contraire, d'une fusion, d'une lente intégration d'états de conscience; mais surtout elle permet de reprendre, avec plus de rigueur scientifique, l'idée essentielle que nous avons rencontrée plus haut dans la philosophie spiritualiste française. La conscience, nous a-t-on dit, enveloppe les autres facultés. Ajoutons qu'elle les enveloppe, parce que, à vrai dire, elle les crée. Elle crée les instincts; elle crée les habitudes, dont quelques-unes sont destinées à devenir héréditaires et à se transformer plus tard en instincts; par des spécialisations et adaptations successives, elle crée aussi les facultés intellectuelles et les facultés morales : la mémoire, qui n'est que la conscience elle-même, prolongée dans le temps; l'imagination, qui n'est qu'une combinaison des diverses mémoires sensorielles avec la faculté de trouver au fond de soi-même, par une exploration attentive de sa propre conscience dont tous les hommes ne sont pas également capables, les formes diverses de l'idéal, de la perfection et de la finalité; la raison, sous ses deux aspects de raison spéculative et de raison pratique, etc.; et non seulement ces facultés considérées dans leur forme générale, mais les aptitudes diverses que crée, chez tel ou tel individu, leur groupement spécial sous l'hégémonie de telle ou telle faculté maîtresse. Ainsi, nous retrouvons, à un point de vue nouveau, l'universalité psychologique de la conscience. Ce n'est plus l'universalité d'une faculté générale; c'est l'universalité d'un processus continu, suite de celui qu'on nous a montré dans la formation et le développement des colonies animales; car la conscience n'est pas simplement *un don*; encore une fois, elle est aussi, elle est surtout *un acte*; elle se cherche, elle se constitue, elle s'organise à travers la série ascendante des êtres.

Irons-nous jusqu'à dire qu'elle se crée? Ce serait maintenant tomber dans le panthéisme. Ce serait oublier ce que nous avons précisément à cœur de mettre en lumière, à savoir qu'elle se rapporte à quelque chose en dehors et au-dessus d'elle-même. Se développant à travers le temps, elle a son principe et sa fin dans quelque chose d'éternel; dépositaire d'un idéal, d'une finalité, elle est suspendue à une essence supérieure en qui cet idéal, cette finalité subsiste sous une forme nécessaire et immuable; manifestation suprême de l'activité de la nature, elle est liée à une conscience infinie, qui domine et qui gouverne la nature.

4. Une induction sociale, qui seule, jusqu'à présent, a été tirée de tout cet ordre de faits nous semble, en effet, insuffisante. Nous voudrions la compléter par quelques inductions métaphysiques et religieuses.

Cette induction sociale se présente, d'ailleurs, sous la forme d'une très belle et très sympathique pensée de fraternité, de solidarité universelle.

« Nous sommes, disaient les anciens, les membres d'un grand corps, *membra sumus corporis magni* »; l'un d'eux ajoutait, à un point de vue plus spécial, que « rien de ce qui intéresse l'homme ne peut nous être étranger, puisque nous sommes des hommes ». D'après M. Fouillée, la science en général, mais surtout la psychologie, étudiée dans ses derniers progrès, nous donne de ces grandes idées un commentaire nouveau, que l'antiquité ne soupçonnait pas. En nous montrant que les principaux faits constatés par la pathologie mentale, tels que diminutions, déplacements, dédoublements de la conscience, proviennent de ce que diverses consciences, soit dans les différentes parties d'un même organisme, soit dans des organismes distincts, mais sympathiquement unis, peuvent passer les unes dans les autres et échanger leurs impressions et leurs représentations, elle nous enseigne qu'il y a une véritable *continuité* de la conscience; que nous ne sommes pas dans la nature des êtres isolés, des monades impénétrables, mais que notre existence est liée à l'existence du tout, et réciproquement. Une loi intérieure nous ordonne donc de ne pas rester enfermés en nous-mêmes, mais de nous répandre sur l'humanité, bien plus sur la nature entière, pour sympathiser avec tous les êtres, pour les comprendre et pour les aimer, pour fondre notre destinée dans la destinée universelle.

Combien il faudrait peu de chose pour que le lien de fraternité qui nous unit aux autres hommes devînt un lien d'identité proprement dite, une véritable fusion de nos esprits et de nos cœurs! Il suffirait que la communauté organique, qui relie entre elles toutes les parties de la conscience d'un individu considéré comme une *colonie*, pût s'étendre de quelque manière à plusieurs individus humains, formant entre eux une *société*. Si une communication pouvait s'établir entre votre cerveau et le mien, si, à défaut d'une pénétration matérielle, je pouvais au moins par la pensée pénétrer entièrement en vous (et vous en moi), démêler exactement « comment vos fils sont brouillés », « connaître et sentir tous vos fils intérieurs, tous vos plis et replis, tout ce qui constitue cette combinaison particulière que vous appelez *moi* », alors nous pourrions nous comprendre et nous aimer pleinement. C'est là, sans doute, un simple rêve. Mais qu'importe? Notre devoir n'en est pas moins d'arriver autant que possible, par l'effort de la pensée et par l'effort de l'amour, à cette fusion complète, à ce caractère d'universalité, d'impersonnalité, « où le *je* et le *vous* ne s'opposent plus ».

— Telle est cette induction, dont on pourrait, à la rigueur, se contenter, s'il était préalablement établi que la ressemblance et la sympathie spontanée de certaines consciences est un simple fait d'évolution naturelle, ne supposant aucun élément supérieur, métaphysique.

Mais il ne semble pas qu'il en soit ainsi. Le principe même posé par M. Espinas, et d'après lequel c'est une conscience collective qui précède et qui crée l'organisation d'une société animale, implique que les espèces animales participent sous une forme instinctive, comme l'espèce humaine y participe sous une forme raisonnée et réfléchie, à une certaine *idée*, à une certaine *finalité*, qui est la raison d'être supérieure de leur existence. Si la raison, qui ne se développe que dans l'homme, est impliquée confusément dans l'animalité, il n'y a aucun motif d'établir ici une ligne de démarcation absolument tranchée et de nier *a priori* que les êtres inférieurs à l'homme puissent être, eux aussi, dans une certaine mesure, les confidents de la pensée créatrice et providentielle qui les a produits et qui les maintient.

« Les individus dont se forme une société, dit M. Espinas, sont présents à la pensée les uns des autres. » Cela veut-il dire simplement, en ce qui concerne les animaux vivant en troupe, qu'il se fait dans leur sensorium une fusion, une intégration des images purement sensorielles qui représentent les autres individus? Nous ne le pensons pas. Cette interprétation ne répondrait pas à la profondeur d'intuition nécessaire pour que toutes les conditions essentielles de conservation et de développement de la vie spécifique fussent immédiatement présentes à la pensée de l'animal et déterminassent la série entière de ses mouvements et de ses actes. Evidemment, cette représentation n'est pas purement sensorielle, purement imaginative; il y a en elle une sorte d'*a priori instinctif* qui atteint jusqu'à la finalité même de l'espèce. Chez les bœufs d'Australie, nous dit M. Espinas, ce que reconnaît chaque animal, « c'est moins sa bande que son chef; car c'est ce chef qui fait l'unité du groupe ». En d'autres termes, l'idée spécifique est si nettement représentée dans ce chef, ou plus fort ou plus agile que tous les autres membres du troupeau, que chaque individu l'y reconnait instinctivement et l'y suit par une intuition *sui generis* qui, pour n'avoir pas la clarté de nos intuitions idéales, n'est ni moins profonde ni moins infaillible. C'est encore de la même manière qu'on peut expliquer ce qui se passe chez certains oiseaux à l'époque des amours. « Les oiseaux chanteurs et les oiseaux dansants, les mammifères les plus brillamment ornés et les plus capables de démonstrations amoureuses sont précisément l'objet des dédains les plus obstinés de la part de leurs femelles. » Cela provient, d'après M. Espinas, de ce que, chez les animaux supérieurs et même chez certains invertébrés, il y a surtout dans la conscience de la femelle une sorte d'idéal spécifique que le mâle ne lui semble jamais réaliser assez complètement et dont la recherche tient en suspension son propre choix. Disons simplement, sans multiplier les citations et les exemples, que l'objet propre de cette conscience commune qui est le principe de cohésion par lequel se constitue et se maintient une société animale n'est pas une simple *forme*, pénétrant par les yeux, se fortifiant par la multiplicité des perceptions et se ravivant par un travail imaginatif; ce n'est même pas précisément ce que nous appelons un *type*, un *idéal*, attendu qu'un *type* ne pourrait être dégagé sous sa forme intelligible que par une pensée capable de réflexion; c'est plutôt une *finalité spécifique*, que l'animal sent instinctivement représentée d'une manière plus complète chez certains individus près desquels il se réfugie de préférence, se sentant mieux à l'abri près d'eux que près des autres, et dont il fait, instinctivement aussi, ses modèles ou ses guides.

Mais, de même que, dans la nature humaine, la participation à une même idée, à un même type, et non pas seulement au type général de l'homme, mais à tel ou tel type de progrès social, peut être considérée sans absurdité (et c'est précisément la base de toute idée religieuse) comme ne reliant les pensées humaines les unes aux autres que parce qu'elle les relie d'abord toutes ensemble à une pensée transcendante et divine, de même la participation à un même groupe cohérent d'impulsions instinctives peut être aussi dans les espèces et, plus particulièrement, dans les sociétés animales un certain lien avec la volonté du Créateur, avec un système de pensées et de desseins qui subsiste éternellement dans la conscience absolue et divine. C'est la conception platonicienne et c'est aussi, avec la légère modification que nous avons plusieurs fois signalée, la conception hégélienne. La reprendre d'une manière réfléchie et en s'appuyant sur les données de la science, c'est, croyons-nous, concevoir sous la forme à la fois la plus raisonnable et la plus simple le rapport métaphysique par excellence, celui de la conscience qui se cherche dans le temps avec la conscience qui se possède dans l'éternité.

II

Théorie analytique de la conscience.

1. Essayons maintenant d'arriver à un résultat analogue par l'analyse spéciale de la conscience chez l'homme.

La meilleure preuve qu'on puisse donner de la préexistence substantielle d'un principe dynamique de la conscience, quelque idée qu'on se fasse d'ailleurs de ce principe, c'est que cette préexistence s'impose, sans qu'ils s'en aperçoivent, à ceux-là mêmes qui la nient le plus énergiquement; elle est impliquée, à leur insu, dans les théories en apparence les plus rigoureuses et les plus systématiques qu'ils font pour s'en passer.

On en trouvera facilement une première preuve dans l'examen critique de la théorie de Condillac.

Pour justifier sa célèbre formule : « Le *moi* est une collection de sensations », Condillac imagine sa statue, à laquelle un Pygmalion, au lieu de l'animer d'un seul coup, donnerait tour à tour les cinq sens et il affirme que, quand cette statue aura reçu toutes les impressions qui ont leur point de départ dans ces cinq sens, elle possédera non seulement toutes les connaissances que nous avons dans notre esprit, mais encore un *moi* analogue à celui que nous croyons trouver en nous-mêmes.

Mais il suffit de lire avec un peu d'attention critique les premières pages du *Traité des sensations* pour se convaincre que partout la priorité, la causalité du *moi* est postulée, implicitement invoquée par Condillac et qu'il ne cesse de s'en servir pour expliquer précisément les faits fondamentaux dans lesquels il croit voir les éléments constitutifs du *moi* lui-même.

Continuellement, dans ces premières pages où il se flatte de nous montrer le *moi* de sa statue se constituant par une lente agglomération de sensations, il échappe à Condillac de dire ou bien que la statue *remarque* quelque chose, ou bien qu'elle *donne* à quelque chose *son attention*, ou bien enfin qu'elle *distingue ce qu'elle est de ce qu'elle a été*; et cela, quand il ne s'agit encore que d'expliquer des faits absolument primitifs d'où résultera plus tard seulement la genèse psychologique de l'attention, ou de la mémoire, ou de la réflexion.

Ainsi, il sort continuellement de son hypothèse initiale, d'après laquelle le *moi* ne serait rien en dehors des sensations qu'il reçoit, ne contiendrait rien de plus, à un moment donné, que le total de ces sensations elles-mêmes et, par conséquent, ne les dépasserait d'aucune manière et à aucun degré.

— La même conclusion s'imposera encore, si nous examinons maintenant les diverses théories par lesquelles les associationnistes ont voulu, à leur tour, expliquer la conscience sans la rattacher à un *moi* préexistant. Nous pourrons nous convaincre qu'elles présupposent toujours, directement ou indirectement, cette substantialité, cette priorité du *moi* dont on se flatte précisément d'expliquer par elles l'illusion.

Ainsi en est-il, par exemple, de la théorie de la *discrimination*, à laquelle se rattache la forme particulière que les associationnistes ont donnée à la *loi de relativité*.

D'après les associationnistes en général, mais surtout d'après Alexandre Bain, la conscience, à l'origine, ne porte point et ne saurait porter sur un fait isolé; elle ne peut connaître une sensation tant que cette sensation reste seule ou, tout au moins, tant qu'elle conserve le même degré d'intensité. Mais qu'à la première sensation s'en ajoute une seconde, ou simplement qu'un intervalle, un *hiatus*, se produise entre deux moments de cette sensation, ou enfin, plus simplement encore, que, dans deux moments successifs, cette sensation varie d'intensité, alors le fait de conscience se produira et, s'il s'agit de celui qui a dû nécessairement précéder tous les autres, la vie psychologique pourra commencer.

Ainsi, nous déclare-t-on, tout acte de conscience est un groupe de deux états, dont le second seul est directement senti ou perçu et éclaire rétrospectivement le premier. Mais cette action rétroactive est vraiment bien difficile à comprendre, s'il faut commencer par admettre que les deux états ne sont pas reliés l'un à l'autre dans un support commun. De deux choses l'une, en effet : ou bien, quand on dit que le premier état est *inconscient* (puisque, seul, même en se continuant longtemps, il ne serait pas perçu), on entend simplement par là qu'il est *subconscient*, et, dans ce cas, il faut bien se décider à y voir, de quelque manière, un fait *affectif*, par lequel le *moi* est déjà secoué, éveillé en quelque sorte, avant de reprendre entièrement possession de lui-même dans le second état et dans la comparaison qu'il fait du second au premier; ou bien on maintient fermement l'*inconscience absolue* du premier état, et alors, quand on affirme que le second devient conscient par sa distinction d'avec le premier, on fait semblant de se comprendre soi-même ou on cherche à étourdir les autres par un cliquetis de mots.

Ce n'est pas qu'il n'y ait, au fond, une part de vérité dans cette théorie, et cette part de vérité est déjà dans Condillac : c'est que le phénomène de la conscience est constitué essentiellement par une *réaction*, par une sorte de *surprise* ou de *choc* qui est précisément la perception de la différence, et, par suite, ne peut se produire d'une manière complète qu'autant que les deux termes sur lesquels porte la différence auront été d'abord mis en présence l'un de l'autre. Cette vérité, nous ne la laisserons pas échapper;

elle trouvera place tout à l'heure dans notre propre théorie; mais elle y trouvera place avec cette réserve essentielle qu'il faut que le *moi* préexiste d'abord d'une certaine manière, sur laquelle nous nous expliquerons un peu plus loin, aux deux sensations ou intensités de sensations dont le conflit est nécessaire pour éveiller en lui la conscience et qu'il joue déjà un certain rôle même dans la première de ces sensations ou intensités de sensations, c'est-à-dire dans celle où il ne se saisit point encore pleinement lui-même.

On en peut dire autant au sujet de la *loi de relativité*, par laquelle se complète, dans la théorie associationniste, l'idée de la discrimination. Hamilton avait dit : « Nous ne pensons qu'en relations »; les associationnistes répètent après lui cette formule. Tout acte de conscience, disent-ils, est double; il est constitué par le sentiment d'une opposition; il présente une véritable *polarité*. Nous ne pensons le froid que si, en même temps, nous avons dans l'esprit une certaine représentation du chaud; de même, nous ne connaissons ce qui est petit qu'en contraste avec ce qui est grand, ce qui est concave qu'en opposition avec ce qui est convexe.

Or, cette loi de relativité n'est pas nouvelle en philosophie; sous une forme un peu différente, elle avait été déjà présentée par Platon, par Bossuet, par d'autres encore. Ces philosophes soutenaient, en effet, que nous ne pouvons concevoir le fini sans penser d'abord l'infini, ou avoir l'idée du relatif et de l'imparfait sinon en opposition et en contraste avec le parfait et l'absolu. Mais, chez les uns et les autres, ces formules étaient souverainement claires; car ils posaient en principe que l'âme humaine n'est pas quelque chose qui se fait de pièces et de morceaux; avant de se déployer d'une manière consciente sous l'assaut des circonstances et des sensations, elle a déjà, d'après eux, sa nature propre, largement établie sur la double base d'une relation supranaturelle, métaphysique, qui l'unit à Dieu, c'est-à-dire à l'infini, et d'une relation naturelle, qui l'unit aux choses créées, cette dernière répondant à ce que l'on explique aujourd'hui plus scientifiquement par l'hypothèse de l'hérédité. Ainsi, l'âme humaine est, à la lettre, un mélange de fini et d'infini, de réel et d'idéal; elle participe des deux natures; on pourrait dire, si on ne craignait le trivial, qu'elle est à cheval sur l'une et sur l'autre. Dès lors, il est facile de comprendre que toute perception du fini éveille un *écho* dans l'infini. Et, de même, quand nous percevons l'imparfait, le relatif, le contingent, il doit se faire indivisiblement en nous un *éveil* de l'idée du parfait, ou de celle du nécessaire, ou de celle de l'absolu, parce que notre nature est faite d'une synthèse de ces contraires. Mais ce qui est souverainement clair dans la théorie de Bossuet ou dans celle de Platon devient on ne peut plus obscur chez les associationnistes, lorsqu'il s'agit d'admettre que des états de conscience s'enregistrent d'eux-mêmes sans qu'il y ait non seulement une pensée qui s'en empare et qui les applique où il faut, mais même un registre préexistant! quand il faut comprendre une comparaison sans un sujet qui compare, un contraste entre deux sensations sans un support commun où ces deux sensations coexistent et soient rapprochées l'une de l'autre!

— Nous arriverions, d'ailleurs, à une conclusion tout à fait semblable si, au lieu de faire porter cette critique de la doctrine associationniste sur l'idée de la *discrimination*, nous la faisions porter plutôt sur l'idée connexe de la *rétentivité*. Mill et Bain, en effet, admettent que, au moment où la seconde sensation ou intensité de sensation vient à se produire, la première était *retenue* d'une certaine manière. Mais nous demandons comment et par quoi peut être retenue une première sensation qui, antérieurement à la seconde, existait bien, sans doute, comme fait physiologique, mais, de l'aveu même des auteurs de la théorie, n'existait pas encore comme sensation. Avec l'idée d'une préexistence virtuelle du *moi*, nous pourrons réussir à comprendre que la première sensation, affectant déjà le *moi* dans un certain sens, bien que sans être aperçue par lui, *mais en tant qu'elle répond à quelque partie de son essence virtuelle*, soit retenue d'une certaine manière et mise en parallèle avec la seconde, par laquelle seule le phénomène de conscience sera déterminé. Mais qu'est-ce que la *rétentivité* sans *quelque chose qui retienne*? Et, si on veut la confondre avec la simple persistance, comment des sensations persistantes formeraient-elles, par cela seul qu'elles persistent, des associations, s'il n'y avait quelque chose de préexistant qui les associe ou, tout au moins, en quoi elles s'associent?

Cette impossibilité est si évidente que M. Ribot lui-même la reconnait et la signale. Dans l'introduction de son livre, *les Maladies de la personnalité*, il apporte une restriction à cette théorie de la *conscience phénomène* qu'il a, d'ailleurs, soutenue lui-même en partie : « Il y a, dit-il, dans cette hypothèse un côté faible »; c'est qu'elle n'explique pas le *caractère dynamique* de la conscience. Elle ne rend pas compte de ce fait « que la conscience d'un acte augmente l'intensité de cet acte lui-même; ou bien encore qu'une passion qui, jusqu'à un certain moment, s'ignorait devient tout à coup plus vive quand elle passe de la forme inconsciente à la forme consciente ». Mais cette insuffisance de la doctrine proviendrait uniquement, d'après lui, de ce que ses partisans les plus convaincus l'ont généralement exprimée par des métaphores excessives et inexactes. Ils comparent la conscience « à un jet de lumière qui sort d'une machine à vapeur et qui l'éclaire, mais sans avoir aucune efficacité sur sa marche ». Or, c'est là une exagération et une erreur. La conscience introduit un facteur nouveau dans la vie psychique de l'individu. Seulement, ajoute M. Ribot, il faut bien comprendre que, dans ce facteur nouveau, il n'y a absolument rien de surnaturel ni de mystique. « Lorsqu'un état physiologique est devenu un état de conscience, il a acquis par là même un caractère particulier. Au lieu de se poser dans l'espace, c'est-à-dire de pouvoir être figuré comme la mise en activité d'un certain nombre d'éléments nerveux occupant une superficie déterminée, il a pris position *dans le temps*; il s'est produit *après ceci* et *avant cela*, tandis que pour l'état inconscient il n'y a ni avant ni après. Il devient donc susceptible d'*être rappelé*, c'est-à-dire d'être reconnu comme ayant occupé une position précise entre d'autres états de conscience; et c'est ainsi qu'il peut servir de point de départ à quelque nouveau travail, conscient ou inconscient. »

Mais, si M. Ribot corrige utilement, sur ce point, une théorie très défectueuse, n'est-il pas étrange qu'il s'arrête si tôt et se refuse à reconnaître que cette « position dans le temps », que ce « rappel » d'états de conscience antérieurs, qui devient le point de départ d'un « nouveau travail » mental, exige l'action d'un principe psychique, ayant pour fonction de retenir et de reconstituer les états de conscience passés, de les faire entrer dans des combinaisons dirigées par lui-même, rapportées par lui à quelque finalité extérieure ou intérieure? C'est ici que nous ne saurions le suivre. La création des habitudes mentales nous semble, au contraire, tirer toute son importance, toute sa valeur, de ce fait qu'il y a, en dehors de ces habitudes, au-dessus d'elles, antérieurement à elles, un esprit qui les note, qui les compare, qui les rapproche, qui les combine, un *moi* qui se les rapporte à lui-même, qui leur assigne une certaine place, un certain rang, un certain rôle dans le développement de sa propre nature, et qui retrouve par elles, dans l'ordre et le progrès du monde, les traces d'un esprit supérieur, d'un *moi* transcendant, infini et parfait, en qui et par qui subsistent ce progrès et cet ordre.

2. Quand on réfléchit, en effet, sur tout cet ensemble de théories par lesquelles les associationnistes anglais et leurs disciples en France s'efforcent d'expliquer moins la *nature* que la *genèse* du *moi* (puisque, en somme, cette nature se réduit pour eux à cette genèse), on s'étonne de tant d'efforts accumulés pour échapper à la plus simple, à la plus naturelle des hypothèses, à savoir que notre *être moral* est vraiment un *être*, une *réalité*, une *nature*, une *substance*, une *énergie*, un *principe de détermination et d'action*, une chose enfin qui doit d'abord exister par elle-même, puisque son but, sa fin, son idéal, c'est de rendre autant que possible les autres choses semblables à elle-même, de les façonner d'après un type et un modèle intérieurs.

Il n'y a cependant rien d'antiscientifique dans une pareille hypothèse, puisqu'elle se réduit, en dernière analyse, à concevoir qu'un être puisse *exister*, *être constitué* avec tout un ensemble de caractères et de prédispositions, avant de *s'apparaître à lui-même* dans la pleine possession de ces caractères et de ces tendances.

Le génie antique ne répugnait aucunement à cette conception, qui a trouvé immédiatement sa forme parfaite dans la distinction aristotélique de la *puissance* et de l'*acte*. Mais il semble que l'esprit anglais soit absolument réfractaire à l'idée d'une chose qui existerait sous une forme ébauchée et virtuelle avant de se déployer pleinement sous sa forme actuelle et achevée; en d'autres termes, qu'il lui soit impossible de concevoir, à côté de la simple *possibilité logique*, qui n'est que la non-contradiction de l'idée d'une chose, la *possibilité substantielle et dynamique*, c'est-à-dire celle d'une nature qui n'existe encore qu'en germe, mais qui contient déjà dans ce germe les linéaments de ce qu'elle sera plus tard.

« Une chose, dit par exemple Stuart Mill, à laquelle je ne pense pas n'est *pas du tout* présente à mon esprit. Elle peut le devenir, si quelque chose vient à l'évoquer; mais elle n'est pas présente maintenant, pas plus qu'une chose matérielle que je puis avoir ramassée. Je puis avoir rassemblé des provisions de bouche pour me nourrir, mais mon corps n'est pas nourri d'une manière latente par ces provisions. J'ai le pouvoir de me promener dans ma chambre, bien que je sois assis, mais nous ne pouvons guère appeler ce pouvoir une promenade latente. » « Je suis, ajoute-t-il encore, susceptible d'être empoisonné par l'acide prussique, mais cette susceptibilité n'est pas un phénomène actuel, qui fasse partie de mon corps; et, de même, l'aptitude que je puis avoir de me ressouvenir dans le délire de ce que j'avais oublié tandis que j'étais en santé n'est pas non plus une modification présente de mon esprit. Ce sont des états futurs contingents, non des états présents et réels. » Qui ne voit que Stuart Mill brouille et confond dans cette critique deux genres de contingence : la simple *susceptibilité*, dont l'actualisation dépend surtout des circonstances extérieures, et la *capacité*, qui est, au contraire, un *pouvoir interne* et un *pouvoir prochain*?

Herbert Spencer n'est pas moins formel dans sa négation de toute virtualité active : « Nous ne pouvons, dit-il, *nous faire aucune idée* de l'existence potentielle en tant que distinguée de l'existence actuelle. Si elle était représentée dans l'esprit, elle le serait en tant que quelque chose, c'est-à-dire en tant qu'existence actuelle. Quant à la supposition *qu'elle y est représentée comme rien*, elle renferme deux absurdités : que *rien* est plus qu'une négation et peut être représenté dans l'esprit d'une manière positive, et qu'un certain *rien* se distingue des autres *riens* par le pouvoir de se développer et de devenir quelque chose. »

Mais, remarquons-le, indépendamment de l'étroitesse du point de vue où se maintiennent si obstinément Stuart Mill et Spencer, ce n'est même pas, à proprement parler, la distinction de l'existence virtuelle et de l'existence actuelle qui est ici en jeu, c'est plutôt, c'est exclusivement même la distinction de la forme inconsciente (ou plus ou moins subconsciente) et de la forme consciente sous lesquelles peut se déployer successivement une même nature. Or, nous avons assez vu qu'une telle distinction n'a rien d'absurde *a priori* pour la psychologie et pour la science.

Il n'y a rien d'absurde à ce que le *moi* humain préexiste d'une certaine manière à l'acte de sa propre conscience. Dans ce que nous avons appelé « la crise de la conscience », il *s'apparaît à lui-même*; mais il n'est pas pour cela créé, engendré par cette crise.

Antérieurement à elle, il existe déjà avec les caractères propres qui lui viennent soit de l'*innéité* proprement dite, si on réserve à Dieu, comme condition même de la providence, le pouvoir de donner dans une certaine mesure et en conformité avec des desseins qui nous échappent une nature propre à chacune de ses créatures, soit de l'*hérédité*, si on ne veut tenir compte que des liens naturels, liens physiques ou liens moraux, qui unissent à ses ascendants un être doué de vie.

En d'autres termes, notre *moi* n'existe pas d'une manière indéterminée et tout abstraite, mais bien (pour parler aussi expressément que possible le langage de la science contemporaine) avec une certaine *cénesthésie*, disons encore, si l'on veut, avec une certaine *idiosyncrasie*, c'est-à-dire avec une disposition, qui lui vient de son organisme tout entier, à éprouver de préférence certaines impressions, à sentir les choses d'une certaine manière, à voir le monde sous un certain jour, à le comprendre dans un certain sens, à exercer sur lui tel genre d'action plutôt que tout autre.

Par conséquent, l'activité initiale de la conscience, sous quelque forme que nous réussissions à nous la représenter, ne s'exercera pas à vide; elle mettra au jour un véritable *contenu* peut-être très déterminé déjà et très riche; car l'enfant a de très bonne heure, peut-être même dès les premières heures de la vie, un véritable caractère fondamental, dans lequel, si on pouvait l'*étaler*, en quelque sorte, sur un écran et le rendre perceptible, on découvrirait déjà quelques linéaments sinon de sa *destinée* future (car elle est sous l'imprévisible influence des circonstances), au moins de la *forme* qu'il donnera à son action, quelle que doive être sa destinée réelle.

3. Ceci posé, nous pouvons essayer de découvrir la loi suivant laquelle la conscience doit se produire à son moment initial et nous allons voir que, dans la détermination de cette loi, il y a à faire une très large part à certaines idées d'Alexandre Bain et même de Condillac.

Ainsi, il est bien vrai, comme Alexandre Bain l'explique dans sa théorie de la *discrimination*, que l'acte de conscience, considéré d'une manière générale, est attaché au conflit et au contraste de deux sensations ou intensités de sensation, dont la première a précisément pour caractère de ne pouvoir être isolément objet de conscience. Cette première sensation est, en effet, caractérisée par une sorte d'*aliénation*, de *projection au dehors* et, par suite, de *négation* du *moi* lui-même. Elle représente la tendance du *moi* à se détacher de son propre fonds, à s'objectiver, à s'oublier, à se disséminer, à se perdre dans les choses, à voir enfin comme objet du dehors, indépendant de lui, ce qui, en réalité, n'est fait, n'est construit qu'avec des éléments empruntés à sa propre nature. M. Taine, on l'a vu, exprime très nettement ce *processus* de la conscience quand il montre que toute sensation contient deux moments, « dont l'un, nous dit-il, est tourné vers le dehors et *représentatif*, tandis que le second est tourné vers le dedans, rapporté à nous-mêmes et *affectif*; en d'autres termes, le premier élément du groupe est une *hallucination* et le second une *rectification* » qui *ramène vers nous* la sensation sous la forme d'un sentiment ou d'une idée. Mais, indépendamment de sa valeur intrinsèque comme explication analytique, cette théorie a l'avantage de nous aider à comprendre, par une sorte de reconstitution intérieure, en quoi peut bien consister, à tous les degrés du développement de l'être, la sensation initiale. Cette sensation, qui, tout au début de la vie psychique, nous met pour la première fois en rapport avec la réalité, est *inconsciente*; entendons par là qu'elle n'est pas rapportée au *moi*, qu'elle n'est pas et ne peut pas être saisie comme faisant partie du *moi*. C'est, d'ailleurs, ce qu'entend Condillac dans la première proposition essentielle du *Traité des sensations* quand il dit que, « si nous présentons une rose à la statue, elle sera bien pour nous une statue qui sent une rose, mais que, par rapport à elle-même, *elle ne sera que l'odeur de cette fleur*. » En d'autres termes, quand il éprouve sa première sensation, l'esprit *passe*, en quelque sorte, *dans cette sensation*; il s'y absorbe, s'y perd tout entier; par suite, il lui est provisoirement impossible de s'apparaître à lui-même, de se reconnaître comme *moi*. Mais, aussitôt qu'une seconde sensation s'ajoute à cette sensation initiale, l'esprit se reprend immédiatement par cela seul qu'il se rapporte ensemble ces deux sensations et qu'il les compare l'une à l'autre; alors il s'*apparaît*; il se saisit comme *moi*; il passe de la *virtualité* à l'*actualité*, de la vie inconsciente à la vie consciente.

Ce n'est donc pas en elle-même que la formule de Bain et des autres associationnistes est fausse, mais simplement dans l'interprétation insuffisante qui en est donnée. Voici comment nous comprenons, pour notre part, l'acte de conscience, d'abord dans son moment tout à fait primitif, ensuite dans les moments ultérieurs qui forment la continuité et le développement de la vie mentale. Nous entendons que l'être qui prend conscience de lui-même (que ce soit l'homme ou que ce soit l'animal, même à un degré inférieur) est contraint par la première sensation qui le sollicite à *s'absorber*, en quelque sorte, *dans cette sensation*. Ainsi, comme la statue de Condillac devient « odeur de rose », tout être pensant, à ce premier moment de sa vie intellectuelle, *devient sa première sensation*. Il passe, il s'absorbe tout entier en elle. Mais voici ce qu'il faut entendre par là; c'est qu'il y passe, c'est qu'il s'y absorbe avec son *moi* tout entier, avec son *moi* entrevu confusément sous l'influence de l'excitation mentale que cette première sensation vient de produire sur lui. Par conséquent, dès cette première sensation il entrevoit, dans une sphère qu'on imaginera à son gré plus ou moins large, la réalité extérieure; mais il l'entrevoit à travers son *moi*, qui n'est pas on ne sait quelle substantialité abstraite et vague, mais bien une *nature* déterminée et concrète; il l'entrevoit à travers ce que nous avons appelé plus haut sa *cénesthésie*, son *idiosyncrasie*, projetée en quelque sorte au dehors de lui-même *comme une matière idéale* dans laquelle se dessineront et se délimiteront ses états de conscience ultérieurs, ses expériences et ses connaissances futures. Si nous pouvions reconstituer par un effort de réflexion ce qui se passe dans la pensée de l'enfant tout à fait au premier moment où se produit (dès la vie embryonnaire peut-être) l'éveil de la pensée, nous y trouverions une intuition, une perception confuse de la réalité ambiante, sentie, vaguement discernée par lui à travers un milieu idéal qui ne serait autre chose que sa nature même, sa nature virtuelle, étendue et comme éparpillée autour de lui et dans laquelle commenceraient à se dessiner, à s'estomper, pour mieux dire, certaines formes vagues des choses. C'est de la même manière qu'il faut concevoir aussi le premier éveil de la vie mentale chez les animaux. A quelque rang qu'il appartienne, quel que soit son genre de vie et son habitat, l'animal, provoqué par la première impression qui lui vient du dehors, éprouve vraisemblablement une sensation initiale qu'il ne se rapporte pas encore à lui-même, qu'il ne fait pas encore entrer dans la vague compréhension dont sa conscience est capable, qu'il n'éprouve point, par conséquent, sous une forme consciente, mais sous l'influence de laquelle, projetant au dehors de lui l'ensemble des dispositions héréditaires qui constituent virtuellement sa nature, il entrevoit un milieu extérieur, une réalité ambiante, *teintée*, en quelque sorte, des nuances de sa propre nature, de sa sensibilité virtuelle. Mais, partout et à tous les degrés, chez l'homme et chez l'animal, la seconde sensation fait refluer vers le *moi* ce qui, d'abord, avait été projeté au dehors. *Elle crée ainsi la conscience*; en même temps, elle est le double principe de la connaissance que l'être conscient acquiert 1° de la réalité extérieure, en la construisant au dedans de lui-même par la synthèse de ses impressions, 2° de l'action qu'il exerce sur cette réalité, en l'adaptant à ses besoins, c'est-à-dire en la ramenant autant que possible à lui-même, en lui imposant autant que possible son empire. Même chez les animaux les plus infimes, ce double mouvement de représentation et d'action, dans lequel Schopenhauer, par exemple, peut voir une *objectivation de la volonté* et une *reprise de possession* de cette volonté par elle-même, donne immédiatement lieu à des actes instinctifs parfaitement sûrs, merveilleusement coordonnés, qui atteignent leur but sans la moindre hésitation et sans la moindre erreur. Ainsi, on peut dire que la conscience, en vertu du rythme fondamental des deux moments essentiels dont elle se compose, contient en elle une double image abrégée 1° de la *création des choses*, par la construction représentative qui s'en fait dans l'intimité de chaque pensée, 2° de la *direction providentielle des choses*, par l'effort que fait chaque volonté, dans la sphère qui lui est accessible, pour les ramener à elle-même et se les adapter; et cette seconde action est, à son tour, très complexe; car l'analyse, en s'y appliquant, y trouverait d'abord la constitution de ce *milieu intérieur* qui est un organisme vivant et sensible, ensuite l'arrangement d'un *milieu extérieur* favorable à la conservation et au développement de la vie, au libre fonctionnement des organes et des facultés.

— Quelques observations d'ordre moral aideront à comprendre qu'il n'y a rien d'arbitraire dans cette conception d'une nature virtuellement constituée à l'avance, qui prend à la fois possession d'elle-même et de la réalité extérieure dans le double mouvement d'un premier acte de conscience. La plus importante de ces observations, parce qu'elle a un caractère général et qu'elle peut se vérifier, pour chacun de nous, à certains moments décisifs de la vie, c'est ce fait que, bien souvent, il se forme à notre insu, au-dessous de notre caractère actuel, résultat de nos habitudes, de notre éducation, des influences qui ont agi sur notre esprit ou sur notre cœur, un autre caractère, encore ignoré de nous-mêmes; ce caractère nouveau se constitue par un travail latent de *substitution* en quelque sorte moléculaire d'éléments étrangers venant prendre la place d'éléments anciens qui, un à un, s'effacent et se retirent. Il se fait ainsi en nous un changement dont nous ne nous rendons pas compte; sans le savoir, et par degrés, nous sommes devenus *autres*. Une de ces profondes crises intimes, grandes douleurs ou grandes joies, qui bouleversent en un instant le cours entier de la vie détermine en nous ce qu'un hardi romancier appelle une *cristallisation* nouvelle; et, comme si, tout d'un coup, un voile s'était abaissé, nous nous trouvons en présence d'une nouvelle personnalité que nous ne connaissions pas ou que nous soupçonnions à peine d'après quelques signes avant-coureurs. C'est une véritable révolution morale qui se fait, accompagnée d'une sensation étrange de rénovation intime; quelque chose a croulé en nous et quelque chose s'est édifié.

C'est aussi un travail du même genre qui s'opère dans ces révélations soudaines de vocations dont l'histoire de l'art ou celle de la science en particulier nous présentent de si remarquables exemples. *Anche io son pittore;* moi aussi je suis peintre!

D'autres ont dit, dans des circonstances analogues : Moi aussi, je suis poète ; moi aussi je suis philosophe ! L'audition d'une ode de Malherbe révèle à La Fontaine le poète qui sommeillait en lui ; la lecture du *Traité de l'homme* de Descartes éveille dans Malebranche le génie philosophique. Les éléments étaient rassemblés d'une manière latente, la combinaison ne s'était pas faite ; l'étincelle n'avait point passé à travers le mélange.

En chacun de nous existent toujours, à certains égards, les éléments d'un homme nouveau, les conditions prochaines d'une vie nouvelle, d'une *vita nuova.* Une des grandeurs de la morale chrétienne, c'est de faire toujours appel à cette possibilité d'une transformation de l'homme intérieur, d'une création de l'homme nouveau, par un coup de la grâce ou par une ardente résolution du libre arbitre.

« En vérité, en vérité, je vous le dis : Personne ne peut voir le royaume de Dieu, *s'il ne naît de nouveau.* »

Mais quand cette crise de l'âme se produit, c'est vraiment une conscience nouvelle qui s'inaugure en nous, et elle se fait suivant la même loi que nous venons de constater ; il y a d'abord une sorte de vertige, un moment d'oubli de soi-même, d'aliénation du *moi,* une sorte d'*extase,* au sens propre du mot, c'est-à-dire de *situation hors de soi-même,* d'existence momentanée en dehors de la personnalité et de la conscience

C'est la loi des grandes conversions, qui sont comme des coups de foudre dans la vie morale.

Et, en même temps, autour de nous, la réalité extérieure est comme transformée, transfigurée ; les choses nous apparaissent sous un nouveau jour ; le monde prend pour nous un nouvel aspect. C'est une création nouvelle que nous faisons de la réalité ambiante par l'objectivation de la volonté rajeunie et réconfortée qui vient de se former en nous.

Les poètes et les romanciers ont mille fois décrit ce renouveau du sentiment de la nature après l'assaut des grandes passions ou le déchirement des grandes crises morales. Ce n'est pas par un procédé factice, mais par un vif sentiment de la vérité psychologique dans ce qu'elle a de plus profond, que, après avoir décrit l'angoisse intérieure, ils se retournent vers la nature pour nous la montrer telle qu'elle se présente à une âme apaisée après une grande secousse et redevenue maîtresse d'elle-même [1].

Qui voudra bien réfléchir sur cet ordre de faits y trouvera peut-être aussi l'explication la plus naturelle, la moins compliquée, de toutes ces maladies de la personnalité qu'on nomme des dédoublements de la conscience ou du *moi*. Ce n'est pas que deux *moi*, au sens propre, au sens substantiel du mot, se succèdent dans un même individu à travers l'alternance de la « condition première » et de la « condition seconde »; mais une même personnalité, un même *moi*, tour à tour exalté et déprimé par les crises de la maladie nerveuse, par l'oblitération alternante de tel ou tel groupe de cellules cérébrales qui lui présentent alternativement une période heureuse et une période malheureuse de sa vie, projette sur ses propres idées comme sur la réalité extérieure les *teintes* variables d'un caractère tour à tour assombri et rasséréné.

1. Maintenant que du deuil qui m'a fait l'âme obscure
Je sors, calme et vainqueur,
Et que je sens la paix de la grande nature
Qui m'entre dans le cœur.....
Victor Hugo : *les Contemplations*.

CHAPITRE II

LES INDUCTIONS DE LA CONSCIENCE :
1° INDUCTION THÉOLOGIQUE

1. Résumé de la théorie précédente. — La conscience, étudiée dans sa nature et dans son évolution, présente une image de l'action de Dieu sur le monde. — On peut donc la prendre pour point de départ d'une induction théologique complète. — Bouffée d'orgueil spéculatif de Fichte, qui s'est flatté un moment de n'avoir même pas besoin de cette induction et de pouvoir expliquer directement soit la production, soit le progrès des choses par le seul développement de la conscience phénoménale. — Comment il a essayé de faire sortir le monde et toutes ces déterminations, d'abord du développement d'un *moi* individuel, ensuite et par un amendement nécessaire, du développement d'un *moi* collectif. — Deux formules particulièrement importantes à extraire de cette déduction de Fichte, pour en tirer parti dans l'explication du mouvement intérieur de la conscience en Dieu.

2. Transportée de l'homme ou du monde à Dieu, l'analyse que Fichte a faite de la conscience acquiert toute sa valeur. — Ce qui n'était vrai que sous une forme représentative dans le développement de la conscience humaine devient vrai d'une manière absolue dans l'évolution de la conscience divine. — Comment on doit concevoir cette évolution ; elle n'est pas chronologique, mais simplement logique ; elle se produit en Dieu sous la forme de l'éternité. — Si le « premier moment » de la conscience dans l'homme contient la forme idéale de la création, le « premier moment » de la conscience en Dieu contient la réalité même de la création. — Dieu ne peut se connaître comme *moi* sans s'opposer, lui

aussi, un *non moi*. — C'est une sorte d'appauvrissement momentané de son être, mais un appauvrissement consenti, un *sacrifice*, une *condescendance*. — Comment les premières conceptions philosophiques et religieuses ont compris cette condescendance. — Une page de M. Ravaisson dans sa *Philosophie au XIXe siècle*. — La génération éternelle des idées est liée à ce premier moment de la conscience divine. — De même, si le « second moment » de la conscience dans l'homme contient la forme idéale de la providence, le « second moment » de la conscience en Dieu contient la réalité même de la providence. — Les attributs divins, au lieu d'être simplement appliqués à Dieu, apparaissent ainsi comme engendrés, comme constitués dans un certain ordre par l'acte même, par l'acte intérieur de la vie divine. — Il ne faut point placer un intervalle, une durée, entre ce sacrifice que Dieu fait de lui-même et cette reconstitution, entre cette passion et cette résurrection. — Dans quel sens supérieur il faut interpréter la parole de Leibniz : « *Dum Deus calculat et cogitationem exercet, fit mundus.* »

1. Dans le cours de la double étude synthétique et analytique qui vient d'être faite de la conscience, nous avons signalé, chemin faisant, les principales conclusions qui en ressortent. La conscience, avons-nous dit, n'est pas seulement l'acte général qui enveloppe la vie psychologique tout entière; elle est aussi, à titre de finalité cachée et d'idéal, le principe moteur de tous ses développements et de toutes ses œuvres. Par suite elle contient à un double point de vue, intérieur et extérieur, une image, un vivant symbole de la création et de la providence.

D'abord, chez tout être en qui elle se manifeste, quel que soit le degré qu'il occupe dans l'échelle de la vie ou de la pensée, l'œuvre de la conscience consiste à produire sous ce que nous avons appelé l'hégémonie d'une finalité intérieure, un groupement nouveau de facultés et de forces et cela peut être considéré comme une œuvre de création. Ensuite et surtout, à un point de vue extérieur, la conscience est attachée dans ce qu'on pourrait appeler son premier moment, à une sorte de projection hors d'elle-même et d'objectivation de son propre contenu; or, cette représentation, si elle n'est pas une création véritable, contient du moins la *forme intelligible* de la création. D'autre part, dans son second moment, la conscience est liée à une action par laquelle l'être qui prend possession de lui-même ramène autant que possible les choses à ses propres fins, à l'idéal et au bien tels qu'il doit nécessairement les concevoir d'après les exigences et les besoins de sa propre nature; or, cette fois nous n'avons plus une simple image, un simple symbole de la providence, mais bien la providence elle-même se continuant, se prolongeant par le privilège qui a été accordé à l'art humain de compléter, sur certains points et dans certaines limites, l'art de Dieu.

De tout cela on peut conclure que l'étude du développement de la conscience est la base légitime d'une induction plus complète que l'induction ordinaire de la théodicée qui va simplement de la nature de l'homme à la nature infinie de Dieu, sans essayer de pénétrer jusqu'à un développement intérieur de la personnalité divine, développement qui, lui-même, semble la condition nécessaire d'une théorie philosophique de la création et de la providence.

— Cette idée de chercher dans la conscience le principe explicatif des rapports de Dieu et du monde est, en elle-même, si peu irrationnelle qu'un des plus grands philosophes modernes, Fichte, le second fondateur de l'idéalisme allemand, a pu croire (il est vrai, sous l'influence d'une sorte de bouffée d'orgueil dogmatique) qu'il n'avait même pas besoin d'en faire le point de départ d'une induction. D'après la thèse audacieuse soutenue dans la *Doctrine de la science*, il suffit, pour comprendre la production et le développement des choses, de se placer, de se maintenir au sein de la conscience, telle que nous la trouvons en nous-mêmes et, indirectement, chez nos semblables. Le mouvement intérieur de cette conscience, la prise de possession de soi par l'être pensant contient, à vrai dire, la création tout entière. Elle implique comme élément essentiel, et à certains égards, suffisant, la projection au dehors de soi d'une sorte de *matière idéale*, réceptacle virtuel de toutes les formes possibles de l'être, qui en seraient tirées les unes après les autres par le mouvement logique de la pensée, et l'évocation graduelle de ces formes amènerait successivement à la lumière toutes les forces du monde physique, toutes les puissances du monde moral, tous les degrés de l'idée du droit, tous les développements de l'organisation sociale, tous les progrès de la fraternité humaine, toutes les promesses d'un règne futur de Dieu par la vérité et la justice absolues.

La conscience, telle que nous l'observons en nous-mêmes, la conscience telle qu'elle se produit dans le centre supérieur de l'organisation cérébrale, est la manifestation dans une vive et éclatante lumière d'une loi qui régit au moins tous les développements de la vie, mais qui, peut-être, s'étend beaucoup plus loin à des profondeurs dans lesquelles aucun moyen de vérification expérimentale ne nous permet de la suivre; loi interne et profonde dans laquelle s'est enveloppée la forme de l'aspect et du temps; sous l'action de cette loi, les forces qui sont enveloppées dans la formule de l'idéal intérieur par lequel chaque être est constitué, sont projetées dans l'étendue sous la double forme d'une organisation particulière.

Il est vrai que ce paradoxe n'a pas été maintenu par Fichte lui-même et, à plus forte raison, par ses successeurs, sous sa forme première. « Il eût été bien difficile à l'idéaliste le plus résolu, dit à ce sujet M. Vacherot, de faire le vide autour de son *moi* solitaire, quand la multitude des autres *moi* est là pour l'avertir qu'il n'est pas seul dans le temps et dans l'espace. » L'idéalisme subjectif et relatif devait bientôt se transformer, dans la philosophie allemande, en un idéalisme objectif et absolu ; en d'autres termes, au *moi* de l'individu allait bientôt se substituer un *moi* universel, dont la loi est de poser en lui-même, dans le cycle d'une évolution indéfinie, toutes les déterminations dont se compose la *suite* du monde physique et du monde moral. Mais, en se modifiant ainsi d'une manière profonde et en passant de l'individualisme au panthéisme, la conception allemande a toujours gardé le même caractère essentiel, qui est la substitution d'une dialectique immanente à la dialectique transcendante. D'après Hegel comme d'après Fichte, la pensée ne s'élève pas de la conscience qui est en nous à la conscience divine, pour trouver dans cette dernière seule le secret de la création et de la providence; c'est en elle-même que la pensée se flatte de suivre, à travers une longue série de phases logiques, le développement entier de l'activité créatrice et de l'activité providentielle.

Et, en effet, si Dieu se confondait avec le monde et s'il se développait à travers le temps, la dialectique de Fichte exprimerait très profondément la double loi de la production et de l'évolution des choses; car les formules qui la résument expriment très bien la loi et la forme suivant lesquelles se produisent en nous non seulement tout progrès intérieur, mais même toute représentation d'un progrès au dehors. L'idée fondamentale de Fichte, c'est que le *moi* seul existe véritablement, substantiellement pourrait-on dire, et que les choses dites réelles n'existent qu'autant qu'il les pose et qu'il les détermine par le mouvement intérieur de sa pensée : « Le *moi* est absolu; en tant qu'absolu, il est infini, et le *non moi* qu'il pose n'est qu'une limite à son activité infinie; mais cette limite est précisément ce qui lui permet de prendre conscience de lui-même; alors, le *moi*, tout en restant infini dans son essence idéale, devient fini, non en ce sens qu'il subirait, mais en ce sens qu'il se crée à lui-même sa limite. En d'autres termes (car, pour le bien saisir, on ne saurait reprendre et retourner sous trop de formes cette pensée à la fois si audacieuse et si subtile), le *moi* ne peut prendre conscience et possession de lui-même qu'en s'opposant le *non moi*; seulement, il ne trouve pas ce *non moi* tout constitué en dehors de lui-même et indépendamment de sa propre pensée; c'est en lui-même qu'il le pose. En s'opposant ainsi le *non moi*, il se limite lui-même, mais de telle sorte que, par la faculté qu'il conserve de reculer sans cesse cette limite, il reste, d'une certaine manière, infini et absolu en même temps qu'il se pose comme fini et comme relatif. Contradiction étrange! dira-t-on; mais c'est précisément cette contradiction qui explique la marche et le progrès des choses. Le *moi* fini est, en réalité, égal au *moi* infini; il lui est, du moins, égal en puissance; et s'il ne lui est point égal en acte, c'est parce qu'il rencontre sans cesse dans le *non moi* un obstacle contre lequel se brise son activité infinie. Il y a donc en lui une tendance, elle aussi infinie, à écarter cet obstacle; il se fait en lui un continuel effort pour nier le *non moi*, pour le rejeter en quelque sorte plus loin. Mais, d'autre part, cet effort et cette tendance ne peuvent être connus par le *moi* qu'autant qu'il continue de rencontrer hors de lui cet obstacle et qu'il se trouve ainsi contraint de se replier et de réfléchir sur lui-même. Ainsi, le *moi* agit d'une manière infinie pour refouler le *non moi*, et en même temps il ne peut avoir conscience de lui-même qu'autant que le *non moi*, subsistant toujours en face de lui comme obstacle à son activité infinie, le force à s'arrêter, à concentrer pour ainsi dire toute son énergie en vue d'un nouvel effort pour reprendre sa marche vers l'infini. On peut donc résumer tout ceci en disant que le *moi* (individuel ou universel) enveloppe dans l'unité de son essence une série continue de déterminations progressives qui ne doivent jamais atteindre leur terme suprême et qui forment le système entier des phénomènes et des êtres dont le monde se compose.

Fichte exprime encore la même idée dans cette autre formule : « Le *moi* oppose en lui-même au *moi* divisible un *non moi* divisible. » Le sens de cette formule obscure, c'est toujours que le progrès mental et moral consiste dans une suite de déterminations ascendantes de la réalité extérieure et de l'activité interne, déterminations successivement posées au sein de la conscience humaine. Le *moi* fini, pour se maintenir identique au *moi* infini, pose tour à tour en lui-même les déterminations progressives de *non moi*, auxquelles correspondent des déterminations de plus en plus hautes du *moi* lui-même. Ainsi, tous les degrés de l'être sont par lui successivement posés et dépassés. Tout le progrès de l'univers s'explique par une continuelle action du sujet sur l'objet et par une continuelle réaction de l'objet sur le sujet. Toute affirmation formulée suscite en face d'elle une négation, avec laquelle il faut qu'elle se concilie; et sur la base de cette conciliation s'élève une affirmation nouvelle, qui devra être à son tour niée, puis reprise sous une forme supérieure. « A une première proposition énoncée d'une manière absolue s'oppose une seconde proposition tout aussi nécessaire, qui est en contradiction avec elle; puis vient une synthèse conciliatrice qui résout cette contradiction dans une proposition nouvelle. Fixé momentanément par la synthèse, le mouvement dialectique reprend son cours et tend à revenir à la thèse primitive qui pose le *moi* comme absolu, sans y parvenir jamais. C'est cette tendance infinie qui constitue la vie et la conscience du moi. »

Cette construction de Fichte est infiniment remarquable, à ce point de vue surtout qu'elle fixe, en quelque sorte *in abstracto* et indépendamment des applications nombreuses qui pourront en être faites dans le domaine des sciences historiques et sociales, les lois psychologiques essentielles du progrès humain.

La première et la plus essentielle de ces lois, c'est que l'intensité de la conscience que l'homme a de lui-même, et l'intensité du sentiment qu'il a de la réalité extérieure croissent à peu près en raison directe l'une de l'autre. Cette corrélation se montre particulièrement dans l'histoire de la poésie, qui est à la fois le don d'exprimer en modes de l'âme les physionomies de la nature et de traduire en images sensibles les faits intérieurs.

Une seconde loi, d'un caractère déjà plus dynamique, c'est qu'un progrès du *moi*, un développement préalable du contenu de la conscience est la condition antécédente préalable de tout progrès moral, esthétique ou social. On a souvent remarqué que le beau n'est pas en réalité dans la nature, il est en nous-mêmes; un poète a dit que la beauté des choses, c'est notre amour pour elles. Tout progrès esthétique est déterminé par un épanouissement des facultés imaginatives, par un élargissement de l'âme; les divers degrés du sentiment du beau chez les races humaines sont en relation directe avec les développements de la culture intérieure et de la civilisation. Il en est de même pour tout : si, par exemple, les idées de la justice et le droit varient, en s'éclairant, en se précisant à travers les âges, c'est que le droit, c'est-à-dire le respect de la personne, est lié à l'accroissement de la personnalité elle-même et n'en est, à vrai dire, qu'une projection extérieure. Le droit n'existe pas dans la nature; il est une conquête de la conscience humaine, et, bien que cela lui enlève son caractère absolu, on peut dire que c'est cela, au contraire, qui le lui donne; car la conscience arrive au droit, à l'idée, au sentiment et au respect du droit par le même mouvement qui l'amène à se reconnaître comme identique ou, tout au moins, comme semblable à l'absolu.

Mais c'est dans une troisième loi, plus déterminée encore, que réside souvent ce qu'on pourrait appeler le mécanisme du progrès. Cette loi veut que tout développement de la conscience humaine donne lieu à une création extérieure, que la conscience ne reconnaît pas immédiatement comme sienne, mais qui lui apparaît, au contraire, comme un *objet*, constitué en dehors d'elle, antérieurement à elle, indépendant de sa propre évolution et auquel, par conséquent, elle ne fait pour ainsi dire que *s'appliquer*. On en trouve un exemple frappant dans l'histoire générale des premières époques de l'humanité où les inventions et les découvertes, le feu, le blé, la domestication des animaux, où les institutions, à l'abri desquelles une cité s'est développée, où les religions surtout, bien que constituées par des éléments presque tous puisés dans la nature humaine, apparaissent comme des inspirations d'êtres surnaturels, comme des révélations d'en haut, comme des dons de la divinité. Même en dehors de ce fait particulièrement décisif, toutes les créations du génie humain, dans l'ordre de la littérature, par exemple, ou dans celui de la science, se tournent en habitudes, qui finissent par apparaître comme des nécessités objectives. De là le respect hiératique des formes anciennes des types d'art consacrés, des *nomes* traditionnels de la musique, de la poésie et de la danse; de là, plus tard, l'autorité excessive accordée aux opinions des anciens; de là les formules routinières, qui arrêtent et qui enchaînent la science. Ainsi l'homme s'emprisonne dans les vérités partielles qu'il a lui-même conquises et, oubliant qu'il les a tirées de son génie propre, il s'interdit à lui-même de les dépasser et de les compléter par un nouvel essor de ce même génie; artisan, il se fait de son œuvre une idole et un maître.

> On le voit frémir le premier
> Et redouter son propre ouvrage.

Tout cela répond à cette grande loi de Fichte que le *moi* ne peut avoir conscience de lui-même qu'autant que le *non moi* subsiste toujours en face de lui pour limiter, pour contenir son activité infinie. Mais cet obstacle apparent au progrès n'en est pas moins, à un autre point de vue, la plus essentielle condition de ce progrès lui-même; c'est par lui que chaque forme de ce qui doit être s'accuse et se modèle nettement; grâce à lui, le monde n'est pas livré à une mobilité perpétuelle; chaque mode original de la pensée et de l'activité épuise, en quelque sorte, tout son contenu avant de disparaître devant un mode nouveau; chaque civilisation répand sur l'homme la totalité de ses bienfaits avant de céder la place à une civilisation supérieure.

Voilà ce que Fichte a merveilleusement vu, et voici maintenant ce qui lui échappe; c'est que ces lois ne sont pas vraiment les lois de l'absolu, comme elles ne sont pas non plus les lois de la création véritable, mais seulement celles d'une représentation de l'absolu qui se fait la forme représentative et symbolique de ce qui se passe au sein de la conscience absolue; nous ne créons les choses que d'une manière purement représentative, au sein de notre propre pensée; Dieu les crée d'une manière objective et réelle. Ce qui n'est posé qu'idéalement dans l'évolution phénoménale de notre conscience, même exigée, si l'on veut en conscience cosmique ou en conscience sociale, est posé substantiellement et véritablement projeté dans l'absolu et par l'acte de l'absolu comme existence séparée et distincte de l'absolu lui-même.

Il faut donc passer par une induction raisonnée, par la vraie dialectique, de la sphère de l'immanence dans celle de la transcendance. Nous verrons alors que ce qui nous apparaît en nous-mêmes comme dispersé, morcelé, fragmentaire, éparpillé dans la durée est, au contraire, en Dieu, ramassé dans l'indivisible unité d'une nature éternelle qui domine le temps, parce qu'elle le contient en elle-même comme la condition idéale et la forme virtuelle de son expansion créatrice. En d'autres termes, ce que nous n'avons trouvé en nous que sous la forme d'une évolution dans le temps, il faut essayer maintenant de le retrouver en Dieu sous la forme d'une évolution éternelle.

2. Une évolution éternelle! une évolution en Dieu! N'y a-t-il pas là contradiction et choc de mots? N'y a-t-il pas là surtout atteinte portée à la nature divine? Comment pourrait se faire une évolution dans l'être qui, existant en dehors du temps, doit être considéré par nous comme immédiatement parfait?

Ce scrupule provient, à notre avis, d'une confusion établie entre deux idées qu'il importe, au contraire, de distinguer nettement l'une de l'autre, l'idée d'*évolution* et celle de *devenir*. Il est certain que le devenir implique nécessairement le temps. L'idée de devenir ne peut s'appliquer qu'à des choses dont le développement se fait par voie d'accroissement et dans un ordre de succession proprement dite; mais il n'en est plus de même de l'idée d'évolution; elle n'implique pas nécessairement la durée; elle peut très bien être conçue comme s'appliquant à un être qui développerait simplement les « éléments de son essence », non dans un ordre *chronologique*, mais dans un ordre purement *logique*.

En parlant d'une évolution en Dieu, on n'entend rien de plus que ceci : il y a (et nous avons vu plus haut que c'est une idée toute chrétienne) une *vie divine*, un développement intérieur de l'essence dans l'absolu divin; mais cette vie divine ne se déroule point dans le temps; il n'y faut pas chercher, comme faisaient les pythagoriciens ou stoïciens, quelque chose d'analogue aux conditions de notre vie humaine, des mouvements alternatifs d'aspiration ou d'expiration, de systole ou de diastole; elle est tout entière dans l'*acte éternel* d'une conscience absolue, au sein de laquelle sont posées, avec l'idéale possibilité de toutes choses, les raisons déterminantes de l'ordre réel du monde.

Montesquieu a dit : « Dieu lui-même a ses lois ». Contentons-nous, si l'on veut, de dire qu'il a sa loi, et que cette loi est celle de la conscience, ramenée à sa plus haute simplicité et dégagée de tout élément de division et de succession. Comme on a vu plus haut les diverses facultés de la nature humaine se constituer, se développer chacune à sa juste place en vertu de la double loi d'objectivation et de retour qui constitue, sous la forme d'un développement à travers le temps, le cycle de la vie consciente chez l'homme, de même il se fait en Dieu, bien que sous la forme de l'éternité, un développement, une génération logique des attributs. Ils sortent les uns des autres; et, comme à une phase du développement de ces attributs est liée la création, à une autre la providence, à une autre la plénitude de la perfection divine, jouissant d'elle-même dans la béatitude de la conscience, de la liberté et de la puissance infinies, il se manifeste pour nous, suivant le point de vue d'où nous considérons la nature de Dieu, d'apparentes contradictions entre ces attributs; mais ces contradictions s'évanouissent et les objections qui en sont tirées tombent à néant, aussitôt que l'on considère chacun de ces attributs à sa juste place dans le développement total de l'essence.

— C'est à la dialectique de Fichte et de l'idéalisme allemand que nous sommes redevables de pouvoir introduire dans la science philosophique de l'absolu une aussi importante réforme. La théodicée rationaliste ne s'est jamais placée à ce point de vue d'une évolution logique de la nature de Dieu. Par suite, la théorie des attributs divins se réduit pour elle à une simple énumération d'après la double méthode désignée sous les noms de *via exclusionis* et de *via eminentiæ*. Cette énumération commence par les attributs métaphysiques. On fait de Dieu l'objet commun de toutes nos idées rationnelles, idées de l'*infini*, de l'*absolu*, du *parfait*, etc., toutes réductibles à une idée fondamentale, celle de l'*être pur*, dont elles nous découvrent successivement les diverses faces, à peu près comme, en faisant le tour d'un parc, dont les allées convergentes aboutissent à un rond-point où se dresse une statue, nous apercevons tour à tour cette statue dans ses différents aspects. L'essence de Dieu ainsi constituée, on la revêt d'attributs moraux, qui ne sont tous que nos propres qualités, mentales ou morales, élevées à l'infini. Dieu est ainsi proclamé simultanément (et sans qu'on croie nécessaire d'établir entre ces parties de son essence aucun lieu de subordination) *infinie bonté, infinie sagesse, infinie puissance, justice indéfectible, science à qui rien n'échappe, liberté absolue, félicité sans bornes.* Dès lors, comment s'étonner qu'entre ces attributs, entassés pour ainsi dire pêle-mêle, il se produise quelques chocs, quelques contradictions, comme, par exemple, pour ne rappeler qu'un seul des points énumérés plus haut, l'imperfection du pauvre monde dont nous faisons partie semble exiger, à notre choix, ou le sacrifice de la toute-puissance ou celui de la bonté?

Mais ce vice de méthode commun à presque toutes les doctrines de la théodicée contemporaine devient particulièrement grave quand on arrive à la question essentielle de la personnalité divine. Sans doute, le raisonnement que ces doctrines opposent sur ce problème capital aux erreurs et aux sophismes de Strauss et de la gauche hégélienne est, en lui-même, absolument irréprochable. Il faut, dit-on, que Dieu soit une personne; car il doit posséder d'une manière éminente toutes les déterminations positives, toutes les qualités et perfections qui existent dans les êtres réels. Or, parmi ces perfections, il n'en est pas de plus importante, de plus précieuse que celle-ci : exister non pas seulement *en soi*, mais *pour soi*. Nous le voyons bien en réfléchissant sur nous-mêmes; car nous ne voudrions point accepter d'avoir mille perfections que nous ne possédons pas en réalité, si ce devait être sous cette réserve expresse que nous les aurions sans le savoir et par conséquent que nous n'en jouissions pas; il nous semblerait infiniment préférable, à ce prix, de garder simplement, mais avec pleine conscience, les perfections limitées de notre nature réelle. Si donc Dieu ne possédait pas la personnalité, c'est-à-dire s'il n'existait que pour les autres et non pour lui-même, il lui manquerait précisément la plus importante de toutes les perfections, puisque c'est elle qui donne leur prix à toutes les autres, et par cela seul il tomberait bien au-dessous de la nature humaine. Ce raisonnement, on ne peut que le répéter, est irréfutable dans sa forme logique. Et cependant il est manié de telle sorte que Strauss conserve toujours en face de lui le droit de répéter sa formule: « Déterminer, c'est nier ». En effet, on se contente de mettre en Dieu la personnalité comme un simple attribut, qu'on accole pour ainsi dire à tous les autres, qu'on *applique* contre l'essence divine par une sorte d'adjonction tout extérieure, toute superficielle. Or, c'est là méconnaître de la manière la plus profonde la vraie nature de la conscience, de la personnalité, qui n'est pas simplement, soit dans l'homme, soit dans Dieu, un *caractère déterminé de l'essence*, mais, au contraire, un *acte* ou, plus rigoureusement, l'*acte essentiel, unique*, qui enveloppe, qui pose en lui toute l'essence, qui la constitue et qui l'achève en se constituant et en s'achevant lui-même. En d'autres termes, la personnalité n'est pas en Dieu une *partie*, un *fragment*, un *morceau* de l'essence, mais bien l'essence tout entière, enveloppée dans un acte dont les divers éléments, les diverses phases, les divers moments déterminent, dans un certain ordre et dans une certaine dépendance logiques, la production, le déploiement de la série entière des attributs. Ainsi, Dieu n'est pas un être infini, parfait, souverainement sage, souverainement juste, etc., et, de plus, *un moi*; il est *un moi* dont l'acte contient, produit, étale, dans un ordre purement logique et sous le caractère de l'éternité, l'infinitude, la perfection, la plénitude de la bonté, de la justice et de tous ses autres attributs. Or, cela une fois compris, Strauss peut être réfuté; mais il ne peut l'être qu'à ce point de vue. De même que le *moi* absolu de Dieu enveloppe la plénitude de l'essence divine, il enveloppe également, bien que d'une toute autre manière, le *non moi* de la création. Il l'enveloppe non dans son essence, mais dans sa volonté, dans sa puissance, dans sa liberté. Strauss s'est laissé ici abuser par une grossière analogie avec l'homme. Comme le *moi* de l'homme est entouré, pressé, limité dans tous les sens par le *non moi* des autres êtres, il s'est imaginé qu'on ne pouvait faire de Dieu un *moi* sans l'entourer aussi d'un *non moi*, comme d'une sorte d'atmosphère qui le limiterait de toutes parts. Mais, c'est en Dieu lui-même, non, encore une fois, dans l'essence, dans la substance même de Dieu, mais dans l'infinité de sa pensée et de sa volonté, qu'est enveloppée, *à titre de non moi absolu*, l'éternelle possibilité du monde.

— Cela établi, nous pouvons maintenant appliquer à la nature de Dieu la loi fondamentale de la conscience, telle qu'elle a été conçue et exposée par Fichte, et nous allons voir que tous les attributs, toutes les séries d'attributs divins vont se trouver posés, dans un ordre métaphysique nécessaire, par cela seul que nous aurons d'abord posé en Dieu la conscience et les conditions logiques du développement intérieur de la conscience.

En effet, considérons d'abord la première, la plus fondamentale de ces conditions. C'est, nous dit Fichte, qu'un être, quel que soit le degré de son existence, ne peut se connaître comme *moi*, sans *poser* en face de lui-même un *non moi*. Mais, comme on l'a déjà vu, cette *position*, purement idéale dans l'homme (car notre puissance n'est qu'un reflet de la puissance de Dieu, absolument comme, en nous-mêmes, l'imagination n'est qu'un reflet de l'action), doit, au contraire, être en Dieu absolument réelle. En d'autres termes, lorsque le *moi* divin pose en face de lui le *non moi*, par cela seul qu'il le pose, il le crée. Sans doute, comme nous le répéterons plus loin, il ne le crée encore qu'à titre de virtualité, d'indétermination et de multiplicité absolues d'où la forme des choses réelles sera tirée par un acte ultérieur; mais enfin il le produit, il le tire du néant, il le crée; et en même temps, par une action corrélative, il se constitue lui-même sous un des aspects, dans une des phases logiques de son essence; il pose en lui-même un premier ordre, un premier groupe, une première assise d'attributs. Dans ce premier moment de la conscience absolue, tous les degrés de l'être, toutes les formes du possible sont idéalement posées, avec toute la multiplicité des relations qui les unissent les unes aux autres et surtout qui les unissent à Dieu lui-même. Ainsi est constituée en Dieu cette pensée infinie qui contemple éternellement l'infinité des choses possibles et qui, en les rapportant à elle-même, les juge et les apprécie à leur véritable valeur. Cette pensée infinie, ce n'est pas encore la pensée concrète, l'intuition essentiellement active par laquelle nous verrons tout à l'heure que Dieu connaît le monde réel, en même temps qu'il le dégage de l'infinité des possibles, et par là même le développe et le gouverne. Non; c'est simplement une pensée abstraite, qui embrasse d'une manière égale tous les possibles. Nous trouvons en nous-mêmes l'image très nette de cette pensée divine dans la manière dont nous pensons l'objet des mathématiques. Nous concevons la grandeur absolue comme contenant virtuellement et simultanément toutes ses déterminations, tous ses degrés et toutes ses formes; nous pensons de telle sorte l'infini de l'étendue, l'infini de la durée et l'infini de la force que nous pouvons dessiner d'une manière abstraite dans ces trois infinis toutes les déterminations possibles de l'existence, ainsi que la totalité des rapports idéaux qui existent entre ces déterminations.

Ainsi, le premier moment de la conscience divine, en brisant pour ainsi dire l'unité de l'être divin et en séparant de l'unité de l'essence la multiplicité indéfinie des déterminations possibles, est en lui le principe de l'éternelle pensée et de tous les attributs qui se rapportent à la pensée. C'est ce que la métaphysique chrétienne exprime quand elle met dans la substance divine l'acte éternel de la génération du verbe. La pensée, en effet, n'est pas une simple qualité qui subsiste dans l'être pensant; c'est un acte par lequel cet être se manifeste, ne fût-ce qu'à lui-même; c'est un mouvement par lequel il se projette, d'une certaine manière, en dehors de l'unité de son essence; et si la pensée s'exprime par la parole, qui la répand et qui la propage au dehors, c'est qu'elle est déjà en elle-même un mouvement qui se porte au dehors; la pensée suscite véritablement la parole par son mouvement propre, par sa tendance spontanée à l'objectivation. Mais ce qui est vrai de l'homme peut être considéré comme plus vrai encore de Dieu; sa pensée est comme son essence projetée, proférée au dehors, dans la sphère de la multiplicité, et donnant lieu par sa dissémination au système des idées; et c'est ainsi que Malebranche, s'inspirant à la fois du platonisme et du christianisme, a pu considérer le Verbe engendré de Dieu comme étant aussi *le lieu des Idées*.

— En assimilant « ce premier moment » de la conscience divine à la première loi que Fichte a cru reconnaître dans le processus de la conscience humaine, loi d'après laquelle il faut que l'être qui prend conscience de lui-même s'oppose au *non moi*, qu'il tire en quelque sorte de son propre fonds et par lequel il se limite, nous ne devons pas nous dissimuler que nous paraissons imposer à Dieu (ne fût-ce que d'une manière toute transitoire et que nous ne devons même pas considérer comme une partie infinitésimale du temps, c'est-à-dire comme un *instant*) la nécessité de se nier lui-même en se limitant. Oui, sans doute, cette *représentation* nous est nécessaire. Pour essayer de pénétrer quelque peu, par l'intuition philosophique, dans ce mystère de développement de la vie divine, nous avons besoin d'imaginer en Dieu une sorte de scission, de diminution passagère, d'aliénation partielle de l'essence, en un mot une sorte d'obscurcissement et d'évanouissement. Mais ce n'est pas là une conception nouvelle; et M. Ravaisson, dans un passage très important de son *Rapport sur la philosophie en France au XIXe siècle*, a fait voir qu'elle s'est présentée de bien des manières à l'esprit des premiers hommes, qui ont mêlé cette conception, si inadéquate qu'elle puisse être, aux spéculations religieuses les plus sincères et les plus profondes et qui n'ont pas cru altérer et humilier par elle la majesté de Dieu.

« Ce fut, dit-il, dans presque tout l'Orient et depuis un temps immémorial, un symbole ordinaire de la divinité que cet être mystérieux, ailé, couleur de feu (le Phénix), qui se consumait, s'anéantissait lui-même, pour renaître de ses cendres.

« Suivant la théologie indienne, suivant celle aussi qu'enveloppaient les mystères de la religion grecque, la divinité s'était sacrifiée elle-même, afin que de ses membres se formassent des créatures.

« Selon la théosophie juive, faisant mieux au monde sa part, sans compromettre celle de Dieu, Dieu remplissait tout; il a volontairement, se concentrant lui-même, laissé un *vide*, où d'une sorte de résidu de son être tous les autres êtres sont sortis.

« Selon les platoniciens des derniers temps, qui combinèrent avec les conceptions de la philosophie grecque celles de la théologie asiatique, le monde a pour origine un abaissement ou, suivant un terme plus familier à la dogmatique chrétienne, une condescendance de la Divinité.

« Selon le dogme chrétien, renfermé dans l'ordre moral, mais qui n'en contient pas moins comme en germe un principe d'explication générale, métaphysique et physique, et en quelque sorte une philosophie virtuelle, Dieu est descendu par son fils, et descendu ainsi, sans descendre, dans la mort afin que la vie en naquit, et une vie divine. »

Après avoir résumé ces diverses théories, M. Ravaisson, en quelques lignes substantielles, esquisse, sur le même sujet, sa propre conception. Dieu, d'après lui, a pour ainsi dire annulé et anéanti quelque chose de la plénitude de son être, *se ipsum exinanivit*, et en a tiré, par une sorte de réveil et de résurrection, ces êtres qui se succèdent les uns aux autres par la loi du Progrès, parcourant tous les degrés et tous les règnes de l'existence et ramenant la nature de la dispersion de la matière à l'unité de l'esprit.

— En effet, nous n'avons parlé jusqu'ici que d'un « premier moment » de la conscience divine; mais, poursuivons notre induction fondée sur l'analyse de la conscience humaine telle qu'elle a été comprise par Fichte, et après ce premier moment, qui est comme la base métaphysique de la création, nous en trouverons un second qui est comme la base métaphysique de la Providence.

Comme la conscience humaine, d'après Fichte, ne cesse de reconquérir idéalement, par la science et par l'action, le *moi* sur le *non moi*, de même et à bien plus forte raison nous devrons comprendre que Dieu, dans l'acte éternel de sa conscience, reprend ce qu'il a détaché, aliéné, sacrifié, immolé de lui-même, et reconquiert non pas laborieusement et à travers le temps, comme l'a imaginé Hegel ou comme l'a cru Renan, mais immédiatement ou, pour mieux dire, en dehors du temps, par une restitution victorieuse, par une triomphante résurrection, la plénitude de son être.

Et dans ce « second moment », dans ce second aspect de la conscience de Dieu, nous voyons s'épanouir tout le reste de ses attributs. D'abord, sa pensée, que nous avions laissée, en quelque sorte, à l'état de pensée purement logique, purement mathématique, s'achève sous la forme de l'intelligence, de la science et de la sagesse absolues, en choisissant, en édifiant, en gouvernant ce que Leibniz appelle le meilleur des mondes possibles, en ramenant à lui les idées et les êtres. Mais ce n'est pas tout. En ramenant à lui la création par la Providence et en se posant lui-même comme la fin de toutes choses, Dieu réalise l'ordre entier de ses attributs moraux. On se contente habituellement de mettre en Dieu ces attributs par une simple série d'inductions partielles, dont chacun a pour base une qualité que nous trouvons en nous-mêmes. Mais la connaissance que nous en avons devient, semble-t-il, bien plus rationnelle, si nous faisons jaillir ces attributs du développement même de l'essence divine et de ce mouvement, à la fois nécessaire et libre, par lequel Dieu ramène à lui toutes les essences et toutes les existences. Il ne peut être la bonté et la justice absolues qu'en tant qu'il y a autour de lui d'autres essences et qu'il agit sur elles. Pour qu'il soit bon, en réalité et en acte, non pas simplement en puissance, il faut qu'il y ait des êtres sur qui s'exerce sa bonté. Pour qu'il soit juste, il faut qu'il y ait en dehors de lui, bien que par sa permission souveraine, des êtres libres, des droits et des mérites, qu'il reconnaisse et qu'il récompense. Enfin, c'est en ramenant à lui, par son éternelle Providence, ce qu'il a constitué en dehors de lui que Dieu réalise ce qu'il y a peut-être dans sa nature de plus essentiel et de plus intime, l'amour infini avec la béatitude qui l'accompagne. Car l'amour est l'achèvement de la personnalité; c'est à la fois l'essence et l'acte d'une personnalité, non abstraite et finie, mais infinie et concrète, qui ne repousse pas au dehors d'elle les autres êtres en établissant dans la sphère de l'existence un incompréhensible et irrémédiable dualisme, mais qui, bien plutôt, les appelle à elle, s'achève en eux et est ainsi le bien, non pas seulement pour elle-même, mais aussi pour les autres êtres, c'est-à-dire le bien absolu.

Jusqu'ici, nous venons de considérer les deux moments constitutifs de la conscience dans leur rapport avec le développement intérieur de la nature de Dieu; considérons-les maintenant dans leur rapport avec les deux grandes formes de l'action divine, impliquées elles-mêmes, comme nous venons de le voir, dans le mouvement de l'essence absolue.

On a vu plus haut que, dans l'activité de la conscience, l'homme projette, pour ainsi dire, hors de lui-même le contenu idéal de sa propre nature et que cette loi première de l'activité mentale est pour lui la condition nécessaire de la représentation des choses. Si l'acte de la conscience s'arrêtait à ce point, nous verrions simplement, à travers les modes encore indécis de notre sensibilité, à travers les catégories encore obscures de notre pensée, la simple possibilité idéale de l'univers; mais nous ne saurions pas encore que cette possibilité est susceptible d'actualité et que les degrés de l'être, de la forme et de la perfection vont nous apparaître dans le mouvement même par lequel notre conscience va se compléter. En d'autres termes, la conscience, réduite à cette première phase, arrêtée à ce premier moment, ne présente encore que la *forme idéale de la création*, dans laquelle l'être des choses n'est posé que sous la forme de la *pure possibilité*, de la *virtualité absolue*, dont nous allons signaler tout à l'heure la relation avec la matière et avec l'espace.

Mais ce premier moment n'est encore que la partie secondaire et négative de l'acte de la conscience; car, jusqu'ici, nous sommes projetés, nous aussi, hors de nous-mêmes avec le contenu idéal de notre être; nous ne nous connaissons pas, nous ne nous possédons pas véritablement, puisque nous ne pouvons pas nous rapporter les choses que nous pensons. Dispersés, éparpillés en elles, nous n'avons que des fragments de pensées qui ne trouveront que plus tard leur cohésion lorsque nous les aurons reliés en système dans l'unité du *moi* par l'action synthétique d'une pensée achevée et pleinement consciente d'elle-même. Le second moment de la conscience est donc celui dans lequel nous ramenons à nous le contenu de notre nature; et comme ce second moment de notre conscience, dans lequel nous rangerons nos pensées chacune à sa juste place, est inséparable d'un autre acte, par lequel nous mettons de l'ordre dans notre conduite, dans nos actions proprement dites, en même temps que nous nous rapportons aussi à nous-mêmes, dans la plus large mesure possible, les choses extérieures, puisque, par toutes les formes de l'action pratique, par l'industrie, par l'art, par la justice, par l'éducation, par le gouvernement, etc., nous y introduisons un ordre nouveau qui ne s'y trouvait pas et les rendons, pour nous au moins, meilleures et plus parfaites, on peut dire que ce second moment de l'évolution de notre conscience, de la prise de possession de notre *moi*, présente *la forme idéale de la providence*, dans laquelle l'être des choses est posé sous la forme de l'*actualisation*, du *mouvement* et du *progrès*.

Toutefois, il n'est pas absolument inutile de rappeler, une fois de plus, qu'en réalité l'homme, par ce mouvement intérieur de sa conscience, ne crée absolument rien; il n'ajoute à la plénitude de la création déjà réalisée ni un atome de force ni un atome de matière. Et, d'autre part, si, au contraire, il exerce en réalité une certaine part d'action providentielle, en contribuant au bien, à l'ordre et au progrès des choses, il ne le fait que dans les limites très restreintes de sa puissance finie et d'après les lois et conditions souveraines déjà imposées aux choses par l'action infinie de la providence de Dieu.

Mais ce qui n'est, en nous, que la loi *in abstracto* d'une pensée qui se cherche et d'une activité qui ne fait que s'exercer dans des œuvres toujours imparfaites et essentiellement instables, pourrait bien être, en Dieu, la loi vivante et concrète d'après laquelle il produit les choses, dans leur matière indéterminée, par la création et les ramène à lui par les arrangements et les dispositions de sa providence.

Leibniz a dit que Dieu fait les choses par le mouvement même de sa pensée : *Dum Deus calculat et cogitationem exercet, fit mundus.* Nous n'essaierons de compléter qu'en un point cette grande pensée de Leibniz : c'est, nous semble-t-il, qu'il faut distinguer profondément dans cette action de Dieu l'acte par lequel il crée les choses dans leur substance, qui n'est que pure matière (au sens qu'Aristote donnait à ce mot), et l'acte par lequel il les crée dans la hiérarchie de leurs formes progressives, et qu'il faut rattacher ces deux formes de l'action de Dieu sur les choses, la création proprement dite et la création providentielle à ces deux moments, logiquement séparés, de développement éternel de la conscience absolue qui ont été suffisamment caractérisés plus haut par les métaphores métaphysiques de l'anéantissement et du réveil, du sacrifice et de la résurrection.

CHAPITRE III

LES INDUCTIONS DE LA CONSCIENCE : 2° INDUCTIONS MÉTAPHYSIQUES

I

La matière et la nature.

1. Ce n'est pas tout à fait sans raison que certaines doctrines croient voir l'absolu, soit dans la matière, soit dans la nature; il y a dans ces théories, si défectueuses qu'elles soient, une *âme de vérité*. — L'absolu, en produisant la matière, l'a faite, en un certain sens, à son image; car il a déposé en elle la possibilité idéale, la possibilité absolue de toutes choses. La matière, en tant qu'absolue puissance, pourrait être définie un *résidu négatif* de l'absolu. — En quoi consiste l'essence de la matière? — La matière est-elle continue ou discontinue? — Théories de Descartes et de Gassendi. — La matière ne peut être continue. — Cette impossibilité démontrée d'une manière expérimentale par les physiciens, spécialement par Tyndall; démontrée aussi d'une manière rationnelle par M. Janet. — L'essence de la matière n'est donc pas, d'après M. Janet, l'*étendue* de la *force*. — Réserves à faire sur ce dernier point. — Distinction de la *force*, qui est l'énergie positive, et de la *résistance*, qui n'est que l'énergie négative. — L'essence de la matière n'est pas la force, mais simplement la résistance, la solidité ou impénétrabilité, la persistance dans l'être une fois reçu, ou encore l'inertie, la persistance dans le mouvement une fois imprimé. — Retour sur cette idée que la matière est l'*absolu négatif*; non le pur néant, mais l'indétermination et la puissance. — C'est à cause des attaches de notre nature avec ce non-être négatif que nous avons une tendance naturelle à croire qu'*il serait plus simple que rien ne fût*. Notre premier étonnement, c'est *qu'il y ait quelque chose*.

2. C'est la nature qui doit être définie: la *force*. — Elle nous apparaît aussi comme quelque chose d'absolu, parce qu'elle a, pour ainsi dire, en dépôt dans ses formes, dans ses lois, dans la continuité de son être et de son action, dans l'enchaînement de ses phénomènes, dans sa tendance infinie au progrès, la force même de l'absolu. Elle n'est pas Dieu, mais c'est en elle et par elle que se réalisent la pensée et la volonté de Dieu.

II

L'espace et le temps.

1. Le même rapport métaphysique qui existe entre la matière et la nature se retrouve entre l'espace et le temps. — L'espace, condition d'intelligibilité et condition d'existence de la matière; l'espace, *forme idéale de la création*. — Le temps, condition d'intelligibilité et condition d'existence de la nature; le temps, *forme idéale de la Providence*.

2. Coup d'œil sur les théories de l'espace et du temps. — Clarke, Leibniz, Kant, Hegel.

3. Genèse de l'idée du temps. — Spencer et M. Guyau. — Induction fondée sur l'étude de cette genèse. — Dans la conscience divine comme dans la conscience humaine, l'espace, forme de la Création, précède le temps, condition nécessaire de la manifestation de la Providence.

I

La matière et la nature.

1. La théorie générale du processus intérieur de la conscience n'éclaire pas seulement la théologie rationnelle en complétant ses conceptions et en les rapprochant de celles que l'humanité a spontanément découvertes par les intuitions géniales et profondes du sentiment religieux; elle projette aussi une vive lumière sur quelques-uns des problèmes les plus délicats et les plus controversés de la métaphysique.

Elle explique, par exemple, comment l'esprit humain, en s'abandonnant à son impulsion naturelle, ne peut guère s'empêcher de trouver, soit au fond de la matière, soit au fond de la nature, quelque chose d'absolu, et, par suite, comment il se fait que le matérialisme et le naturalisme, bien qu'ils soient des conceptions très incomplètes et très erronées, hantent, pour ainsi dire, la pensée humaine et ne cessent de reparaître périodiquement dans l'histoire de la philosophie et de la science. C'est qu'il y a au fond de ces théories, si défectueuses qu'elles soient, ce que Spencer appelle une « âme de vérité ».

La matière nous apparaît facilement comme l'absolu, lorsque le genre d'études auxquelles nous nous livrons particulièrement ou bien la disposition habituelle de notre esprit nous détourne de la considération des choses idéales. Ce que nous voyons alors, c'est que tout, dans le monde physique, est formé de matière et que cette matière est impérissable. Les formes changent, mais le substratum reste toujours le même. Nous nous représentons alors la matière comme une sorte de canevas sur lequel les choses se dessinent, comme un fonds substantiel dont elles participent toutes également et auquel chacune d'elles emprunte sa mobile et passagère réalité.

Et quand une fois cette conception a pénétré dans notre esprit, c'est pour lui une continuelle tentation que de faire de la matière, considérée comme le fonds inépuisable de toutes choses, le substratum des manifestations de l'activité mentale ou morale non moins que de l'activité physique. Car, d'abord, la science nous démontre que tous les faits de cet ordre ont réellement pour substratum quelque partie plus ou moins déterminée de la substance du cerveau; mais, ensuite, notre esprit répugne au dualisme; la pensée est essentiellement et nécessairement *réduction à l'unité* et, par suite, nous ne trouvons pas de conception dans laquelle notre esprit se repose plus facilement et plus mollement que celle d'une *substance unique*, qui contiendrait en elle la possibilité de toutes les formes et qui n'aurait d'autre loi que de les traverser tour à tour et de les épuiser.

Sans doute, le matérialisme se réfute sans peine en tant que doctrine exclusive qui prétend tout expliquer par son principe, même les formes que la réalité présente successivement, même les lois en vertu desquelles ces formes se succèdent suivant un certain ordre. Quand le matérialisme prétend identifier la force avec la matière, et concevoir chaque élément matériel comme le dépositaire d'une certaine énergie spéciale qui le constitue essentiellement et qui détermine toute la suite de ses manifestations et de ses transformations, évidemment on peut dire qu'il entreprend une œuvre impossible. Notre esprit ne peut concevoir que l'atome de fer, par exemple, ait en lui-même la loi qui le fera passer tour à tour dans diverses combinaisons matérielles, entrer dans la composition des globules du sang et, finalement, dans le cerveau d'un poète, contribuer à la production, au jaillissement d'une œuvre inspirée.

Mais si le matérialisme consent à admettre, en dehors et au dessus de la substance matérielle, l'action de certaines *idées* ou de certaines *lois* qui planent, en quelque sorte, au-dessus des éléments de la matière, qui président à leurs combinaisons ou à leurs dissociations, et qui en feront sortir à l'infini des combinaisons nouvelles, sur ce terrain plus restreint et nettement circonscrit il conserve une grande force.

— Mais quelle est la forme sous laquelle nous devons concevoir ce substratum, soit des phénomènes physiques seuls, soit de tous les ordres de phénomènes sans exception, que nous appelons *la matière*?

On sait que, sur ce point, deux grandes théories sont en présence, surtout dans l'histoire de la philosophie et de la science modernes. L'une de ces conceptions est celle de la continuité de la matière; c'est la théorie de Descartes, pour qui la matière était essentiellement la *res extensa*, la substance étendue. L'autre est celle de la discontinuité de la matière; c'est la doctrine d'Épicure et de Gassendi qui considéraient, à la suite de tant de philosophes de la plus haute antiquité, l'univers comme constitué par la mutuelle pénétration de deux principes, le *plein* et le *vide*, et qui faisaient des atomes *les fragments du plein, épars et en mouvement dans le vide*; c'est la conception reprise par un grand nombre de physiciens et de chimistes contemporains, par Hirn, par Wurtz, par Tyndall, sous le nom de théorie de l'*atomicité*.

La théorie cartésienne de la continuité de la matière est aujourd'hui presque universellement abandonnée. En effet, non seulement les anciens avaient déjà entrevu que tous les corps sans exception sont plus ou moins pénétrables à l'eau, par conséquent poreux, divisibles et compressibles; non seulement les contemporains de Descartes avaient montré contre ce philosophe et contre les physiciens de son école qu'il est impossible de comprendre

Comment, tout étant plein, tout a pu se mouvoir;

mais encore et surtout nos physiciens d'aujourd'hui, Tyndall entre autres, ont institué des expériences dont il semble résulter par exemple, que si une molécule d'un corps composé contient une centaine d'atomes, ces cent atomes sont entre eux dans une situation à peu près semblable à celle de cent soldats qui seraient disséminés sur le sol entier de la Grande-Bretagne; ou bien encore, qu'il y a dans l'atmosphère « des parcelles matérielles qui échappent au microscope et à la balance, qui n'obscurcissent pas l'air, mais s'y trouvent néanmoins en si grande multitude que l'hyperbole israélite du nombre des grains de sable de la mer devient insignifiante en comparaison, et qui, malgré cette multiplicité, sont tellement ténues et surtout à tel point séparées les unes des autres et disséminées dans l'espace que, si on les condensait, on les ferait tenir toutes dans une valise de dame ».

Mais ce n'est pas tout : si les expériences de la science établissent que la matière n'est pas continue, en ce sens que ses diverses parties se lieraient les unes aux autres dans l'espace sans laisser entre elles d'interstices, le raisonnement va plus loin encore et permet de démontrer que chaque élément de la matière, chaque atome, considéré en lui-même, présente certains caractères qui nous empêchent de lui attribuer pour essence l'étendue, telle que la concevait Descartes.

Voici comment M. Paul Janet, par exemple, établit ce dernier point : « Les atomes, en se déplaçant, occupent successivement dans l'espace vide des places qui leur sont adéquates, qui ont exactement la même figure et la même étendue que l'atome lui-même. Si, au moment où l'atome est immobile en un lieu, vous décrivez par la pensée des lignes suivant les contours de cet atome (comme lorsque l'on décalque un objet), n'est-il pas évident que, l'atome disparaissant, vous pouvez en conserver l'effigie et, en quelque sorte, la silhouette, la figure géométrique sur le fond de l'espace vide? Vous obtenez ainsi une portion d'espace que j'appellerai un atome vide par opposition à l'atome plein qui l'occupait tout à l'heure. Cela posé, je demande aux atomistes de m'expliquer ce qui distingue un atome vide d'un atome plein, quels sont les caractères qui se rencontrent dans l'un, et qui ne se rencontrent pas dans l'autre. Est-ce d'être étendu? Non; car l'atome vide est étendu comme l'atome plein. Est-ce d'être figuré? Non; car l'atome vide est figuré comme l'atome plein et a exactement la même figure. Est-ce d'être indivisible? Non; car la division de l'espace est encore plus facile à comprendre que la division du corps. En un mot, tout ce qui tient à l'étendue est absolument identique dans l'atome vide, et dans l'atome plein... Examinez bien : vous verrez que ce qui distingue essentiellement l'atome plein de l'atome vide, c'est la solidité ou la pesanteur, c'est-à-dire, en dernière analyse, la force. »

— Cette dernière conclusion appelle cependant quelques réserves. Assurément, l'analyse du concept de matière nous permet d'affirmer que ce qu'il y a de tout à fait consécutif dans l'élément matériel, c'est sa *résistance*, en d'autres termes sa *solidité* ou *impénétrabilité*. Mais ce caractère doit-il être absolument assimilé à la *force*? Nous ne le pensons pas.

La force est quelque chose de positif et de véritablement actif; la résistance est quelque chose de négatif et l'activité n'y est que sous une forme toute relative. C'est ce que nous exprimons en disant que la matière est inerte. Par là nous n'entendons pas (ce serait contraire aux faits) que nous puissions percevoir quelque part une matière sans action et sans mouvement. Loin de là : le mouvement est partout dans le monde matériel, et là où il ne se montre pas sous la forme de mouvement de translation ou de masse, nous le découvrons sous la forme de mouvement vibratoire ou de mouvement moléculaire. Mais cela prouve simplement que nous n'arrivons jamais à percevoir la matière pure. Sous quelque forme et à quelque degré que nous la percevions, elle nous apparaît toujours comme pénétrée par quelque chose qui lui est supérieur. Ce quelque chose, c'est la force proprement dite, la force active qui suppose toujours une fin, une raison, une idée. La matière, en ce sens, est toujours et partout imprégnée d'esprit. L'énergie que Leibniz place dans chaque monade, dans chaque entéléchie, est déjà une certaine pensée déposée dans la matière, fût-ce simplement la pensée créatrice en tant qu'elle a donné telle loi, qu'elle a assigné telle place, qu'elle a confié tel rôle à cette monade dans l'ensemble de l'univers. Mais au delà de la matière telle qu'elle nous apparaît dans ses phénomènes, nous avons toujours le droit de reconstituer mentalement la pure matière; et dans cette pure matière nous ne trouvons autre chose que ceci : la résistance; la résistance au propre sens du mot, c'est-à-dire la résistance absolue que l'élément matériel oppose à son propre anéantissement; l'impossibilité absolue qu'il ne soit pas, au moment même où il est; que quelque chose d'étranger à lui soit à sa place, dans le lieu même où il est. Cette résistance, c'est en même temps de l'inertie, c'est-à-dire l'impossibilité absolue qu'il soit déplacé, transporté hors du lieu qu'il occupe, sans qu'il y ait une raison pour qu'il soit déplacé. De même, dans une molécule ou dans un agrégat de molécules matérielles, la résistance, au propre sens du mot, c'est la résistance que cette molécule et cet agrégat opposent à la dissolution de leurs éléments; c'est l'énergie toute négative par laquelle ils les maintiennent associés, unifiés, formant un tout cohérent et compact, *solidum quid*. Mais cette résistance, cette solidité, ce n'est pas véritablement la force. Car la force est essentiellement tendance et initiative de mouvement; la résistance, au contraire, est stabilité, permanence, repos, au moins relatif. Et de là il n'est pas difficile de conclure que la matière est, en dernière analyse, ce qui tout en persistant dans le mouvement déjà imprimé, dans la détermination et dans la forme actuellement réalisés, résiste au développement ultérieur du mouvement, de la détermination et de la forme. La matière, en un mot, si nous la considérons dans ce qui la constitue essentiellement, est par elle-même non principe de mouvement, mais résistance au mouvement.

— Et si, maintenant, nous faisons un pas de plus pour essayer de comprendre ce qui est matière en soi, la matière considérée d'une manière générale et comme fond des choses, nous pouvons dire qu'elle est la pure indétermination, dans laquelle toutes les choses sont virtuellement, implicitement contenues; qui n'est ni ceci ni cela, mais qui peut tout devenir. Les savants expriment aujourd'hui cette idée sous la forme d'une hypothèse célèbre, celle de la nébulosité indéfiniment diffuse d'où serait sorti l'ordre entier du monde. Mais, sous sa forme concrète, cette idée n'est, au fond, autre chose que la conception d'Aristote, qui faisait de la matière la pure puissance, germe commun de tout ce qui s'est épanoui non seulement dans le monde physique, mais aussi dans le monde moral. Or, sous cet aspect métaphysique, la matière doit finalement nous apparaître comme quelque chose d'absolu, qui explique, dans une large mesure, l'illusion commune des écoles matérialistes. C'est, pourrait-on dire, un absolu négatif, puisqu'elle tient son être de cette sorte de négation et de vide qui correspond, dans l'évolution de l'essence divine, au moment de la création. Cet absolu négatif, tous les êtres s'y rattachent par la partie négative de leur essence, c'est-à-dire par leur imperfection, par cette part d'indétermination et de *puissance* qui persiste toujours dans leur actualité. Nous aussi, nous nous y rattachons, et de plusieurs manières. On en peut donner comme preuve, entre plusieurs autres, que notre pensée, malgré tous ses progrès, reste comme orientée vers le non-être. Ce qui nous étonne le plus, en définitive, c'est *qu'il existe quelque chose*. Sans doute, la réflexion philosophique et religieuse arrive quelquefois à nous délivrer momentanément de ce cauchemar du non-être. Nous finissons par comprendre, avec Bossuet, que « le Parfait est premier, et dans l'être et dans la pensée, et que l'imparfait, en toutes manières, n'en est qu'une dégradation ». Mais il nous faut pour cela un effort. Le mouvement spontané de notre pensée va d'abord dans une autre direction. « Pourquoi y a-t-il quelque chose? » Voilà ce que nous ne pouvons nous empêcher bien souvent de nous demander. Nous trouverions plus naturel que rien ne fût. Cette incurable faiblesse de notre pensée témoigne que, comme toutes choses, nous venons du néant. Nous en gardons en nous l'indestructible empreinte. Ce néant, qui n'est pas, si l'on veut, le pur non-être, mais plutôt l'être à l'état d'indétermination, c'est la matière, lieu de tous les possibles, lieu de tous les contraires, qui s'agitent confusément dans son sein, jusqu'à ce qu'ils en soient tirés par l'action de la Providence et que de la matière initiale sortent, par la volonté et avec le continuel concours de Dieu, l'ordre et le progrès de la nature.

2. Si les matérialistes, par une illusion nécessaire, mais qui n'est pas dénuée de toute vérité, croient trouver l'absolu dans la matière, bien qu'elle ne contienne qu'une trace lointaine et comme un *résidu négatif* de l'absolu, les naturalistes et les panthéistes croient le trouver dans la nature; dans la nature considérée sous cet aspect particulier que Spinoza désigne par l'expression de *nature naturante*. Qu'est-ce, en effet, que la nature, vue sous cet aspect? C'est une énergie que nous sommes tentés de croire infinie, parce que nous n'en percevons pas les bornes, et de croire absolue, parce que, si nous voyons toutes choses dépendre d'elle, sortir de son sein et y rentrer, nous ne la voyons elle-même (du moins dans les limites de l'expérience) dépendre d'aucune autre chose. La nature naturante, c'est d'abord *la force*, qui, déjà présente dans la pure virtualité de la matière, en tire les formes primitives sous lesquelles la

matière commence à nous devenir perceptible; en fait sortir, pour être comme les premières assises sur lesquelles s'édifiera le système entier des choses, les constructions atomiques, les architectures moléculaires. C'est la force qui a détaché de la nébulosité primordiale les nébuleuses et les étoiles; qui, dans chaque système stellaire, a séparé les anneaux concentriques d'où sont sorties les planètes et leurs satellites; qui, à la surface de notre planète, a déposé sous les eaux les couches terrestres, a fait émerger les continents, a dessiné les reliefs du sol, distribué les montagnes et les fleuves, élaboré les composés chimiques qui seront comme la matrice de la vie. La nature naturante est ensuite *la vie*, qui, à travers une longue évolution, crée, avec l'aide de la lutte pour l'existence et de la sélection naturelle, des formes organiques de plus en plus parfaites, adaptées à un milieu qui paraît avoir été lui-même de plus en plus complexe, de plus en plus apte à susciter des besoins et des désirs nouveaux. Enfin, sous ses formes supérieures, la nature naturante devient *la pensée*, *la volonté* et *l'action*. L'esprit, qui sommeillait dans la matière, s'en dégage par degrés et se reconnaît comme le vrai principe du système de moyens qui a préparé son éclosion et ses développements. Toutes ses formes sont liées les unes aux autres; une même activité circule en elles, établit entre toutes les parties de l'univers une harmonie profonde, fait de tous les êtres une chaîne continue : « Les Forces, suivant la poétique expression de Gœthe, se passent les unes aux autres les sceaux d'or. »

D'où vient cette nouvelle illusion qui nous fait encore voir l'absolu là où il n'est pas réellement? Elle vient de ce que, malgré tout, cette force du progrès qui relie toutes les puissances de la nature dans l'unité d'une fin commune se rattache d'une manière intime à l'absolu divin. Si elle ne se confond pas avec lui, elle en est du moins le signe, la vivante image. Comme la matière répond à l'acte de la création, la nature répond à l'acte de la Providence; elle est l'intermédiaire, l'agent par lequel se fait le retour des choses au principe divin dont elles sont issues; peut-être même, qui sait? la réabsorption de toutes les consciences partielles au sein de la conscience infinie. L'acte éternel de cette conscience laisse à travers le monde son sillon lumineux, et c'est en suivant cette trace que les êtres de la nature tendent d'un commun effort vers le progrès.

Que faut-il donc faire pour retrouver l'absolu véritable? Il faut simplement se rappeler que la nature, à tous les degrés de son progrès, reste nécessairement imparfaite. Le réel, sous chacune de ses formes, n'est toujours qu'un pâle reflet de l'idéal; le système des causes efficientes reste dominé par le système des causes finales et lui emprunte toute sa valeur logique, comme toute sa puissance plastique. La nature a donc sa fin en Dieu et son action immanente ne s'explique que si on la rapporte à une action transcendante.

II

L'espace et le temps.

1. On vient de voir que la matière, indétermination absolue, *pure puissance*, suivant la célèbre expression d'Aristote, est « l'objet direct de la création ». Voici comment il faut entendre cette formule. Imaginons un *acte de création*, dans des conditions telles qu'il ne s'y mêle, à aucun degré, un *acte de providence*; cet acte de *pure création* doit se terminer à la *pure matière*; et c'est bien là ce que pensent, en réalité, les savants, c'est bien là ce qui résulte de leurs inductions les plus légitimes sur l'origine des choses, puisque tous, Laplace, Kant, Spencer, s'accordent pour se représenter la forme première du monde comme une nébulosité indéfiniment diffuse.

On vient de voir aussi que la nature, ainsi que l'avait compris Aristote, quand il faisait consister son essence dans le mouvement, est la tendance absolue à la détermination. Cela signifie qu'il y a en elle une aspiration infinie vers le progrès et que, dans cette aspiration, il y a pour ainsi dire en dépôt toute l'énergie plastique de l'idée, toute la puissance créatrice de Dieu.

Cette même relation que nous venons de signaler entre la matière et la nature, nous allons essayer maintenant de la retrouver entre l'espace, dans lequel on peut voir la *forme idéale de la Création*, la *condition d'intelligibilité de la matière*, et le temps, qui, de son côté, peut être considéré comme la *forme idéale de la Providence*, la *condition d'intelligibilité de la nature*, en tant qu'ouvrière du progrès.

Mais ce sont là des conceptions auxquelles il convient de revenir méthodiquement et par degrés, en passant en revue les principales conceptions qui se sont produites, dans l'histoire de la métaphysique, sur la nature du temps et de l'espace.

2. Prenons pour point de départ la représentation naturelle et vulgaire de ces deux conditions de la réalité.

L'espace et le temps nous apparaissent d'abord comme une double trame sur laquelle les choses se déroulent. Les corps s'étendent dans l'espace, les événements se succèdent dans le temps. Toute la différence que nous apercevons d'abord entre ces deux choses, c'est que l'espace s'étend autour de nous dans toutes les directions, comme une sphère infinie, et rayonne dans tous les sens autour du point que nous occupons, tandis que le temps ne se déploie que suivant une simple série linéaire.

Cette représentation se retrouve, modifiée sans doute, mais non complètement transformée, dans la théorie de Newton et de Clarke. On sait que, pour ce grand savant et pour cet ingénieux philosophe, le temps et l'espace sont comme des attributs et des propriétés de Dieu; par eux, Dieu est en relation avec les choses créées; il les touche, pour ainsi dire; ce sont comme les *sensoria* de la nature divine.

Leibniz a dirigé contre cette conception si insuffisante une polémique célèbre, dont il suffira de rappeler ici quelques traits. Il a montré, par exemple, que si l'espace et le temps subsistaient en dehors et au delà de la création, comme des *étoffes* dans lesquelles les choses sont découpées, il serait impossible de trouver une raison suffisante pour laquelle Dieu aurait créé le monde dans telle partie de l'espace plutôt que dans toute autre, à tel moment du temps plutôt qu'à tout autre moment; et, comme rien ne peut être qui n'ait sa raison d'être, la création elle-même, par cela seul, deviendrait inintelligible.

Leibniz substitue donc à la conception de Clarke une théorie d'après laquelle le temps et l'espace, qu'il faut distinguer profondément de l'immensité et de l'éternité divines, n'existent point en dehors de la création; ils sont, au contraire, posés *par elle* et *en elle*. Loin d'envelopper la nature, ils sont bien plutôt enveloppés dans son développement.

Et, après avoir exposé cette théorie, il la résume dans des formules dont nous aurons, sans doute, à signaler tout à l'heure l'insuffisance, mais qui, du moins, marquent bien nettement le point de vue où il se place. Il définit l'espace « l'ordre des coexistences » et le temps « l'ordre des successions ».

Il a incontestablement raison contre Clarke, dont la théorie aboutirait à matérialiser Dieu; et nous pouvons ajouter qu'il a, d'avance, raison contre Kant, qui refusera à l'espace et au temps toute réalité objective et ne voudra y voir que les formes de l'intuition humaines, non les formes et les conditions nécessaires de l'existence du monde. Toutefois, il faut bien dire aussi que sa conception reste entachée de graves erreurs, qui ne pourront en être éliminées que quand nous l'aurons mise en parallèle avec la théorie de Kant et quelques autres conceptions ultérieures de la philosophie allemande.

L'amendement nécessaire qu'il fallait introduire dans la pensée de Leibniz, mais que Kant a outrepassé, c'est que le temps et l'espace ne peuvent être bien compris et ne peuvent surtout être mis à leur juste place comme conditions de l'existence du monde réel que quand on a commencé par le bien comprendre comme formes de l'intuition humaine.

Or, sur ce dernier point, Kant a donné, sans doute, une indication des plus précieuses, mais dont il est loin d'avoir tiré tout le parti désirable et déduit toutes les conséquences naturelles.

Après avoir fait de l'espace et du temps les formes subjectives de la sensibilité humaine, il a ajouté, très profondément, que l'espace est la forme d'intuition de ce qui nous est connu par les sens extérieurs, en d'autres termes, la forme d'intuition de l'existence matérielle; tandis que le temps n'est, directement, que la forme d'intuition des choses qui nous sont connues par le sens intime, c'est-à-dire, en d'autres termes, la forme d'intuition de notre vie mentale, qui se déroule en formant une série linéaire, mais dans des conditions telles, que nous conservons ensuite le développement des autres existences comme se déroulant d'après d'autres séries linéaires, parallèles à la nôtre.

En tout cela, Kant a parfaitement raison. Mais de ce que l'espace et le temps sont, *d'abord*, pour nous les formes de notre intuition sensible, il ne résulte nullement qu'ils ne soient pas aussi et qu'ils ne soient pas surtout les formes de l'existence réelle. Au contraire, l'induction la plus naturelle et la plus simple nous autorise à dire que l'espace est la forme nécessaire de notre représentation de la matière parce qu'il est, en dehors de nous, la forme nécessaire de l'existence même de la réalité matérielle. En effet, la matière, ramenée à ce qu'il y a de plus essentiel dans son idée, est indétermination pure et, par suite, dissémination indéfinie; car tout ce qu'on peut dire de ses éléments, qui n'ont, par eux-mêmes, tant qu'une action supérieure (une action providentielle, dirons-nous) ne s'en est point emparée, aucune cohésion et aucune organisation, c'est qu'ils sont *extérieurs les uns aux autres*. Et ainsi l'espace est posé avec la matière, il est créé par la création même de la matière. D'autre part, le temps est la forme nécessaire de l'intuition de la pensée en nous, parce que, d'abord et objectivement, il est, au dehors de nous, la forme nécessaire du mouvement par lequel une pensée rapproche, dispose, organise les éléments de la matière, en niant, pour ainsi dire, la matière elle-même en tant que matière et en lui substituant l'ordre, le mouvement et le progrès de la nature.

Ce développement naturel, ce développement logique que Kant aurait dû, semble-t-il, donner à sa propre pensée, c'est ce que Hegel a exprimé, dans des formules un peu obscures peut-être, mais que ce qui vient d'être expliqué éclaire suffisamment, quand il a dit que l'espace, c'est *l'extériorité pure*, et que le temps (par lequel se fait, sous les formes de l'ordre et de l'organisation, une négation continue de la matière et de l'espace), c'est la *négativité pure*.

Ainsi, en résumé, l'espace et le temps sont bien (comme l'a vu Leibniz) les formes de l'existence réelle, mais saisies (comme l'a vu Kant) à travers l'évolution naturelle de notre propre esprit.

3. Il résulte de là que, si nous voulons remonter, par induction métaphysique, à la conception du développement des choses dans l'espace et dans le temps, il faut que nous suivions d'abord l'évolution intellectuelle par laquelle sont constituées en nous les deux représentations de l'espace et du temps.

Or, cette question a été très étudiée par la psychologie contemporaine, et voici, croyons-nous, les derniers résultats auxquels elle est arrivée.

Les psychologues anglais, en particulier Spencer et Alexandre Bain, ont essayé de soutenir que l'idée de la durée précède en nous l'idée de l'étendue; que le concept de l'espace se forme en nous par une sorte de transposition du concept du temps.

Mais des études plus récentes et plus approfondies semblent démontrer absolument le contraire. M. Guyau a résumé ces études dans son livre sur la *Genèse de l'idée de temps*, et il a montré que l'enfant ne se représente d'abord les choses que sous la *forme spatiale*. L'idée du temps ne se fait en lui que graduellement, par une lente intégration de ses états de conscience. A plus forte raison en est-il ainsi de l'animal. « L'animal et l'enfant, faute de moyens de mesure, vivent « au jour le jour ». Un éléphant se jette sur un homme qui l'a frappé il y a plusieurs années; s'ensuit-il que l'éléphant ait pour cela l'idée claire de la durée et une mémoire organisée comme la nôtre? Non, il y a surtout association mécanique d'images actuelles. A l'image de cet homme s'est jointe l'image encore vivace et présente de coups reçus, et les deux images se meuvent ensemble comme les deux roues d'un engrenage; on peut dire que l'animal se représente presque l'homme comme le frappant actuellement : sa colère n'en est que plus forte. Il n'y a pas prescription pour l'animal, parce qu'il n'y a pas chez lui un sens net de la durée. »

— Cette reconstitution de l'ordre véritable de l'évolution psychique en ce qui concerne les idées de l'espace et du temps justifie d'une manière complète la déduction que nous avons faite précédemment, et par laquelle nous avons essayé d'établir que le *premier moment* de la conscience crée une sorte de diffusion extérieure, c'est-à-dire d'espace, comme condition nécessaire de la représentation des choses hors de nous, et que le *second moment* de la conscience crée le sentiment d'une durée, la première idée du temps, comme condition nécessaire de la représentation du mouvement, de l'action et, à plus forte raison, du progrès. Alors, les choses commencent à se disposer pour nous suivant une série linéaire. Le temps se présente à nous comme une ligne droite; car il est essentiellement réduction et subordination de la multiplicité des choses à l'unité de notre conscience, à la continuité de notre *moi*.

Mais alors, nous pourrons compléter maintenant notre induction métaphysique, en remontant de notre propre activité à celle qui se déploie dans la création et dans la Providence.

Le premier moment de la conscience divine crée l'espace, en créant l'absolue dissémination de la pure matière; le second moment de cette même conscience de Dieu crée le temps, en donnant le premier branle au mouvement de la nature, en créant la nécessité de l'universel essor des choses, vers le bien, la vie et le progrès. Quant à Dieu, il subsiste en dehors et au delà de l'espace et du temps, concentré en lui-même dans son immuable éternité. « Tout vient de lui, tout réside en lui, tout retourne à lui », mais sans que, pour cela, la substance dispersée des choses se mêle, comme le croit à tort le panthéisme, à l'impassible unité de la substance divine.

CHAPITRE IV

LA PROVIDENCE DANS LA NATURE

La nature considérée comme un enchaînement de causes efficientes dominé par un système de causes finales. — Le rapport de ces deux ordres de causes n'est pas un déterminisme étroit et rigide. — L'activité plastique de la nature. La vie considérée par Claude Bernard comme la création. La contingence des lois de la nature. — Possibilité d'un accord des croyances fondamentales de la théologie rationnelle non seulement avec les vérités solidement démontrées de la science, mais même avec certaines conceptions hypothétiques. — La théologie rationnelle et la question de la génération spontanée. — La théologie rationnelle et la question de l'origine des espèces. — Hartmann et la théorie de la génération hétérogène. — Accord du mécanisme et de la finalité dans la nature.

Ni dans ce chapitre ni dans le suivant nous ne songeons à faire même la simple esquisse d'une philosophie de la nature ou d'une philosophie de l'histoire. Qu'il nous suffise d'indiquer d'une manière sobre et brève comment nous concevons, d'après les principes précédemment posés, la possibilité d'une action supérieure qui s'exerce soit sur les forces naturelles, soit sur les volontés humaines pour les empêcher de dévier vers le désordre et le mal, pour les diriger dans le sens de l'ordre, du progrès et du bien.

La nature est assez généralement considérée aujourd'hui comme un système de faits strictement liés les uns aux autres d'après le principe et d'après l'ordre des causes efficientes; c'est-à-dire que chaque phénomène qui se produit est lié à un ensemble de conditions antécédentes ou concomitantes, dont il est le résultat infaillible et nécessaire ; en d'autres termes, du moment que ces conditions sont posées, il est impossible que ce phénomène lui-même ne se produise pas ; il est conditionné, déterminé par elles.

Cependant quelques-uns des plus illustres savants qui ont mis en lumière ce déterminisme de la nature, qui l'ont même fait passer du domaine de la nature brute, où on l'admettait depuis assez longtemps déjà, dans le domaine de la nature vivante, sont disposés à reconnaître que le monde n'est pas un pur mécanisme. Claude Bernard, particulièrement, a fait sur ce point les déclarations les plus expresses, enveloppées dans les formules les plus saisissantes. Il nous représente la vie comme une idée, une idée organotrophique, c'est-à-dire qui nourrit en quelque sorte les organes, qui préside à leur développement, à leur disposition régulière et harmonieuse; cette idée c'est encore pour lui l'idée même de type, déposée et sommeillant dans le germe jusqu'au moment où la fécondation crée pour elle les conditions dans lesquelles peut se déployer sa vertu plastique. « La vie, dit encore Claude Bernard, c'est la création »; et par là il entend que les causes purement mécaniques, purement efficientes, ne réussiraient pas à produire même l'organisme le plus rudimentaire s'il n'y avait, déposée dans le germe, une autre cause d'une tout autre nature et d'une tout autre portée, l'idée même du type, cause idéale de la vie, cause finale qui met pour ainsi dire en branle tout le système de causes efficientes nécessaires à l'élaboration d'un organisme.

En généralisant cette pensée, il est facile d'admettre concurremment avec le système des causes efficientes qui déterminent la naissance et le développement des êtres par le rapprochement mécanique de leurs parties, un système de causes finales sous l'action desquelles c'est au contraire l'idée du tout qui détermine le rapprochement et la coordination des éléments; et comme l'univers, lui aussi, est un tout, on peut admettre une finalité suprême dans laquelle sont renfermées et au-dessous de laquelle s'étagent les fins particulières qui président à l'organisation des êtres vivants et à l'arrangement général du monde.

Mais si belle que puisse être cette conception d'un double système de causes, dont les unes (les causes efficientes) seraient des forces, et dont les autres (les causes finales) seraient des idées, à quoi servirait-il de nous y arrêter si elle n'avait qu'un caractère tout abstrait ; c'est-à-dire si l'ordre des causes efficientes et l'ordre des causes finales ne représentaient en dernière analyse qu'un même système de choses considéré sous deux aspects différents et vu pour ainsi dire par ses deux bouts. Il serait plus sage de relier simplement ces deux aspects de l'univers dans l'idée concrète du système des lois qui régissent réellement la nature inanimée et la nature vivante et que les physiciens plus que les métaphysiciens se contentent de découvrir et de formuler.

Aussi ne pensons-nous pas qu'on puisse considérer ainsi ces deux ordres comme simplement complémentaires. Cela reviendrait à confondre la sphère de l'idéal et la sphère du réel. Ce système des causes finales, c'est l'ordre des idées de la pensée créatrice ; mais ces idées sont vivantes ; ce sont des forces, des énergies dont l'action s'exerce sur le système des causes efficientes, qui ne sont que des forces brutes et aveugles ; ou plus exactement, cette action s'exerce directement sur les causes efficientes elles-mêmes *pour les organiser en système* et c'est cela qui constitue la Providence dans la nature.

Nous ne croyons pas, pour notre part, que le déterminisme de la nature doive être considéré comme quelque chose de rigide et de purement mécanique. La nature n'est pas serrée dans un réseau de mailles, emprisonnée dans un corset de fer. La nature a ses coudées franches, ses allures libres ; car elle palpite et elle vit. Cela ne signifie pas qu'il y ait en elle quelque désordre et que la loi de causalité y puisse être quelque part prise en défaut. Mais la loi par laquelle la nature enchaîne un phénomène conséquent à un phénomène antécédent est une loi qu'elle a faite elle-même en se disposant, en s'organisant sous l'influence de l'idée qui la domine, de la finalité qui la dirige. Dans cette loi il y a la vie même de la nature et avec cette vie, la spontanéité, la souplesse, la plasticité qui sont les caractères essentiels et constitutifs de la vie sous toutes ses formes et à tous ses degrés. C'est ce qu'un philosophe contemporain a exprimé par une bien remarquable formule quand il a parlé de la *contingence des lois de la nature*. Nous croyons, en effet, que la nature est en voie d'évolution et de progrès et que, par cela même, ses lois aussi sont en mouvement. La preuve qu'elles doivent se modifier peu à peu, c'est que tout au moins se compliquent-elles nécessairement quand elles passent de la sphère du mécanisme à la sphère de la vie. Mais même dans la nature brute, il n'est pas rigoureusement prouvé que les lois les plus générales, celles qui président aux mouvements des corps célestes, soient une simple déduction des lois mathématiques. Les révolutions des astres, qui nous paraissent si informes, n'ont pas de périodes absolument identiques. « La loi fixe, dit à ce sujet M. Boutroux, recule devant l'observateur. » De même il n'est pas rigoureusement établi que les forces vitales soient une simple transformation des forces physico-chimiques, quelque chose s'y ajoute qui est précisément la vie, c'est-à-dire la spontanéité plastique, et, pour rappeler encore la parole de Claude Bernard, la *création*. Un élément de spontanéité, c'est-à-dire d'indétermination, absolument irréductible au pur mécanisme, paraît nécessaire pour expliquer « comment les formes supérieures se greffent sur les formes inférieures, en les plaçant dans les conditions requises pour l'éclosion d'un germe nouveau ». A plus forte raison en est-il ainsi quand la nature franchit les degrés tout à fait supérieurs et quand elle arrive finalement, non par une dérogation à sa loi, mais bien plutôt par une suprême confirmation de cette loi même, à la liberté dans l'homme. Partout, en effet, dans la nature, et jusque dans les éléments infinitésimaux de l'être, il y a, comme le pensait Leibniz, une certaine spontanéité, une certaine autonomie, peut-être même, comme l'avait pressenti l'antique Epicure, une certaine faculté de choix, qui serait comme l'aurore du libre arbitre. Le déterminisme absolu ne veut voir dans les êtres et, à plus forte raison, dans les éléments de l'être, qu'une essence, une forme, une *nature* propre, dans les limites de laquelle ils sont à jamais enfermés, et dont il faut partir pour en déduire leur *histoire*; mais peut-être, en y réfléchissant bien, est-ce plutôt de leur *histoire* que résulte leur *nature*. Certes, cette autonomie, cette faculté de choix, nous ne pouvons guère espérer de la saisir jamais et de la constater expérimentalement dans les formes inférieures de l'être : « Là, dit encore M. Boutroux, l'extrême stabilité nous dissimule l'histoire ». La part d'initiative de chaque élément ne peut pas être notée, parce qu'elle est infinitésimale. Mais qu'importe, si nous la rencontrons clairement dans l'homme, et avec une demi-clarté dans les êtres vivants! Puisque la nature ne fait jamais que développer, et que jamais elle ne crée rien, ce que nous rencontrons avec certitude chez les êtres supérieurs, nous pouvons l'inférer légitimement chez les êtres inférieurs. Or, si la spontanéité, sous des formes infiniment variables, est partout dans l'univers, nous pouvons dire que le déterminisme n'exprime que la surface des choses; l'autonomie en est le fond. Il y a partout des lois dans la nature, bien plus, une loi unique, variée à l'infini; mais cette loi, c'est la nature elle-même qui la crée, en répondant à l'appel d'une finalité supérieure et providentielle; elle la crée avec le concours, avec la coopération de chacun des éléments de l'être, et l'on peut dire, à ce point de vue, que c'est une sorte de *suffrage universel*, contenu, sans doute, et éclairé par de sourdes lueurs, qui fait les lois dans le monde physique et dans le monde de la vie.

— En concevant ainsi l'activité de la nature, nous croyons qu'on rend possible l'accord des dogmes fondamentaux de la théologie rationnelle, nous ne dirons pas seulement avec les vérités solidement démontrées de la science, mais même avec certaines conceptions hypothétiques, qui ont été présentées, tantôt par leurs auteurs, tantôt par leurs adversaires, comme directement opposées soit à l'idée de création, soit à l'idée de providence.

Telle est, en première ligne, l'hypothèse, si discutée depuis environ un quart de siècle, de la génération spontanée.

Il serait parfaitement inutile de développer ici l'historique de la question et de rappeler ou de discuter les expériences de Pasteur ou de Pouchet, ou les controverses plus récentes soulevées par Hœckel, au sujet des monères et du *Bathybius*. Prenons la question sous sa forme la plus générale et réduite à ce que l'on pourrait appeler les arguments *ultimes* des adversaires.

Voici l'argument essentiel du panspermisme; il nous paraît admirablement résumé dans le passage suivant de la physiologie générale de Claude Bernard. « M. Pouchet a proposé l'hypothèse de l'ovulation spontanée. Il a voulu établir qu'il n'y a pas génération spontanée de l'être adulte, mais génération de son germe ou de son œuf. Or, cette vue me paraît tout à fait inadmissible, même comme hypothèse. Je considère, en effet, que l'œuf représente *une sorte de formule organique*, qui résume les conditions évolutives d'un être déterminé, par cela même qu'il en procède. L'œuf n'est œuf que parce qu'il possède une virtualité qui lui a été donnée par une ou plusieurs évolutions antérieures, dont il garde en quelque sorte l'empreinte ou le souvenir. C'est cette direction originelle, qui n'est qu'un atavisme plus ou moins prononcé, que je regarde comme ne pouvant jamais se manifester spontanément et d'emblée. Il faut nécessairement une influence héréditaire. Je ne concevrais pas qu'une cellule formée spontanément et sans parents pût avoir une évolution, puisqu'elle n'aurait pas eu un état antérieur. »

Ceci, évidemment, tranche la question en ce qui concerne l'espérance que des savants pourraient avoir de créer de toutes pièces non seulement un organisme vivant, si rudimentaire qu'on veuille le supposer, mais même le germe, l'œuf dont cet organisme doit sortir; car ce germe, qui nous paraît si simple, est déjà, en réalité, une formule très complexe, dans laquelle sont enveloppés et fixés les résultats d'une longue évolution antérieure. Il faut cependant bien reconnaître que cela ne tranche pas la question des origines tout à fait premières de la vie. Quoi qu'on fasse, il faut bien arriver à concevoir un moment où la vie a fait, soit en une fois, soit en plusieurs, son apparition, soit sur le sol, soit sous les eaux; et quand l'esprit se place en présence de cette nécessité, il faut bien en définitive qu'il conçoive une de ces deux choses, ou le créateur réduisant, en quelque sorte son œuvre au minimum, a produit un premier œuf, dans lequel était représentée pour servir de point de départ à l'évolution future, une évolution antérieure qui, réellement, n'avait pas eu lieu; ou les combinaisons physico-chimiques de la matière brute ont comblé, par un nombre plus ou moins considérable de transitions, l'intervalle qui sépare l'apparition tout à fait primordiale de la vie de l'apparition d'un premier œuf, dans lequel aurait été déposé, sous la forme d'un linéament et d'une tendance, c'est-à-dire d'une virtualité, le premier résidu d'une vie antérieure. On peut donc dire que la question, en ce qu'elle a de fondamental, reste toujours non résolue. Mais cela doit-il nous faire douter soit de la puissance de la nature, soit de la nécessité de Dieu? Nous ne le pensons pas. Si, en effet, nous considérons la nature comme aspirant, par la spontanéité qui lui est propre, à l'organisation et à la vie, il en devra résulter pour nous que, à l'époque du développement de la terre où l'éclosion première de la vie allait devenir possible, la nature était comme à l'affût des premières conditions dans lesquelles pourrait se faire l'incarnation tout à fait initiale de sa puissance plastique. Mais il n'y avait pas de formes préexistantes dans lesquelles pût s'engager le courant de l'énergie vitale, par des canaux tracés à l'avance dans lesquels il pût couler. C'est ici que se retrouve la théorie qui, considérant ces formes comme des idées, comme des nécessités et des finalités idéales, enseigne que, pour qu'elles pussent se réaliser, il fallait une action de la pensée divine, de la pensée créatrice sur l'énergie plastique de la nature, une communication entre ces deux facteurs de la vie, une pénétration, une *insinuation* de l'activité divine dans l'activité naturelle, une première révélation de l'idéal divin aux forces aveugles qui tendaient vers la vie, sans être capables de la réaliser par elles-mêmes. C'est la seule façon dont on puisse expliquer ce qu'il y a dans la vie de supérieur au pur mécanisme, ce premier rayon de pensée qui réside en elle et qui en fait une véritable transfiguration de la matière.

Et, en concevant les choses de cette façon, nous n'avons plus à nous préoccuper de savoir si l'origine de la vie est une ou multiple, si elle s'est produite en un seul lieu ou en plusieurs, si elle a été attachée à une forme unique ou à une pluralité de formes; car l'hypothèse de la pluralité n'a rien ici de plus difficile à comprendre et à admettre que l'hypothèse de l'unité.

Il y a, dans la nature, une intelligence plastique à l'état virtuel qui la rend apte à désirer, à pressentir, à deviner dans une certaine mesure, à réaliser enfin, lorsqu'ils lui sont révélés, les types idéaux de la vie. N'est-ce pas à cette intelligence immanente que pense Claude Bernard dans divers passages où, après avoir rappelé (ce qui est une de ses idées fondamentales) qu'il n'y a qu'une physique, une chimie, une mécanique, pour les corps vivants comme pour les corps bruts et que toutes les forces de la vie sont empruntées « au monde cosmique extérieur », il ajoute : « Ne pourrait-on pas dire que l'intelligence elle-même, dont les phénomènes caractérisent l'expression la plus élevée de la vie, *existe en dehors des êtres vivants*, dans l'harmonie et dans les lois de l'univers? Mais nulle part ailleurs que dans les corps vivants elle ne se traduit avec des instruments qui nous la manifestent sous la forme de faits de sensibilité, de volonté, etc. »

— Si, maintenant, nous passons du problème de la génération spontanée à celui de l'origine des espèces, nous trouverons peut-être aussi que l'idée d'une action plastique de la nature, combinée et en quelque sorte *conjuguée* avec celle d'une action régulatrice et providentielle, aide à comprendre ou à deviner bien des choses.

On a vu, dans la première partie de cette étude, que l'auteur de la *Philosophie de l'Inconscient*, tout en admettant la théorie de la descendance, se sépare de Darwin sur un point très essentiel. Il croit que la parenté généalogique doit être profondément séparée d'un autre genre de parenté, qu'il nomme la parenté idéale, et par suite que, si la sélection naturelle et la sélection sexuelle, par lesquelles Darwin se flatte de tout expliquer, peuvent, dans une large mesure, servir de véhicule à l'évolution organique, elles sont loin de constituer à elles seules l'explication totale de cette évolution.

Précisant cette idée, Hartmann distingue deux formes sous lesquelles on peut concevoir le passage d'une espèce à une autre. L'une est le transformisme, et plus particulièrement le darwinisme, d'après lequel on ne doit concevoir le passage d'une espèce à une autre que « par une transformation graduelle du type, par une sommation de variations *minimales* ». L'autre est la théorie de la génération hétérogène, d'après laquelle une espèce nouvelle proviendrait d'un premier œuf, qui aurait pris naissance dans l'ovaire d'une espèce parente, mais qui aurait subi une transmutation plus ou moins profonde « par la modification des circonstances embryogéniques dans le stade primitif de l'évolution ». Cette transmutation différerait donc de celle qui sert de base à la théorie de Darwin, d'abord en ce qu'elle se ferait dans le germe et non dans l'individu complet, ensuite « en ce qu'elle se produirait en une fois, au lieu d'être la résultante d'un grand nombre de modifications infinitésimales ».

A la vérité, ces deux conceptions, le darwinisme d'une part, la génération hétérogène de l'autre, ne sont nullement opposées et contradictoires. Il y a entre elles une différence de degré plutôt qu'une différence de nature et il peut arriver qu'elles se concilient dans certains cas. En effet, quelque insensible que soit une transformation, telle que le darwinisme la conçoit, elle est toujours, *stricto sensu*, un *saut* de la nature; or, quand ce saut atteint ou dépasse une certaine limite, on a un cas de génération hétérogène; mais personne n'oserait dire où est exactement cette limite. Par conséquent, lorsqu'on parle de génération hétérogène, on veut dire simplement que, dans certains cas, par exemple, lorsque la transformation est assez grande pour amener une modification non pas seulement de l'apparence externe, mais des propriétés mêmes de la génération, on ne peut concevoir cette transformation que « comme une *formation subite* du nouveau type, émergeant de l'ancien, probablement préparé d'une manière quelconque ». Nous retrouvons donc sous une nouvelle forme, quoique très modérée et exclusivement scientifique, l'idée de formations subites, que le darwinisme et les doctrines qui font corps avec lui semblaient avoir absolument éliminée.

Mais, si la nature admet des transformations de ce genre, qui, en raison même de leur amplitude, ne semblent plus pouvoir être expliquées par ces hasards que le darwinisme admet trop complaisamment, nous sommes ramenés par elles à l'idée d'une « évolution interne, conforme à un plan ». En d'autres termes, l'explication téléologique reprend sa juste place, trop longtemps sacrifiée, à côté de l'explication mécanique. Nous ne sommes plus contraints de souscrire à l'opinion exagérée de Hœckel, qui, donnant à la théorie de Darwin une interprétation que Darwin lui-même repousserait, veut que nous soyons désormais en mesure d'expliquer la création des êtres organisés « par des lois naturelles qu'*aucun dessein* ne gouverne. Loin de là : nous pouvons dire, au contraire, que, quand on a rattaché à des causes purement mécaniques tout ce qui, dans la formation des organismes, s'explique évidemment par elles, et par elles seules, « il y a un reste mécaniquement inexplicable, dont l'explication réclame le concours de « l'impulsion formatrice » métaphysique »; nous arrivons à comprendre que la formation mécanique est peut-être *subordonnée comme moyen à un but proposé d'avance*.

Le mécanisme et la finalité, loin de s'exclure, doivent, au contraire, se compléter mutuellement. Nul ne l'a mieux expliqué que ne fait ici Hartmann : « Dans la nature, dit-il, la téléologie et le mécanisme se comportent exactement comme les idées de but et de moyen : chacun ne peut être sans l'autre; ils sont réciproques. Mais, s'il faut attribuer la prééminence à l'un des deux, c'est assurément à la téléologie; car le moyen est à cause du but, et non le but à cause du moyen. Au fond, tous deux ne sont que les moments d'un *processus logique*. La *nécessité logique* est le principe d'unité qui se présente d'un côté sous l'apparence morte de la causalité des lois purement mécaniques, et de l'autre sous la forme de la téléologie. Ce qui s'appelle là action régulière d'une cause, s'appelle ici conséquence cherchée du moyen employé; la finalité vue par une de ses faces apparait comme causalité, en tant qu'elle agit avec elle pour arriver à une certaine conclusion, se montre aussi comme finalité. D'une part, l'organisation apparaît ainsi comme le produit (mais nullement jusqu'ici comme le produit exclusif) du mécanisme de la nature inorganique; et, d'autre part, ce mécanisme est un système de moyens pour la production de l'organisation et sa finalité; les deux propositions sont également vraies, et l'une n'est que parce que l'autre est aussi. »

Mais, en même temps, Hartmann a expliqué aussi avec beaucoup de netteté que cette reconnaissance du côté téléologique de la production des choses n'est nullement l'affirmation de quelque intervention miraculeuse, qui se produirait en dehors de toute loi : « Il n'y a nullement lieu de comparer à l'acte arbitraire d'une magie fantastique la métamorphose d'un germe en vue d'une génération hétérogène, sans laquelle serait impossible le passage à un degré déterminé d'organisation supérieure réclamée téléologiquement. » Si cette organisation supérieure apparaît, ce n'est pas par l'effet d'un miracle, mais seulement parce qu'elle forme un moment nécessaire dans le processus régulier de l'évolution des organismes. Il n'y a donc pas lieu de rejeter la finalité pour cette seule raison qu'elle présente avec le miracle une analogie tout extérieure.

— Cette conception de Hartmann rend tous ses droits à la finalité, et elle les rend aussi à la Providence, si on consent à n'entendre par ce mot que la prévoyance d'une activité immanente, la mystérieuse, l'incompréhensible *prévoyance de l'in-*

conscient. Mais nous ne sommes pas obligés de nous renfermer dans les limites que Hartmann s'est imposées à lui-même par la fantaisie de sa conception systématique. A cette conception bizarre nous préférons celle que nous avons rencontrée en partie dans Platon, en partie dans Aristote. La sélection naturelle, que Darwin livre au hasard, est, croyons-nous, guidée, dirigée de deux manières différentes : d'abord, par une activité immanente, qui est la puissance plastique de la nature ; ensuite et surtout, par une activité transcendante, qui est la puissance de l'idée, la sagesse de la Providence. Considérons, pour en bien voir la liaison, un exemple que M. Janet emprunte au physiologiste Müller. Il s'agit des diversités dans la structure des yeux. On sait que les insectes et les crustacées ont des yeux composés, à facettes ou à mosaïque, caractérisés par cette particularité que « devant la rétine, et perpendiculairement à elle, il y a une quantité innombrable de cônes transparents, qui ne laissent parvenir la lumière à la membrane nerveuse que dans le sens de leur axe et absorbent, au moyen du pigment noir dont les parois sont revêtues, toute lumière qui vient les frapper obliquement ». Les animaux supérieurs ont, au contraire, des yeux à lentilles, c'est-à-dire dans lesquels le cristallin a la propriété de faire converger les rayons lumineux et de les concentrer sur la rétine. Essayons d'attribuer à la nature seule la formation de ces deux structures de l'appareil optique et surtout la transition de l'une à l'autre, combien les essais malhabiles et infructueux devront l'emporter en nombre sur les combinaisons utiles et bien adaptées ! et, si nous voulons attribuer à la sélection seule la prédominance graduelle des uns sur les autres, combien il nous faudra imaginer de tâtonnements, d'erreurs et (qu'on nous passe le mot) de bévues. Le progrès ne pourra être qu'une *réussite*. Supposons, au contraire, l'instinct plastique plus ou moins sourdement éclairé par les lueurs de la finalité, mais d'une finalité transcendante, c'est-à-dire qui réside en Dieu et dans la Providence, nous comprenons alors que les formes imparfaites et les transitions malhabiles ont dû être peu nombreuses et vite traversées; que, par conséquent, elles aient dû laisser peu de traces ou même n'en laisser aucune. Ainsi, sans avoir besoin d'imaginer un nombre indéfini de créations spéciales, nous comprenons de quelle manière l'ordre et le progrès de la nature ont dû se réaliser promptement par une sorte de coopération entre la nature, qui représente le système des causes efficientes, et la Providence, qui représente le système des causes finales.

CHAPITRE V

LA PROVIDENCE DANS L'HISTOIRE

L'action de la Providence s'exerce au fond des choses, non à leur surface et du dehors. — Cette formule plus vraie encore dans la philosophie de l'histoire que dans la philosophie de la nature. — Théorie des interventions de Dieu dans l'histoire, des coups de la Providence, déjà ébauchée dans la *Politique* de Platon. — Tendance moderne à concevoir l'action providentielle dans l'histoire non comme éclatant par des coups soudains, mais plutôt comme s'insinuant dans les âmes pour les diriger, comme agissant, d'une manière intime, sur l'esprit des hommes, sur le génie des races. — Esquisse de cette conception dans Vico. — Comment Hartmann conçoit l'action de son « Inconscient » dans l'histoire. — Modifications qu'il faudrait faire subir à sa théorie. — La forme de l'action providentielle dans l'histoire est cette *persuasion*, dont nous avons trouvé l'idée dans la philosophie platonicienne. — Les événements de l'histoire ne sont-ils, comme le pense M. Fouillée, que des faits de dynamique sociale, rendant superflu tout appel à une action et à une direction providentielles? — Accord du dynamisme et de la téléologie dans l'histoire.

La Providence agit non pas à la surface des choses et par le dehors, mais dans l'intimité même de leur essence; voilà ce que nous avons essayé d'établir au sujet de la nature. Essayons maintenant de reprendre, à propos de l'histoire, dont on a dit souvent qu'elle est le vrai domaine de la Providence, une conclusion analogue.

Le premier mouvement, et bien naturel, des philosophes ou des historiens qui, les premiers, ont admis un gouvernement providentiel du monde a été de croire que ce gouvernement s'exerce sous la forme de ce que nous pourrions appeler des *coups de la Providence*, c'est-à-dire des interventions soudaines, retentissantes, sous l'influence desquelles le cours des événements humains aurait été brusquement dévié, ou refoulé, ou entraîné dans une tout autre direction que celle qu'il suivait spontanément. On trouve déjà une conception de ce genre dans un bien curieux dialogue de Platon, mais qui n'est pas parmi les plus connus. C'est le *Politique*. Platon y suppose que le monde, en vertu d'une sorte de rythme nécessaire, a des alternatives de progrès et de décadence et qu'à certaines époques de l'histoire où les événements humains vont, en quelque sorte, à la dérive, un dieu ou un homme inspiré des dieux vient donner un énergique coup de barre qui les ramène dans la bonne direction. Les écrivains religieux qui ont traité de la philosophie de l'histoire se sont placés naturellement au même point de vue; ils ont été jaloux de mettre pleinement en lumière quelques événements décisifs, qui semblent ne pouvoir s'expliquer ni par les pensées ni même par les passions des hommes, écroulements ou restaurations d'empires, chutes soudaines de peuples, de civilisations qui semblaient avoir encore devant elles un long avenir, et de faire dire au sujet de ces événements, qui déterminent ce que Bossuet a appelé les époques du monde : Le doigt de Dieu est là; *digitus Dei est hic*.

Mais la tendance actuelle, même parmi les personnes qui ont le mieux gardé la foi en la sagesse de Dieu, c'est de croire que l'action providentielle, au lieu d'éclater par des coups soudains, que rien n'aurait préparés, s'insinue plutôt dans les âmes pour les diriger, d'après les lois mêmes de la nature, vers des fins que ces âmes ne peuvent comprendre par une intuition claire et directe. Ils croient que, dans l'explication des événements historiques, deux facteurs doivent être résolument maintenus en présence l'un de l'autre : d'une part, l'action divine, s'exerçant (ainsi qu'il a été vu tout à l'heure au sujet de la nature) d'après la loi des causes finales; de l'autre, l'action humaine, le concours des volontés libres, s'exerçant d'après la loi des causes efficientes. Si l'on élimine un de ces deux facteurs, l'histoire perd non seulement tout son sens, mais tout son intérêt dramatique. Si la Providence est seule, comme nous la savons toute-puissante, comme quelques-uns même parmi nous sont prêts à concéder qu'elle pourrait à la rigueur, si elle le voulait ainsi, se passer de moyens et réaliser directement ses fins, nous ne nous intéressons pas aux moyens qu'elle emploie, du moment que nous les jugeons purement naturels ou mécaniques; il faut, pour que notre intérêt s'éveille, que nous la voyions faire usage de moyens qui pourraient lui résister; employer comme intermédiaires des êtres doués d'initiative, d'indépendance, de spontanéité, et que nous puissions alors constater la puissance de l'idée, par laquelle elle domine les énergies collaboratrices et les plie, soit par persuasion, soit par ruse, à l'exécution de ses desseins. Si, au contraire, l'homme est seul, seul avec ses désirs, ses besoins et ses passions, qui ne sont que des forces naturelles, dont nous pouvons déterminer par le calcul la résultante, nous ne pouvons pas nous intéresser non plus à une issue que nous savons être nécessaire; il faut pour que nous puissions nous intéresser à une évolution historique de l'homme, que nous le sentions aux prises avec une loi supérieure, avec un idéal, avec un devoir, dont il peut s'écarter, mais qui, indirectement, le ramènera un jour ou l'autre sous son empire et qui triomphera finalement ou de ses hésitations, ou de ses résistances, ou de ses atermoiements, ou de ses rébellions. La philosophie de l'histoire ne peut exister qu'à ce prix; il faut qu'elle nous fasse saisir ou qu'elle nous laisse, du moins, entrevoir et deviner un symbole, rapport dynamique entre ces deux termes distincts, et qui appartiennent à deux ordres indépendants l'un de l'autre, la puissance de l'idée et la force de la volonté, la souveraineté de Dieu et le libre arbitre de l'homme. Pour cela, il faut que nous arrivions à concevoir l'action providentielle comme s'exerçant, non pas seulement au dehors par des coups de tonnerre, mais dans l'homme lui-même et par l'homme.

— Fénelon avait déjà très finement exprimé cette conception par sa belle formule, à la fois si ingénieuse et si profonde : « L'homme s'agite, et Dieu le mène ». Il manquait cependant à cette formule de dire assez expressément que c'est dans l'homme lui-même, dans sa pensée ou dans son cœur, que la Providence réside et agit, quand elle dompte nos agitations et nos caprices par l'autorité de sa raison, par la continuité sereine de ses vues et de ses desseins. Mais Vico, reprenant une idée analogue, lui donna plus de précision. « Dieu, dit l'auteur de la *Science nouvelle*, se sert des instincts des hommes pour les conduire. » En d'autres termes, Dieu ne substitue pas purement et simplement ses volontés rationnelles aux volontés capricieuses et instinctives de l'homme; mais, par des lois profondes qu'il a établies, il agit sur ces volontés pour les faire entrer dans le courant de ses desseins, pour les plier, comme causes efficientes, à la réalisation d'un système de finalités. Ainsi, deux natures distinctes se manifestent dans le développement des faits de l'histoire : la nature humaine, essentiellement instinctive, et la nature divine, essentiellement rationnelle. L'activité propre de l'homme, c'est l'instinct; par là Vico entend l'activité qui contient implicitement en elle-même sa fin, mais seulement d'une manière inadéquate et voilée, et qui la réalise par une sorte de pressentiment plutôt que par un choix raisonné. Quoique inférieure à l'activité rationnelle, cette activité instinctive n'en est pas moins spontanée et libre; elle constitue pour l'homme une véritable indépendance, une réelle autonomie. Dieu pourrait, sans doute, nous conduire d'une manière immédiate à ses fins; mais ce serait en supprimant notre nature; il ne le veut pas, il préfère agir sur nous par nous-mêmes. Il ne crée pas d'une manière directe nos pensées et nos actes; il les fait jaillir du fond même de notre nature en évoquant et en développant nos instincts; son action est plutôt excitatrice que créatrice; elle s'exerce sur nous par influence, non par contrainte; c'est du libre jeu de la spontanéité humaine qu'elle fait sortir les déterminations d'où résultera l'ordre providentiel du monde.

Telle est la pensée générale de Vico. Il faut savoir la retrouver même dans certains passages où il semble prêter à la Providence une action trop immédiate ou des intentions trop particulières. Ainsi, par exemple, quand il nous dit que « la Providence, pour empêcher le hasard ou la fatalité de régner parmi les hommes, *ordonna* que le cens fût la règle des honneurs, afin que les hommes industrieux, économes et prévoyants, gouvernassent plutôt que les prodigues et les indolents », il faut prendre ce mot : « ordonna » non dans le sens d'un *commandement*, mais dans celui d'un *arrangement*, fondé lui-même sur un instinct. En d'autres termes, Vico veut dire que la Providence mit dans l'humanité une sorte de disposition instinctive qui devait la porter, dans l'intérêt de tous, à faire dans l'organisation primitive des gouvernements une large place à la constatation régulière de la richesse, fruit de l'activité et du travail. Cette interprétation résulte bien du passage suivant, choisi entre plusieurs autres : « La sagesse divine n'a pas besoin de lois; elle aime mieux nous conduire par les coutumes, que nous observons librement, puisque les suivre, c'est suivre notre nature. » Il ajoute que « le monde social est, sans doute, sorti d'une intelligence qui souvent s'écarte des fins particulières que les hommes s'étaient proposées, qui leur est quelquefois contraire, quelquefois supérieure », mais que ce n'en sont pas moins « les hommes qui ont fait le monde social ». Ainsi, de toutes manières, l'activité divine ne fait que mettre en mouvement, par une impulsion primitive, ou, pour mieux dire, par une excitation intérieure, l'activité humaine; et alors cette activité se déploie par elle-même, et c'est elle, elle seule, qui crée la série des événements historiques et des faits sociaux.

Voici encore la même idée sous une autre forme. Le premier essor de la civilisation humaine, d'après Vico, est déterminé par une révélation divine; mais, dans cette révélation, l'homme ne joue nullement un rôle passif. Il la comprend, il l'interprète. Les éclats de la foudre éveillent dans son cœur la notion de l'infini; mais cette notion, c'est l'homme lui-même qui la tire, qui la dégage de sa propre nature. Il se persuade que Dieu lui parle par la voix du tonnerre, et il est d'abord saisi d'une vive terreur; mais, en même temps, sa curiosité et son activité se déploient, et il découvre en lui-même un pouvoir de répondre par un développement infini de son être à cet appel de l'infini. Le fracas du tonnerre n'est donc que la cause occasionnelle, l'excitation initiale d'où sort le progrès; mais, ce progrès, c'est l'homme lui-même qui le réalise par les réflexions qu'il fait, par les résolutions qu'il prend à la suite de son mouvement instinctif de terreur : « Il se produit alors un noble effort, propre à la volonté de l'homme, de tenir en bride les mouvements imprimés à l'âme par le corps, de manière à les étouffer, comme il convient à l'homme sage, ou à les tourner vers un meilleur usage, comme il convient à l'homme social. » C'est cette résolution qui est le principe moteur du progrès dans la conduite individuelle et dans les institutions.

Enfin, la même conception se retrouve encore dans les pages de la *Science nouvelle* où Vico nous explique par quels moyens la Providence relève périodiquement les choses humaines, qui inclinent toujours vers la décadence. D'après lui, toutes les fois qu'un peuple tombe dans la corruption, l'impuissance ou le désordre, la Providence emploie pour l'en tirer un des trois remèdes suivants. D'abord, si la décadence n'est qu'à son début, « il s'élève du milieu de ce peuple un homme tel qu'Auguste, qui rétablit la monarchie ». En d'autres termes, et indépendamment de toute application à une forme politique, il s'agit ici du « coup de barre » de Platon. La Providence a établi dans l'humanité une loi de salut, d'après laquelle un grand homme surgit presque nécessairement, suscité par l'énergie du besoin, par l'intensité du désir par lequel une société en péril le réclame; la Providence ne crée pas de toutes pièces ce grand homme, mais elle le suscite, elle « l'appelle par son nom », suivant la forte expression de Bossuet. On voit ici la part bien nette attribuée à l'activité humaine, la part du transcendant, pourrait-on dire, et la part de l'immanent. Si la corruption est devenue plus profonde, si ce peuple s'est fait l'esclave de ses passions effrénées, s'il est livré au luxe, à l'orgueil, à la mollesse, à l'avarice, etc., alors, la Providence peut le délaisser, mais elle n'abandonne pas pour cela le souci du progrès général de l'univers, et ce qu'elle suscite, en vertu d'une autre loi générale, déposée en quelque sorte au fond même des choses, ce n'est plus un sauveur de ce peuple, c'est un autre peuple, qui a le droit et la mission de prendre sa place. « Qui ne sait se gouverner soi-même, nous dit Vico, se laisse gouverner par un plus sage. » Et il ajoute : « Ceux-là gouverneront toujours le monde, qui seront les meilleurs. » En d'autres termes, il n'y a pas de peuples absolument prédestinés; ceux-là seuls ont la gloire de réaliser les pensées et les volontés divines qui ont le mieux développé leur intelligence pour les comprendre et leur énergie pour les faire triompher; en un mot, les peuples aimés et choisis de Dieu, ce sont les peuples qui par leurs libres efforts se rendent dignes de cet amour et de ce choix. Enfin Vico admet un troisième moyen par lequel Dieu, toujours en vertu d'une loi interne des choses et non par une simple intervention directe, appelle un peuple à se relever, à se régénérer, à se reconstituer lui-même. Ici nous allons trouver une conception erronée, sans doute, et sur laquelle un peuple atteint du mal que signale Vico fera sagement de ne pas compter, mais qui n'en montre pas moins que Vico cherche toujours l'action de la Providence dans le libre jeu des lois de la spontanéité et de l'instinct. Il assure qu'une nation en proie à la décadence trouve dans sa dépopulation même un dernier moyen de salut, qui la ramène dans la voie du progrès en lui imposant la nécessité d'un effort plus énergique; les hommes qui la composent, réduits à un petit nombre, sentent davantage la solidarité qui les unit entre eux, et sous la pression du danger qui les menace, redeviennent sociables et vertueux.

— Cette belle idée, que nous venons de trouver en germe dans Vico, n'a malheureusement été reprise que d'une manière très incomplète et comme par accès dans les écrits de ceux qui ont le plus contribué, après lui, à fonder la philosophie de l'histoire. Ni les *Idées* de Herder ni l'*Éducation du genre humain* de Lessing ne nous la présentent bien clairement. Les tendances des écrivains ultérieurs qui ont traité ces hautes questions les ramènent toujours soit à l'idée purement théiste d'un établissement de l'ordre dans le monde moral par l'action à peu près exclusive de Dieu, soit à la conception panthéiste d'une évolution fatale ou purement logique entraînant l'humanité dans la voie d'un progrès qui semble se faire en elle plutôt que véritablement par elle. L'idée d'une *coopération* entre l'homme et Dieu, d'une *sollicitation* des forces de l'humanité par une idée divine, par une inspiration ou une révélation dont les individus n'auraient pas la source en eux-mêmes, ne se rencontre chez eux que de loin en loin et sous des formes bien indécises. C'est plutôt dans Hartmann que nous la retrouverions encore, s'il ne fallait toujours, quand on veut tirer des écrits de ce grand penseur les vérités, généralement fécondes, dont il a une intuition si vive, commencer par intervertir les choses et les noms.

Son « Inconscient » en qui il met, pour ainsi dire, en dépôt toute finalité, si, au lieu de l'opposer comme principe métaphysique supérieur, à la pauvre réflexion des individus, toujours hésitante et tâtonnante, toujours courte par quelque endroit, il en faisait le génie instinctif de l'humanité cherchant sa voie sous la conduite de Dieu, guidée à son insu par l'action des idées divines auxquelles seules appartient le gouvernement éclairé du monde, nous ne pourrions trouver que des vérités précieuses dans toutes les vues qu'il a émises soit sur les impulsions instinctives des foules, soit sur l'action des grands hommes, soit sur le développement intime de l'âme à travers les périodes de l'histoire.

Ce sont là, en effet, les points essentiels de la *Philosophie de l'histoire*; et sur chacun d'eux l'auteur de la *Philosophie de l'Inconscient* a développé quelques idées originales ou profondes. Ainsi il a montré, par exemple, que les mouvements qui agitent les grandes masses humaines sont presque toujours rapportés par une force supérieure à un dessein que ces foules ne pouvaient pas soupçonner. C'est la théorie des *ruses de l'Idée* qui se trouve déjà dans Hegel et dans Schopenhauer : « L'obscure impulsion qui provoque de temps en temps le déplacement de tout un peuple ou l'émigration des masses, ou les croisades, les révolutions religieuses, politiques et sociales et qui entraîne ceux qu'elle domine avec une puissance vraiment démoniaque vers un but ignoré, cette impulsion, disons-nous, leur enseigne sans se tromper le chemin qu'il faut prendre; mais ils croient souvent marcher vers un but tout autre que celui où ils sont conduits réellement. Ce n'est pas que les masses populaires agissent toujours par un emportement aveugle et sans avoir conscience de leur but. Souvent, au contraire, elles ont un but sous les yeux; mais, d'ordinaire, ce but qu'elles poursuivent est méprisable et insensé et le véritable dessein auquel le génie de l'histoire fait servir ces révolutions ne se révèle que beaucoup plus tard. »

Mais cette action qu'exerce sur l'histoire un principe supérieur (l'Inconscient pour Hartmann, pour nous la pensée et la réflexion divine) se manifeste d'une manière bien plus frappante encore dans les grands hommes. Hartmann pense que l'homme de génie, l'homme nécessaire, ne manque jamais à l'époque qui a besoin de lui. Si nous nous imaginons parfois qu'il en est autrement, c'est que nous nous trompons dans l'appréciation des tâches qui sont imposées à un peuple dans telle ou telle circonstance déterminée. Nous croyons qu'on peut rajeunir ou fortifier tel État condamné à succomber, à se dissoudre et nous nous indignons à la pensée que le ciel n'envoie pas un grand homme pour remplir cette tâche. Mais d'après Hartmann c'est là une pure illusion; si ce grand homme devait et pouvait apparaître, les circonstances elles-mêmes se chargeraient de le créer. Toutes les fois que dans un ordre quelconque de choses non seulement dans la politique ou dans la guerre, mais tout aussi bien dans la science, dans l'industrie, la place est marquée pour l'apparition d'un homme de génie, il ne manque jamais de surgir sous le souffle de l'Inconscient. « C'est l'Inconscient qui fait naître, au moment convenable, le génie prédestiné pour résoudre tel problème, dont la solution s'impose au siècle d'une manière pressante... Même les inventions techniques (sous une forme applicable dans la pratique) ne précèdent jamais, mais jamais aussi ne manquent de suivre le moment où se trouvent réunies les conditions qui permettent de les employer utilement; et elles ne se produisent qu'après que le besoin de pareils moyens de civilisation s'est fait sentir.

Hartmann croit aussi que l'État, l'Église, la société, ces grands organes de la civilisation, ne se constituent pas au hasard; mais quand l'heure a sonné où, soit sous leur forme générale, soit sous telle forme déterminée, ils sont devenus nécessaires, c'est l'activité inconsciente des individus qui les crée par un travail collectif « pour soutenir et pour provoquer la culture de l'esprit conscient ». Ils deviennent ainsi des mécanismes auxiliaires qui facilitent le travail de la conscience, lui épargnent une part considérable de labeur et contribuent avec elle soit à créer, soit à maintenir telle ou telle forme historique de la civilisation.

Il y a dans tout ceci une certaine part de fatalisme que nous ne pouvons pas accepter pleinement. Nous ne voudrions, dans l'explication des faits historiques, attribuer à la Providence elle-même vis-à-vis de l'humanité le rôle si considérable, si prépondérant que Hartmann assigne ici, trop libéralement, semble-t-il, à la pensée inconsciente vis-à-vis de l'activité inconsciente. Ce serait ne pas mettre suffisamment en relief ce qui nous paraît être le fait le plus général de l'histoire de l'humanité, à savoir que le progrès se réalise par une coopération de l'homme et de Dieu, et que les grands hommes, de même que les grandes races, sont, en ce qui concerne l'humanité, les agents de cette collaboration suivant la loi des causes efficientes, mais sans qu'il y ait pour cela ni des hommes ni des peuples absolument nécessaires. C'est ici que nous avons besoin de faire appel à l'idée si importante que nous avons trouvée dans l'histoire des théories philosophiques, celle d'une influence latente, en quelque sorte prévenante et dilectante, mais non pas absolument et directement efficace, que Dieu, en tant que principe de la finalité immanente de l'univers, exerçait sur l'âme, sur la pensée, sur le cœur, sur la volonté de l'homme. Appelons cette influence une *éducation*, ou bien une *sollicitation*, ou bien encore (et c'est le terme le plus expressif), une *persuasion*, toujours est-il qu'on doit la considérer comme étant de nature toute morale. Il appartient aux individus, il appartient aux peuples d'y résister; et voilà pourquoi il y a des lacunes, des vides dans le progrès de l'histoire. Les hommes et les peuples qui ont reçu de Dieu une mission (et l'on peut dire, en un certain sens, que tous en ont reçu une, plus ou moins importante) ne l'ont pas tous accomplie. Le développement moral et social de l'humanité ne s'accomplit pas avec la régularité rythmique des *trilogies* hégéliennes; mais la finalité ne perd point pour cela ses droits, et le bien qui doit être finit toujours par se réaliser, bien que par des voies indirectes.

La marche de l'humanité à travers les grandes civilisations est assez claire pour qu'on puisse établir, comme le font par exemple Bossuet et Herder, des *époques* de l'histoire. Mais ces époques ne se présentent pas avec une précision mathématique. Comme il y a dans le développement de la vie des oscillations, des déviations, des perversions même, des anomalies et des monstruosités, ainsi y en a-t-il vraisemblablement dans le développement de l'histoire; et pour qui admet la liberté, il n'est pas étonnant que ces anomalies soient encore bien plus considérables et bien plus frappantes. L'atrophie et l'hypertrophie sont bien plus fréquentes dans l'histoire que dans la nature. Les courbes des civilisations qui ont dû être, sont ici considérablement enflées, et là à peine accusées. Ici leurs nœuds sont très voisins les uns des autres et plusieurs civilisations se pressent dans un court espace de temps; ailleurs ils sont tellement espacés que des siècles, des âges entiers du monde semblent avoir été stériles et ne devoir compter pour rien dans l'évolution humaine. Mais la loi divine du progrès n'est pas pour cela entièrement entravée; elle accomplit sourdement, et par une sorte de travail souterrain, son œuvre toujours utile; elle rassemble laborieusement les matériaux qui seront utilisés dans une civilisation future, et c'est en ce sens qu'on a pu parler du « progrès dans les siècles de décadence ».

Essayons de supposer que toutes les parties dont se compose le plan providentiel, tous les moments de l'idée se réalisent nécessairement et nous introduisons dans l'histoire sinon le fatalisme absolu, au moins une désespérante rigidité, qui se conciliera bien difficilement avec la spontanéité du génie des races et le libre arbitre des individus. Mais supposons, au contraire, que la liberté humaine puisse absolument se porter dans n'importe quelle direction et tenir en échec la volonté divine; nous livrons alors le monde moral à toutes les fluctuations du hasard. Ces deux suppositions extrêmes sont également insoutenables, et nous trouvons le juste moyen terme où elles se concilient dans l'idée d'une *persuasion*, qui s'exerce sur toute âme d'homme et qui a son principe dans la divine sphère de l'idéal et de la finalité. C'est à elle que nous attribuons les mouvements irraisonnés qui entraînent les foules vers des buts qu'elles ne devinent pas; les aspirations presque toujours généreuses dans leur principe, quoique souillées par mille excès, qui déterminent les guerres nationales, les grandes entreprises extérieures et les révolutions politiques, religieuses ou sociales; les pressentiments confus de destins réservés à un peuple; les réformes dans lesquelles les classes populaires croient voir le salut du monde et dont l'énergique vision les soutient dans leurs privations et leurs souffrances.

On objectera peut-être que, si l'action de la providence et de la finalité sur les choses humaines se réduit à cette influence tout intérieure, toute morale, de la *persuasion*, il se pourrait que les volontés humaines, étant libres, y résistassent toutes ensemble et que le principe moteur du monde moral fût ainsi totalement supprimé. Mais c'est là une hypothèse toute gratuite, qui ne repose que sur la chimère d'une liberté absolument indifférente. En fait, sans introduire le calcul dans des questions qui ne le comportent pas, on peut affirmer que l'action providentielle, tout en restant purement persuasive, jamais déterminante, s'exercera toujours efficacement sur un assez grand nombre d'âmes et convertira à elle un assez grand nombre de volontés pour que la réalisation du plan divin, au moins dans ses grandes lignes, reste absolument certaine. La raison en est, d'ailleurs, bien facile à saisir. Elle consiste en ce que, la résistance de certaines âmes, ou encore, si l'on veut, de certaines races à cette action, à cette poussée divine, ayant pour effet de produire dans le monde moral une sorte de vide, d'autres âmes, d'autres races, n'en sont déterminées qu'avec plus de vigueur à assumer la mission délaissée et à remplir ce vide.

C'est quelque chose d'analogue à ce qui se passe dans le monde matériel. Lorsque l'air d'une région est échauffé par le soleil, il se dilate, il gagne les couches supérieures, et alors il se produit un vide; mais ce vide est immédiatement rempli par l'air des régions environnantes, cédant à sa force naturelle d'expansion. De même, dans le monde de la vie : quand des espèces défaillent, d'autres qui les entourent, qui les pressent en quelque sorte, n'ont besoin que d'obéir à leur loi naturelle d'expansion pour remplir immédiatement le vide qu'elles vont laisser; c'est même ainsi que s'exerce le plus ordinairement la lutte pour la vie : il est bien rare qu'elle permette aux espèces nouvelles d'étouffer les espèces anciennes tant qu'elles sont encore en possession de toute leur force, mais elle les met à même de profiter de l'affaiblissement de ces espèces et de se substituer promptement à elles. Voilà bien ce qui se passe dans cette lutte pour la vie que les peuples, eux aussi, soutiennent les uns contre les autres. Il y a dans chacun d'eux une force d'expansion, qui le porte à développer son génie, à le faire pleinement épanouir au dehors. Cette puissance d'expansion lui vient, comme tout ce qui est bon et utile, de l'action divine, de l'action providentielle s'exerçant en lui sous la forme d'un certain idéal, qui constitue son génie propre; mais elle ne lui vient que dans la mesure où il s'associe, par son libre consentement, à cette action supérieure, en d'autres termes, qu'il a la résolution de développer son propre génie. Lors donc qu'un grand peuple, qui a, peut-être, rempli le monde de l'éclat de son génie et fait réaliser à l'humanité quelques grandes conquêtes dans la voie du progrès, commence à s'abandonner et à défaillir, on peut bien dire que c'est une lumière du monde qui vacille et qui s'éteint; mais il faut ajouter aussitôt que, par un effet naturel de dynamique sociale, d'autres peuples, dont le génie était contenu par la prépondérance du génie de cette nation, trouvent précisément dans cette décadence ou dans ce commencement de décadence l'occasion de prendre un vif essor; l'émulation pénètre en eux et, comme nous l'avons vu tout à l'heure dans Vico, le spectacle de l'affaiblissement de leurs voisins détermine en eux, avec le sentiment de leur jeunesse et de leur puissance, une singulière exaltation de cette jeunesse et de cette puissance mêmes. Il peut arriver alors, s'ils se livrent vraiment à ce que Hartmann appelle le souffle de l'inconscient, à ce que nous appelons, nous, l'inspiration de la Providence, qu'ils deviennent, à leur tour, les représentants soit de l'idéal délaissé par d'autres peuples, soit même d'un idéal nouveau et supérieur.

— Mais on continue à nous adresser une inquiétante objection. Pourquoi ce tour mystique inutilement conservé à une explication toute naturelle? Il ne s'agit ici, comme il a précisément été dit tout à l'heure, que de « dynamique sociale ». Or, cette dynamique suffit à nous expliquer en entier le mécanisme des détails; nous n'avons donc pas plus besoin d'y ajouter « la Providence » que nous n'aurions besoin d'ajouter des zéros à une fraction. « En fait, dit M. Fouillée, si cette Providence est partout pour votre foi, par cela même elle n'est nulle part pour la science. Quand vous vous rejetez en arrière pour éviter une chute, c'est votre mouvement — et la Providence — qui vous empêchent de tomber; quand vous prenez un fébrifuge, c'est la quinine — et la Providence — qui coupent votre fièvre; ajoutez-y alors, pour complaire à l'École de Montpellier, le principe vital, majordome de la Providence! » Tout cela est inutile. La vraie explication, ajoute M. Fouillée, de certains événements historiques où une agitation d'abord désordonnée a produit finalement l'ordre et le progrès est dans la loi des grands nombres et des moyennes, ainsi que dans la neutralisation mutuelle des effets à distance, théorèmes qui n'ont rien de mystique. Agitez irrégulièrement à une des extrémités l'eau contenue dans un tuyau très long, vous aurez à l'autre extrémité des ondulations régulières; faut-il faire intervenir entre ces deux extrémités une force providentielle? Dans les jeux de hasard, les gains des particuliers n'empêchent pas le gain final de la banque; admettra-t-on pour cela que la banque de Bade ou d'Ems avait un ange gardien? Le nombre des mariages, des naissances, des morts, malgré la fantaisie individuelle, est constant chez un peuple, sans qu'il y ait un génie des mariages ou un génie de la mort, dont la volonté inconsciente s'imposerait aux consciences. » Ces objections, que M. Fouillée dirige particulièrement contre l'Inconscient de Hartmann ont, sans doute, une réelle valeur contre toute conception qui fait intervenir la Providence comme une force qui se mêle à d'autres forces, qui les aide ou qui les combat, par conséquent, qui se soumet aux mêmes conditions qu'elles, mais avec cette seule différence qu'elle n'a pas de substratum matériel, qu'elle vient d'on ne sait où, et que, en dernière analyse, elle n'est autre chose que le merveilleux ou le miraculeux. Mais nous ne voyons point en quoi ces mêmes objections pourraient atteindre l'idée de la Providence telle que nous l'expliquons ici, c'est-à-dire l'idée d'une action toute morale par laquelle s'établit, dans les volontés humaines et particulièrement dans les volontés des grands hommes, la communication, la mutuelle pénétration de l'ordre des causes finales. Encore faut-il bien, excepté dans le cas où on voudrait tout réduire à un pur mécanisme, que cette communication s'établisse quelque part. Où pourrait-elle mieux s'établir que dans l'intimité de la conscience humaine, dans cette région la plus reculée de l'âme, où l'homme est seul à seul avec

Dieu, c'est-à-dire avec l'idéal, avec la finalité? Là, dans ce secret de sa conscience et de sa réflexion, l'homme, particulièrement l'homme supérieur, l'homme de génie, l'homme d'État, qui tient en ses mains, dans telles circonstances difficiles, les destinées d'une nation, s'efforce de mettre sa volonté libre en accord avec la finalité, c'est-à-dire avec ce qui devrait être, avec *ce qui demande à être*, pour le bien du monde, pour le progrès de l'humanité, mais en même temps ne peut se réaliser directement par soi-même; car la finalité n'est que l'idée, et, précisément, l'*idée* ne devient la *force* que dans le mystère de la résolution libre qui l'adopte et qui la fait vivre en l'adoptant.

M. Fouillée explique les grandes nations et les grands hommes par leurs seules causes efficientes : « L'instinct historique des nations s'explique, comme tous les autres instincts, non par une volonté inconsciente, mais par des habitudes héréditaires, par des traditions et des coutumes dont l'effet subsiste sur les volontés changeantes, comme un même esprit toujours présent. Il est des individus chez qui l'effort accumulé des tendances nationales se manifeste avec plus d'énergie et de clarté; il en est dont la pensée propre traduit avec plus d'énergie la pensée de tous : ce sont les hommes de génie. Pour expliquer leur présence au moment nécessaire, — *présence qui fait quelquefois défaut*, — il suffit de remarquer que l'effort de tout un peuple est à son maximum d'énergie chez un ou plusieurs individus qui se trouvent en avant sur les autres ; quand la marée monte, il y a toujours une vague qui, soulevée par les autres et par son mouvement propre, monte plus haut et va plus loin. » Admettons comme valable (elle l'est, en tout cas, comme réfutation de Hartmann) cette théorie de la création des grands hommes d'après la loi des causes efficientes, il reste toujours à se demander comment, si ce n'est par eux, entrera dans le monde moral et social la loi supérieure de la finalité. Or, nous ne pouvons comprendre cela que si nous considérons les grands hommes, les hommes de génie, comme étant, d'une certaine manière, les confidents de la Providence, les dépositaires du secret de son action, et comme y faisant participer les peuples qui vivent de leur esprit, qui s'associent aux inspirateurs de leur génie. C'est par là seulement que, après avoir essayé plus haut de concevoir dans la nature l'accord du mécanisme et de la finalité, nous pouvons le découvrir aussi dans l'évolution de la nature humaine et sur le théâtre de l'histoire.

Rien, à notre avis, n'est plus salutaire que la méditation de cette idée : ni les grands peuples ni les grands hommes ne sont nécessaires; il n'y a pas de rôle qui leur serait assigné d'avance, et à eux seuls; il n'existe pas pour eux de prédestination. Ils deviennent grands ou du moins ils achèvent de le devenir en répondant à l'*appel* de l'idée, à la *sollicitation* de la finalité. Ils établissent ou ils maintiennent leur supériorité sur les autres en entrant ou en restant dans les voies de la nécessité idéale qui détermine le progrès du monde, en d'autres termes, *dans le courant* de la pensée et de la volonté de Dieu. Ce n'est pas là une pensée mystique, du moins au sens purement religieux du mot. Cela signifie que les peuples se font eux-mêmes leur destinée. Il en est qui, par la plasticité de leur génie, ont ou peuvent avoir une perpétuelle jeunesse; il suivent, en quelque sorte, l'idée à la piste; ils ne se heurtent jamais contre la force des choses, en voulant établir ce qui est chimérique ou maintenir ce qui ne peut plus être; ils savent être à la fois vieux par leurs traditions toujours aimées, jeunes, par leurs aspirations toujours renouvelées, par leur continuel désir d'un ordre meilleur du monde, d'un triomphe plus complet du bien. Mais, en nous maintenant dans cette large voie, nous devons être convaincus que, malgré tout, l'idée n'a pas besoin de nous pour se réaliser; elle se fait par nous, si nous le voulons, si nous allons au-devant d'elle; sans nous et contre nous, dans le cas contraire. Les destins du monde n'ont pas besoin d'un peuple plutôt que d'un autre pour se réaliser; ils se tracent à eux-mêmes leur chemin : *fata viam invenient*.

CHAPITRE VI

LA PROVIDENCE DANS LA RELIGION

Dans quel esprit doit être conçue la science des religions. — Théorie de la pure révélation divine. — Théorie de la pure création humaine. — La religion étant définie une relation entre la nature humaine et la nature divine, il n'est pas indifférent que ce soit une relation purement idéale ou une relation réelle. — Dans la théorie de la pure révélation divine, l'aspiration, la continuité de l'aspiration de l'homme vers Dieu est méconnue. — Belles pensées de Max Muller sur ce sujet. — Dans la théorie de la pure création humaine, c'est la présence de Dieu, la *vis divina*, qui fait défaut. — La religion réduite à une illusion passagère de l'humanité. — Feuerbach et Proudhon. — Comment on peut concevoir la religion absolue, tout en la conciliant avec le devenir, avec l'évolution des formes et des aspirations religieuses.

Il nous reste encore à examiner brièvement, non pour en proposer une solution dogmatique, mais pour laisser, du moins, entrevoir comment elle pourrait être éclairée dans une certaine mesure par les principes que nous avons admis précédemment, une dernière question, qui touche à ce qu'il y a tout ensemble de plus délicat et de plus élevé dans les préoccupations de la pensée moderne. Ce n'est pas le problème général de la religion ; car nous avons vu plus haut que ce problème contient un très grand nombre d'éléments. Il peut être posé, par exemple, sous cette forme : la religion est-elle pour l'homme un besoin permanent, ou n'est-elle qu'un besoin transitoire? La religion répond-elle dans l'homme à des instincts et à des besoins spéciaux, ou ne donne-t-elle satisfaction qu'à des facultés et à des tendances auxquelles la philosophie répond plus pleinement encore? Nous n'avons pas à rentrer ici dans cet ordre de controverses. Mais, la religion étant acceptée comme un ordre de faits dont l'humanité, prise dans son ensemble, ne s'est jamais passée et, vraisemblablement, ne se passera jamais, faut-il voir en elle une pure institution divine ou une pure création humaine? Ou bien encore peut-on admettre, sans contradiction philosophique comme sans hétérodoxie au point de vue théologique, qu'il y a tout à la fois en elle institution divine et élaboration humaine? Voilà le problème spécial dont nous allons dire encore quelques mots; et il se présente encore sous les formes suivantes : est-ce une communication réelle ou une simple communication idéale qui s'établit par la religion entre l'homme et Dieu? Est-ce nous simplement qui allons *vers Dieu* par notre aspiration? Est-ce Dieu aussi qui descend *en nous* par son action?

L'une des deux théories extrêmes est évidemment représentée dans la théologie chrétienne par les continuateurs de ceux qui, exagérant le dogme de la grâce, ont refusé à l'homme de contribuer lui-même, dans quelque mesure que ce soit, à son bien et à son salut.

D'après la thèse de la pure révélation, l'homme soit à cause de la faiblesse générale de sa nature, soit à cause de sa chute, est absolument incapable de contribuer à la création de la vraie religion ou même, quand il l'a une fois reçue de Dieu, à son développement. C'est Dieu seul qui l'a révélée par son Verbe; c'est Dieu seul qui la développe à travers les âges et qui complète la révélation primitive par les inspirations de l'esprit, toujours présent au sein de l'Église comme un principe de vie et de progrès. Il y a plus : c'est Dieu seul qui, antérieurement à la révélation chrétienne, et pour que les hommes ne tombassent point jusqu'au dernier degré de la corruption et de la misère, leur a fait connaître, par des révélations imparfaites, quelques fragments de vérité, et ce sont ces fragments du vrai qui, recueillis et conservés dans les religions fausses et purement humaines, empêchent ces religions d'être absolument détestables.

La thèse contraire, celle de la pure création humaine, domine incontestablement, bien qu'il y ait quelques exceptions, parmi les fondateurs ou les représentants actuels de la science moderne des religions. D'après cette théorie, l'homme est tourmenté par la soif de l'idéal, par l'amour et le désir d'une perfection absolue. Cette perfection, il l'appelle Dieu, et il aspire continuellement vers elle. Mais, incapable de la saisir immédiatement dans toute sa pureté, il l'enferme tour à tour dans des représentations de plus en plus raffinées, dans des formules de plus en plus adéquates. De là les diverses religions que l'humanité a successivement édifiées et détruites. Chaque religion est un symbolisme qui, après avoir exprimé suffisamment, à son heure et pour la pensée d'une certaine race humaine, l'idéal divin de la perfection absolue, finit, au contraire, par voiler cet idéal, lorsque l'humanité est devenue plus instruite ou plus vertueuse, et doit alors être brisé, comme un moule trop étroit. Aujourd'hui, on peut admettre que l'humanité possède la forme religieuse la plus parfaite à laquelle il lui soit possible d'atteindre, et, en ce sens, le christianisme est la religion absolue; mais si la faculté créatrice de l'homme en matière religieuse semble épuisée, il n'en est pas encore de même de sa faculté d'interprétation; l'idée religieuse en général, l'idée chrétienne en particulier se transforme, s'épure graduellement par des interprétations chaque jour plus rationnelles, où l'esprit se substitue à la lettre, ou l'idée se dégage du symbole.

Il faut pourtant bien, et en quelque sorte *a priori*, qu'il y ait dans ces deux doctrines une part de vérité qui les rend complémentaires l'une de l'autre. Si, en effet, la religion est l'œuvre de Dieu seul, encore faut-il bien, à moins de retomber dans les dernières exagérations de la doctrine de la grâce, que l'homme ait en lui une force de raison suffisante pour la comprendre et une force de volonté suffisante pour accomplir les devoirs, pour accepter les sacrifices qu'elle impose; dans ce sens au moins, c'est-à-dire par l'assentiment éclairé de sa raison, par le libre consentement de sa volonté, l'homme contribue, d'une manière appréciable, à la création ou à l'affermissement de la religion. Si on veut, au contraire, que la religion soit l'œuvre de l'homme seul, encore faut-il bien, d'une certaine manière, en faire toujours remonter le principe jusqu'à Dieu, puisque c'est Dieu qui a mis en nous des aspirations assez énergiques, des facultés assez puissantes pour élever un tel édifice.

— Mais peut-être approche-t-on davantage d'une conciliation entre les deux doctrines extrêmes, si on note avec exactitude les points faibles et, par suite, les *desiderata* de l'une et de l'autre.

La thèse de la pure révélation présente un premier désavantage : c'est qu'elle est absolument contraire, même en dehors du fait de la révélation chrétienne, à l'idée d'une évolution morale et religieuse de l'humanité; or, comme l'idée de l'évolution prend, chaque jour, une place plus considérable dans la science, en la rejetant absolument sur un point spécial, la doctrine de la pure révélation augmente le malentendu qui existe entre la religion et la science, creuse plus profondément le fossé qui les sépare l'une de l'autre.

En outre, elle aboutit à de dures conséquences, qu'il est bien difficile de concilier avec la croyance à la fraternité humaine. « La révélation a été accordée aux uns; elle a été refusée aux autres. » Ce partage nous étonne, nous scandalise. Nous arrivons cependant à le comprendre, dans une assez large mesure, si on nous propose un système qui admette, à côté de la révélation, un effort continu de l'homme vers Dieu, une réelle et profonde aspiration religieuse de l'humanité. Il fallait bien, en effet, qu'il y eût un point de l'espace et un moment du temps où, par une action divine répondant au désir de l'humanité, le terme de l'évolution religieuse fût enfin atteint et la vérité religieuse, objet de si longues recherches, enfin révélée. Une fois accordée à un peuple, cette vérité religieuse se répand graduellement chez les autres peuples, dans la mesure où ils sont disposés à la reconnaître et à l'accueillir. Rien dans ceci qui choque absolument notre foi à la fraternité. Mais ce n'est pas là ce que soutiennent les partisans exclusifs de la révélation. De peur de paraître ôter quelque chose à Dieu, ils refusent à l'humanité tout pouvoir non pas seulement (et jusque-là ce serait légitime) d'atteindre par ses seules forces à la vraie religion, mais même d'y aspirer, de s'en rapprocher, d'en préparer l'avènement. Dès lors, toutes les religions, loin d'être des efforts méritoires de l'humanité aspirant vers Dieu, ne sont plus que des œuvres de fourberie, de dépravation et d'imposture. C'est le royaume de Satan en face du royaume de Dieu. Par conséquent, tout en déclarant que la vraie religion est une œuvre de miséricorde divine, on est amené à dire et à croire qu'elle doit combattre, extirper, quelquefois par le fer et le feu, les religions fausses; on prêche l'intolérance et le fanatisme; on sème, parmi les hommes, le germe de dissensions et de guerres qui se prolongent pendant des siècles; et ainsi on interprète dans un sens étroit la parole du Christ : « Je ne suis pas venu apporter la paix, mais la guerre. »

Max Müller a développé éloquemment quelques-unes de ces conséquences qui découlent du dogme absolu de la révélation et montré que la religion ne gagne rien à cet isolement dans lequel on veut la maintenir. Traitant de l'esprit dans lequel il faudrait étudier et comprendre les religions anciennes : « Il n'est pas, dit-il, un juge qui, s'il avait devant lui les plus grands coupables, le traiterait comme la plupart des historiens et des théologiens ont traité les religions du monde. En dépréciant contre toute justice les autres religions, nous avons placé la nôtre sous un jour et dans une situation que son fondateur ne désirait pas pour elle. Nous l'avons violemment isolée du milieu où elle a sa place; nous avons ignoré ou voulu ignorer les manières si diverses dont Dieu parlait à nos pères par la voix des prophètes, et au lieu de reconnaître dans le christianisme une religion venue dans la plénitude des temps, comme le couronnement des désirs et des espérances du monde entier, nous en sommes venus à considérer son avènement comme un fait à part, comme un phénomène isolé, comme le seul anneau qui ne se rattache pas à cet enchaînement régulier et continu qu'on peut appeler le gouvernement de Dieu dans ce monde. »

C'est dans un tout autre esprit que nous devrions juger les anciennes religions, dont quelques-unes, celles de l'Orient, sont si hautes et si pures. Ce sont des degrés par lesquels l'humanité s'est élevée à l'état intellectuel et moral qui devait la rendre digne de la révélation définitive. « Si nous croyons qu'il y a un Dieu et que ce Dieu gouverne le monde par une Providence infatigable, nous ne pouvons pas admettre que des milliers d'êtres humains, tous créés comme nous à l'image de Dieu, aient été, dans ces temps d'ignorance, si complètement abandonnés que leur religion ne fût que fausseté... Une étude honnête, indépendante, des religions du monde nous enseignera qu'il n'y a pas une religion qui ne contienne quelques parcelles de vérité... Nous apprendrons à reconnaître dans l'histoire des religions anciennes, plus clairement que partout ailleurs, l'éducation divine du genre humain. »

— La thèse contraire, celle de la création des religions par l'homme, échappe évidemment à ce genre d'objections. En dégageant l'idée noble et pure, la conception morale qui sommeille quelquefois, sous des dogmes en apparence grossiers, elle nous montre, dans les autres hommes, si séparés qu'ils soient de nous dans l'espace et le temps, des amis et des frères. Mais elle n'est pas sans avoir aussi sa partie défectueuse, son point vulnérable.

Quand, en effet, on définit la religion une relation entre la nature humaine et la nature divine, il n'est évidemment pas indifférent que ce soit une relation purement idéale. Or, dans le système qui considère la religion comme étant une œuvre toute divine, nous pouvons, sans doute, regretter qu'une part plus large ne soit pas laissée à l'action de l'homme dans la conquête de la vérité religieuse; mais, en revanche (et c'est un dédommagement considérable), nous sommes certains que Dieu est bien présent dans cette vérité, dans cette religion, puisque c'est lui seul qui révèle cette vérité, puisque c'est lui seul qui institue cette religion, et qui, en donnant l'une et l'autre, se donne et se communique véritablement à nous, de telle sorte que nous possédons sa parole et que nous sentons sa présence. Au contraire, dans le système qui fait de la religion une œuvre tout humaine, nous sommes obligés de nous poser cette question : Dieu répond-il par une action qui lui soit propre à l'action par laquelle l'humanité le cherche et s'élance vers lui? Dieu est-il présent, d'une certaine manière, mais d'une manière réelle, dans ces édifices que l'homme élève à sa gloire et que nous nommons les religions? Si oui, il doit y avoir des faits spéciaux par lesquels se manifeste cette action de Dieu, et la science des religions doit avoir pour principal objet de constater et de coordonner ces faits par lesquels se révèlent la présence et l'action de Dieu. Si non, la religion n'est plus, comme l'ont toujours cru et le croient invinciblement les hommes religieux, une relation effective et réelle entre l'homme et Dieu; par conséquent, ce n'est pas avec Dieu lui-même, avec la force divine, *vis divina*, que l'homme se met en rapport par l'activité religieuse, mais seulement avec l'idée de Dieu, c'est-à-dire, en somme, avec quelque chose de lui-même. Mais alors, la religion perd son essence propre; et voilà que des hommes dont l'esprit est éminemment religieux, et qui ont été amenés par leurs études à considérer la religion comme un fait humain, absolument universel et nécessaire, nous ramènent, par un détour, à l'idée que la religion pourrait bien n'être plus qu'une simple préparation à la philosophie. Car, du moment qu'il n'y a plus rien de réel *pour nous*, de vivant *pour nous*, derrière le symbolisme des religions, nous n'avons plus aucune raison de conserver à jamais ce symbolisme. Devant l'idée, le symbole s'efface. Le christianisme, à ce point de vue, reste, si l'on veut, la religion absolue, mais en ce sens seulement que c'est la forme dernière de la religion, au moment où elle va s'absorber dans la philosophie. C'est la doctrine de Hegel. Dans la religion, l'esprit fini, tout en s'élevant jusqu'à l'esprit infini et en s'unissant à lui d'une manière intime, n'en reste pas moins en face de lui comme un sujet en face d'un objet; par conséquent, il en est encore séparé; il ne l'entrevoit qu'à travers des voiles, qui sont précisément les dogmes et les symboles religieux; et ainsi, la religion n'est encore que la région du mystère et de la foi. Au contraire, par la philosophie, l'esprit fini et l'esprit infini sont complètement identifiés dans l'esprit absolu, qui se pose et qui se saisit pleinement lui-même dans la conscience de son absolue liberté.

Mais, s'il en est ainsi, quelque effort que nous fassions pour la retenir, la religion s'évanouit, nous échappe à jamais, comme l'ombre d'Eurydice. Alors, pourquoi ne pas devancer les temps, et, puisque nous savons, de science certaine, qu'elle n'est que l'enveloppe d'une autre chose, plus solide, plus substantielle qu'elle-même, pourquoi ne pas écarter le voile, pour toucher enfin la forme que le voile nous dérobe? La religion ne peut subsister qu'autant qu'elle admet un Dieu, caché, mais présent et nous met en rapport avec lui par ses dogmes, ses rites, ses sacrements, sa morale propre et la sanction effective qu'elle attache à sa morale. Dès que cet élément essentiel, constitutif, de la vie religieuse est supprimé, la vie et la foi religieuses n'ont plus qu'à s'absorber dans la vie et dans la foi philosophiques. Notre seule attitude envers la religion doit être celle de Platon envers le poète : la couvrir de fleurs et nous séparer d'elle; la remercier de tous les bienfaits dont elle a comblé la jeunesse de l'humanité, et nous habituer ensuite à vivre sans sa tutelle, étant devenus des hommes.

En d'autres termes, c'est l'attitude d'un disciple d'Hegel ou de Feuerbach. « L'homme, dit Proud'hon, est destiné à vivre sans religion », mais, en écrivant cette formule, il ne méconnaît pas les bienfaits de la religion dans le passé; il en parle, au contraire, avec une véritable effusion : « Rappelons, dit-il, *à sa dernière heure*, ses bienfaits, ses hautes inspirations : c'est elle qui cimenta les fondements des cités, qui donna l'unité et la personnalité aux nations, qui servit de sanction aux premiers législateurs, anima d'un souffle divin les poètes et les artistes, et, plaçant dans le ciel la raison des choses et le terme de notre espérance, répandit à flots sur un monde de douleurs la sérénité et l'enthousiasme. C'est encore elle qui déjà couverte du voile funèbre, fait brûler tant d'âmes généreuses du zèle de la vérité et de la justice, et, dans les exemples qu'elle nous laisse, nous avertit en mourant de chercher les conditions du bonheur et les lois de l'égalité. » Ailleurs encore : « Combien elle embellit nos plaisirs et nos fêtes! Quel parfum de poésie elle répandait sur nos moindres actions! Comme elle sut ennoblir le travail, rendre la douleur légère, humilier l'orgueil du riche et relever la dignité du pauvre! Que de courages elle échauffa de ses flammes! Que de vertus elle fit éclore! Que de dévouements elle suscita! Quel torrent d'amour elle versa au cœur des Thérèse, des François de Sales, des Vincent de Paul, des Fénelon; et de quel lien fraternel elle embrassa les peuples en confondant dans ses prières les temps, les langues et les races! Avec quelle tendresse elle consacra notre berceau, et de quelle grandeur elle accompagne nos derniers instants... La religion a créé des types auxquels la science n'ajoutera rien : heureux si nous apprenons de celle-ci à réaliser en nous l'idéal que nous a montré la première. Oui, la religion a fait tout cela. Mais comment l'a-t-elle fait? Si c'est la présence de Dieu en nous par la religion, si c'est la secrète influence de Dieu sur nos âmes épurées par la religion, qui la remplacera jamais et comment ne serait-elle pas éternelle? Mais si c'est simplement l'idée de Dieu, c'est-à-dire d'une perfection idéale et absolue, d'un type achevé du Bien et du Devoir? Si c'est simplement, disons-nous, cette idée, produite par l'évolution spontanée de notre esprit et provisoirement enfermée par nous, pour nous être plus présente et plus sensible, dans les symboles religieux, quelle nécessité y a-t-il que nous gardions les images, aujourd'hui que nous sommes devenus capables de nous laisser diriger par l'idée elle-même? La religion, pour qui se place à ce point de vue, n'a plus de raison d'être. Vouloir rendre à la religion la vie qu'elle n'a plus, c'est vouloir galvaniser un cadavre;

commander à l'humanité de revenir à ses premières croyances, c'est commander au fleuve de remonter vers sa source. Nous ne pouvons plus, d'après Proud'hon, être religieux, parce que nous ne pouvons plus être naïfs, et, ayant vu l'idée, nous contenter du symbole : « Pouvons-nous, nous qui sommes vieux, rentrer dans le sein de nos mères et revenir au monde? Pouvons-nous boire encore, après avoir vu le soleil, les eaux de l'amnios? »

Ainsi les savants qui étudient passionnément la science des religions en considérant la religion comme un fait indestructible de la nature humaine s'illusionnent eux-mêmes si, en même temps, ils ne placent dans la religion que l'idée de Dieu et non la présence de Dieu.

— Mais il y a une possibilité de concevoir la *religion absolue*, tout en la conciliant avec le *devenir* des aspirations et des formes religieuses dans l'histoire de l'humanité. Il suffit pour cela d'étendre à l'étude historique de la vie religieuse du genre humain la conception générale que nous avons appliquée au progrès du monde physique et au progrès du monde moral, après l'avoir recueillie dans divers systèmes métaphysiques. Il suffit d'admettre d'une part dans l'humanité une aspiration continue vers Dieu, et, d'autre part, dans Dieu une descente volontaire vers l'humanité. Ce second élément de la solution du problème, c'est la *condescendance divine*, dont nous avons trouvé plus haut l'idée chez un philosophe contemporain; c'est l'incarnation et le mystère du sacrifice divin dans le christianisme. Pourquoi l'humanité n'irait-elle pas à la rencontre de Dieu, et Dieu à la rencontre de l'humanité? Pourquoi le dernier mot des choses ne serait-il pas une fusion de la nature divine et de la nature humaine dans une forme religieuse supérieure et absolue?

Il y aurait ainsi une sorte de christianisme latent au fond des pures et suaves croyances dont l'humanité s'est enchantée depuis des époques très lointaines, et la nature, ce livre des premiers âges, envelopperait déjà un idéalisme touchant et profond : « Nous trouvons dans les Védas, écrit Max Müller, auquel nous empruntons, pour finir, une dernière citation, l'invocation *Dyaus pitar*, le

Ζεύς πατήρ des Grecs, le *Jupiter* des Latins ; et cela signifie dans ces trois langues ce que cela signifiait déjà avant qu'elles se séparassent : le Père qui est aux cieux. C'est le plus antique poème, c'est la plus antique prière de l'humanité, ou, au moins, de cette partie de l'humanité, la plus noble de toutes, à laquelle nous appartenons..... Des milliers d'années se sont écoulées depuis le jour où les nations aryennes se séparèrent pour émigrer dans le nord et dans le midi, vers l'ouest et vers l'est. Elles ont chacune créé une langue ; elles ont fondé des empires et des philosophies ; elles ont construit des temples, etc. Mais, lorsqu'elles cherchent un nom pour exprimer ce qu'il y a de plus élevé et en même temps de plus cher à chacun de nous, lorsqu'elles veulent exprimer à la fois le respect et l'amour, l'infini et le fini, elles ne peuvent faire, aujourd'hui encore, que ce que faisaient nos ancêtres, lorsque, levant leurs regards vers le ciel éternel, ils y sentaient la présence d'un être à la fois *éloigné et voisin* ; elles ne peuvent que combiner les mêmes mots et répéter la prière aryenne primitive, l'invocation au ciel père, sous la forme qu'elle revêtira à travers les siècles : Notre Père, qui êtes aux cieux. »

FIN.

TABLE DES MATIÈRES

PREMIÈRE PARTIE

ÉTAT PRÉSENT DES QUESTIONS DE THÉODICÉE

CHAPITRE I

CHAPITRE II

CHAPITRE III

CHAPITRE IV

CHAPITRE V

CHAPITRE VI

30

DEUXIÈME PARTIE

COUP D'ŒIL RÉTROSPECTIF SUR LES PRINCIPAUX SYSTÈMES DE THÉODICÉE

TROISIÈME PARTIE

INDUCTIONS ET ESQUISSE D'UNE CONCEPTION DE PHILOSOPHIE RELIGIEUSE

Coulommiers. — Imp. P. BRODARD.

www.ingramcontent.com/pod-product-compliance
Ingram Content Group UK Ltd.
Pitfield, Milton Keynes, MK11 3LW, UK
UKHW012003240726
13965UKWH00001B/118

9 782013 579834